4판 공중보건학

Public Health

4판

공중보건학

정현정 · 배현주 · 이경은 · 김미현 · 부소영 · 최정화 · 배윤정 지음

교문사

4판 공중보건학

초판 발행 2014년 8월 27일 | **2판 발행** 2017년 2월 27일
3판 발행 2020년 2월 28일 | **4판 발행** 2022년 9월 15일

지은이 정현정 · 배현주 · 이경은 · 김미현 · 부소영 · 최정화 · 배윤정
펴낸이 류원식
펴낸곳 교문사

편집팀장 김경수 | **책임진행** 김성남 | **디자인** 신나리 | **본문편집** 우은영

주소 10881, 경기도 파주시 문발로 116
대표전화 031-955-6111 | **팩스** 031-955-0955
홈페이지 www.gyomoon.com | **이메일** genie@gyomoon.com
등록번호 1968.10.28. 제406-2006-000035호

ISBN 978-89-363-2397-4 (93590)
정가 25,000원

저자 소개

정현정

미국 오하이오 주립대학교 대학원 (이학박사)
인하대학교 식품영양학과 교수

배현주

숙명여자대학교 대학원 (이학박사)
대구대학교 식품영양학과 교수

이경은

미국 캔사스 주립대학교 대학원 (이학박사)
서울여자대학교 식품응용시스템학부 식품영양학전공 교수

김미현

숙명여자대학교 대학원 (이학박사)
공주대학교 식품영양학과 교수

부소영

미국 오클라호마 주립대학교 대학원 (이학박사)
대구대학교 식품영양학과 교수

최정화

연세대학교 대학원 (이학박사)
숭의여자대학교 식품영양과 교수

배윤정

숙명여자대학교 대학원 (이학박사)
한국교통대학교 식품생명학부 식품영양학전공 교수

4판 머리말

4th PREFACE

최근 몇 년간 전 세계적으로 코로나19나 원숭이두창 등의 신종감염병이 유행하고 있다. 우리나라도 공중보건환경 변화에 따라 향후 새롭게 발생하거나 급속한 증가가 예상되는 질병 등 미래의 공중보건학적 문제에 선제적으로 대응하기 위해 새로운 보건정책 방향을 설정해야 한다.

본 저서가 위드 코로나 시대와 미래 위기에 효과적으로 대응할 수 있는 공중보건 관리 체계를 세심하게 준비해 나가는 데 도움이 되기를 바란다. 이를 위해 본 저서를 개간하면서 3판 발간 이후 변화된 공중보건환경 관련 이슈를 추가로 다루었고, 개정된 국민건강증진종합계획 2030, 한국인 영양섭취기준, 관련 법규, 보건통계 자료 등을 새롭게 수록하였다.

본 저서는 환경보건 분야, 역학 및 질병 관리 분야, 보건 관리 분야의 내용을 중심으로 총 14장으로 구성하여 보건의료 전문가로 활동하기를 희망하는 전공생들의 학습과 공중보건 실무역량 강화에 도움이 될 수 있도록 하였다.

4판이 발간되기까지 아낌없는 지원을 해 주신 교문사 류원식 대표님과 많은 수고를 해 주신 편집부와 영업부의 모든 직원분들께 지면을 빌려 깊은 감사의 마음을 전한다.

2022년 8월

저자 일동

3판 머리말

3rd PREFACE

100세 시대를 맞이하여 국민의 건강증진과 질병예방에 대한 관심이 증대되면서 공중보건 관리의 중요성이 한층 제고되었다. 또, 글로벌화가 가속되고 국가 간 교역과 해외여행이 활발해지면서 각국의 공중보건 문제는 더 이상 일국에 국한되는 것이 아니라 전 세계가 공조해나가야 할 과제가 되었다. 중동호흡기증후군, 지카바이러스, 코로나19 등이 전 세계적으로 유행하자 각국이 감염병 관리 대응책 마련을 위해 공동의 노력을 기울인 것이 그 예이다.

이러한 변화를 반영하고자 본 3판에서는 2판 이후 새롭게 대두된 공중보건 관련 최신 자료를 포함하여 총 14장으로 구성하였다. 또한, 위생사 면허와 보건교육사 자격시험, 각종 국가 공무원 시험 대비뿐만 아니라 공중보건 현장의 실무에도 참고할 수 있도록 집필하였다. 이 책이 공중보건학을 공부하고자 하는 사람들과 해당 분야에서 활동해 나갈 인재들에게 관련 내용을 올바르게 이해하는 데에 도움이 될 수 있다면 더없이 기쁠 것이다.

마지막으로 3판이 발간을 위해 아낌없는 지원을 해주신 교문사 류원식 사장님과 많은 수고를 해주신 편집부와 영업부의 모든 분들께 이 지면을 빌어 감사의 마음을 전한다.

2020년 2월

저자 일동

2판 머리말

2nd PREFACE

2014년 뜻을 같이하는 전공 분야 교수들과 함께 지역사회 보건의료 전문기관, 국가 및 공공기관, 산업체나 관련 연구소 등에서 보건의료전문가로 활동하고자 하는 전공생들과 현직 보건의료 분야 종사자들을 위해 이 책을 집필한 이후 2~3년 동안 전 세계적으로 주목할 만한 몇몇 공중보건 관련 이슈가 대두되었다.

우리나라에서는 2015년 5월 20일에 중동호흡기증후군MERS 최초 감염자가 확인되었고 이로 인해 총 38명이 사망하였으며, 같은 해 중남미 지역을 중심으로는 지카바이러스 감염증이 다수 발생하는 등 전 세계적으로 심각한 공중보건 문제가 지속적으로 보고되고 있으므로 이에 적절하게 대응하기 위한 우리 정부의 감염병 관리대책도 새로 정비되었다. 또한, 우리나라 국민의 맞춤식 영양관리를 위한 '한국인 영양섭취기준'이 2015년에 새롭게 개정되었고, 국민건강증진종합계획의 분야별 관리목표도 일부 조정되었다.

이에 초판 발간 이후 변화된 공중보건학 관련 내용을 올바르게 이해할 수 있도록 최근 발표된 보건통계자료까지 모두 포함하여 2판을 발간하게 되었다. 2판의 내용은 초판과 같이 총 14장으로 구성하였으며 위생사 면허와 보건교육사 자격시험뿐만 아니라 각종 국가 공무원 시험에 대비할 수 있도록 관련 내용을 포함하였다.

앞으로도 공중보건학에 대한 새로운 이슈가 등장하고 관련 법령이 개정될 때마다 본책의 내용을 지속적으로 개정해나가는 노력을 게을리하지 않겠다. 마지막으로 2판이 나오기까지 많은 지원과 수고를 해주신 교문사 류제동 사장님, 편집부와 영업부의 직원 분들께 지면을 빌어 감사의 마음을 전한다.

2017년 2월

저자 일동

초판 머리말

1st PREFACE

저자들은 대학 강의실에서 학생들로부터 "어떻게 하면 건강하게 오래 살 수 있는가?"라는 질문을 가장 많이 받는다. 100세 시대를 맞이하여 건강하게 오래 사는 것은 전 국민의 관심사가 되었다. 질병이 없는 건강한 사람들도 건강을 유지하기 위해 질병예방과 건강증진을 위한 여러 가지 노력을 기울이고 있다.

개인뿐만 아니라 지역사회 주민 전체의 질환·장애·사고·조기사망 예방을 통한 전 국민의 삶의 질 제고 및 건강수명 연장을 위해 가장 기초가 되는 학문 영역이 '공중보건학'이라고 생각된다. 보건의료전문직을 양성하는 전국의 식품영양학과에서도 '공중보건학' 교과목을 대부분 개설하고 있으나 식품학이나 영양학 전공자의 진출 분야를 고려하여 저술된 공중보건학 교재는 거의 없다. 이에 '공중보건학'을 공부하고 위생사 면허나 보건교육사 자격을 취득하여 관련 산업체나 지역사회 보건의료전문기관, 연구소 등에서 식품위생 및 보건 분야 전문가로서 활동하기를 희망하는 전공생들을 위해 식품위생학, 보건영양학, 임상영양학, 지역사회영양학, 급식위생학 등을 전공한 교수들이 모여 이 책을 집필하게 되었다.

본 저서의 내용은 환경보건 분야, 역학 및 질병 관리 분야, 보건 관리 분야로 크게 분류되어 있다. 환경보건 분야에서는 식품위생과 환경위생 관리, 산업보건 관련 내용을 다루었으며, 역학 및 질병 관리 분야에서는 역학, 감염병과 비감염병 관리, 기생충 관리에 대해서, 보건 관리 분야에서는 보건행정, 학교보건, 모자보건, 노인보건, 정신보건, 보건영양, 보건교육과 보건통계 등을 중심으로 하여 총 14장으로 구성하였다.

이 저서가 보건의료전문가로 활동하기를 희망하는 식품영양학 전공생뿐만 아니라 보건의료 분야 종사자에게도 참고서로서 도움이 될 수 있기를 바란다. 끝으로 이 책을 출판하기까지 많은 지원과 수고를 해 주신 교문사 류제동 사장님과 편집부 여러분께 감사의 마음을 전한다.

2014년 8월

저자 일동

차례

CONTENTS

CHAPTER 5
인구 및 모자보건

CHAPTER 6
노인 및 정신보건

CHAPTER 7
식품위생 관리

CHAPTER 8
기생충질환 관리

CHAPTER 9
학교보건

CHAPTER 10
산업보건

CHAPTER 11
보건행정

CHAPTER 12
보건영양

CHAPTER 13
보건교육

CHAPTER 14
보건통계

CHAPTER 1
공중보건학의 개요

학습 목표

- 공중보건학의 정의를 설명할 수 있다.
- 공중보건학의 범위를 분류할 수 있다.
- 공중보건수준을 평가하는 방법을 설명할 수 있다.
- 공중보건학의 발달과정을 기술할 수 있다.

CHAPTER 1

공중보건학의 개요

도입 사례 *

건강정보 이해력 제고를 위한 헬스리터러시 증진 노력

건강정보에 접근하고 이를 이해·활용하는 건강관리 역량인 헬스리터러시(health literacy)는 건강 증진과 건강형평성 달성을 위한 주요 전략 중 하나이며 헬스리터러시는 건강행동, 질병 이환, 만성질환 관리, 의료 이용, 사망률 등 다양한 건강 영역과 관련이 있는 것으로 알려져 있다.

한국보건사회연구원이 2020년에 성인 1,002명을 대상으로 조사한 바에 따르면, 헬스리터러시가 부족한 사람은 전체의 43.3%였고, 적정 수준인 사람은 29.1%에 불과하였다. 건강정보를 찾을 때 자주 이용하는 것으로 조사된 인터넷 포털(3.63점)과 유튜브(3.64점)에 대한 만족도는 '약간 만족'과 '만족하지도, 불만족하지도 않음' 사이 정도의 수준이었다. 조사대상자의 70.9%는 헬스리터러시가 부족 또는 경계 수준인 것으로 나타났고, 헬스리터러시 수준이 낮은 집단은 높은 집단에 비해 신체활동, 건강한 식생활 노력, 영양표시 확인 등의 건강생활을 실천하지 않는 비율이 높아, 이들의 건강관리를 위한 지원이 필요하다고 판단된다. 주요 국가는 낮은 헬스리터러시를 보건정책 수행과 국민 건강 증진의 장애물로 보고, 국민들의 헬스리터러시 수준을 높일 수 있도록 여러 노력을 하고 있다.

따라서 국민들이 양질의 건강정보를 쉬운 방법으로 찾을 수 있도록 건강정보 제공 및 전달 체계를 개선할 필요가 있으며 국민 건강 수준 제고와 건강형평성 달성을 위해서는 헬스리터러시를 건강정책의 주요 의제로 설정해야 한다. 그동안 우리나라는 헬스리터러시에 대한 정책적 관심이 부족했으나, 제5차 국민건강증진종합계획 2030에서 '건강정보 이해력 제고'를 중점과제로 포함하였으므로 이를 통해 우리나라 국민의 헬스리터러시가 증진되기를 기대한다.

자료: 최슬기, 김혜원(2021) 발췌 재구성.

생각해 보기 **

- 제5차 국민건강증진종합계획 2030의 중점과제 중 '건강정보 이해력 제고'를 위한 구체적인 방안은 무엇인가?

1 공중보건학의 정의

동서고금을 막론하고 건강하게 오래 사는 것은 인간의 가장 기본적인 욕구이다. 세계보건기구World Health Organization: WHO 헌장 전문에는 "건강이란 질병이 없거나 허약하지 않을 뿐만 아니라 육체적·정신적·사회적 안녕이 완전한 상태"라고 정의되어 있다.

단순히 '얼마나 오래 사는가'에 중점을 두지 않고 '얼마나 건강하게 오래 사는가'에 중점을 두고 산출한 지표가 건강수명healthy life expectancy이다. 건강수명은 평균수명에서 질병이나 부상으로 활동하지 못한 기간을 뺀 것으로 통계청 자료표 1-1에 의하면 우리나라 국민의 2020년 건강수명은 66.3세이고, 최근 관련 연구에 의하면 2030년 건강수명 예측치는 평균 73.3세, 남자는 71.4세, 여자는 75.0세이다그림 1-1. 2020년 우리나라의 기대수명은 남자 80.5세, 여자 86.5세로 OECD 회원국의 기대수명표 1-2보다 남자는 2.6년, 여자는 3.3년 높았고, 우리나라 남녀 간의 기대수명 차이6.0년는 OECD 평균5.3년보다는 0.7년

표 1-1
기대수명 및 건강수명의 차이

구분		2012년	2013년	2014년	2015년	2016년	2017년	2018년	2019년	2020년
기대수명	계	80.87	81.36	81.80	82.06	82.40	82.70	82.70	83.30	83.50
	남자	77.57	78.12	78.58	78.96	79.30	79.70	79.70	80.30	80.50
	여자	84.17	84.60	85.02	85.17	85.40	85.70	85.70	86.30	86.50
유병기간 제외 기대수명(건강수명)		65.70	–	65.20	–	64.90	–	64.40	–	66.30

자료: 통계청(2021).

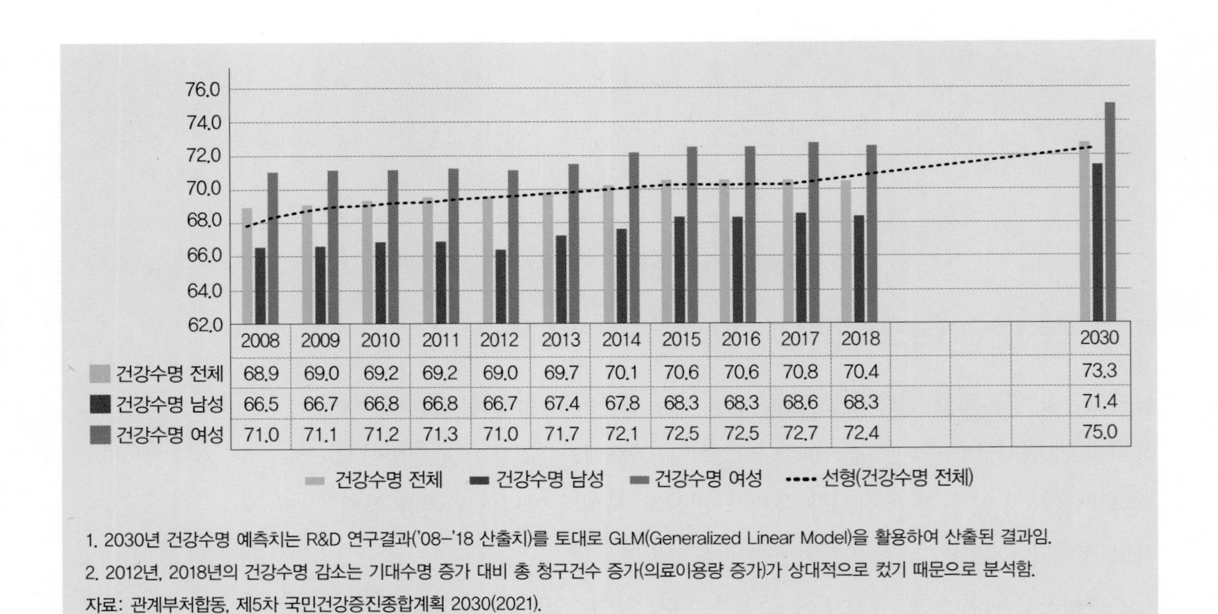

	2008	2009	2010	2011	2012	2013	2014	2015	2016	2017	2018	2030
건강수명 전체	68.9	69.0	69.2	69.2	69.0	69.7	70.1	70.6	70.6	70.8	70.4	73.3
건강수명 남성	66.5	66.7	66.8	66.8	66.7	67.4	67.8	68.3	68.3	68.6	68.3	71.4
건강수명 여성	71.0	71.1	71.2	71.3	71.0	71.7	72.1	72.5	72.5	72.7	72.4	75.0

1. 2030년 건강수명 예측치는 R&D 연구결과('08–'18 산출치)를 토대로 GLM(Generalized Linear Model)을 활용하여 산출된 결과임.
2. 2012년, 2018년의 건강수명 감소는 기대수명 증가 대비 총 청구건수 증가(의료이용량 증가)가 상대적으로 컸기 때문으로 분석함.
자료: 관계부처합동, 제5차 국민건강증진종합계획 2030(2021).

그림 1-1
건강수명 추이(2008~2018) 및 2030년 예측치

표 1-2
우리나라와 OECD 가입 국가와의 기대수명 비교

기대수명	한국	일본	스페인	프랑스	이탈리아
남자	80.5	81.6	79.7	79.2	80.1
여자	86.5	87.7	85.1	85.3	84.7

자료: OECD.Stat, Health Status Data(2021).

높았으며, 일본과 프랑스와 유사한 수준이었다[표 1-2]. 제5차 국민건강증진종합계획 2030에 의하면 우리나라 국민의 건강수명은 2018년 70.4세에서 2030년 73.3세를 목표로 하고 있다. 건강하게 오래 살기 위해서는 단순히 질병의 치료나 예방에만 힘쓸 것이 아니라 건강증진을 위해 개인과 사회, 국가가 지니고 있는 능력을 극대화할 수 있도록 개발·교육·지원하는 것이 중요하다.

공중보건학public health은 공중의 보건, 즉 지역사회 주민의 건강을 유지하거나 향상시키기 위한 조직적인 지역사회의 노력을 연구하는 학문이다. 공중보건학의 정의로는 미국 예일대학교의 윈슬로우Winslow 교수의 정의가 가장 많이 인용되고 있다. 윈슬로우는 "공중보건은 환경위생, 감염병 관리, 개인위생에 대한 교육, 질병의 조기진단과 예방적 치료를 위한 의료 및 간호서비스의 체계화, 모든 사람이 건강을 유지하는 데 적합한 생활수준을 보장받기 위한 사회제도의 개발 등에 대한 조직화된 지역사회의 노력을 통해서 질병을 예방하고 수명을 연장시키며 신체적·정신적 능력을 증진시키는 과학이자 기술이다."라고 정의하였다.

공중보건사업의 주요 대상은 개인이 아닌 지역사회 주민이고, 공중보건사업 수행의 주체는 지역사회이다. 공중보건사업은 사업의 목적 달성을 위해 지역사회 주민을 대상으로 건강에 유해한 원인이 되는 사회·경제적, 문화적, 환경적 요인을 분석하고 부정적인 영향을 주는 요인을 제거하거나 적절한 수준으로 관리하는 데 중점을 두고 있다.

지역사회 주민의 건강결정요인은 크게 개인적 요인과 환경적 요인으로 분류된다. 요인별로 건강기여 정도를 살펴보면 개인적 특성은 9~19%, 사회·경제적 특성은 40%, 건강행동은 22~51%, 보건의료서비스 제공 환경은 10%, 사회적·물리적 환경은 2~20% 정도이다[표 1-3].

대부분의 건강문제는 조기에 진단하여 적절한 치료를 받거나 지역사회의 건강유해요인을 사전에 정확히 파악하여 지역사회보건사업 등을 통해 공동으로 예방을 위해 노력한다면 심각해지기 전에 해결할 수 있으며, 그에 따르는 의료비와 요양비 등 경제적 부담도 경감할 수 있다.

표 1-3
건강결정요인의 분류 및 건강기여정도

건강결정요인			건강 기여정도	사업 분야와의 관련성
대분류	중분류	소분류		
개인적 요인	개인적 특성	생물의학적 요인	9~19%	인구집단별 건강관리 (생애주기별 건강관리, 건강취약집단 건강관리)
		정서적 요인		
	사회경제적 특성	개인의 사회경제적 요인	40%	
	건강행동	건강행태, 보건의료이용	22~51%	건강생활 실천 확산
환경적 요인	보건의료서비스 제공 환경	건강증진	10%	예방 중심의 상병 관리
		보건의료서비스		
	사회적 환경	사회적 환경요인	2~20%	안전 환경보전
	물리적 환경	물리적 환경요인		

자료: 보건복지부(2011).

2 공중보건학의 범위

공중보건은 건강과 관련되는 모든 영역을 다루므로 오늘날 연구되는 공중보건학의 범위는 매우 광범위하다. 우리나라는 보건소 등의 지역의료보건기관을 중심으로 지역보건사업을 수행하고 있으므로 「지역보건법」 제11조 보건소의 기능과 업무 내용을 살펴보면 공중보건학의 범위를 알아볼 수 있다.

식품학이나 영양학 전공자들은 보건소 등 지역의료보건기관이나 연구기관에서 공중보건영역 중 주로 국민건강증진·보건교육 및 영양관리사업, 감염병의 예방·관리사업, 모자보건 및 가족계획사업, 노인보건사업, 공중위생 및 식품위생 관리, 정신보건 및 가정·사회복지시설 등을 방문하여 행하는 보건의료사업, 지역주민에 대한 건강진단 및 만성퇴행성질환 등의 질병 관리, 보건에 관한 실험 또는 검사 및 기타 지역주민의 보건의료 향상·증진 및 이를 위한 연구사업 업무를 수행하고 있다.

본 교재에서는 식품영양학 전공자들의 사회 진출 분야를 고려하여 공중보건학의 범위 중에서 역학, 감염병 및 만성질환 관리, 인구 및 모자보건, 노인

「지역보건법」 제11조 보건소의 기능과 업무

1. 건강 친화적인 지역사회 여건의 조성
2. 지역보건의료정책의 기획, 조사·연구 및 평가
3. 보건의료인 및 「보건의료기본법」 제3조제4호에 따른 보건의료기관 등에 대한 지도·관리·육성과 국민보건 향상을 위한 지도·관리
4. 보건의료 관련기관·단체, 학교, 직장 등과의 협력체계 구축
5. 지역주민의 건강증진 및 질병예방·관리를 위한 다음 각 목의 지역보건의료서비스의 제공
   가. 국민건강증진·구강건강·영양관리사업 및 보건교육
   나. 감염병의 예방 및 관리
   다. 모성과 영유아의 건강유지·증진
   라. 여성·노인·장애인 등 보건의료 취약계층의 건강유지·증진
   마. 정신건강증진 및 생명존중에 관한 사항
   바. 지역주민에 대한 진료, 건강검진 및 만성질환 등의 질병관리에 관한 사항
   사. 가정 및 사회복지시설 등을 방문하여 행하는 보건의료사업
   아. 난임의 예방과 관리

및 정신보건, 식품위생 및 기생충질환 관리, 학교 및 산업보건, 보건행정과 보건영양, 보건교육과 보건통계 영역을 중점적으로 다루고자 한다.

제5차 국민건강증진종합계획2021~2030에서는 건강수명 연장과 건강형평성 제고를 목표로 금연, 절주, 영양, 신체활동, 구강건강, 자살예방, 치매, 중독, 지역사회 정신건강, 암, 심뇌혈관질환, 비만, 손상, 감염병예방 및 관리, 감염병 위기 대비 대응, 기후 변화성 질환, 영유아, 아동·청소년, 여성, 노인, 장애인, 근로자, 군인, 건강정보 이해력 제고의 중점과제에 대한 대표지표에 대해 2030년 목표치가 설정되어 있다표 1-4. 식품영양학 전공자는 각 영역의 보건사업에 참여하여 국민건강증진에 기여할 수 있다. 특히 영양 영역의 대표지표인 '식품안전성 확보 가구분율'을 2030년까지 97.0%로 증가시키고, 보건·영양교육을 통해 성인남녀의 고혈압·당뇨·비만 유병률 감소와 노인의 주관적 건강인지율 증가 등에 기여할 수 있을 것이다.

공중보건학과 유사한 인접 학문으로는 위생학, 공중위생학, 예방의학, 사회

표 1-4 제5차 국민건강증진종합계획 2030의 대표지표별 목표

중점 과제	대표지표		
	지표명	2018 기준치	2030 목표치
금연	성인남성 현재흡연율 (연령표준화)	36.7%	25.0%
	성인여성 현재흡연율 (연령표준화)	7.5%	4.0%
절주	성인남성 고위험음주율 (연령표준화)	20.8%	17.8%
	성인여성 고위험음주율 (연령표준화)	8.4%	7.3%
영양	식품 안정성 확보 가구분율	96.9%	97.0%
신체활동	성인남성 유산소 신체활동 실천율(연령표준화)	51.0%	56.5%
	성인여성 유산소 신체활동 실천율(연령표준화)	44.0%	49.3%
구강건강	영구치(12세) 우식 경험률(연령표준화)	56.4%	45.0%
자살예방	자살사망률(인구 10만 명당)	26.6명	17.0명
	남성 자살사망률 (인구 10만 명당)	38.5명	27.5명
	여성 자살사망률 (인구 10만 명당)	14.8명	12.8명
치매	치매안심센터의 치매환자 등록·관리율(전국 평균)	51.5% (2019)	82.0%
중독	알코올 사용장애 정신건강 서비스 이용률	12.1% (2016)	25.0%
지역사회 정신건강	정신건강 서비스 이용률	22.2% (2016)	35.0%
암	성인남성(20~74세) 암 발생률 (인구 10만 명당, 연령표준화)	338.0명 (2017)	313.9명
	성인여성(20~74세) 암 발생률 (인구 10만 명당, 연령표준화)	358.5명 (2017)	330.0명
심뇌혈관 질환	성인남성 고혈압 유병률 (연령표준화)	33.2%	32.2%
	성인여성 고혈압 유병률 (연령표준화)	23.1%	22.1%
	성인남성 당뇨병 유병률 (연령표준화)	12.9%	11.9%
심뇌혈관 질환	성인여성 당뇨병 유병률 (연령표준화)	7.9%	6.9%
	급성 심근경색증 환자의 발병 후 3시간 미만 응급실 도착 비율	45.2%	50.4%
비만	성인남성 비만 유병률 (연령표준화)	42.8%	≤42.8%
	성인여성 비만 유병률 (연령표준화)	25.5%	≤25.5%
손상	손상사망률(인구 10만 명당)	54.7명	38.0명
감염병 예방 및 관리	신고 결핵 신환자율 (인구 10만 명당)	51.5명	10.0명
감염병 위기 대비대응	MMR 완전접종률	94.7% (2019)	≥95.0%
기후 변화성 질환	기후보건영향평가 평가체계 구축 및 운영	–	구축완료
영유아	영아사망률(출생아 1천 명당)	2.8명	2.3명
아동·청소년	고등학교 남학생 현재흡연율	14.1%	13.2%
	고등학교 여학생 현재흡연율	5.1%	4.2%
여성	모성사망비(출생아 10만 명당)	11.3명	7.0명
노인	노인남성의 주관적 건강인지율	28.7%	34.7%
	노인여성의 주관적 건강인지율	17.6%	23.6%
장애인	성인 장애인 건강검진 수검률	64.9% (2017)	69.9%
근로자	연간 평균 노동시간	1,993시간	1,750시간
군인	군 장병 흡연율	40.7% (2019)	33.0%
건강정보 이해력 제고	성인남성 적절한 건강정보이해능력 수준	–	70.0%
	성인여성 적절한 건강정보이해능력 수준	–	70.0%

자료: 관계부처합동(2021).

의학, 지역사회보건학 등이 있다. 위생학은 개인과 환경의 관련성을 밝히고, 개인을 둘러싼 환경을 개선함으로써 질병을 예방하고 건강을 유지·증진시키는 과학으로 개인위생에서 집단을 대상으로 하는 공중위생학public hygiene의 개념으로 발전했다. 예방의학preventive medicine은 개인이나 가족을 대상으로 질병의 예방과 건강을 증진시키기 위해 임상적 진단을 통해 의학적 치료와 투약을 한다는 점에서 공중보건학과 목적이 동일하나 적용 대상과 내용, 문제해결 방법 등이 다르다. 사회의학social medicine은 건강에 유해한 요인을 경제적·사회적·문화적 영향으로 종합적으로 이해하면서 건강에 유해한 요인들을 제거함으로써 건강을 증진시키고자 한다. 또한 지역사회보건학community health은 의료 공급자와 수혜자, 보건행정 주무관청과 지역사회 모두가 상호 협력하면서 지역사회의 보건문제를 해결하고 이상적인 보건의료서비스 제공에 대해 연구하는 분야이다.

식품영양학 전공자들이 보건학적 접근방법을 이용하여 인구집단의 건강수준을 향상하고, 식생활과 관련된 질병의 일차 예방을 중점적으로 연구하는 보건영양학 분야도 있다. 따라서 공중보건학을 공부하고 지역사회 보건사업 분야에서 보건의료전문가로 활동하기 위해서는 인접 학문에 대한 이해도 필요하다.

3 공중보건수준의 평가

지역사회 주민의 건강수준을 지표로 계측하거나 수량화하는 것은 쉽지 않다. 국가나 지역사회의 건강수준을 나타내는 여러 가지 지표 중 세계보건기구는 한 나라의 보건 수준을 표시하고 다른 국가와 비교할 수 있는 지표로서 비례사망지수Proportional Mortality Indicator: PMI, 평균수명expectation of life, 보통사망률Crude Death Rate: CDR, 영아사망률Infant Mortality Rate: IMR 등 4가지를 제시하였다.

비례사망지수는 연간 전체 사망자 수에 대한 50세 이상 사망자 수의 구성 비율로 평균수명이나 보통사망률의 보정지표가 된다. 비례사망자 수가 낮은 것은 영아사망률이 높거나 평균수명이 낮은 것이 원인으로 비례사망자 수가 낮을수록 그 국가의 건강수준이 낮은 것으로 판단한다.

$$PMI = \frac{\text{연간 50세 이상 사망자 수}}{\text{연간 총 사망자 수}} \times 100$$

평균수명이란 출생 직후의 평균여명기대수명을 말하는 것으로 특정 기간의 사망자 수가 변함없다는 것을 전제로 동일 출생인구집단의 각급 연령이 얼마나 생존할 것인가를 추정하는 방법이다. 평균수명의 증가는 사망력의 감소와 영유아 사망의 감소 등을 의미한다.

통계청에 의하면 우리나라의 평균수명은 2000년에는 전체 평균이 76.0세로 남자가 72.3세, 여자가 79.7세였다. 2010년에는 전체 평균이 80.2세로 남자가 76.8세, 여자가 83.6세였으며, 2020년에는 전체 평균이 83.5세로 남자가 80.5세, 여자가 86.5세로 남녀 간의 수명차이는 6.0년이었고 1980년 8.5년을 정점으로 남녀 간 수명 간격이 지속적으로 줄어드는 추세를 보이고 있다표 1-5.

보통사망률이란 조사망률이라고도 하며 인구 1,000명당 사망 수로 표시하고 영아사망률, 신생아 및 연령별 사망률로 계산한다. 이 중 영아사망률은 연간 출생아 수 1,000명당 영아의 사망자 수이다.

표 1-5
우리나라 국민의 평균수명 추이

(단위: 세)

구분 \ 연도	1970	1980	1990	2000	2010	2020
전체	62.3	66.1	71.7	76.0	80.2	83.5
남자	58.7	61.9	67.5	72.3	76.8	80.5
여자	65.8	70.4	75.9	79.7	83.6	86.5

자료: 통계청(2021).

$$\text{IMR} = \frac{\text{연간 1세 미만 사망아 수}}{\text{연간 총 출생아 수}} \times 100$$

영아란 출생 후 12개월까지를 말한다. 영아기는 성인에 비해 열악하고 비위생적인 생활환경에 더 큰 영향을 받으므로 영아사망률은 보건상태를 평가하는 대표적인 지표로 사용된다. 우리나라 영아사망률은 2000년 인구 1,000명당 6.2명에서 2018년 2.8명으로 낮아졌고, 2018년 기준으로 OECD 평균인 4.1명보다는 다소 낮은 수준이다[그림 1-2]. 영아사망률에 대한 제5차 국민건강증진종합계획 2030 목표치는 인구 1,000명당 2.3명이다[표 1-4].

더욱 세밀한 평가를 위해서는 α-Index를 영아사망 수÷신생아사망 수로 계산하여 활용하기도 한다. 신생아사망은 생후 28일 이내에 사망하는 경우로 선천적인 원인이 많아 예방이 불가능한 경우가 많으나 영아기사망은 예방이

그림 1-2
OECD 국가의 연도별 영아사망률

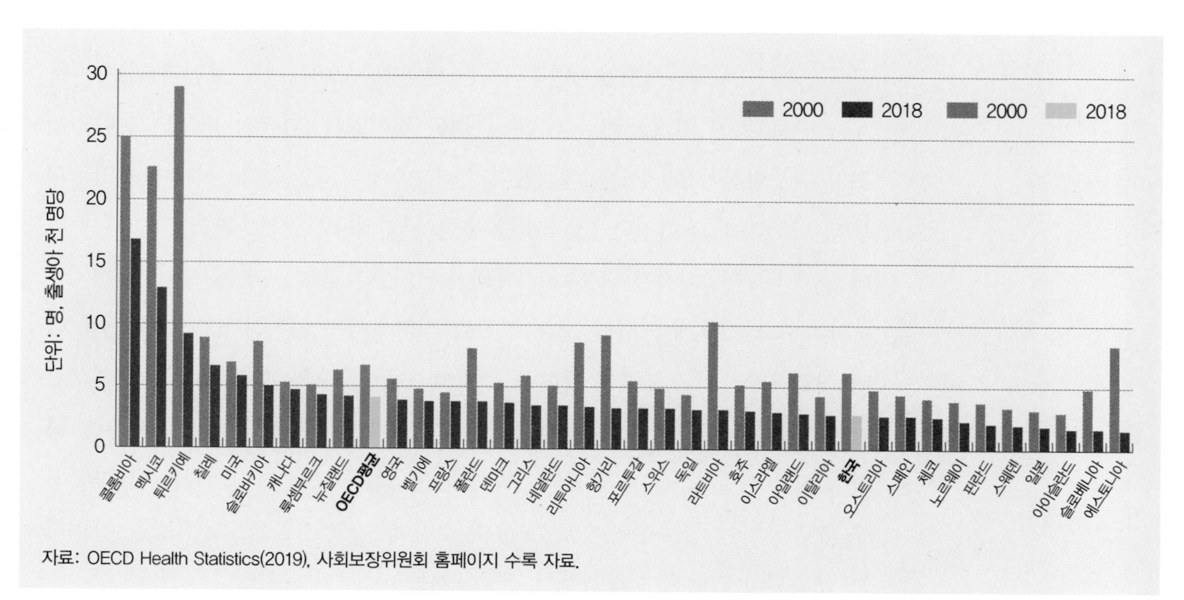

자료: OECD Health Statistics(2019), 사회보장위원회 홈페이지 수록 자료.

가능한 경우가 많다. 따라서 α-Index가 1.0에 가까울수록 그 국가의 건강수준이나 보건수준이 높다고 평가한다.

4 공중보건학의 발달과정

1) 공중보건학의 역사

공중보건학의 학문체계가 마련된 것은 18세기 산업혁명 이후이다. 산업화에 따라 도시에 인구가 집중되고 여러 지역 간 교류가 증가하면서 여러 가지 감염병이 폭발적으로 확산되었고 이를 억제하고 예방하려는 노력이 증가하면서 공중보건학이 더욱 발달하게 되었다. 그 발전과정을 세계사의 시대 구분을 기준으로 고대, 중세, 근세, 근대, 현대로 분류하고 주요 내용을 살펴보면 다음과 같다.

(1) 고대

고대는 기원전부터 서기 500년경까지를 말한다. 고대에 공중보건과 관련된 문제는 주로 위생 및 감염병 관리와 관련된 것이었다. 기원전 1500년경에는 최초의 위생법전이 모세에 의해 《레위기Leviticus》에 기록되었다. 여기에는 악성피부병, 나환자의 조기진단 및 격리를 통한 전염예방법, 산모 관리, 개인위생 관리 등에 대한 구체적인 내용이 기록되어 있다.

파피루스 기록에 의하면 고대 이집트 지역에서는 기원전 1000년 무렵에 이미 개인위생을 강조하였고 정화조, 공동하수구, 급수와 배수 등의 공중위생활동을 하였다. 또한 인도지역에 계획도시가 만들어지면서 목욕탕, 배수관, 화장실, 의료시설 등을 세웠다는 기록이 남아 있다. 고대 그리스에는 급수와 하수를 담당하는 공무원이 있었고 고대 로마에는 수도, 도로, 목욕탕을 관리하는 공무원이 있었으며 작업장의 건강문제를 다룬 기록도 있다.

그리스의 히포크라테스Hippocrates는 위생과 보건에 관한 저서를 많이 남겼으며, 질병의 발생은 초자연적인 힘에 의해서가 아니라 개인이 거주하는 포괄적인 환경요인과 개인의 행동 특성에 의해 영향을 받는다고 최초로 언급하였다.

(2) 중세

중세는 게르만족의 대이동부터 동로마 제국이 멸망1453년할 때까지의 시기를 말한다. 이 시기에는 대부분의 보건활동이 교회나 수도원의 지도와 종교적인 판단에 따라 수행되었다. 그들은 종교의식이나 기도를 통해 보건문제를 해결하려 했고 성지 순례 등으로 인해 감염병이 확산되기도 하였다.

중세에는 콜레라, 페스트, 한센병, 천연두, 디프테리아, 홍역, 결핵 등 각종 감염병이 크게 유행하였다. 특히 14세기에 페스트plague가 주기적으로 유행하면서 유럽 인구의 1/3인 2,500만 명이 사망하였다.

감염병으로 인한 피해가 커지자 1374년 베니스에서는 페스트 유행지역에서 온 여행자를 항구 밖 일정한 장소에서 14일간 격리시킨 뒤 입항을 허락하였다. 그 후 격리기간을 40일quarantenaria, 이탈리아어로 40일을 뜻함까지로 연장하였는데, 이는 역사적으로 검역quarantine의 시초가 되었다. 또한 1383년 마르세유에서는 최초의 검역법이 통과되고 검역소가 설치·운영되었다.

(3) 근세

근세에는 르네상스Renaissance 이후 1760년대에 산업혁명이 시작되면서 근대적 의미의 공중보건활동이 시작되었으므로 이 시기를 공중보건학 발달사에서 '여명기'라고 지칭하기도 한다. 16~17세기 유럽에서는 발진티푸스, 괴혈병, 매독, 천연두, 페스트 등이 유행하였다.

영국의 시데남Sydenham은 질병의 발생과 진행과정을 상세히 관찰하여 유행병 발생 자연사에 대한 기록을 남겼으며, 이탈리아의 의사 라마치니Ramazzini는 직업병에 관한 저서를 출간하여 산업보건의 기초를 확립하였고, 1749년 스웨덴에서는 전국의 인구 상황 파악을 위해 세계 최초로 국세조사를 실시하였다. 또한 1779년 독일의 프랑크Frank는 국민의 건강은 국가의 책임이라고 강조하면서 최초의 공중보건학 저서를 집필하여 공중보건과 위생관리활동을 체계화하였다.

(4) 근대

근대는 프랑스 혁명1789년 이후부터 20세기 초까지의 시기를 말한다. 이 시기에는 특정질환이 특정균에 의한 것이라는 것을 알게 되었고 예방백신이 개발되면서 예방의학적 사고가 생겨나기 시작하였다. 또한 여러 나라의 공중보건학이 더욱 발전하여 관련 분야의 연구와 관리체계가 확립되었다. 1798년 영국의 의사 제너Jenner는 우두접종법을 개발하여 당시 유럽 영아사망의 가장 큰 원인이었던 천연두를 근절하고, 예방접종의 대중화를 실현하는 계기를 마련하였다.

또한 근대 산업화 과정에서 근로자의 건강문제를 해결하기 위하여 산업보건에 대한 연구가 본격적으로 수행되었다. 영국의 채드윅Chadwick은 중앙 및 지방단위 보건행정기구의 필요성을 강조하였고, 이것을 계기로 1848년 영국에서 처음으로 공중보건법Public Health Act을 제정하고, 공중보건국을 조직하여 보건행정업무를 시작하였다.

영국의 스노우Snow는 1855년 런던에서 발생한 콜레라의 전파방식을 관찰하여 〈콜레라에 관한 역학조사 보고서〉를 발표하였고 감염병 감염설을 입증하고 역학epidemiology에 대한 새로운 인식을 제공하였다.

1860년 파스퇴르Pasteur에 의해 감염병의 원인이 미생물이라는 것이 확인되면서 세균학과 면역학이 더욱 발전하였고, 발효와 부패에 관한 연구를 통해 젖산 발효는 젖산균에 의해, 알코올 발효는 효모균에 의해 일어난다는 것을 발견하였다. 또한 닭콜레라 백신1880년, 돼지단독 백신1883년, 광견병 백신1884년 등을 개발하여 질병예방의 기틀을 확립하였다. 그 후 독일의 의사이자 세균학자인 코흐Koch가 결핵균, 콜레라균, 탄저균 등을 발견하고 1905년에 노벨 생리·의학상을 받았다. 그의 세균배양기술과 지식은 현대 공중보건사업 과학화에 지대한 영향을 주었다.

1862년 영국의 래스본Rathborne에 의해 방문간호사업이 시작되고 이것이 오늘날 보건소의 효시가 되었다. 독일의 위생학자 페텐코퍼Pettenkofer는 1866년 뮌헨대학에 최초로 위생학 강의를 개설하였으며 성인의 일일 영양필요량을 측정하였다.

미국의 스미스Smith는 1872년에 최초로 보건협회를 창설하였다. 한편 1871년 독일 통일을 이룬 비스마르크Bismarck 수상은 1883년 세계 최초의 사회보장제도인 질병보험법을 제정·실시하였고 1884년에는 산재보험, 1889년에는 연금보험을 도입하였다. 영국에서는 1906년에 학교급식법, 1907년에 학교보건법을 제정하였다.

(5) 현대

현대는 제1차 세계대전1914년 이후부터 현재까지의 시대를 말한다. 현대에는 과학기술의 발전과 더불어 보건의료기술도 급격하게 발전하였고 도시화·산업화가 빠르게 진행되면서 그에 따르는 환경문제, 노사문제, 빈부격차문제 등도 증가하였으며, 교통의 발달로 인해 지역 간 교류가 활발히 이루어지면서 공중보건문제가 국가 간 문제로 확대되어 이러한 문제의 해결을 위해 국가 간 공조가 필요해졌다.

또한 공중보건학의 개념에 사회·경제학적 개념이 도입되면서 건강관리 및 건강증진이 강조되기 시작하였고, 전염성 질환보다는 비전염성 질환인 만성질환 관리가 더욱 중요시되고 있다.

영국에서는 1919년 세계 최초로 보건부를 만들고, 1948년에 사회보장제도인 국민보건서비스National Health Service: NHS를 실시하였다. 또한 미국은 1935년에 세계 최초의 사회보장법을 제정하였고, 1948년에는 국립보건원을, 1962년에는 질병관리본부를 설립하여 질병예방 및 관리를 위한 활동을 전개하였다. 일본은 1922년에 건강보험법을 제정하고 1961년 전 국민에게 확대 적용하였다. 한편 공중보건활동을 위한 국가 간 협력의 필요성이 제기되면서 1948년 세계보건기구WHO가 국제연합United Nations: UN의 전문기관으로 설립되었다. 세계보건기구에서는 "2000년까지 전 인류에게 건강을Health for All by the year 2000"이라는 목표를 설정하고 1978년 알마아타AlmaAta 선언을 달성하기 위해 일차보건의료사업 Primary Health Care: PHC을 중점적으로 추진하였고 의료평등 실현을 위해 노력하였다. 일차보건의료란 지역사회 주민이 쉽게 접근할 수 있고, 지역사회 주민들이 수용할 수 있는 사업방법으로, 주민의 적극적인 참여에 의해서, 그들의 지불능력에 맞는 보건의료수가로 제공되는 필수보건의료서비스를 말한다. 이는 지역사회 마을 단위로 수행되는 치료뿐만 아니라 예방, 환경위생개선, 건강증진 및 영양개선 등을 위한 모든 활동을 포함한다표 1-6.

또한 전 세계적으로 지구온난화 및 환경문제가 대두되면서 1972년에 스톡홀름에서 국제인간환경회의를 개최하고 '인간환경선언'을 하였으며, 1973년 유엔환경계획United Nations Environment Program: UNEP이라는 지구환경문제 전담 부서를 설치하였다.

1992년에는 브라질에서 UN환경개발회의를 개최하고 '리우환경선언'을 선포하였고, 1997년 12월에는 지구온난화를 막기 위한 법적 구속력을 가지는 국제합의서인 '교토회의 의정서'를 발표하였고, 2002년 남아프리카공화국에서 개최된 세계정상회의World Summit Sustainable Development: WSSD에서는 빈곤과 환경문제 해결 방안을 담은 '요하네스버그 선언문'을 채택하였다.

근대의 주요 사망원인이 전염성 질환이었다면 현대사회의 주요 사망원인은 만성질환이다. 많은 연구를 통해 만성질환은 건강하지 못한 생활습관, 즉 잘못된 식습관, 운동 부족, 음주, 흡연, 과도한 약물 복용이나 스트레스 등이 원

표 1-6
질병의 예방 수준

예방단계	예방대책
일차보건의료: 1차 예방 (예방의학 및 보건과학)	환경위생개선, 건강증진사업, 영양개선사업, 모자보건사업, 예방접종사업, 식수관리사업 등
이차보건의료: 2차 예방 (치료의학)	조기진단 및 집단검진, 급성질환자 관리사업 등
삼차보건의료: 3차 예방 (재활의학)	재활, 장기요양이나 만성질환자 관리사업 등

인으로 알려져 있으며, 이러한 원인은 건강증진 및 예방활동을 통해 개선될 수 있다. 1986년 제1차 국제건강증진학회에서는 '오타와 헌장'을 채택하고, 이를 통해 표 1-3에 제시된 건강결정요인 등을 효과적으로 관리할 수 있는 건강증진사업의 추진을 강조하였다.

세계보건기구에서는 전 세계적으로 발생하고 있는 여러 가지 보건문제에 대해서 필요시 전문인력 파견, 예산 지원, 보건대책 수립 등의 활동을 지원하고 있다. 특히 신종 감염병의 예방과 관리 등 여러 국가 간의 공조가 필요한 경우 세계보건기구가 중심이 되어 전 세계가 적극적으로 대응해 나가고 있다.

2) 우리나라 공중보건학의 발전과정

우리나라는 개화기에 서양문명이 유입됨에 따라 서양의학이 도입되고 병원이 설립되었으며, 보건·의료제도를 개혁하고 감염병 예방 관리 등 여러 가지 공중보건사업을 수행하기 시작하였다.

1879년 지석영이 종두법을 배워 와서 한국 최초로 종두를 실시하였고 종두법 보급에 힘썼다. 1885년에는 한국 최초의 왕립병원인 광혜원훗날의 제중원이 설립되었고, 1894년에는 위생국을 신설하고 공중보건사업을 관장하였다.

6·25 전쟁 이후 1956년에는 「보건소법」이 제정되어 시·도 보건소가 설치되었다. 「보건소법」이 개정되면서 도시에서는 인구 10만 명당 1개, 농촌에는 군 단위에 1개의 보건소가 설치되었고, 1969년부터는 읍·면에도 보건지소가 설치되어 보건사업을 수행하였다.

1961년 4월, 사단법인 대한가족계획협회가 창립되어 국책사업인 가족계획사업을 성공적으로 시행했으며, 2005년 인구보건복지협회로 명칭을 변경하고 출산지원, 인구교육, 건강증진사업 등을 수행해 나가고 있다.

1976년에는 한국보건개발연구원을 설립하여 국가 보건체계와 보건제도의 발전 방안을 연구하였고, 농촌과 도시의 의료불균형을 해소하기 위한 방안을 모색하여 보건진료원제도 및 공중보건의제도를 도입하였다. 또한 1977년에는

「의료보호법」을 제정하고, 500인 이상 사업장 근로자를 대상으로 의료보험제도를 도입하였으며, 1989년에는 전 국민을 대상으로 의료보험을 확대 실시하였다.

보건소영양사업은 1993년 시범보건소를 중심으로 시작된 이후, 일선 보건소를 중심으로 영양개선사업을 포함한 건강증진사업으로 확산되었다. 1995년에는 「국민건강증진법」이 제정되면서 국가보건의료사업을 치료 중심에서 예방 중심으로 전환하는 계기가 되었다. 또한 「보건소법」을 「지역보건법」으로 개정하여 모든 지방자치단체가 4년마다 지역보건의료계획을 수립하여 시행하도록 명시하고, 2005년부터 저소득층 임산부 및 영유아를 위한 보충영양관리사업을 실시하면서 영양취약계층의 영양 관리가 효과적으로 개선되었다.

정부 차원에서 진행하는 조사사업 중 유일하게 영양개선과 관련 있는 국민건강영양조사는 「국민건강증진법」 제16조에 근거하여 국민의 건강 및 영양상태를 파악하고, 보건정책 수립과 평가에 필요한 통계자료를 산출하기 위해 실시되고 있다. 1969년 「식품위생법」과 「국민영양개선령」에 의해 매년 국민영양조사를 실시하였으나 1998년부터 「국민건강증진법」에 의해 3년마다 국민건강영양조사를 실시하였다. 그 후 2007년부터는 매년 조사를 실시하고 있으며 「국민영양관리법」이 제정되면서 「국민영양관리법」에 근거하는 사업으로 변경되었다. 매년 192개 지역의 20가구를 확률표본으로 추출하여 만 1세 이상 가구원 약 1만 명을 조사한다. 대상자의 생애주기별 특성에 따라 소아[1~11세], 청소년[12~18세], 성인[19세 이상]으로 나누어 각기 특성에 맞는 조사항목을 적용하는데, 조사 내용은 검진조사, 건강설문조사, 영양조사 등이다. 조사 결과는 국민건강증진종합계획 수립 및 평가, 국민건강증진 프로그램 개발, 지역보건의료계획 목표 수립 및 평가, OECD, WHO 등의 국제기구가 요구하는 보건부문 통계 산출, 건강수준 및 보건행태에 관한 지표의 국가 간 비교, 주요 만성질환의 유병률 파악 등에 활용된다.

2002년부터는 국민건강증진종합계획[Health Plan 2010]을 수립하여 금연, 절주, 운동 및 영양개선사업을 추진하였고 제2차 국민건강증진종합계획[2005~2010년], 제3차 국민건강증진종합계획2011~2015년, 제4차 국민건강증진종합계획2016~2020년, 제5차 국민건강증진종합계획2021~2030년을 순차적으로 수립·실행하면서 모든 국민이 평생 건강을 누리는 사회 구현에 노력하고 있다그림 1-3.

모든 사람이 평생 건강을 누리는 사회

건강수명 연장, 건강형평성 제고

기본 원칙

1. 국가와 지역사회의 **모든 정책 수립에 건강을 우선적으로 반영**한다.
2. **보편적인 건강수준의 향상과 건강형평성 제고**를 함께 추진한다.
3. **모든 생애과정과 생활터에 적용**한다.
4. **건강친화적인 환경**을 구축한다.
5. **누구나 참여**하여 **함께 만들고 누릴** 수 있도록 한다.
6. 관련된 **모든 부문**이 **연계**하고 **협력**한다.

건강생활 실천

- 금연
- 절주
- 영양
- 신체활동
- 구강건강

정신건강 관리

- 자살예방
- 치매
- 중독
- 지역사회 정신건강

비감염성 질환 예방관리

- 암
- 심뇌혈관질환
- 비만
- 손상

감염 및 기후변화성 질환 예방관리

- 감염병 예방 및 관리
- 감염병 위기 대비·대응
- 기후변화성 질환

인구집단별 건강관리

- 영유아
- 아동·청소년
- 여성
- 노인
- 장애인
- 근로자
- 군인

건강친화적 환경 구축

- 건강친화적 법제도 개선
- 건강정보 이해력 제고
- 혁신적 정보기술의 적용
- 재원마련 및 운용
- 지역사회 자원 확충 및 거버넌스 구축

자료: 관계부처합동(2021).

그림 1-3
국민건강증진종합계획 2030(HP 2030)의 기본 틀

1981년 제정된 「학교급식법」에 근거하여 전국의 학교급식소에 영양사가 배치되었고, 2006년에는 「초·중등교육법」 및 「학교급식법」이 개정되어 각 학교에 영양교사를 배치하는 근거가 마련되었으며, 학교에서의 영양교육과 상담이 활성화될 수 있는 계기가 되었다.

농림축산식품부는 2009년 「식생활교육지원법」을 제정하여 가정, 학교, 지역사회에서의 식생활교육을 활성화하고자 하였고, 보건복지부는 2010년에 「국민영양관리법」을 제정하여 국민영양관리계획의 수립과 시행, 생애주기별 영양취약군의 영양관리사업, 시설이나 단체에서의 영양관리사업, 임상영양사 제도 등의 기반을 마련하였고, 같은 법 제23조에 의거한 임상영양사 제도가 시행되면서 병원 등의 보건의료기관에서 임상영양사가 영양상담 및 교육, 영양모니터링 및 평가, 영양불량 개선을 위한 영양 관리와 임상영양 연구를 보다 전문적이고 체계적으로 수행할 수 있게 되었다.

또한 2011년 이후에는 「어린이 식생활안전관리 특별법」에 근거하여 어린이의 바른 식생활을 위한 정보 제공이 강화되었고, 같은 법 제21조 제1항과 시행령 제12조에 근거하여 어린이급식관리지원센터 설치가 전국적으로 확산되면서 어린이의 영양·위생 관리가 효과적으로 향상되었다.

CHAPTER 2

역학

학습 목표

- 역학의 정의와 역할을 설명할 수 있다.
- 역학의 분류체계를 설명할 수 있다.
- 질병 및 유행발생 과정을 설명할 수 있다.
- 역학 연구방법의 특성과 장단점을 설명할 수 있다.

CHAPTER 2

역학

도입 사례 *

역학과 공중보건

스노(1813)가 의학 분야에서 데이터와 통계해석에 근거해 최선의 판단을 내리는 '역학' 부분을 창안한 이래로 100년 이상의 세월이 흘렀으며, 이제 역학은 의학 영역뿐 아니라 과학 전 분야에서 중요한 연구모형으로 자리 잡았다.

자료: 니시우치 히로무(2014).

영양역학 분야는 질병발생에 식이가 영향을 미칠 수 있다는 관심에서 시작하여 200여 년 전부터 여러 필수영양소를 발견하는 데 기여하였다. 우리나라에서는 '국민영양조사'(1969년 도입)와 '국민건강 및 보건의식행태조사'(1971년 도입)를 통합하여 1998년부터 '국민건강영양조사'를 시작하였다. 지금까지 제1기(1998), 제2기(2001), 제3기(2005), 제4기(2007~2009), 제5기(2010~2012), 제6기(2013~2015), 제7기(2016~2018), 제8기(2019~2021) 조사가 시행되었고, 현재 제9기 조사가 진행 중이다. 제1~3기까지는 3년의 간격을 두고 당해 연도에 2~3개월 동안 실시된 단기조사로 운영되다가, 제4기 1차년도(2007)부터 질병관리청에서 '전문조사수행팀'을 구성하여 계절적 편향 없이 매년 통계생산이 가능한 연중조사로 수행하고 있다. 현재 1기 데이터부터 국민건강영양조사의 원시자료를 연구자들에게 공개하여, 우리나라에서도 영양과 질병에 관련된 국가 규모의 역학연구가 활발히 진행되고 있다.

생각해 보기 **

- 역학연구를 통해서 알려진 주요 만성질환의 식이요인에는 어떤 것이 있는가?

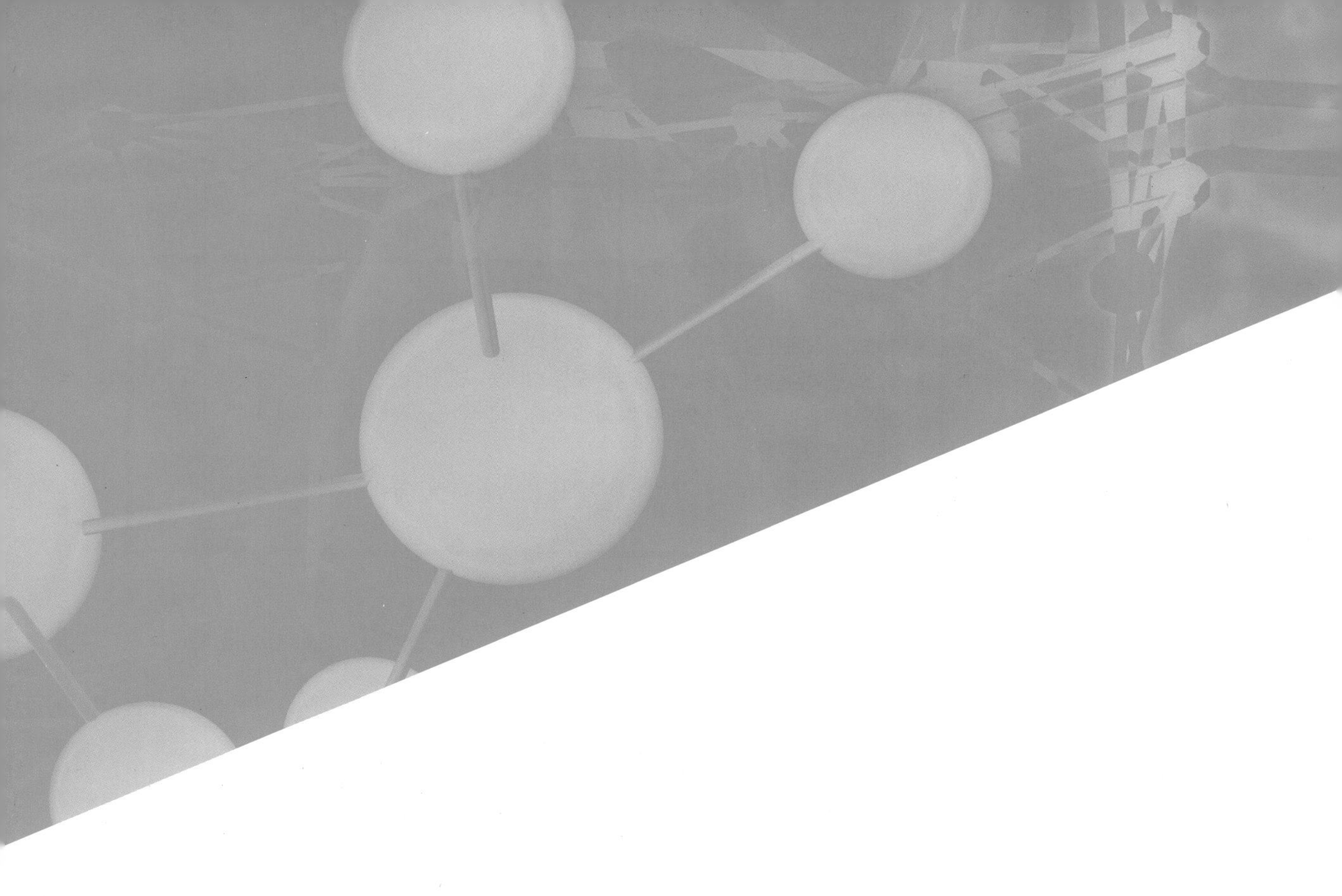

1 역학의 정의와 역할

역학epidemiology은 인구집단에 관한 학문을 뜻하며 그리스어의 위, 바깥을 의미하는 'epi', 인구집단을 의미하는 'demos', 학문을 의미하는 'logos'의 합성어이다. 여러 학자들이 정의하는 역학의 개념을 요약하면, 역학이란 특정 인구집단을 대상으로 건강상태 혹은 건강과 관련된 사건의 분포를 관찰하고, 이와 관련된 결정요인을 규명하여 질병의 관리와 예방 그리고 건강증진에 활용하는 학문이다.

역학의 역할은 첫째, 질병의 원인과 그 발생위험을 높이는 위험요인을 파악하는 것이다. 이렇게 규명된 결과는 질환의 이환율과 사망률을 감소시키는 예방적 역할에 기여할 수 있다.

둘째, 특정 인구집단 또는 특정 지역사회의 질병발생률, 이환율, 사망률 등을 통해 질병발생 또는 유행의 감시 역할을 하는 것이다.

셋째, 질병 관리 예방을 위한 보건의료시설 및 인력 등에 대한 관리대책 마

역학의 특징

- 역학의 대상은 인구집단이다.
- 역학의 영역은 질병을 포함한 건강의 모든 상태를 포함한다.
- 인구집단에 발생하는 질병의 빈도와 분포를 시간적·공간적·인적 특성에 따라 기술하여 질병의 특성을 파악한다.
- 기술한 결과를 바탕으로 가설을 설정하고, 이 가설을 역학적인 분석방법을 이용하여 분석하고 위험요인을 규명한다.

련 자료를 제공한다.

넷째, 잘 설계된 전향적 코호트 연구나 임상실험을 통해서 얻어진 결과를 통해 질병의 자연사나 예후요인을 파악할 수 있다.

다섯째, 기존의 질병 치료나 예방법, 의료공급체계의 효과나 효율성, 보건사업의 계획과 집행 및 사업의 효과성을 평가하는 역할을 한다.

여섯째, 공중보건 문제에 대한 정책 수립의 근거자료를 제공한다.

2 질병 및 유행 발생과정

역학의 기본요인에는 병인agent, 숙주host, 환경environment이 있다. 생태계에서 발생하는 질병은 어느 1가지 요인에 의한 것이 아니며, 적어도 2가지 이상의 요인이 겹쳐서 발생한다. 질병의 발생 및 유행에 영향을 주는 요인들의 상호작용을 설명하는 모형으로는 역학적 삼각형, 거미줄 모형, 수레바퀴 모형이 있다.

1) 역학적 삼각형

역학적 삼각형epidemiologic triangle 모형에서는 질병발생을 병인agent, 숙주host, 환경environment의 3가지 상호관계로 설명한다. 병인에는 세균·바이러스와 같은 생물학적 병인, 농약·중금속과 같은 화학적 병인, 압력·중력·기압과 같은 물리적 병인이 있다. 그러나 실질적인 질병의 발생은 병인이 존재한다고 해서 꼭 일어

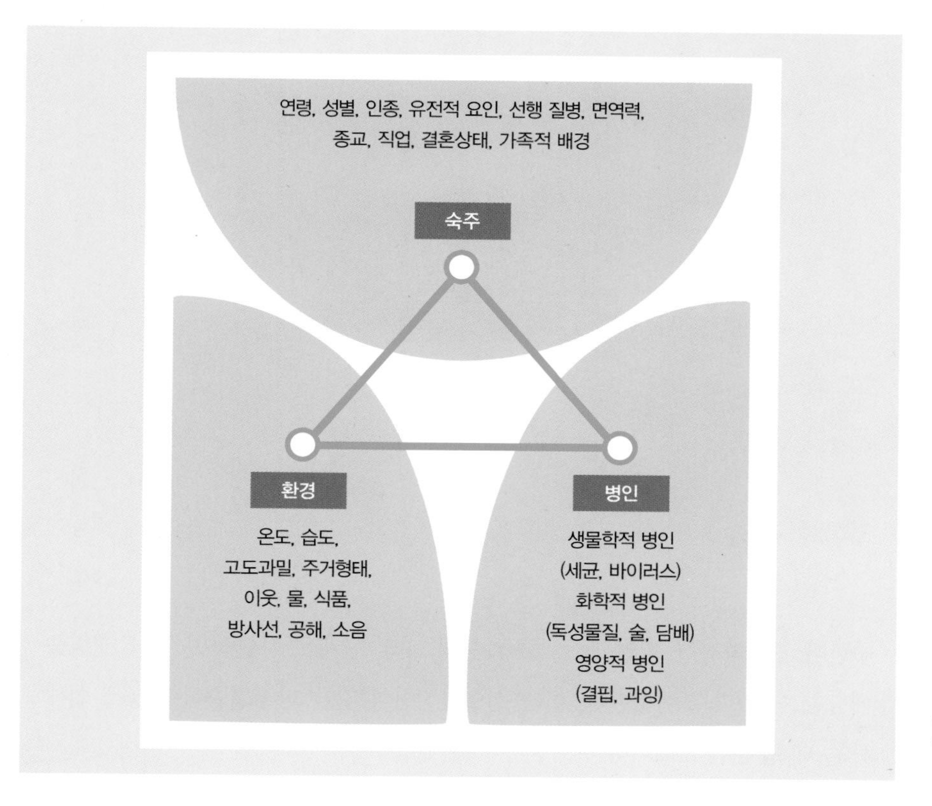

그림 2–1
역학적 삼각형

나는 것이 아니라, 숙주의 면역능력과 같은 건강상태, 병인의 생존에 적합한 환경요인이 존재하는가에 영향을 받는다. 이 모형에서는 3가지 요인 중 하나라도 변화가 있어 균형이 상실될 경우 질병이 발생하는 것으로 본다. 이 모형은 감염성 질환의 발생을 설명하는 데 적합하다[그림 2-1].

2) 거미줄 모형

거미줄 모형[web of causation]은 질병발생에 관여하는 직간접 요인의 작용경로가 거미줄처럼 복잡하게 얽혀 발생한다고 설명한다[MacMahon 등, 1960]. 이 모형에서는 병인과 숙주, 환경으로 구분하지 않고 모두를 질병에 영향을 주는 요인으로 간

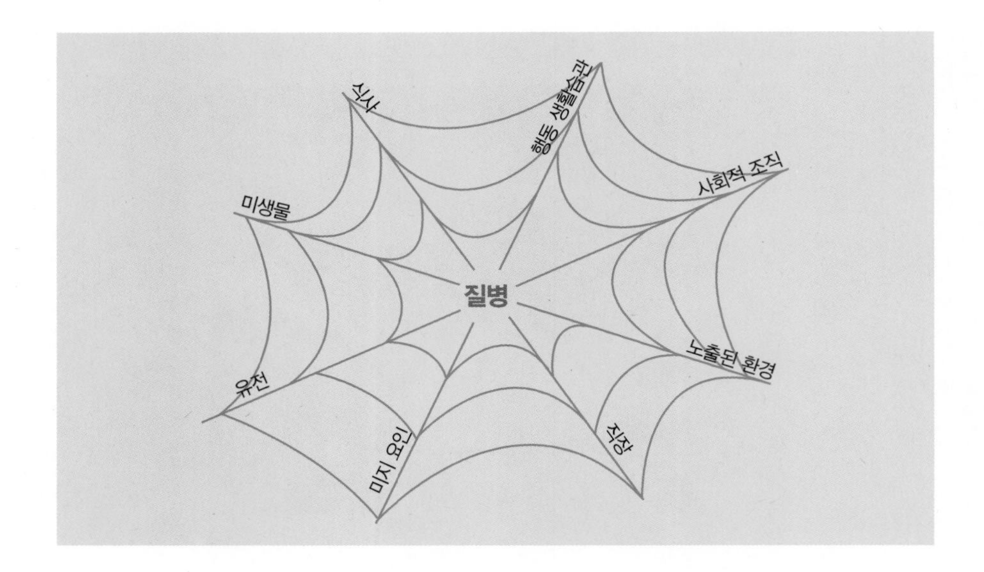

그림 2-2
질환 발생의 거미줄 모형

주한다. 즉, 복잡한 원인 요소 중 가능한 몇몇 단계를 차단하면 해당 질병을 예방할 수 있다고 설명한다. 이는 심혈관질환과 같은 만성질환의 발생을 이해하는 데 유용한 모델이다그림 2-2.

3) 수레바퀴 모형

수레바퀴 모형wheel model은 인간이 속한 생태계를 하나의 큰 동심원으로 표시하여 인간과 환경과의 상호관계를 설명한다그림 2-3. 원의 중심부는 숙주, 즉 사람이고 핵심은 유전적 요인이다. 원의 가장자리에 있는 환경적 요인은 숙주요인을 둘러싸고 있다. 질병발생은 숙주를 중심으로 숙주의 내적 요인인 유전적 요인과 외적 요인인 환경, 즉 생물학적인 환경, 물리·화학적 환경, 사회환경과의 상호작용에 의해 일어난다고 설명한다. 이 모형에서 질병발생에 기여하는 각 부분별 비중은 질병마다 다르다. 만성질환의 경우 생활습관 등 환경요인의 비중이 유전적 요인보다 크고, 전염성 질환의 경우 유전적 요인의 비중이 작고 숙주의 면역상태와 생물학적 환경의 비중이 크다.

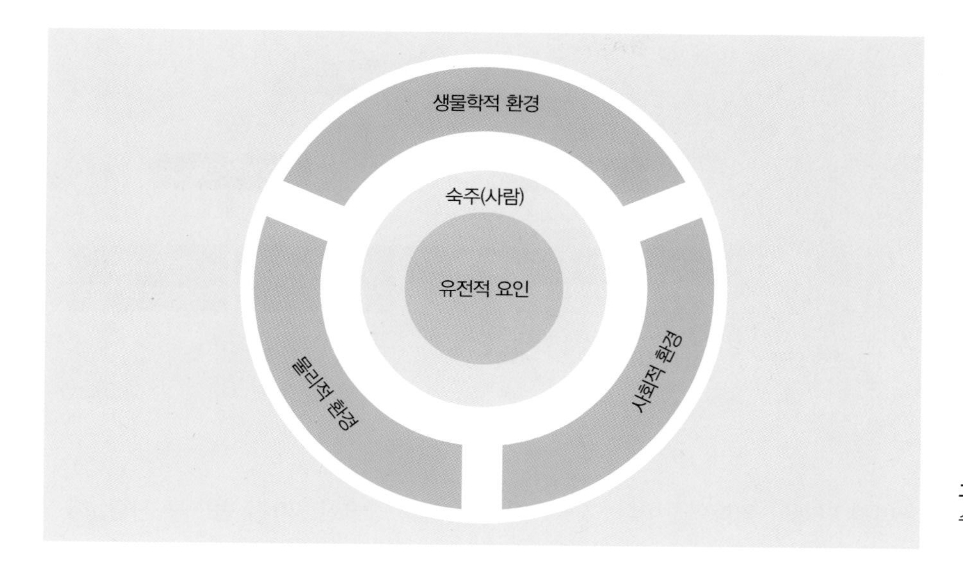

그림 2-3
수레바퀴 모형

3 역학적 연구방법

역학적 연구방법은 관찰적 연구observational study와 실험적 연구experimental study로 나뉜다그림 2-4. 관찰적 연구는 외부의 실험적 자극이나 중재를 가하지 않고 자연상태에서 일어나는 현상에서 정보를 입수하여 비교·평가·분석하는 것이다. 실험적 연구는 외부에서 인위적으로 자극이나 중재를 준 상태에서 실험군과 대조군 간의 차이를 비교·평가·분석하는 방법이다. 인간을 대상으로 하는 역학연구는 임상실험이나 지역사회실험 등 그 범위가 제한적이다. 따라서 대부분의 역학연구는 관찰조사에 의존하게 된다. 관찰적 연구방법은 기술역학과 분석역학으로 나뉜다.

1) 기술역학

기술역학이란 인구집단을 대상으로 하여 발생하는 질병의 분포나 경향 등을 그 집단의 특성에 따라 기술하여, 질병발생 원인에 대한 가설을 얻기 위한 첫

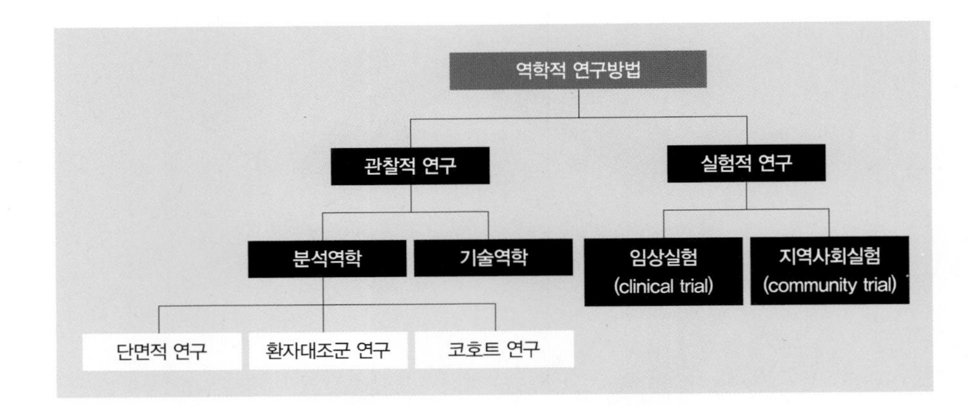

그림 2-4
역학적 연구방법

번째 단계의 역학연구이다. 기술역학에서 가장 중요한 3가지 변수는 사람, 시간, 장소이다. 사람과 관련해서는 연령·성별·사회경제 상태와 같은 인구학적 특성who을, 시간과 관련해서는 시간변동과 관련된 시간적 특성when을, 지역과 관련해서는 국가 내 지역별 발생양상, 국가 간 비교와 같은 지역적 특성where을 조사한다.

(1) 인구학적 특성

인구학적 특성에는 연령, 성별, 인종, 결혼 여부, 사회계층, 직업, 사회·경제적 수준 등이 있다.

연령

연령은 질병발생 및 사망에 가장 영향력이 큰 변수이다. 홍역이나 소아마비 등과 같이 한번 감염되면 면역이 생기는 질환은 소아기에 발생률이 높다. 심장질환, 당뇨병, 고혈압과 같은 만성질환은 연령이 증가할수록 발생률이 높아진다.

성별

성별에 따라 질병의 유병률 및 사망률에 차이가 있다. 일반적으로 여성이 남성보다 유병률이 높으나, 사망률은 남성이 여성보다 높다.

직업과 사회·경제적 수준

직업은 사람의 사회·경제적 수준과 시간을 보내는 환경을 결정하므로 질병발생에 영향을 주는 주요 요인이 될 수 있다. 사회·경제적 수준은 교육·소득수준을 포괄하는 사회지표로 질병발생에 큰 영향을 미친다.

(2) 지역적 특성

지역을 중심으로 나타나는 질병발생분포는 질병의 발생이 산발적인지, 지역적인지, 유행성인지, 이런 질병 유행이 한 지역에 국한되지 않고 최소 두 지역 이상의 광범위한 범유행성인지를 관찰한다. 이를 위해 지역 간 비교, 국가 간 비교 등이 사용된다. 지역 간 비교로 도시와 농촌, 시·군·구별, 시·도별 비교가 가장 흔히 쓰인다. 국가 간 비교로는 국가 간 암 발생, 사망, 유병 수준에 대한 자료를 비교한다. 국가 간 질병 분포의 차이는 인종적·민족적 차이, 유전적 소인뿐 아니라 여러 환경적 인자의 차이를 의미한다.

토착성 발생 양상

토착성 발생이란 어떤 지역에 그 질병이 어떤 형태로든 항상 존재하며 비교적 오랜 기간 발생 수준이 일정한 양상을 유지할 때를 의미한다.

유행성 발생 양상

유행성 발생이란 어떤 시점에 특정 지역에서 토착성 발생 수준 이상으로 많은 환자가 발생하며, 보통 그 지역에 전혀 없던 질환이 외부로부터 침입하여 환자가 발생하는 외래 유행을 의미한다.

(3) 시간적 특성

장기 변동 혹은 추세

장기간에 걸친, 보통 수십 년 동안에 걸친 질병의 변화를 보는 것이다. 장기 변동에 관한 정보의 주 자료원으로는 사망자료와 감염병의 신고자료 등이 있다.

주기·계절적 변동

수년을 간격으로 질병발생이 되풀이되는 경우로 백일해는 2~4년마다, 홍역은 2~3년마다 지역사회에서 발생과 유행을 반복한다. 1년을 주기로 질병이 발생하는 계절적 변동도 있으며 여름철에는 감염성 질환이, 겨울철에는 호흡기 질환이 관찰된다.

2) 분석역학

기술역학 조사를 통하여 질병의 원인에 대한 가설이 세워지면 분석역학은 질병과의 인과관계를 밝히는 기능을 한다. 분석역학의 조사 방법으로는 단면적 연구, 환자대조군 연구, 코호트 연구가 있다.

(1) 단면적 연구

단면적 연구crosssectional study는 원인요인이라고 사료되는 요소와 질병결과을 동시점에서 조사하여 서로 간의 관련성을 알아보는 연구로 상관관계 연구라고도 부른다. 연구과정은 기술역학과 동일하나 연구목적이 조금 다르다. 단면적 연구의 목적은 가설을 수립한 상태에서 가설을 증명하여 관련성을 밝히는 것이

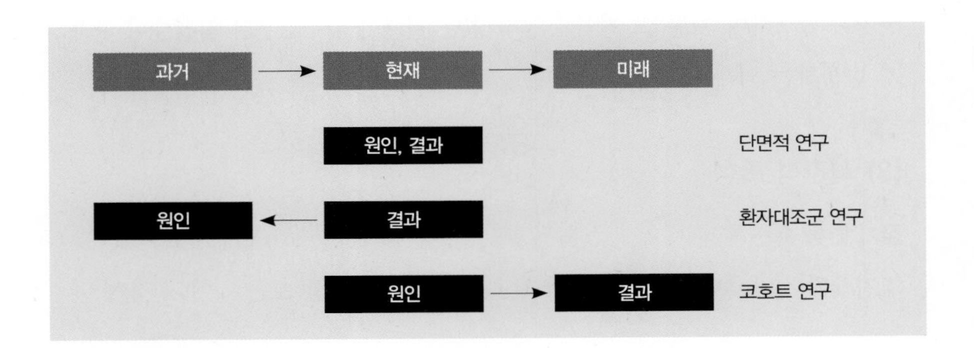

그림 2-5
분석역학 연구의 시간적 개념

장점	단점
• 환자대조군 연구나 코호트 연구에 비하여 시행이 쉽다. • 단시간에 가능하므로 비용이 저렴하다. • 동시에 여러 종류의 질병과 발생요인의 관련성을 조사할 수 있다 • 인과관계 규명을 위한 기초자료를 제공한다.	• 요인과 질병 간 인과관계를 규명할 수 없다. • 일정한 시점에서 조사하기 때문에 발생빈도가 낮은 질병이나 이환기간이 짧은 질병의 연구에 부적절하다. • 여러 가지 복합 요인 중에서 원인 요인만을 구분하기 어렵다. • 질병발생을 예측할 수 없다.

표 2-1
단면적 연구의 장단점

다. 이러한 분석결과, 요인과 질병과의 관련성이 있다고 하더라도 요인과 결과를 동시점에서 조사하였으므로 어느 것이 원인이고 어느 것이 결과인지에 대한 인과관계를 설명할 수는 없다.

(2) 환자대조군 연구

환자대조군 연구casecontrol study는 현재 병을 앓고 있는 환자군과 적절한 방법으로 선정된 대조군을 대상으로 기술역학을 통하여 가설이 수립된 질병의 원인과 관계가 있을 것으로 여겨지는 위험요소에 환자대조군 간 차이가 있는지를 비교·분석하는 방법이다. 현재 질병을 앓고 있는 환자들을 대상으로 과거력에 위험요소가 있었는지를 알아보는 방법으로 후향적 연구retrospective study라고도 부른다.

환자대조군 연구에서는 원인이라고 의심되는 과거의 요소를 조사하여 환자가 대조군에 비하여 원인으로 의심되는 요소를 얼마나 많이 가지고 있었는지를 계량화하여 교차비odd ratio를 구한다. 교차비의 숫자는 요인을 갖고 있었던 군이 요인을 갖지 않았던 군에 비하여 환자가 될 확률이 그 숫자만큼 높다고 해석할 수 있다.

환자군의 선택에서는 정확한 진단기준의 설정이 필요하다. 대조군을 선택할 때는 환자군과의 비교성을 높이기 위해서 두 그룹 간의 연령, 성, 인종 및 경제상태 등의 질병을 제외한 기타 요인이 비슷해야 한다.

표 2-2
환자군과 대조군의 교차비 산출

구분		질병	
		있음	없음
위험요인	있음	a	b
	없음	c	d
	합계	a+c	b+d

교차비의 산출
교차비 = ad/bc

표 2-3
환자대조군 연구의 장단점

장점	단점
• 연구수행이 비교적 용이하고 비용이 적게 소요된다. • 코호트 연구나 단면적 연구와 비교할 때 연구대상자의 수가 적어도 가능하다. • 발생빈도가 낮은 희귀한 질병의 경우에도 연구가 가능하다. • 연구결과를 비교적 짧은 기간에 알 수 있다.	• 환자군과 질병을 제외한 모든 조건이 비슷한 대조군의 선발이 어렵다. • 수집하는 정보가 과거의 것이므로 연구대상자 간 기억력의 차이로 정보에 오류가 생길 수 있다. • 질병의 발생률에 대해서는 알 수 없다. • 교차비만으로 인과관계를 규명하는 데 한계가 있다.

(3) 코호트 연구

코호트는 공통적인 특성을 갖는 인구집단이라는 의미를 갖는다. 코호트 연구cohort study는 질병의 원인과 관련되어 있다고 여기는 어떤 요인을 가진 인구집단과 가지고 있지 않은 인구집단을 장기간 관찰하여 두 집단의 질병발생률의 차이를 비교한다.

연구대상이 되는 연구집단을 대상으로 연구를 시작하는 시점에서 질병의 원인이라고 추측되는 요인을 지니고 있는지 여부에 대한 기초조사를 실시하고, 그 결과에 따라 요인을 가지고 있는 군과 요인을 가지고 있지 않은 군의 두 집단으로 나눈다. 중간에 주기적으로 질병의 발병 여부를 조사하며, 장기간이 지난 미래의 한 시점에서 연구대상자를 최종 조사하여 질병 여부를 조사한 후 상대위험도relative risk를 구한다. 상대위험도는 요인을 갖고 있었던 집단

구분		추적조사 결과			질병발생률
		질병			
		있음	없음	합계	
위험요인 노출	있음	a	b	a + b	a/a + b(B)
	없음	c	d	c + d	c/c + d(A)

$$상대위험도 = \frac{요인에\ 노출된\ 사람\ 중\ 질병발생률(B)}{요인에\ 노출되지\ 않은\ 사람\ 중\ 질병발생률(A)}$$

$$= \frac{a/a + b(B)}{c/c + d(A)} = \frac{a(c + d)}{c(a + b)}$$

$$기여위험도 = \frac{요인에\ 노출된\ 사람\ 중\ 질병발생률(B) - 노출되지\ 않은\ 사람\ 중\ 질병발생률(A)}{요인에\ 노출된\ 사람\ 중\ 질병발생률(B)}$$

$$= \frac{B - A}{B} \times 100$$

표 2–4
코호트 연구의
상대위험도 산출

장점	단점
• 질병발생률의 직접 측정을 통해 요인의 질병발생 위험 정도를 측정할 수 있다. • 질병의 발생에 관한 인과관계 규명이 가능하다. • 부수적으로 다른 질환과의 관계를 알 수 있다.	• 시간, 인력 등 비용이 많이 든다. • 발생률이 낮은 희귀한 질병 연구에는 많은 연구대상자가 필요하므로 부적절한 방법이다. • 연구대상자의 중도 탈락률이 높다.

표 2–5
코호트 연구의
장단점

과 요인을 갖고 있지 않았던 집단을 비교하여 질병발생률의 차이가 얼마나 나는가를 측정하는 것이다. 기여위험도는 우리가 의심하는 위험요인이 전체 질병발생에 얼마나 기여했는지를 계량화하는 것이다. 기여위험도의 분율은 전체 발생에서 연구자가 의심하는 요인에 의한 부분 발생률을 의미한다.

3) 실험역학

분석역학을 통해 질병과 위험요인 간 인과관계가 규명되었다 할지라도 원인 규명을 위한 가장 정확한 연구방법은 가설이 제시된 조건을 만족시키는 실험연구이다. 그러나 인체를 대상으로 한 실험은 의학적·윤리적인 문제가 있어 제약이 많다. 실험역학에는 의사가 가까이에서 관찰할 수 있는 입원환자를 대상으로 동물실험을 통해 이미 안전성과 효과가 확인된 백신이나 치료제를 중재하여 효과를 분석하는 임상실험clinical trial, 임상실험으로 확인한 뒤 최종단계에서 하는 지역사회실험community trial이 있다. 임상실험에서 가설을 가장 강력하게 평가하는 방법은, 이중맹검법double blind으로 수행된 무작위 임상실험randomized trial이다.

4 역학조사 연구사례

1) 단면적 연구사례

우리나라에서도 국민건강영양조사의 원시자료가 연구자들에게 공개되면서 영양과 질병의 관련성을 규명하는 다양한 단면적 연구가 이루어지고 있다. 《미국영양사협회지》에 발표된 송Song 등의 연구2014에서는 한국 성인의 대사증후군 유병률과 탄수화물 및 정제된 곡류 섭취와의 관련성을 규명하였다. 이 연구는 2007~2009년의 국민건강영양조사 원시자료를 이용하여 당뇨, 고혈압, 이상지질혈증으로 진단받지 않은 6,845명남자 2,631명, 여자 4,214명의 30세 이상 65세 미만의 성인을 대상으로 연구를 실시하였다. 이 연구에서는 하루간의 24시간 회상법으로 얻은 자료를 통하여 영양소 섭취량을 산출하였고, 식이 탄수화물 섭취량의 5분위수quintile에 따라 대상자를 구분하였다. 대사증후군의 구분은 NCEP IIINational Cholesterol Education Program Adult Treatment Panel III criteria를 이용하였다. 잠재적인 교란변수를 보정한 후 남성에게는 총 탄수화물로부터 섭취하는 에너

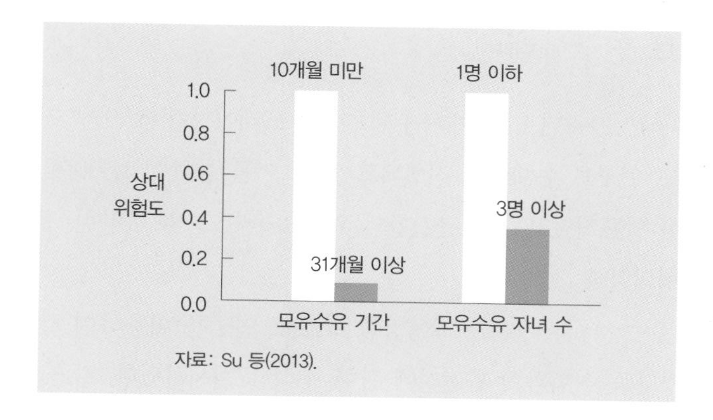

그림 2-6
모유수유 기간(A)과 모유수유를 한 자녀 수(B)에 따른 난소암 발생 위험도

지 비율이, 여성에게는 흰쌀을 포함한 정제된 곡류로부터 섭취하는 에너지 비율이 대사증후군과 유의적인 관련성이 있는 것으로 나타났다.

2) 환자대조군 연구사례

중국에서 수[Su] 등[2013]이 난소암과 모유수유 기간에 관해 실시한 환자대조군 연구에서는 모유수유 기간이 증가함에 따라 난소암의 위험이 유의적으로 낮아진다는 결과가 나타났다. 난소암은 진단과 치료가 어려워 예방이 우선시되는 암 중 하나이다. 수[Su] 등[2013]은 광동의 광저우에서 2006년부터 2008년까지 493명의 난소암 환자와 472명의 대조군을 대상으로 설문조사를 실시하였다. 로지스틱회귀분석 결과 총 수유 개월 수가 31개월 이상인 여성은 10개월 미만인 여성에 비하여 난소암 발생의 위험이 0.09배 낮은 것으로 나타났으며, 세 자녀 이상을 모유수유한 여성은 한 자녀를 모유수유한 여성에 비하여 난소암의 위험이 0.38배 낮았다. 이러한 연구결과를 통하여 모유수유 기간이 늘어날수록 난소암의 위험이 감소되는 관련성을 제시하였다.

3) 코호트 연구사례

코호트 연구는 1948년 미국 매사추세츠주의 프레이밍햄Framingham 지역에서 시작된 대규모 연구로 현재까지 진행되고 있다. 이를 통하여 1,000여 편 이상의 연구논문이 발표되었고, 심혈관질환의 위험요인과 그 외 다양한 질병의 위험요인이 규명되었다.

샘엘슨 등Samelson 등, 2012은 프레이밍햄 코호트 연구를 이용하여 칼슘 섭취와 관상동맥경화증 위험과의 관련성에 관한 분석을 실시하였다. 칼슘은 골격 건강을 위한 필수적인 영양소이나 최근에는 칼슘의 과다 섭취가 관상동맥경화의 위험을 증가시킬 수 있다는 우려가 제기되고 있다. 샘엘슨 등2012은 1998년과 2001년 사이의 프레이밍햄 코호트 중 식품섭취빈도조사를 완료한 690명의 여성과 588명의 남성을 연구대상자로 포함시켰고, 4년 후인 2002년에서 2005년 사이에 CT 스캔을 통하여 얻은 데이터로부터 관상동맥경화 점수를 분석하였다. 칼슘의 섭취량은 총 칼슘 섭취량과 식이칼슘 섭취량, 보충제를 통한 섭취량으로 나누어 섭취 수준에 따라 낮은 수준부터 높은 수준까지 4단계로 나누어 관상동맥경화 점수를 비교하였다. 칼슘 섭취 이외에 관상동맥경화에 영향을 줄 수 있는 다른 요인인 연령, 체질량지수, 흡연, 음주, 비타민 D 보충제의 사용, 열량 섭취량, 여성의 경우 폐경 상태 및 여성호르몬의 사용 여부의 영향을 보정하여 분석한 결과, 남녀 모두 총 칼슘 섭취 수준이 증가함에 따라 관상동맥경화 점수가 유의한 차이를 보이지 않았으며, 이러한 결과는 식이칼슘과 보충제를 통한 칼슘 섭취에서도 동일하게 나타났다. 이러한 연구결과를 통해 샘엘슨 등2012은 칼슘의 섭취가 관상동맥경화의 위험을 증가시킬 수 있다는 가설을 입증할 수 없었으며, 관상동맥경화의 위험 때문에 골격 건강에 중요한 칼슘의 권장 섭취량을 변경할 충분한 근거가 없다고 밝혔다.

4) 골드버거 펠라그라 역학조사

나이아신의 결핍 증상으로 알려진 거친 피부, 우울, 설사, 죽음이 특징인 펠라그라pellagra는 골드버거의 실험역학에 의하여 입증되었다. 펠라그라는 1735년부터 스페인 출신의 카살Casal에 의하여 한센병과 같은 전염성 질환으로 기재되었다. 1914년 미국 보건성의 골드버거Goldberger는 12명의 죄수에게 동물성 단백질이 없는 식사를 공급하여 인위적으로 펠라그라 증상의 환자를 만들었다. 이를 통해 그는 단백질의 제한은 간접적 요인이고 실제로는 세균이 병의 발생에 관여했을지 모른다는 주장에 대하여, 이들 환자의 분비물을 자기 자신과 주변의 건강한 사람의 인후 점막에 묻혀서 펠라그라 환자가 되지 않음을 보임으로써 영양결핍 증상임을 입증하였다. 이후 동물성 단백질 식품에 포함되어 있는 나이아신의 결핍이 펠라그라의 원인임이 밝혀졌다.

CHAPTER 3
감염병 관리

학습 목표

- 감염병 생성에 필요한 6가지 요인을 설명할 수 있다.
- 법정감염병의 역학적 특성과 관리방법을 설명할 수 있다.
- 급·만성감염병의 종류별 특징과 일반적 관리방법을 설명할 수 있다.

CHAPTER 3

감염병 관리

도입 사례 *

감염병 관리의 중요성

감염병은 공중보건에서 가장 중요하며 국가·정책적 차원의 관리 및 접근이 필요하다. 국가 간의 소통과 교류가 활발한 현대사회에서는 감염성 질환의 발생 양상이 급변하고 한 나라에서 발생한 질병이 다른 나라로 급속히 확산될 수 있다. 2019년 12월 중국 우한에서 발생한 신종 코로나바이러스감염증-19는 전 세계적으로 유행하여, 세계 경제, 사회, 문화 전반 및 일상생활에 매우 큰 영향을 미치고 있다. WHO는 2020년 3월 코로나바이러스감염증-19에 대하여 감염병의 위험 수준에 따른 경보 단계 중 가장 높은 단계인 6단계(팬데믹)를 선언하였고, 오미크론변이 등 바이러스가 계속적으로 변이되어 코로나바이러스의 종식이 불가능할 것이라는 우려도 커지고 있다. 앞으로도 새로운 변이 바이러스 및 신종 감염병의 발생에 대한 가능성이 존재하는 한 감염병 관리를 위해 정부에서는 철저한 검역 실시 및 환자의 격리를 실시하고, 공중보건의 측면에서도 예방 및 체계적인 관리 대책의 마련이 시급하다.

생각해 보기 **

- 공중보건의 측면에서 감염병 관리를 위해 할 수 있는 일은 무엇인가?

1 감염병의 개념

감염infection은 병원체가 숙주 내로 침입하여 증식multification하는 상태이다. 병원체의 감염으로 숙주가 정상적인 생리상태에서 이상상태로 변하는 것을 감염성 질환이라 하고, 감염성 병원체가 전염성communicability을 가지고 새로운 숙주로 전염시키는 것을 감염병communicable disease이라 한다.

감염병이 발병되기 위해서는 감염병의 생성 과정의 주요 요인이 충분해야 한다. 병원체가 숙주 내로 침입하여 감염에 성공하더라도 병원체의 양이 숙주를 감염시키기에 충분하지 않거나 침입로가 부적당한 경우, 또는 숙주가 면역되어 있는 경우에는 숙주의 상태를 변화시킬 수 없다. 따라서 감염병 발생의 주요 요인에 대한 관리 및 개선이 매우 필요하다. 지금까지 과학의 발달에 따라 항생제와 각종 백신이 개발되었고, 감염병에 대한 체계적인 관리와 대책으로 감염병 발생률은 감소하고 있었으나, 최근 신종 감염병이 계속적으로 나타남에 따라 감염병의 효율적인 관리의 중요성이 커지고 있다.

2 감염병의 생성 과정

1) 감염병 발생의 3대 요인

감염병이 발생하기 위해서는 감염원, 전파경로, 감수성 숙주가 필요하다표 3-1. 감염원에는 병원체와 병원소가 있는데, 병원체는 감염병 발생의 주요 요소로 감염병의 병원체를 내포하고 있어 감수성 숙주에게 병원체를 전파시킬 수 있는 모든 것을 의미한다. 병원소는 숙주에 침입하여 감염병을 일으키는 병원체 및 병원체가 증식, 생존을 계속하여 다른 숙주에게 전파될 수 있는 상태로 저장되는 장소를 의미한다. 전파경로는 감염원으로부터 숙주에게 병원체가 운반되는 과정을 의미하며, 병원소로부터 병원체가 탈출하여 새로운 숙주 내로 침입하는 경로 및 전파하는 방법 등을 모두 포함한다. 전파경로에는 호흡기계, 소화기계, 비뇨생식기 계통으로 탈출, 기계적 탈출과 개방병소로 직접 탈출하는 경로가 있으며, 전파방법으로는 직접 및 간접전파, 공기전파 등이 있다. 감수성 숙주susceptible host는 병원체에 대한 저항력이 낮은 상태의 숙주를 의미하는데, 이러한 숙주가 많은 경우 감염병이 크게 유행할 수 있다.

감염병은 감염원, 전파경로 및 숙주 집단의 감수성 정도에 따라 유행 정도가 달라진다. 감염병이 크게 유행하려면 감염원이 질적·양적으로 충분한 병원체를 내포하고, 전파경로에 감염원과 숙주를 연결시키는 전파체가 많아야 하며, 감수성이 높은 숙주 집단의 규모가 커야 한다. 그 외에도 숙주 집단의

표 3-1
감염병의 발생요소와 생성 과정의 6개 요인

발생요소	생성 과정의 요인
감염원	• 병원체 • 병원소
전파경로	• 병원소로부터 병원체의 탈출 • 전파 • 새로운 숙주로의 침입
감수성 숙주	• 숙주의 감수성

특이성예: 면역 정도, 생활습관 등, 자연환경 및 생활환경의 변화, 매개곤충의 증감 등이 감염병 유행에 크게 작용한다.

2) 감염병 생성 과정의 6대 요인

감염병의 생성은 일반적으로 ① 병원체, ② 병원소, ③ 병원소로부터 병원체의 탈출, ④ 전파, ⑤ 새로운 숙주 내 침입, ⑥ 숙주의 감수성으로 연결되는 6개 요인을 통한 일련의 연쇄현상에 의해서 이루어진다표 3-1.

(1) 병원체

병원체causative agent는 감염병을 일으키는 생물 병원체를 말한다. 병원체에는 세균, 바이러스, 리케차, 기생충, 진균 및 클라미디아 등이 있다표 3-2. 감염병의 생성은 병원체의 특성에 영향을 받게 되는데, 병원체의 특성으로는 병인성pathogenesis과 병독성virulence이 있다. 병인성은 병원체가 숙주에게 질병을 일으

병원체	특성	감염병
세균 (bacteria)	육안으로 관찰할 수 없는 아주 작은 생물	장티푸스, 디프테리아, 결핵, 콜레라, 백일해 등
바이러스 (virus)	세균보다 더 미세하며, DNA나 RNA 중 어느 한쪽만 가지고 있으며, 숙주 세포에 증식을 의존함	홍역, 폴리오, 간염, 인플루엔자, 유행성이하선염, 일본뇌염, 공수병, 후천성면역결핍증(AIDS) 등
리케차 (rickettsia)	세균과 바이러스의 중간 크기이며, 살아 있는 세포 안에서만 기생함	발진티푸스, 발진열, 쯔쯔가무시증, 록키산 홍반열 등
기생충 (parasite)	동물성 기생체로, 다른 생물체의 몸속에서 먹이와 환경에 의존하여 기생생활을 함	말라리아, 아메바성 이질, 사상충, 회충증, 간·폐흡충증, 유구·무구조충 등
진균 (fungi)	아포형성 식물로서 광합성이나 운동성이 없음	칸디다증, 무좀 등
클라미디아 (chlamydia)	리케차와 유사하나, 절지동물에 의한 매개를 필수로 하지 않음	트라코마, 앵무새병(psittacosis)

표 3-2
병원체의 종류, 특성 및 관련 감염병

킬 수 있는 능력으로, 발병자 수를 총 감염자 수로 나눈 것이다. 병독성은 질병을 일으킨 후 예후의 심각성으로, 중증환자 수와 사망자 수를 합하여 총 발병자 수로 나눈 것이다. 병인성과 병독성은 병원체에 따라 매우 다양한데, 예를 들어 결핵균은 병인성과 병독성 모두 낮고, 공수병은 병인성과 병독성이 모두 높으며, 홍역에서 병인성은 높으나 병독성은 낮은 특징을 보인다. 또한 병원체의 감염력communicablility은 병원체가 한 숙주에서 다른 숙주로 이행해 나가는 능력으로, 병원체의 배출경로, 침입구, 숙주 체내에서의 생존기간 및 저항성, 침입균의 양 등에 따라 달라진다.

(2) 병원소

병원소reservoir of infection란 병원체가 증식하면서 생존을 계속하여 다른 숙주에 전파시킬 수 있는 상태로 저장되는 장소이다. 병원소의 종류로는 인간 병원소환자, 보균자, 동물 병원소소, 말, 돼지, 개 등, 토양 등이 있다.

인간 병원소

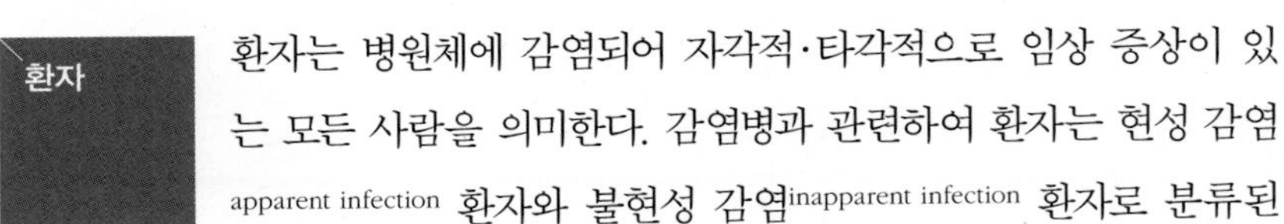

환자는 병원체에 감염되어 자각적·타각적으로 임상 증상이 있는 모든 사람을 의미한다. 감염병과 관련하여 환자는 현성 감염apparent infection 환자와 불현성 감염inapparent infection 환자로 분류된다. 현성 감염 환자는 병원체 능력이 높으며, 숙주의 면역력이 낮아 임상 증상을 보이게 되는데, 은닉 환자hidden case, 신고 또는 보고되지 않은 환자, 간과 환자missed case, 임상 증상이 미약하여 지나쳐 버린 환자, 전구기 환자prodromal case, 감염력이 가장 강한 시기의 환자, 현성 환자임상 증상을 보인 환자로 분류되기도 있다. 현성 환자는 뚜렷한 임상 증상을 보이기 때문에 관리가 수월하며, 홍역 등과 같은 감염병은 현성 감염자만이 전염원으로 작용하나, 전염성이 아주 강한 특징이 있다. 불현성 감염 환자는 질병에 감염되어 숙주 내 병원체가 증식하고 있으나 임상적인 증상은 나타나지 않는 상태를 가진다. 불현성 감염 환자의 경우 감염 사실이 외부로 나타나지 않는 반면 활동력은 건강한 사람과 차이가 없어 전염의 기회가 매우 크기 때문에

감염병 관리상 매우 중요하다. 불현성 감염을 일으킬 수 있는 감염병으로는 일본뇌염, 폴리오, 장티푸스, 세균성이질, 콜레라, 성홍열 등이 있다.

보균자

보균자carrier란 자각적·타각적인 임상 증상은 없으나, 병원체를 보유하고 있어 전염원으로 작용할 수 있는 감염자를 의미한다. 보균자는 감염병 관리상 매우 중요한 대상이다. 보균자의 경우 활동이 자유롭기 때문에 전염시킬 수 있는 영역이 넓고, 사람 간 서로 경계하지 않으므로 전파할 수 있는 기회가 많으며, 보균자의 수가 환자 수보다 일반적으로 많아 전염원으로 크게 작용하기 때문이다. 보균자는 잠복기 보균자, 회복기 보균자, 건강 보균자로 나눌 수 있다. 잠복기 보균자발병 전 보균자는 전염성 질병의 잠복 기간 중에 병원체를 배출하는 자로서, 관련 감염병으로는 디프테리아, 홍역, 백일해, 유행성이하선염 등이 있다. 회복기 보균자병후 보균자는 전염성 질병에 이환 후 그 임상 증상이 없어진 후에도 병원체를 배출하는 자로서, 관련 감염병으로는 장티푸스, 세균성이질, 디프테리아 등이 있다. 건강 보균자는 감염에 의한 증상이 없고 건강한 사람과 차이가 없지만 병원체를 배출하는 보균자로 감염병 관리 차원에서 가장 위험하다. 관련 감염병으로는 디프테리아, 일본뇌염, 폴리오 등이 있다.

동물 병원소

감염병은 대부분 인간 병원소를 통해 감염되지만, 척추동물 간의 질병이 우연히 인간에게 감염을 일으키기도 한다. 이러한 감염병을 인수공통감염병이라 하며, 이때 동물이 감염성 병원체를 보유하고 있는 병원소의 역할을 하게 된다. 해당 동물과 인수공통감염병은 표 3-3에 제시하였다.

표 3-3
동물 병원소와 인수공통감염병

동물명	인수공통감염병
소	결핵, 탄저, 살모넬라증, 브루셀라증, 보툴리눔독소증 등
돼지	일본뇌염, 브루셀라증, 탄저, 살모넬라증, 렙토스피라증 등
양	큐열, 탄저, 브루셀라증, 보툴리눔독소증 등
개	공수병(광견병), 톡소플라스마증 등
말	탄저, 유행성뇌염, 살모넬라증 등
쥐	페스트, 발진열, 살모넬라증, 렙토스피라증, 쯔쯔가무시증, 신증후군출혈열 등
고양이	살모넬라증, 톡소플라스마증 등

토양

토양은 생물은 아니지만 병원소 역할을 한다. 토양을 병원소로 하는 질병으로는 대표적으로 파상풍Tetanus이 있으며, 진균 중에서 히스토플라즈마증Histoplasmosis이 있다.

(3) 병원소로부터 병원체 탈출

병원체가 병원소로부터 탈출함으로써 감염병이 전파될 수 있다. 병원체의 탈출 경로는 병원체의 종류, 숙주의 기생 부위에 따라 다르며, 병원체가 탈출하는 경로는 다음과 같다.

호흡기계 탈출

대부분의 호흡기계 감염병이 해당되며 코, 비강, 인후, 기도, 기관지, 폐, 입 등을 통해 비말로 병원체가 탈출한다. 병원체는 대화, 기침 및 재채기 등을 통해 병원소를 탈출하는데 폐결핵, 폐렴, 백일해, 홍역, 수두 등의 감염병과 관련이 있다.

소화기계 탈출

소화기계 감염병 또는 기생충 질환의 경우 위장관을 사용하여 분변이나 구토물을 통해 병원체가 탈출한다. 소화기계 탈출과 관련된 감염병으로는 이질, 콜레라, 장티푸스, 파라티푸스, 폴리오 등이 있다.

비뇨기계 탈출

병원체는 소변이나 성기 분비물여자의 냉을 통해 탈출하기도 하며, 관련 감염병으로는 임질, 매독 등의 성병 등이 있다.

개방병소病巢로 직접 탈출

신체 표면의 농양, 피부병 등 상처 부위를 통해 병원체가 직접 탈출하기도 하며, 한센병 등이 여기에 속한다.

기계적 탈출

병원체는 곤충의 흡혈이나 주사기를 통하여 탈출하기도 한다. 기계적 탈출 경로를 사용하는 감염병으로는 말라리아, 발진열, 발진티푸스 등이 있다.

(4) 전파방법

전파는 병원소로부터 탈출한 병원체가 전파체에 의해 새로운 숙주로 이동하는 것을 의미한다. 새로운 숙주로 이동하는 전파 수단으로 크게 직접전파와 간접전파가 있으며, 간접전파는 활성 전파체 및 비활성 전파체 전파로 구분한다.

직접전파

직접전파direct transmission는 환자로부터 탈출한 병원체가 전파체의 중간 역할 없이 감수성 숙주에게 직접 전파됨으로써 전염이 성립되는 경우이다. 피부접촉, 점막접촉 및 태반을 통한 수직감염 등이 직접전파에 속하며, 감기, 폐렴, 디프테리아, 유행성이하선염, 홍역, 결핵 등이 해당되고 신체접촉을 통해서는 성병 등이 전파될 수 있다. 또한 폐렴, 홍역, 결핵과 같이 입에서 튀어나온 비말飛沫, droplet이 새로운 숙주에 직접 전파되는 경우인 비말감염droplet infection도 직접전파에 속한다.

간접전파

간접전파indirect transmission는 환자로부터 탈출한 병원체가 각종 전파체를 통하여 전파됨으로써 전염되는 경우를 의미한다. 매개하는 전파체가 생물인지 무생물인지에 따라 활성 전파체와 비활성 전파체 전파로 구분하는데, 활성 전파체로는 파리, 모기, 벼룩 등의 매개곤충 및 패류나 담수어와 같은 흡충류의 중간숙주 등이 있다. 활성 전파체는 전파방법에 따라 기계적 전파와 생물학적 전파로 분류되는데, 기계적 전파는 매개곤충이 단순히 기계적으로 병원체를 운반하는 경우를 말하며, 생물학적 전파는 병원체가 매개곤충 내에서 발육 또는 증식하는 생물학적 변화를 거쳐 전파되는 경우를 의미한다. 활성 전파체의 병원체 전파 유형은 표 3-4에 제시하였다.

비활성 전파체로 물, 식품, 공기, 토양, 생활용품 등의 무생물 공동전파체가 있으며, 환자가 사용한 손수건, 침구, 의복, 책 등 병원체를 운반하는 수단으로서의 역할을 하는 개달물fomites이 있다. 식품은 이질, 장티푸스, 파라티푸스 등 소화기계 감염병의 주요 전파체로, 기생충 질환 역시 식품을 매개로 하여 전파될 수 있기 때문에 감염병 관리 시 식품의 관리가 매우 중요하다. 물 역시 수인성 감염병 관리 시 매우 중요한 요인이다. 개달물로 전파가 잘되는 감염

표 3-4
활성 전파체의 생물학적 전파 유형

유형	개념	전염병(활성 전파체)
증식형	매개곤충체 내의 병원체가 수적으로 증식 후 피부 자교(물림)로 전파시킴	페스트(쥐벼룩) 일본뇌염, 뎅기열, 황열(모기) 발진티푸스, 재귀열(이)
발육형	매개곤충체 내의 증식은 없지만 생활환(生活環)의 일부를 거치면서 발육하여 전파시킴	사상충증(모기)
발육증식형	매개곤충체 내에서 생활환(生活環)의 일부를 거치는 동시에 수적 증식을 하여 전파시킴	말라리아(모기) 수면병(체체파리)
배설형	병원체가 매개곤충체 내에서 증식한 후 장관을 거쳐 배설물로 배출된 것이 피부의 상처 부위나 호흡기계 등을 통해 전파됨	발진티푸스(이) 발진열, 페스트(벼룩)
경란형	병원체가 매개곤충의 난소 내에서 증식·생존하여, 다음 세대가 자동적으로 감염되어 전파시킴	록키산홍반열, 재귀열(진드기)

병으로는 안질, 피부병이 있다.

공기전파airborne transmission는 대화나 재채기, 기침 시 전염원인 환자의 입과 코에서 나온 비말의 수분이 증발하면서 그 잔류물이 공기 중에 부유하고, 이것을 흡입함으로써 감염된다. 병원체를 가지고 있는 공기 중 잔류물을 비말핵droplet nuclei이라고 하며, 이 비말핵이 감수성 보유자의 호흡 등을 통해 감염되는 것을 비말전파droplet transmission라고 한다.

(5) 새로운 숙주 내 침입

병원체가 새로운 숙주가 침입하는 경로는 대개 병원체가 병원소로부터 탈출하는 경로와 유사하다. 소화기계 감염병은 경구적 침입을 하며, 호흡기계 감염병은 호흡기계로 침입하고, 매개곤충이나 주사기 등에 의한 기계적 침입경로도 사용된다.

(6) 숙주의 감수성

숙주가 병원체에 대한 저항력resistance이나 면역력immunity이 있을 때는 감염이 발생하지 않으나, 감수성susceptibility이 있을 때는 감염이 발생한다. 감수성은 숙주에 침입한 병원체에 대항하여 감염이나 발병을 저지할 수 없는 상태를 의미하며, 저항력과 감수성은 상대적인 의미로 사용된다. 고트스타인Gottestin은 접촉에 의하여 전파되는 급성호흡기계 감염병에서 그 질환에 폭로된 경험이 없는 미감염자가 병원체에 접촉되어 발병하는 비율이 대체적으로 일정하며, 이를 감수성지수접촉감염지수라고 하였다. 드 루더De Rudder는 감수성지수를 %로 제시하였는데, 홍역의 감수성지수는 매우 높아 약 95% 정도이며, 백일해 60~80%, 성홍열 40%, 디프테리아 10%, 폴리오는 0.1% 이하 정도였다. 또한 면역이란 조직을 손상시키는 특정 물질에 저항하는 인체 내 능력을 의미하는데, 크게 선천성 면역과 후천성 면역이 있다그림 3-1.

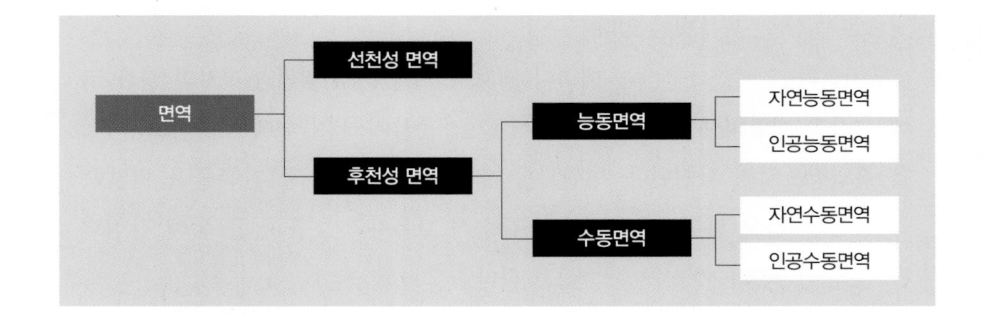

그림 3-1
면역의 종류

선천성 면역

선천성 면역은 날 때부터 가지고 있는 자연면역으로서 자기방어능력을 의미한다. 선천성 면역은 개체, 인종 및 종species에 따라 달라지며, 개인의 식이, 환경, 대사 및 병원체의 병독성 정도에 따라 변하기도 한다.

후천성 면역

후천성 면역은 특정한 감염체에 대한 저항으로, 감염병 이환 후나 예방접종 등에 의해서 후천적으로 형성되는 면역이다. 후천성 면역은 능동면역과 수동면역으로 구분되며 능동면역은 자연능동면역과 인공능동면역으로, 수동면역은 자연수동면역과 인공수동면역으로 구분된다.

능동면역 능동면역이란 숙주 스스로가 면역체를 형성하여 면역을 지니는 것으로 어떤 항원의 자극에 의하여 항체가 형성된 상태를 말한다. 자연능동면역은 각종 감염병에 감염된 후 형성되는 병후면역convalescent immunity으로, 외부 항원이 체내에 처음 침입 시 형성되며 환자는 특정 병원균에 의해 질병을 앓으면서 이에 대한 저항력을 가지게 된다. 질병별로 자연능동면역되는 정도는 다양하여, 영구면역이 되는 경우도 있는 반면 지속기간이 아주 짧은 경우도 있다표 3-5. 인공능동면역은 병원균의 병독성을 약독화시키거나 없앤 후 항원성만을 유지시킨 액을 주입하는 방법으로, 생균백신, 사균백신 및 순화독소 등을 사용하게 된다.

방법		특성	예방 질병
영구 면역	현성 감염	한번 이환 시 다시 발병하는 일이 드묾	홍역, 수두, 유행성이하선염, 백일해, 성홍열, 발진티푸스, 장티푸스, 페스트, 황열 등
	불현성 감염	불현성 감염에 의해 강한 면역이 형성됨	일본뇌염, 폴리오 등
약한 면역		이환이 되어도 약한 면역만 형성됨	디프테리아, 폐렴, 인플루엔자, 세균성 이질 등
비면역(감염면역)		병원체가 동물의 체내에 있는 동안에 동일한 병원체가 침입하더라도 발병하지 않음. 그러나 체내의 병원체가 소멸하면 면역력이 없어지고 다시 원래의 감수성 상태가 됨	매독, 임질, 말라리아, 이질 등

표 3-5
자연능동면역 방법 및 예방 질병

수동면역 수동면역은 다른 숙주에 의해 형성된 면역체를 받아 면역력을 지니게 되는 경우로, 인공능동면역에 비해 면역의 효력이 즉각적인 반면, 효력의 지속 기간은 대개 2개월 미만으로 짧은 특징을 지니고 있다. 자연수동면역은 태아가 태반순환이나 수유를 통하여 모체로부터 받는 면역으로, 해당 감염병으로는 홍역, 폴리오, 디프테리아가 있다. 인공수동면역은 감마-글로불린이나 항독소antitoxin 등 인공제제를 접종하여 얻게 되는 면역으로, 해당 감염병으로는 파상풍, 디프테리아항독소 등이 있다.

집단면역

사람이 경험하지 못한 신종 감염병의 경우 감염 이후 면역을 획득하게 되는데, 면역반응의 결과로 얻어지는 면역항체는 과거의 감염병을 기억하고, 동일한 감염병이 다시 발생하지 않도록 해 준다. 따라서 특정 인구집단에 감염병이 유입되었을 때, 감염병에 노출되어 면역항체를 보유하게 된 사람들이 일정 수준 이상인 경우에는 동일한 감염병에 다시 노출되어도 감염병의 발생 규모가 처음보다는 작아지게 된다. 이와 같이 인구집단의 감염에 대한 면역항체가 감염병 발생에 저항할 수 있는 상태가 되어 감염병 유행의 위험을 낮추거나 발생하지 않도록 하는 것을 집단면역이라고 한다.

3 감염병 관리방법

감염병의 관리에서는 감염병 생성 과정의 6개 요인 중 일부 혹은 여러 요인을 제거하여 전파의 연쇄가 이루어지지 않도록 하는 것이 중요하다.

1) 감염병의 전파 예방

(1) 외래감염병 관리

외래감염병은 병원체의 유입을 차단하는 것이 가장 우선적이며, 이를 위해서는 검역을 철저히 하고 환자가 발생할 경우 격리 관리를 하는 것이 중요하다. 검역quarantine은 감염병 유행지역에서 입국하는 사람이나 동물 또는 식품 등을 대상으로 실시하며, 이때 검역감염병 환자 등은 격리가 필요하다. 「검역법」법률 제17472호에 따르면 검역감염병에는 콜레라, 페스트, 황열, 중증급성호흡기증후군SARS, 동물인플루엔자 인체감염증, 신종인플루엔자, 중동호흡기증후군MERS, 에볼라바이러스병이 있으며, 선박, 항공기, 열차 또는 자동차 등의 운송수단 및 화물도 검역조사의 대상이다. 검역감염병 환자 등의 격리기간은 검역감염병 환자 등의 감염력이 없어질 때까지로 하고, 격리기간이 지나면 즉시 격리에서 해제된다.

(2) 병원소의 제거 및 감염력의 감소

병원소의 종류에 따라 관리방법이 달라지는데, 동물 병원소로 감염될 수 있는 인수공통감염병은 감염된 가축을 제거도살함으로써 감염병의 전파를 예방할 수 있다. 또한 인간이 병원소인 감염병은 조기에 보균자를 알아내어 관리하는 것이 가장 효과적인데, 인간 병원소를 일정 기간 격리하거나 치료함으로써 감염병의 전파를 차단할 수 있다. 감염병 환자를 적절하게 치료하게 되면,

환자가 완전 치유되기 전부터 감염력이 감소되어 환자로 하여금 감염병을 전파시키는 것을 줄일 수 있다. 예를 들어 매독 환자에게 페니실린 주사를 주어 비감염성으로 만들 수 있다.

(3) 환경위생관리

감염병은 공기전파, 매개곤충에 의해 전파되는 감염병, 접촉에 의해 전염되는 감염병, 수인성 감염병 등 다양한 경로를 통해 전파되는데, 전파와 관련 있는 환경적인 요소를 개선하면 감염병의 전파를 막을 수 있다. 환경위생관리를 위해서는 무엇보다 소독과 멸균을 통해 병원체를 제거하고, 각종 전파체의 철저한 관리가 필요하다. 환경위생관리 수단은 전파경로에 따라 다양한데, 예를 들어 소화기계 감염병은 환자의 배설물이나 오염된 물건관리, 구충, 구서, 음료수 소독, 식품의 위생관리 등에 초점을 맞추어야 한다. 또한 호흡기계 감염병은 객담의 소독에 초점을 두거나 환자와의 접촉 기회를 차단해야 하며, 곤충매개 감염병은 구제 작업을 우선시해야 한다.

(4) 숙주의 면역력 증강

숙주의 면역력 증가로 감염병에 대한 감수성을 감소시켜 감염병의 전파를 예방할 수 있다. 이를 위해 감수성이 높은 숙주를 대상으로 예방접종을 실시하거나부록 4 참고, 또는 면역 혈청이나 감마-글로불린 접종을 통하여 숙주의 감수성을 증가시킬 수 있다. 또한 적극적인 영양 관리, 적절한 운동과 휴식, 충분한 수면 등을 통해서도 면역력을 증강시킬 수 있다.

(5) 예방하지 못한 환자를 대상으로 한 조치

여러 관리를 통해서도 감염병을 예방하지 못한 환자가 있을 수 있다. 이를 위해 감염병 정기진단을 제도화하여 조기진단과 조기치료가 가능하도록 해야 한다. 또한 감염병 치료를 위한 의료시설 및 진단시설을 확충하고, 감염병 관련 보건교육을 지속적으로 실시해야 한다.

2) 행정적 관리

(1) 법정감염병 분류체계

우리나라 법정감염병은 「감염병의 예방 및 관리에 관한 법률」법률 제18507호에서 제1급17종, 2급23종, 3급26종, 4급23종으로 법정감염병 4개급 총 89종으로 분류되어 있으며표 3-6, 그 외 기생충감염병, 세계보건기구 감시대상 감염병, 생물테러감염병, 성매개감염병, 인수人獸공통감염병, 의료관련감염병, 관리대상 해외 신종감염병 및 검역감염병으로 분류하기도 한다표 3-7. 1~3급 감염병은 지정되어 있는 감염병 이외에 갑작스러운 국내 유입 또는 유행이 예견되어 긴급한 예방·관리가 필요하여 질병관리청장이 보건복지부장관과 협의하여 지정하는 감염병을 포함할 수 있다.

제1급감염병

제1급감염병은 생물테러감염병 또는 치명률이 높거나 집단 발생의 우려가 커서 발생 또는 유행 즉시 신고하여야 하고, 음압격리와 같은 높은 수준의 격리가 필요한 감염병이다. 현재 1급감염병으로 지정된 감염병은 총 17종으로, 에볼라바이러스병, 마버그열, 라싸열, 크리미안콩고출혈열, 남아메리카출혈열, 리프트밸리열, 두창, 페스트, 탄저, 보툴리눔독소증, 야토병, 신종감염병증후군, 중증급성호흡기증후군SARS, 중동호흡기증후군MERS, 동물인플루엔자 인체감염증, 신종인플루엔자, 디프테리아가 해당한다.

제2급감염병

제2급감염병은 전파가능성을 고려하여 발생 또는 유행 시 24시간 이내에 신고하여야 하고 격리가 필요한 감염병으로, 총 23종이다. 결핵, 수두, 홍역, 콜레라, 장티푸스, 파라티푸스, 세균성이질, 장출혈성대장균감염증, A형간염, 백일해, 유행성이하선염, 풍진, 폴리오, 수막구균 감염증, b형헤모필루스인플루엔자, 폐렴구균 감염증, 한센병, 성홍열, 반코마이신내성황색포도알균VRSA 감염증, 카바페넴내성장내세균속균종CRE 감염증, E형간염, 코로나바이러스감염

(2022년 6월 기준)

구분	제1급감염병	제2급감염병	제3급감염병	제4급감염병
특성	생물테러감염병 또는 치명률이 높거나 집단 발생의 우려가 커서 발생 또는 유행 즉시 신고하여야 하고, 음압격리와 같은 높은 수준의 격리가 필요한 감염병(17종)	전파가능성을 고려하여 발생 또는 유행 시 24시간 이내에 신고하여야 하고 격리가 필요한 감염병(23종)	발생을 계속 감시할 필요가 있어, 발생 또는 유행 시 24시간 이내에 신고하여야 하는 감염병(26종)	유행 여부를 조사하기 위해 표본감시 활동이 필요한 감염병(23종)
종류	에볼라바이러스병 마버그열 라싸열 크리미안콩고출혈열 남아메리카출혈열 리프트밸리열 두창 페스트 탄저 보툴리눔독소증 야토병 신종감염병증후군 중증급성호흡기증후군(SARS) 중동호흡기증후군(MERS) 동물인플루엔자 인체감염증 신종인플루엔자 디프테리아	결핵 수두 홍역 콜레라 장티푸스 파라티푸스 세균성이질 장출혈성대장균감염증 A형간염 백일해 유행성이하선염 풍진 폴리오 수막구균 감염증 b형헤모필루스인플루엔자 폐렴구균 감염증 한센병 성홍열 반코마이신내성황색포도알균(VRSA) 감염증 카바페넴내성장내세균속균종(CRE) 감염증 E형간염 코로나바이러스감염증-19 원숭이두창	파상풍 B형간염 일본뇌염 C형간염 말라리아 레지오넬라증 비브리오패혈증 발진티푸스 발진열 쯔쯔가무시증 렙토스피라증 브루셀라증 공수병 신증후군출혈열 후천성면역결핍증(AIDS) 크로이츠펠트-야콥병(CJD) 및 변종크로이츠펠트-야콥병(vCJD) 황열 뎅기열 큐열 웨스트나일열 라임병 진드기매개뇌염 유비저 치쿤구니야열 중증열성혈소판감소증후군(SFTS) 지카바이러스 감염증	인플루엔자 매독 회충증 편충증 요충증 간흡충증 폐흡충증 장흡충증 수족구병 임질 클라미디아감염증 연성하감 성기단순포진 첨규콘딜롬 반코마이신내성장알균(VRE) 감염증 메티실린내성황색포도알균(MRSA) 감염증 다제내성녹농균(MRPA) 감염증 다제내성아시네토박터바우마니균(MRAB) 감염증 장관감염증 급성호흡기감염증 해외유입기생충감염증 엔테로바이러스감염증 사람유두종바이러스 감염증
감시 방법	전수감시	전수감시	전수감시	표본감시
신고	즉시	24시간 이내	24시간 이내	7일 이내
보고	즉시	24시간 이내	24시간 이내	7일 이내

표 3-6
법정감염병 분류 및 종류

증-19, 원숭이두창이 이에 해당한다.

제3급감염병

제3급감염병은 발생을 계속 감시할 필요가 있어, 발생 또는 유행 시 24시간 이내에 신고하여야 하는 감염병으로, 총 26종이다. 파상풍, B형간염, 일본뇌염, C형간염, 말라리아, 레지오넬라증, 비브리오패혈증, 발진티푸스, 발진열, 쯔쯔가무시증, 렙토스피라증, 브루셀라증, 공수병, 신증후군출혈열, 후천성면역결핍증AIDS, 크로이츠펠트-야콥병CJD 및 변종크로이츠펠트-야콥병vCJD, 황열, 뎅기열, 큐열, 웨스트나일열, 라임병, 진드기매개뇌염, 유비저, 치쿤구니야열, 중증열성혈소판감소증후군SFTS, 지카바이러스 감염증이 이에 해당한다.

제4급감염병

제4급감염병은 제1급~제3급감염병 외에 유행 여부를 조사하기 위해 표본감시 활동이 필요한 감염병으로, 총 23종이다. 인플루엔자, 매독, 회충증, 편충증, 요충증, 간흡충증, 폐흡충증, 장흡충증, 수족구병, 임질, 클라미디아 감염증, 연성하감, 성기단순포진, 첨규콘딜롬, 반코마이신내성장알균VRE 감염증, 메티실린내성황색포도알균MRSA 감염증, 다제내성녹농균MRPA 감염증, 다제내성아시네토박터바우마니균MRAB 감염증, 장관감염증, 급성호흡기감염증, 해외유입기생충감염증, 엔테로바이러스감염증, 사람유두종바이러스 감염증이 이에 해당한다.

기타 감염병 분류

기타 감염병은 「감염병의 예방 및 관리에 관한 법률」 및 「검역법」에 근거하여 기생충감염병7종, 세계보건기구 감시대상 감염병9종, 생물테러감염병8종, 성매개감염병7종, 인수공통감염병10종, 의료관련감염병6종, 관리대상 해외 신종감염병 및 검역감염병으로 분류된다. 관리대상 해외 신종감염병은 기존 감염병의 변이 및 변공 또는 기존에 알려지지 아니한 새로운 병원체에 의해 발생하여 국제적으로 보건문제를 야기하고 국내 유입에 대비하여야 하는 감염병을 말하며, 검역감염병은 외국에서 발생하여 국내로 들어올 우려가 있거나 우리나라에서 발생하여 외국으로 번질 우려가 있어 「검역법」에서 검역대상 감염병으로 지정한 감염병을 말한다. 각 분류에 따른 정의 및 대상 감염병은 표 3-7에 제시하였다.

분류	정의	대상 감염병
기생충감염병(7종)	기생충에 감염되어 발생하는 감염병	회충증, 편충증, 요충증, 간흡충증, 폐흡충증, 장흡충증, 해외유입기생충감염증
세계보건기구 감시대상 감염병(9종)	세계보건기구가 국제공중보건의 비상사태에 대비하기 위하여 감시대상으로 정한 질환	두창, 폴리오, 신종인플루엔자, 중증급성호흡기증후군(SARS), 콜레라, 폐렴형 페스트, 황열, 바이러스성 출혈열, 웨스트나일열
생물테러감염병(8종)	고의 또는 테러 등을 목적으로 이용된 병원체에 의하여 발생된 감염병	탄저, 보툴리눔독소증, 페스트, 마버그열, 에볼라바이러스병, 라싸열, 두창, 야토병
성매개감염병(7종)	성 접촉을 통하여 전파되는 감염병	매독, 임질, 클라미디아감염증, 연성하감, 성기단순포진, 첨규콘딜롬, 사람유두종바이러스 감염증
인수공통감염병(10종)	동물과 사람 간에 서로 전파되는 병원체에 의하여 발생되는 감염병	장출혈성대장균감염증, 일본뇌염, 브루셀라증, 탄저, 공수병, 동물인플루엔자 인체감염증, 중증급성호흡기증후군(SARS), 변종클로이츠펠트-야콥병(vCJD), 큐열, 결핵
의료관련감염병(6종)	환자나 임산부 등이 의료행위를 적용받는 과정에서 발생한 감염병	반코마이신내성황색포도알균(VRSA) 감염증, 반코마이신내성장알균(VRE) 감염증, 메티실린내성황색포도알균(MRSA) 감염증, 다제내성녹농균(MRPA) 감염증, 다제내성아시네토박터바우마니균(MRAB) 감염증, 카바페넴내성장내세균속균종(CRE) 감염증
관리대상 해외 신종감염병	기존 감염병의 변이 및 변종 또는 기존에 알려지지 아니한 새로운 병원체에 의해 발생하여 국제적으로 보건문제를 야기하고 국내 유입에 대비하여야 하는 감염병	질병관리청장이 보건복지부장관과 협의하여 지정
검역감염병	외국에서 발생하여 국내로 들어올 우려가 있거나 우리나라에서 발생하여 외국으로 번질 우려가 있어 「검역법」에서 검역대상감염병으로 지정한 감염병	콜레라, 페스트, 황열, 중증급성호흡기증후군(SARS), 동물인플루엔자 인체감염증, 신종인플루엔자, 중동호흡기증후군(MERS), 에볼라바이러스병, 그 외 질병관리청장이 고시하는 감염병

표 3-7
기타 감염병 분류

(2) 법정감염병 관련 용어

「감염병의 예방 및 관리에 관한 법률」에 제시된 법정감염병 관련 용어의 정의는 다음과 같다.

① "감염병환자"란 감염병의 병원체가 인체에 침입하여 증상을 나타내는 사람으로 감염병의 예방 및 관리에 대한 법률 제11조제6항의 진단기준에 따른 의사, 치과의사 또는 한의사의 진단이나 제16조2에 따른 감염병 병원체 확인기관의 실험실 검사를 통해 확인된 사람을 말한다.
② "감염병의사환자"란 감염병 병원체가 인체에 침입한 것으로 의심은 되나 감염병환자로 확인되기 전 단계에 있는 사람을 말한다.
③ "병원체보유자"란 임상적인 증상은 없으나 감염병병원체를 보유하고 있는 사람을 말한다.
④ "역학조사"란 감염병환자등이 발생한 경우 감염병의 차단과 확산 방지 등을 위하여 감염병환자등의 발생 규모를 파악하고 감염원을 추적하는 등의 활동과 감염병 예방접종 후 이상반응 사례가 발생한 경우나 감염병 여부가 불분명하나 그 발병원인을 조사할 필요가 있는 사례가 발생한 경우 그 원인을 규명하기 위하여 하는 활동을 말한다.
⑤ "관리대상 해외 신종감염병"이란 기존 감염병의 변이 및 변종 또는 기존에 알려지지 아니한 새로운 병원체에 의해 발생하여 국제적으로 보건문제를 야기하고 국내 유입에 대비하여야 하는 감염병으로서 질병관리청장이 보건복지부장관과 협의하여 지정하는 것을 말한다.

(3) 감염병 감시 및 신고체계

감염병의 관리를 위해서는 감염병의 발생과 분포를 신속하고 정확하게 파악하고, 감염병 유행 발생을 조기에 발견하여 예측하고 신속하게 대처하는 것이 요구되기 때문에, 법정감염병의 감시 및 신고가 필요하다. 감염병 감시infectious disease surveillance는 감염병 발생과 관련된 자료, 감염병 병원체 및 매개체에 대한 자료를 체계적이고 지속적으로 수집, 분석 및 해석하고 그 결과를 제때에 필요한 사람에게 배포하여 감염병 예방 및 관리에 사용하도록 하는 일체의 과정이다. 우리나라는 감염병 발생 시 의무적으로 지체 없이 질병관리청장 또는 관할보건소장에게 신고하도록 하는 전수감시체계mandatory surveillance system와 보건의료기관보건기관, 의료기관, 약국 등을 표본감시기관으로 지정하여 질병관리청장 또는 관할보건소장에게 신고하도록 하는 표본감시체계sentinel surveillance system를 운영하고 있다.

전수감시체계는 1~3급감염병의 감시방법에 해당하며, 제1급감염병은 즉시, 제2급 및 제3급감염병은 24시간 이내 신고하여야 한다. 표본감시체계는 감염병 중 감염병 환자의 발생 빈도가 높아 전수조사가 어렵고 중증도가 비교적 낮은 감염병의 발생에 대하여 감시기관을 지정하여 정기적이고 지속적인 의과학적 감시를 실시하는 것을 말하며, 4급감염병의 감시방법에 해당한다. 표본감시 대상 감염병 발생 시 7일 이내 신고하여야 한다.

신고의무자는 의사, 치과의사 또는 한의사로 1) 감염병환자 등을 진단하거나 그 사체를 검안檢案한 경우, 2) 예방접종 후 이상반응자를 진단하거나 그 사체를 검안한 경우, 3) 감염병환자 등이 제1급감염병부터 제3급감염병까지에 해당하는 감염병으로 사망한 경우, 4) 감염병환자로 의심되는 사람이 감염병병원체 검사를 거부하는 경우의 어느 하나에 해당하는 사실이 있는 경우 소속 의료기관의 장에게 보고하여야 하고, 해당 환자와 그 동거인에게 질병관리청장이 정하는 감염 방지 방법 등을 지도하여야 한다. 다만, 의료기관에 소속되지 아니한 의사, 치과의사 또는 한의사는 그 사실을 관할 보건소장에게 신고하여야 한다. 또한 육군, 해군, 공군 또는 국방부 직할 부대에 소속된 군의관은 해당 사실을 소속 부대장에게 보고하여야 하고, 보고를 받은 소속 부대장은 관할 보건소장에게 신고하여야 한다. 감염병병원체 확인기관의 소속 직원은 감염병환자 등을 발견한 경우 그 기관의 장에게 보고하며, 감염병병원체 확인기관의 장은 질병관리청장 또는 관할보건소장에게 신고하여야 한다. 신고를 받은 보건소장은 그 내용을 관할 특별자치도지사 또는 시장·군수·구청

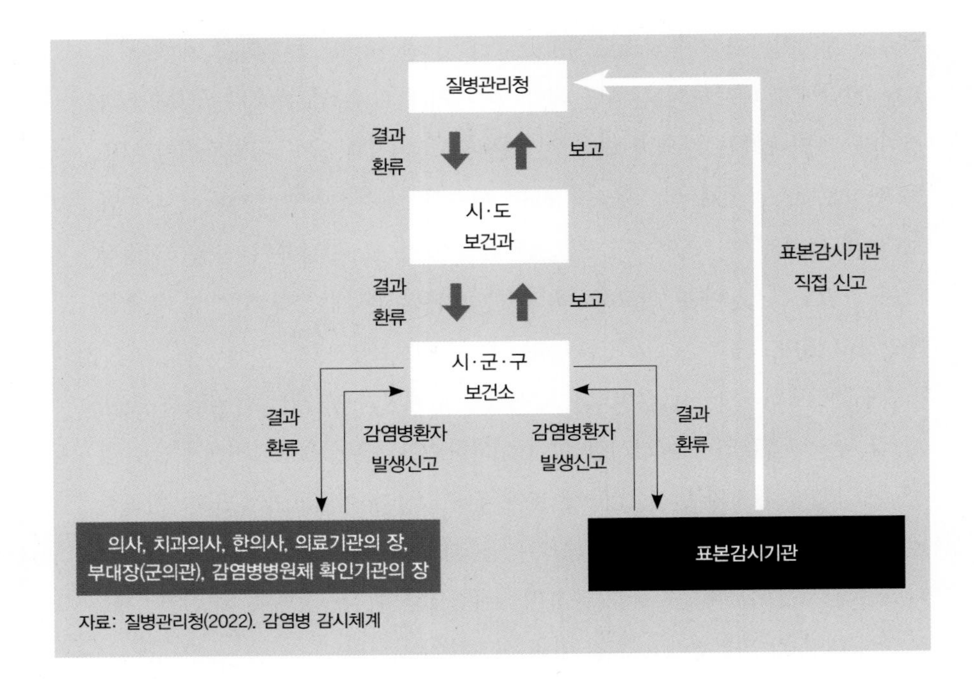

그림 3-2
감염병 신고의 보고체계

장에게 보고하여야 하며, 보고를 받은 사람은 이를 질병관리청장 및 시·도지사에게 각각 보고하여야 한다그림 3-2.

그 밖의 신고의무자로는 일반 가정에서 세대를 같이하는 세대주세대주가 부재 중인 경우 그 세대원, 학교, 병원, 관공서, 회사, 공연장, 예배장소, 운송수단선박, 항공기, 열차 등, 각종 사무소 및 사업소, 음식점, 숙박업소, 약국, 사회복지시설, 산후조리원, 목욕장업소, 이용업소 및 미용업소의 관리인, 경영자 또는 대표자, 약사, 한약사 및 약국개설자가 있다. 이들은 제1급감염병부터 제3급감염병까지에 해당하는 감염병 중 보건복지부령으로 정하는 감염병결핵, 홍역, 콜레라, 장티푸스, 파라티푸스, 세균성이질, 장출혈성대장균감염증, A형간염이 발생한 경우에는 의사, 치과의사 또는 한의사의 진단이나 검안을 요구하거나 해당 주소지를 관할하는 보건소장에게 신고하여야 한다.

또한 검역감염병의 유입과 전파를 차단하기 위하여 검역감염병 환자, 검역감염병의 위험요인에 노출된 사람검역감염병 환자 등과 같은 운송수단에 탑승한 사람이나 같은 공간에 감염 우려가 있는 시간에 있었던 사람을 감시하거나 격리하게 된다. 검역감염병 환자 등은 검역소 내 격리시설, 감염병관리기관, 격리소·요양소 및 진료소, 감염병 전문병원, 자가自家 등에 격리되는데, 이때 감시 또는 격리기간은 해당 검역감염병의 최대 잠복기간을 초과할 수 없다. 검역감염병의 최대 잠복기간은 콜레라 5일, 페스트 및 황열 6일, 중증급성호흡기증후군SARS 및 동물인플루엔자 인체 감염증 10일, 중동호흡기증후군MERS 14일, 에볼라바이러스병 21일, 그 외 검역감염병은 검역전문위원회에서 정하는 최대 잠복기간을 말한다.

(4) 감염병환자 등의 관리

감염병 중 특히 전파 위험이 높은 감염병으로서 제1급감염병 및 질병관리청장이 고시한 감염병결핵, 홍역, 콜레라, 장티푸스, 파라티푸스, 세균성이질, 장출혈성대장균감염증, A형간염, 폴리오, 수막구균 감염증, 성홍열, 코로나바이러스감염증-19, 원숭이두창에 걸린 감염병환자 등은 감염병관리기관 등감염병전문병원 및 감염병관리시설 포함의 의료기관에서 입원치료를 받아야 한다. 또한 업무종사의 일시 제한에 따라 콜레라, 장티푸스, 파라티푸스, 세균성이질, 장출혈성대장균감염증 및 A형간염 환자의 경우 감염력이 소멸되는 날까지 집단급식소 및 식품접객업에 종사가 금지된다.

4 감염병의 종류

1) 급성 감염병

급성 감염병은 발생률이 높고 유병률이 낮은 역학적 특징을 보인다. 2002년부터 시작된 중증급성호흡기증후군SARS, 중동호흡기증후군MERS 및 최근 코로나바이러스감염증-19의 출현으로 인해 급성 감염병에 대한 대응 및 관리체계의 중요성이 계속 커지고 있다. 따라서 급성 감염병의 종류별 특징을 알고 관리방법을 숙지하는 것이 매우 필요하다.

(1) 소화기계 감염병

장티푸스

장티푸스Typhoid fever는 장티푸스균 감염에 의한 급성 전신성 발열성 질환이며, 제2급감염병으로 분류되어 있다. 병원체는 *Salmonella Typhi*균으로, 이는 장내세균과에 속하는 그람 음성 혐기성 막대균이며, 소장의 장상피 세포층을 통과하여 림프절을 통해 전신으로 퍼지게 된다. 병원소는 사람이며, 주로 환자나 보균자의 대변이나 소변에 오염된 음식이나 물에 의해 전파된다. 잠복기는 3~60일(평균 8~14일) 정도이며, 증상으로는 고열이 지속되면서 오한, 두통, 복통, 설사나 변비, 상대적 서맥, 피부발진장미진, 간·비장종대 등이 나타나고, 치료하지 않을 경우 4~8주 동안 발열이 지속될 수 있으며, 3~4주 후 위·장출혈 및 천공과 같은 합병증도 발생할 수 있다. 예방대책으로는 환경위생의 관리, 환자 및 보균자의 철저한 관리, 올바른 손 씻기의 생활화, 물과 음식물은 반드시 끓이거나 익혀 먹기 등이 있으며, 2세 이상 유아에게 주사용 다당백신을 1회, 5세 이상에게 경구용 약독화 생백신을 3회 이상 예방접종한다.

콜레라

콜레라Cholera는 독소형 콜레라균 감염에 의한 급성 설사 질환이며, 제2급감염병으로 분류되어 있다. 병원체는 *Vibrio cholerae* O1 또는 O139로, *Vibrionaceae*과에 속하는 그람 음성 막대균으로서 콜레라 독소가 분비성 설사를 유발하게 된다. 병원소는 주로 사람이며, 환경에서는 동물성 플랑크톤 등이 작용할 수 있다. 주로 오염된 물지하수 및 음용수 등이나 음식을 통해 전파될 수 있으며, 드물게 환자 또는 병원체 보유자의 대변이나 구토물과 직접 접촉에 의한 감염도 가능하다. 잠복기는 수 시간에서 5일보통 2~3일 정도이며, 처음에는 복통 및 발열 없이 수양성 설사가 갑자기 나타나는 것이 특징적이며 구토를 동반하고, 심한 탈수 등으로 저혈량성 쇼크 등이 올 수 있다. 예방을 위해 올바른 손 씻기를 생활화하며, 오염된 음식물이나 식수의 섭취를 금하고, 물과 음식물을 반드시 끓여서 섭취해야 한다. 또한 주위환경의 철저한 소독, 환자의 격리 및 치료 등이 필요하다. 콜레라 유행 또는 발생지역을 방문하는 경우 백신 접종이 권고되고 있다[경구용 사백신, 기초접종 2회].

세균성이질

세균성이질Shigellosis은 이질균 감염에 의해 급성 염증성 장염을 일으키는 질환으로, 제2급감염병으로 분류되어 있다. 병원체는 그람 음성 막대균인 이질균*Shigella spp.*으로, *S. dysenteriae*A군, *S. flexneri*B군, *S. boydii*C군, *S. sonnei* D군으로 나뉜다. 병원소는 환자이며, 오염된 식수와 식품매개로 주로 전파되고, 환자나 병원체 보유자와 직간접적인 접촉에 의한 감염도 가능하다. 잠복기는 12시간~7일[보통 1~4일]이며, 고열, 구역질, 구토, 경련성 복통, 설사[혈변, 점액변], 잔변감 등의 증상을 보이는데, *Shigella dysenteriae*A군에서 가장 심한 증상을 보인다. 장티푸스와 동일한 관리가 필요하고 아직 예방백신이 존재하지 않는다.

파라티푸스

파라티푸스Paratyphoid fever는 파라티푸스균 감염에 의한 급성 전신성 발열성 질환으로, 제2급감염병으로 분류되어 있다. 병원체는 파라티푸스균*Salmonella Paratyphi* A, B, C으로 장티푸스와 유사한 특성을 가지고 있다. 병원소는 사람이며, 주로 환자나 보균자의 대변이나 소변에 오염된 음식이나 물에 의해 전파된다. 잠복기는 1~10일 정도이며, 임상 증상으로는 발열이 지속되면서 오한, 두통, 복통, 설사나 변비, 상대적 서맥 등 장티푸스와 유사하나 다소 경미한 특징이 있다. 예방을 위해 감염병의 일반적인 관리지침을 따르고 설사 증상이 있는 경우에는 음식 조리 및 준비를 하지 말아야 한다.

A형간염

A형간염Hepatitis A은 A형간염 바이러스 감염에 의한 급성 간염 질환으로, 제2급감염병으로 분류되어 있다. 병원체인 Hepatitis A virus는 장관을 통과해 혈액으로 진입 후 간세포 안에서 증식하여 염증을 일으킨다. 병원소는 사람, 침팬지, 원숭이류가 있으며, 전파경로는 분변-경구 경로로 직접 전파되거나, 환

자의 분변에 오염된 물이나 음식물 섭취를 통한 간접 전파경로도 사용된다. 잠복기는 15~50일평균 28~30일이며, 발열, 식욕감퇴, 구역 및 구토, 암갈색 소변, 권태감, 식욕부진, 복부 불쾌감, 황달 등의 증상을 보이는데 수 주~수개월 후 대부분 회복하나 드물게 전격성 간염으로 진행될 수 있다. 12~23개월의 모든 소아, A형간염에 대한 면역력이 없는 소아청소년이나 성인, 환자의 접촉자, 고위험군에 대해 예방접종을 함으로써 예방할 수 있으며, 개인위생, 주위환경의 철저한 소독, 식품의 위생적인 취급 등도 필요하다.

폴리오

폴리오Poliomyelitis는 폴리오바이러스 감염에 의한 급성 이완성 마비 질환으로, 제2급감염병으로 분류되어 있으며, 주로 소아가 잘 걸린다고 하여 소아마비라고 부른다. 병원체는 폴리오바이러스Poliovirus로, 분변-경구 또는 사람 간 전파된다. 인체가 유일한 숙주로 대개 경구를 통해서 전파되며, 환경이 잘 정비된 나라에서는 인두, 후두 감염물로 전파된다. 잠복기는 3~35일비마비성 폴리오: 3~6일, 마비성 폴리오: 평균 7~21일이며, 마비성 회백수염1% 미만은 발열, 인후통, 구역, 구토 등의 비특이적인 증상을 보이다가 수일간의 무증상기를 거친 후 비대칭성의 이완성 마비flaccid paralysis가 나타나며, 비마비성 회백수염1~2% 정도은 발열, 권태감이 먼저 나타난 후 수막염 증상이 나타난다. 예방대책으로는 어린이의 경우 생후 2, 4, 6~18개월, 만 4~6세에 예방접종을 실시하며, 폴리오바이러스에 노출 위험이 있으면서 면역력은 없는 성인의 경우에도 접종이 권장된다.

(2) 호흡기계 감염병

디프테리아

디프테리아Diphtheria는 독소형 디프테리아균 감염에 의한 급성 호흡기 질환으로, 제1급감염병에 속해 있다. 병원체는 그람 양성 막대균인 디프테리아균*Corynebacterium diphtheriae*으로, 호흡기로 배출되는 균의 흡입에 의해 전염되지만, 간혹 피부병변 접촉이나 비생물학적 매개체non-biological fomites에 의한 전파가 일어나기도 한다. 잠복기는 1~10일평균 2~5일이며, 주요 증상으로는 급성, 독소 매개성 호흡기 및 피부 감염병이 있으며, 점막에 특징적인 회백색의 위막을 형성하기도 한다. 예방을 위해서는 순화독소 등을 사용한 예방접종 방법이 있다. DTaP 예방접종을 사용하는데, 어린이는 생후 2, 4, 6, 15~18개월, 만 4~6세에 DTaP 백신으로 접종 후 만 11~12세에 Tdap 백신으로 추가접종하며, 이후 Td 백신으로 매 10년마다 추가접종을 실시한다. 과거 접종력이 없는 성인에서는 0, 4~8주, 2차 접종 후 6~12개월에 Td 백신으로 총 3회 접종한다. DTaP, Td, Tdap는 디프테리아, 파상풍, 백일해의 예방을 위한 혼합백신이다.

백일해

백일해Pertussis는 백일해균 감염에 의한 급성 호흡기 질환으로, 제2급감염병으로 분류되어 있다. 병원체는 백일해균Bordetella pertussis이며, 환자 또는 보균자의 비말 감염에 의해 전파되고, 전염성이 강한 특성이 있다. 잠복기는 4~21일평균 7~10일이며, 발열은 심하지 않으나 발작성 기침이 특징적으로 나타난다. 환자는 비말격리시키며, 접촉자는 예방적 항생제를 투여한다. 예방법은 디프테리아와 동일한데, 어린이는 생후 2, 4, 6, 15~18개월, 만 4~6세에 DTaP 백신으로 접종 후 만 11~12세에 Tdap 백신으로 추가접종하며, 이후 Td 백신으로 매 10년마다 추가접종을 실시한다. 과거 접종력이 없는 성인에서는 0, 4~8주, 2차 접종 후 6~12개월에 Td 백신으로 총 3회 접종한다.

홍역

홍역Measles은 홍역 바이러스 감염에 의한 급성 발열 및 발진성 질환으로, 제2급감염병으로 분류되어 있다. 병원체는 홍역 바이러스Measles virus이며, 비말 등의 공기매개감염, 환자의 비·인두 분비물과 직접 접촉함으로써 전파될 수 있다. 전염성이 매우 높으며, 잠복기는 7~21일평균 10~12일이다. 3~5일간 전구기는 전염력이 강한 시기로, 발열, 기침, 콧물, 결막염, 특징적인 구강 내 병변 등이 나타나며, 바이러스에 노출 후 평균 14일7~18일에 발진이 발생하며, 5~6일 동안 지속되고 7~10일 이내에 소실된다. 회복기에는 발진이 사라지면서 색소 침착을 남기게 된다. 환자는 격리시키며, 접촉자는 예방접종, 면역 글로불린 투여 등을 통해 관리한다. 예방법으로는 어린이는 생후 12~15개월, 만 4~6세에 MMR 백신으로 2회 접종하며, 면역의 증거가 없는 성인의 경우 최소 1회 이상 접종한다. MMR[Measles, Mumps, and Rubella] 백신은 홍역, 유행성이하선염, 풍진의 예방을 위한 혼합백신이다.

풍진

풍진[Rubella]은 풍진 바이러스 감염에 의한 급성 발열성 질환으로, 제2급감염병으로 분류되어 있다. 병원체는 풍진 바이러스[Rubella virus]이며, 감염경로는 비말 전파, 직접 접촉, 수직감염[태반을 통한 태아 감염]이 있으며, 증상 발현 후 1주일 동안 비인두를 통해 바이러스를 배출하게 된다. 잠복기는 12~23일[평균 14일]이며, 임신 초기에 모체가 풍진에 이환되어 발생하는 선천성 풍진증후군과 증상이 경미하거나 없는 후천성 풍진이 있다. 모체 감염이 임신 초기에 가까울수록 태아 기형이 더 광범위하고 그 정도도 심한데, 태아에게 백내장, 심장기형, 청력 손실, 자반증, 뇌염, 정신지체 등의 증상을 유발할 수 있다. 따라서 임신 전 여성은 풍진 예방접종을 필히 받아야 하며, 임신 중에는 예방접종을 금한다. 예방법으로는 MMR 백신을 통한 예방접종이 있다. 어린이는 생후 12~15개월, 만 4~6세에 2회 접종을 하며, 면역의 증거가 없는 성인은 적어도 1회 접종해야 한다.

유행성이하선염

유행성이하선염[Mumps]은 일명 볼거리라고 하며, 유행성이하선염 바이러스 감염에 의한 이하선 부종이 특징적인 급성 발열성 질환으로, 제2급감염병으로 분류되어 있다. 병원체는 유행성이하선염 바이러스[Mumps rubulavirus]이며, 비말 전파, 또는 오염된 타액과 직접 접촉함으로써 전파될 수 있다. 잠복기는 12~25일[평균 16~18일]이며, 증상으로는 발열, 편측 혹은 양측 이하선의 종창·동통 등이 있고, 고환, 난소 등 생식선 등으로 합병증이 나타날 수 있으므로 주의가 필요하다. 예방접종으로는 MMR 백신을 사용하는데, 어린이는 생후 12~15개월,

만 4~6세에 2회 접종이 필요하다.

성홍열

성홍열Scarlet fever은 용혈성 연쇄구균의 발열성 외독소에 의한 급성 발열성 질환으로, 제2급감염병에 속해 있다. 병원체는 A군 베타용혈성 연쇄구균Group A β-hemolytic Streptococci이며, 환자와 보균자의 호흡기 분비물과 직접 접촉하거나, 손이나 물건을 통한 간접 접촉을 통해 전염된다. 5~15세에 주로 발생하며, 잠복기는 1~7일평균 2~5일이다. 주요 증상으로는 인두통에 동반되는 갑작스런 발열, 두통, 식욕부진, 구토, 인두염, 복통, 발진 등이 있다. 예방백신은 없으며, 주위 환경의 철저한 소독, 기침 예절 지키기, 개달물의 위생적인 관리, 환자의 발견 및 격리 등이 있다.

중증급성호흡기증후군SARS

중증급성호흡기증후군Severe Acute Respiratory Syndrome: SARS은 변종 코로나바이러스Severe Acute Respiratory syndrome Coronavirus: SAR-CoV에 의한 호흡기감염증으로, 제1급감염병으로 지정되어 있다. 2003년 아시아에서 처음 보고된 이후 북미, 남미, 유럽 등 전 세계적으로 확산되었으며, 우리나라 검역감염병 중 하나이다. 병원체인 SAR-CoV는 동물 숙주 Coronavirus 변종에 의해 동물로부터 사람으로 종간의 벽을 넘어 감염이 일어난 것으로 추정되며, 잠복기는 평균 5일2~10일이다. 환자의 호흡기 비말이나 오염된 매개물을 통해 점막의 직간접적 접촉에 의해 발생할 수 있으며, 야생동물히말라야 사향고양이, 너구리, 중국족제비오소리, 관박쥐을 취급하거나 섭취 시 발생이 가능하고, 비말핵공기감염에 의한 감염 가능성은 낮다. 주요 증상은 발열, 기침, 호흡곤란, 숨 가쁨, 오한, 두통, 몸살, 근육통 등이며, 중증 환자의 경우 급성 호흡곤란 증후군이 진행될 수 있다. 검체비인두·구인두 도말, 비인두 흡인물, 가래 등에서 RT-PCR을 통해 특이 유전자를 검출함으로써 진단된다. 현재까지 예방백신은 없으며, 예방을 위해 손 씻기 등 개인위생 수칙을 준수하는 등 일반적인 감염병 예방 수칙을 준수해야 한다.

중동호흡기증후군MERS

중동호흡기증후군Middle East Respiratory Syndrome: MERS은 중동호흡기증후군 코로나바이러스Middle East Respiratory Syndrome Coronavirus: MERS-CoV에 의한 호흡기감염증으로, 제1급감염병으로 분류되어 있다. 중동지역 아라비아 반도를 중심으로 2012년 처음 보고되었으며, 특히 사우디아라비아에서 발생이 많이 보고되었다. 병원체는 MERS-CoV이며, 잠복기는 2~14일평균 5일이다. 자연계에서 사람으로는 감염경로가 명확하게 밝혀지지 않았으나, 중동지역 단봉낙타 접촉에 의한 감염 전파가 보고된 바 있으며, 사람 간 감염은 밀접접촉에 의한 전파로 주요 대규모 유행이 보고되었다. 주요 임상 증상은 발열, 기침, 호흡곤란 등이며, 두통, 오한, 인후통, 콧물, 근육통, 식욕부진, 오심, 구토, 복통, 설사 등의 증상도 보이고, 호흡부전, 패혈성 쇼크, 다발성 장기 부전 등의 합병증을 가진다. 치명률은 20~46%로 높은 편이며, RT-PCR을 통해 MERS 관련 특이 유전자를 검출함으로써 진단한다. 현재까지 예방백신은 없으며, 예방을 위해 일반적인 감염병 예방 수칙을 준수해야 한다. 또한 중동지역 여행자의 경우 여행 전 여행지역의 메르스 발생 현황유행 여부을 확인하고, 여행 중에는 동물특히 낙타을 접촉하지 않고, 익히지 않은 낙타고기나 생낙타유camel milk를 섭취하지 않아야 한다.

코로나바이러스감염증-19

코로나바이러스Coronavirus: CoV는 사람과 다양한 동물에 감염될 수 있는 바이러스로서, 사람을 포함한 다양한 포유류에서 발견되며 그 종이 다양하다. 사람 감염 코로나바이러스로는 현재까지 6종류가 알려져 있었는데, 감기를 일으키는 유형229E, NL63, OC43, HKU1, 중증폐렴을 일으킬 수 있는 유형SARS-CoV, MERS-CoV이 있다. 코로나바이러스감염증-19는 2019년 12월 중국 우한에서 새로이 발생한 신종 코로나바이러스감염증이며, 전 세계적으로 유행하여 WHO는 2020년 3월 코로나바이러스감염증-19에 대하여 감염병의 위험 수준에 따른 경보 단계 중 가장 높은 단계인 6단계팬데믹를 선언한 바 있다.

병원체는 코로나바이러스Severe Acute Respiratory Syndrome-Coronavirus-2: SARS-CoV-2이고, 아직까지 정확한 감염원 및 전파경로가 파악되고 있지 않지만, 기존 코로나바이러스가 비말전파인 것으로 볼 때, 이 바이러스 또한 감염자의 호흡기 침방울비말에 의하여 전파되는 것으로 추정되고 있다. 사람 간에 전파되며, 대부분의 감염은 감염자가 기침, 재채기, 말하기 등을 할 때 발생한 호흡기 침방울비말을 다른 사람이 밀접접촉하여 발생하게 된다. 또한 2022년 상반기까지의 연구결과에 따르면 비말 이외에 표면접촉, 공기 등을 통해서도 전파가 가능하나, 공기전파는 밀폐된 공간에서 장시간 호흡기 비말을 만드는 환경 등 특정 환경에서 제한적으로 전파되는 것으로 알려져 있다. 잠복기는 1~14일평균 5~7일이며, 주요 증상으로는 발열37.5℃ 이상, 기침, 호흡곤란, 오한, 근육통, 두통, 인후통, 후각·미각 소실 외에, 피로, 식욕감소, 가래, 소화기 증상오심, 구토, 설사 등, 어지러움, 콧물이나 코막힘, 객혈, 흉통, 결막염, 피부 증상 등이 다양하게 나타난다. 치명률은 지역, 인구집단 연령 구조, 감염 상태 등에 따라 다양하다. 예방을 위해 현재 우리나라에서는 식약처에서 승인된 코로나19 백신접종이 있으며, 올바른 손 씻기 등 감염병 예방 수칙을 준수해야 한다.

(3) 진드기, 설치류 매개 감염병

페스트

페스트Plague는 페스트균 감염에 의한 급성 발열성 질환으로, 제1급감염병으로 지정되어 있다. 병원체는 운동성 및 아포가 없는 그람 음성 구간균인 페스트균*Yersinia pestis*이고, 병원소는 사람과 200종 이상의 포유류이다. 페스트는 감염된 쥐벼룩에 물려 감염되거나, 감염된 동물 혹은 이들의 사체를 취급하면서 감염될 수 있다. 또한 사람 간 감염도 가능하여, 페스트 환자가 배출하는 화농성 분비물림프절 고름 등에 직접 접촉하거나, 폐 페스트 환자의 감염성 호흡기 비말을 통해 전파되기도 한다. 잠복기는 1~7일폐 페스트는 평균 1~4일이며, 임상적 유형에 따라 림프절 페스트, 폐 페스트, 패혈증 페스트로 나뉠 수 있다. 현재 가용한 유효 백신은 없으며, 접촉자와 노출자는 예방적 항생제를 투여한다. 예방법으로는 철저한 검역활동과 발생 시 신속한 보고, 환자의 격리 및 소독, 개인위생 철저 준수 등이 있다.

발진티푸스

발진티푸스Epidemic typhus는 발진티푸스균 감염에 의한 급성 발열성 질환으로, 제3급감염병으로 지정되어 있다. 병원체는 발진티푸스균*Rickettsia prowazekii*이며, 매개체는 사람의 몸니body louse, *Pediculus humanus*, 날다람쥐의 벼룩이나 이 등이 있다. 사람 몸니의 배설물에 섞여 나온 Rickettsia가 손상된 피부를 통해 주로 감염되며, 호흡기를 통한 감염도 가능하고, 날다람쥐의 이나 벼룩의 배설물 입자를 흡입하여 감염되기도 한다. 사람 간 직접전파는 없다. 잠복기는 6~15일평균 7일이며, 심한 두통, 발열, 오한, 발한, 기침, 근육통이 갑자기 발생하고, 발진이 나타나기도 한다. 예방을 위해 이를 박멸하는 것이 필요하다.

말라리아

말라리아Malaria는 열원충*Plasmodium*속 원충에 감염되어 발생하는 급성 열성질환으로, 제3급감염병에 속해 있다. 병원체로는 열원충속에 속하는 삼일열 말라리아Plasmodium vivax, 난형열 말라리아*P. ovale*, 사일열 말라리아*P. malaria*, 열대열 말라리아*P. falciparum*의 4가지 말라리아 원충이 있으며, 병원소는 사람 및 모기이다. 감염원은 얼룩날개모기속Anopheles에 속하는 암컷 모기이며, 말라리아 원충에 감염된 매개모기를 통해 전파되고, 드물게는 수혈, 주사기 공동 사용 등에 의하여 감염된다. 삼일열 원충의 잠복기는 단기일 경우 평균 14일7~20일, 장기일 때는 6~12개월 정도이다. 우리나라에서 많이 유행한 삼일열 말라리아의 경우 권태감과 서서히 상승하는 발열이 초기에 수일간 지속되다가, 오한, 발열, 발한 후 해열이 반복적으로 나타나고, 두통이나 구역, 설사 등이 동반될 수 있다. 모기에 물리지 않는 것이 중요한 예방법이다.

일본뇌염

일본뇌염Japanese encephalitis은 일본뇌염 바이러스 감염에 의한 질환으로, 제3급감염병으로 분류된다. 인수공통감염병으로 사람, 돼지, 야생조류에서 발생하기도 한다. 병원체는 일본뇌염 바이러스Japanese encephalitis virus이며, 주로 야간에 동물과 사람을 흡혈하는 *Culex* 종속의 모기작은빨간집모기, *Culex tritaeniorhynchus*에 의해 전파된다. 주로 돼지가 증폭숙주amplifying host로서의 역할을 하며, 사람 간의 전파는 없고, 잠복기는 5~15일 정도이다. 대부분 무증상이거나, 발열 및 두통 등 가벼운 임상 증상이 나타나며, 드물게 뇌염으로 진행되면 고열, 발작, 목 경직, 착란, 떨림, 경련, 마비 등의 증상이 나타난다. 예방법은 모기의 구제와 모기에 물리지 않는 것이며, 불활성화 백신 또는 생백신을 사용한 예방접종도 존재한다.

쯔쯔가무시증

쯔쯔가무시증Scrub typhus은 쯔쯔가무시균 감염에 의한 급성 발열성 질환으로, 제3급감염병으로 지정되어 있다. 병원체는 Rickettsiaceae과 쯔쯔가무시균*Orientia tsutsugamushi*으로, 리케치아*Rickettsia*는 세균과 바이러스의 중간적인 성질을 가지며 그람 음성 세균으로 항균제에 감수성을 보이고 절지동물매개체에 의해 감염되는 특징을 가지고 있다. 매개체는 털진드기 유충으로, 대잎털진드기*Leptotrombidium pallidum*, 활순털진드기*L. scutellare*가 주요 매개체이다. 사람 간 전파는 없으며, 쯔쯔가무시균에 감염된 털진드기 유충에 사람이 물려 감염된다. 호발시기는 10~12월이며, 호발대상은 50대 이상이다. 잠복기는 1~3주9~18일이며, 주요 증상으로는 전신적 혈관염을 일으키는 급성 발열 질환이 있고, 진드기에 물린 부위에 나타나는 가피 형성이 특징적인 증상이다. 치료는 항생제로 하며, 예방을 위해 작업 및 야외활동 시에 털진드기에 물리지 않도록 주의하고, 풀밭 위에 앉거나 눕지 말고, 옷을 벗어 두지 않아야 한다.

신증후군출혈열

신증후군출혈열Hemorrhagic Fever with Renal Syndrome: HFRS은 한타바이러스 감염에 의한 급성 발열성 질환으로, 제3급감염병으로 분류되어 있고, 유행성 출혈열이라는 이름으로도 알려져 있다. 병원체는 *Orthohantavirus*속 한타바이러스*Hantaan orthohantavirus*, 서울 바이러스*Seoul orthohantavirus*가 있으며, 매개체는 등줄쥐, 집쥐 등의 설치류이다. 바이러스에 감염된 설치류의 배설물, 오줌, 타액 등을 통해 바이러스를 체외로 분비하고, 이것이 건조되어 먼지와 함께 공중에 떠다니다가 상처 난 피부 또는 눈, 코, 입 등을 통해 사람에게 감염된다. 연중 발생 가능하나 대부분 10~12월에 집중되며, 호발대상은 야외활동이 많은 사람, 군인, 농부, 실험실 요원 등이 있다. 잠복기는 2~3주이며, 주요 증상으로는 발열, 출혈, 신부전이 있으며, 발열기, 저혈압기, 핍뇨기, 이뇨기 및 회복기의 5단계 특징적인 임상 증상을 보인다. 예방을 위하여 야외활동이 많은 남자, 군인, 농부, 실험실 요원 등의 고위험군은 예방접종을 실시하기도 한다.

(4) 인수공통감염병

브루셀라증

브루셀라증*Brucellosis*은 브루셀라균 감염에 의한 인수공통감염병으로, 사람의 경우 브루셀라증, 동물의 경우 브루셀라병으로 지칭하며, 제3급감염병으로 지정되어 있다. 병원체는 브루셀라균*Brucella melitensis, B. abortus, B. suis, B. canis* 등이며, 병원소로는 염소, 양, 낙타, 소, 돼지, 개 등이 있다. 주요 감염 경로는 살균처리되지 않은 원유 및 유제품, 덜 익힌 감염된 육류의 섭취, 감염된 가축의 출산 시 배설물이나 출생한 가축과의 밀접접촉에 의하여 피부 상처나 결막을 통해 감염되거나 브루셀라균으로 오염된 먼지 흡입을 통해 감염되기도 한다. 잠복기는 평균 2~4주5일~6개월이며, 치사율은 1% 이하이다. 급성기 증상으로는 발열, 오한, 발한, 두통, 근육통, 관절통, 식욕저하, 피로감, 체중저하 등이 있으며, 침범된 장기에 따라 다른 징후를 보이기도 한다비장비대, 임파선염 등. 무증상도 흔하며, 급성3개월 이하, 아급성3개월~1년 이하 및 만성1년 이상 형태의 임상상을 보인다. 브루셀라증을 예방하기 위해서는 동물 예방접종이 필요하며, 생우유 등 유제품은 반드시 살균처리 후 섭취하고, 소 태아회 등의 불법 식품을 섭취하지 않아야 한다.

공수병

공수병Rabies은 공수병 바이러스 감염에 의해 뇌염, 신경 증상 등 중추신경계 이상을 일으켜 발병 시 대부분 사망하는 인수공통감염병으로, 제3급감염병으로 분류된다. 사람의 경우 공수병, 동물의 경우 광견병으로 지칭한다. 병원체는 공수병 바이러스Rabies virus이며, 병원소는 1차적으로 공수병 바이러스에 노출된 야생동물로 너구리, 오소리, 여우, 스컹크, 코요테, 박쥐 등이 대표적이고, 이들이 직접 사람과 접촉하여 감염을 시키거나 이들이 개, 고양이, 소 등 가축을 감염시키고 감염가축이 다시 인간을 물어 감염시키기도 한다. 주요 감염 경로는 광견병에 감염된 동물이 사람을 물거나 할퀸 교상 부위에 바이러스가 함유된 타액이 침투하여 감염되며, 감염된 동물의 타액 또는 조직을 다룰 때 타액이 묻어 점막눈, 코, 입 또는 상처를 통해 전파될 수도 있다. 잠복기는 평균 2~3개월5일~수년이며, 적절한 치료를 받지 못한 경우 치사율은 100%이다. 발병 초기 2~10일 정도에는 발열, 두통, 전신쇠약감 등의 비특이 증상을 보이며, 발병 후기에는 불면증, 불안, 혼돈, 부분적인 마비, 환청, 흥분, 타액·땀·눈물 등의 과다분비, 연하곤란, 물을 두려워하고, 수일평균 7~10일 이내에 사망하게 된다. 공수병을 예방하기 위해서는 동물에 물리기 전 예방접종을 받거나, 동물에 물린 후에는 물린 즉시 상처를 세척하고, 면역 글로불린과 백신을 투여하게 된다.

장출혈성대장균감염증

장출혈성대장균감염증Enterohemorrhagic *Escherichia coli* gastroenteritis은 장출혈성대장균 감염에 의하여 출혈성 장염을 일으키는 질환으로, 제2급감염병으로 분류되어 있다. 병원체는 장출혈성대장균Enterohemorrhagic *Escherichia coli*이며, 장내세균과에 속하는 그람 음성 혐기성 막대균으로, *Shiga* 독소Shiga toxin, *Stx1, Stx2*에 의해 증상이 유발된다. 소가 가장 중요한 병원소이며, 양, 염소, 돼지, 개, 닭 등 가금류도 병원소로 작용한다. 식수, 식품을 매개로 전파되며, 적은 양으로도 감염될 수 있어 사람-사람 간 전파도 중요하게 관리해야 한다. 잠복기는 2~10일평균 3~4일이며, 발열, 오심, 구토, 심한 경련성 복통 등의 증상을 보이고, 설사는 경증이나, 수양성 설사에서 혈성 설사까지 다양한 양상을 보인다. 예방을 위하여 환자의 격리장 내 배설물 격리, 주변 환경위생 및 개인위생의 철저한 관리가 필요하다.

탄저

탄저Anthrax는 탄저균 감염에 의한 질환으로, 우리나라에서 제1급감염병으로 지정되어 있다. 병원체는 호기성의 그람 양성 간균인 탄저균*Bacillus anthracis*이며, 소, 양, 염소, 말 등의 초식동물은 오염된 목초지에서 탄저균의 아포 노출에 의해 감염될 수 있고, 사람은 주로 감염된 동물이나 그 부산물을 취급하는 과정에서 탄저균 포자의 흡입, 섭취, 접촉에 의해 감염된다. 인체 유입 경로에 따라 피부 탄저감염된 동물의 도살, 절개, 박피 등의 과정에서 직접 접촉 등, 흡입 탄저감염동물의 양모, 가죽, 털 같은 부산물 가공 작업에서 공기 중 병원체 흡입, 위장관 탄저감염된 동물 육류의 부적절 조리 후 섭취 등이 있고, 사람 간 전파는 일어나지 않는 것으로 보고되었다. 잠복기는 1~8주보통 5일이며, 노출량과 노출경로에 따라 다양하다. 전파경로에 따라 임상 증상의 차이를 보일 수 있으며, 흡입 탄저의 50%에서 수막염 및 80%에서 위장관 출혈을 동반하는 것으로 알려져 있다. 항생제 치료 시 1% 미만의 치명률을 보이나, 미치료 시 치명률은 20~97%였다. 현재 국내 상용화된 유효 백신은 없으며, 일반적인 감염병 예방 수칙을 준수하고, 탄저 발생력이 있는 위험 지역에서는 관련 동물이나 이들의 사체와 관련된 일체의 접촉을 금해야 한다.

렙토스피라증

렙토스피라증Leptospirosis은 병원성 렙토스피라균 감염에 의한 인수공통질병으로, 제3급감염병으로 분류되어 있다. 병원체는 렙토스피라균*Leptospira* spp이며, 매개체는 설치류와 소, 돼지, 개 등의 일부 가축이다. 주로 감염된 동물의 소변에 오염된 물, 토양, 음식물에 노출 시 상처 난 부위를 통해 전파되며, 직접 접촉 혹은 비말 흡입을 통해서도 전파된다. 호발시기는 9~11월에 집중되어 있으며, 잠복기는 평균 2~30일이다. 임상 증상은 가벼운 감기 증상부터 치명적인 웨일씨병중증의 황달, 신부전, 출혈까지 다양하며, 적절한 치료를 하지 않는 경우 치명률은 5~15%에 이른다. 예방을 위해 오염이 의심되는 물에서의 수영이나 그 외의 작업을 피하고 오염 가능성이 있는 환경에서 작업을 할 때는 피부 보호를 위한 작업복과 장화를 착용하여야 한다.

조류인플루엔자 인체감염증

조류인플루엔자 인체감염증Avian Influenza: AI은 조류인플루엔자 바이러스의 인체 감염에 의한 급성호흡기감염병으로, 제1급감염병으로 분류되어 있다. 병원체는 조류인플루엔자 바이러스Avian Influenza A virus이며, 병원소는 사람, 가금류, 야생조류이다. 야생조류 및 가금류에서 다양한 인플루엔자 바이러스 감염 발생이 지속되나 현재까지 우리나라에서 조류인플루엔자의 인체감염 사례는 발생하지 않았다. 감염은 조류인플루엔자 바이러스에 감염된 가금류닭, 오리, 칠면조 등와의 접촉, 감염된 조류의 배설·분비물에 오염된 사물과의 접촉을 통해 발생할 수 있으며, 매우 드물게 사람 간의 전파가 의심되는 사례가 보고된 적도 있다. 잠복기는 2~7일최대 10일이며, 결막염 증상부터 발열, 기침, 인후통, 근육통 등 전형적인 인플루엔자 유사 증상과 함께 폐렴, 급성호흡기부전 등 중증 호흡기 질환도 발생 가능하다. 인체감염 예방백신은 없으며, 일반적인 감염병 예방 수칙을 준수한다.

2) 만성 감염병

감염성 질환은 흔히 급성질환으로 생각되기 쉽지만, 일부 감염병은 사람들이 감염 후 대부분 감염 사실을 인지하지 못하여 치료 시작 지연으로 단기간 내 완치가 어렵고, 타인을 쉽게 감염시킬 수 있다. 결핵, 한센병, 성병, B형 및 C형 간염 등을 만성 감염병으로 분류할 수 있다.

결핵

결핵Tuberculosis은 결핵균의 침입에 의해 발생하는 질환으로, 제2급감염병으로 지정되어 있다. 병원체는 *Mycobacterium tuberculosis*이며, 주로 사람에서 사람으로 공기를 통하여 전파된다. 결핵에 감염되었다고 해도 모두 결핵 환자로 진단받는 것은 아닌데, 잠복결핵감염 상태인 경우 결핵균이 체내에는 있으나, 면역기전에 의해 억제되는 상태로 증상도 없고 다른 사람에게 결핵균을 전파하지도 않는다. 결핵균에 감염 후 발병한 결핵 환자의 50%는 감염 후 1~2년 안에 발병을 하고, 나머지 50%는 면역력이 감소하는 때에 발병하게 된다. 결핵의 증상은 발병 부위[폐, 신장, 흉막, 척추 등]에 따라 여러 가지로 나타나며, 폐결핵일 경우 기침, 객혈, 무력감, 식욕부진, 체중감소, 발열, 호흡곤란 등의 증상을 보인다. 결핵의 치료를 위해 항결핵제를 복용하는데, 결핵균은 아주 천천히 증식하는 특징이 있어 항결핵제를 1~2가지만 사용하면 내성이 빨리 생겨 치료에 실패할 위험이 크다. 따라서 보통 3~4가지의 항결핵제를 동시에 복용하여 약제내성을 예방하면서 치료한다. 영유아 및 소아에게 결핵예방백신[BCG 예방접종]은 폐결핵, 결핵성 수막염 등을 예방할 수 있다.

한센병

한센병[Leprosy]은 나균에 의한 만성 육아종 감염이며, 제2급감염병으로 지정되어 있다. 한센병을 일으키는 나균[Mycobacterium leprae]은 노르웨이 의사인 한센[Hansen]에 의해 1873년 발견되었으며, 세포 내 기생하는 균으로 증식 속도가 매우 느려 병의 잠복기가 2~4년[몇 주~30년 이상인 경우로 매우 다양함]으로 알려져 있다. 환자에서 배출된 나균에 노출된 경우 발병할 수 있으며, 피부 또는 상기도가 주된 침입경로로 알려져 있다. 주된 증상은 피부의 감각이 둔화되고 얼룩덜룩한 무늬가 나타나며 손, 발, 안면 등 말초 신경 부위의 감각소실과 근육위축이 있다. 예방책으로 환자의 조기 발견, 격리 및 치료가 필요하며, 환자 접촉자의 관리 등도 실시해야 한다.

매독

매독[Syphilis]은 매독균 감염에 의해 발생하는 성기 및 전신 질환으로, 제4급감염병으로 지정되어 있다. 병원체는 매독균[*Treponema pallidum*]이며, 감염은 성접촉, 수직감염, 혈액을 통한 감염으로 전파된다. 잠복기는 평균 3주[10일~3개월]이며, 매독균의 침입으로 음부에 피부병이 생기는데 통증이 없는 구진이나 궤양으로 발생하는 1기 매독, 감염 6주 내지 6개월 후에 열, 두통, 권태감, 피부병변[반점,

구진, 농포성 매독진 등의 증상을 보이는 2기 매독, 피부, 뼈, 간 등까지 침범한 고무종gumma, 심혈관매독, 신경매독 등의 증상을 보이는 3기 매독으로 나뉜다. 선천성매독은 임신 4개월 후에 감염이 발생한 경우를 말한다. 치료는 페니실린 주사로 실시한다.

임질

임질Gonorrhea은 임균 감염에 의한 요도염이나 자궁경부염 등의 성기 부위 질환으로, 제4급감염병으로 지정되어 있다. 병원체는 임균*Neisseria gonorrhoeae*으로, 성접촉으로 전파되며, 잠복기는 2~7일 정도이다. 임상 증상으로 남성은 화농성 요도 분비물 배출, 배뇨 시 통증과 같은 요도염 증상이 있고, 여성은 자궁경부염 또는 빈뇨, 질분비물 증가, 비정상적 월경 출혈 등의 요도염 증상을 보인다. 또한 여성은 자궁내막염, 난관염, 복막염, 불임 등, 남성은 요도 주위 농양, 부고환염, 불임 등의 합병증을 보이며, 임질균이 혈액을 통하여 전신에 퍼지게 되면 관절염, 피부염, 심내막염, 수막염, 심근막염, 간염 등의 전신 증상을 보인다. 대부분 항생제로 치료하게 된다.

B형간염

B형간염Hepatitis B은 B형간염 바이러스 감염에 의한 간염 질환으로, 제3급감염병으로 분류되어 있다. 병원체는 B형간염 바이러스Hepatitis B Virus: HBV이며, 혈액, 성접촉, 모자간 주산기감염 등으로 감염된다. 만성 B형간염의 증상은 피로, 전신권태, 지속적인 또는 간헐적인 황달, 식욕부진 등으로 간경변증, 간부전, 간세포암으로 진행될 수 있다. B형간염 환자는 별도 격리가 필요하지 않으며, B형간염 산모에서 태어난 신생아에 면역 글로불린과 백신 접종으로 관리할 수 있다. 예방접종을 통해 예방이 가능하며, 어린이는 생후 0, 1, 6개월에 3회 접종, 면역의 증거가 없는 성인의 경우 0, 1, 6개월 간격으로 3회 접종한다.

후천성면역결핍증

후천성면역결핍증Acquired Immune Deficiency Syndrome: AIDS은 인간면역결핍바이러스Human Immunodeficiency Virus: HIV 감염에 의한 질환으로, 제3급감염병으로 지정되어

있다. HIV는 인체에 침입 후 면역세포 내에 증식하며 면역세포를 파괴하며, 주로 성관계나 감염된 혈액의 수혈, 오염된 주삿바늘의 공동 사용, 감염된 산모의 임신과 출산을 통해 바이러스가 전파된다. 임상 증상으로 감염 후 3~4주 이내에 비특이적인 발열, 인후통, 뇌수막염 증상, 발진 등과 같은 증상이 나타났다가 저절로 호전되는 급성 증상을 거친 후, 면역기능은 계속 떨어지면서 감염자의 체내에서 바이러스가 계속 증식하고 있는 무증상기를 가진다. 이후 후천성면역결핍증으로 이행되기 전 발열, 오한 및 설사, 체중감소 등의 증상과 칸디다 질염, 골반 내 감염, 피부질환 등이 동반되는 증상을 보인다. AIDS 환자의 경우 면역체계가 손상되고, 손상 정도가 일정 수준을 넘으면 건강한 사람에게는 잘 나타나지 않는 바이러스, 세균, 곰팡이, 원충 또는 기생충에 의한 감염증과 피부암 등 악성종양 등이 나타나 사망에 이를 수 있다.

CHAPTER 4

만성질환 관리

학습 목표

- 만성질환의 발생 원인을 설명할 수 있다.
- 우리나라 주요 만성질환의 발생 추이를 설명할 수 있다.
- 만성질환의 예방 및 관리 방법을 설명할 수 있다.

CHAPTER 4

만성질환 관리

도입 사례 *

만성질환 발병률 증가

우리나라는 비만, 고혈압, 당뇨, 심혈관질환, 암과 같은 만성질환의 발병률이 증가하고 있다. 이러한 현상은 1970년대 후반부터 두드러지게 나타나고 있다. 우리나라 10대 사망원인 중 만성질환이 7가지를 차지하고 있으며, 그 비중도 높다. 만성질환은 사망률이나 유병률의 규모로 볼 때 국민보건상 중요한 보건문제이다. 만성질환은 이환 기간이 길고 완치가 어렵기 때문에 예방이 매우 중요하다. 일단 질병이 발생한 후에는 장기간에 걸친 치료와 장애로 인한 사회적 부담이 크므로 진행단계에 따른 적절한 예방조치와 관리로 개인과 사회, 국가의 부담을 줄여야 한다.

자료: 통계청(2021).

생각해 보기 **

- 우리나라에서 유병률이 높은 만성질환에는 어떤 것들이 있는가?
- 만성질환의 예방과 관리를 위한 식사요법은 무엇인가?

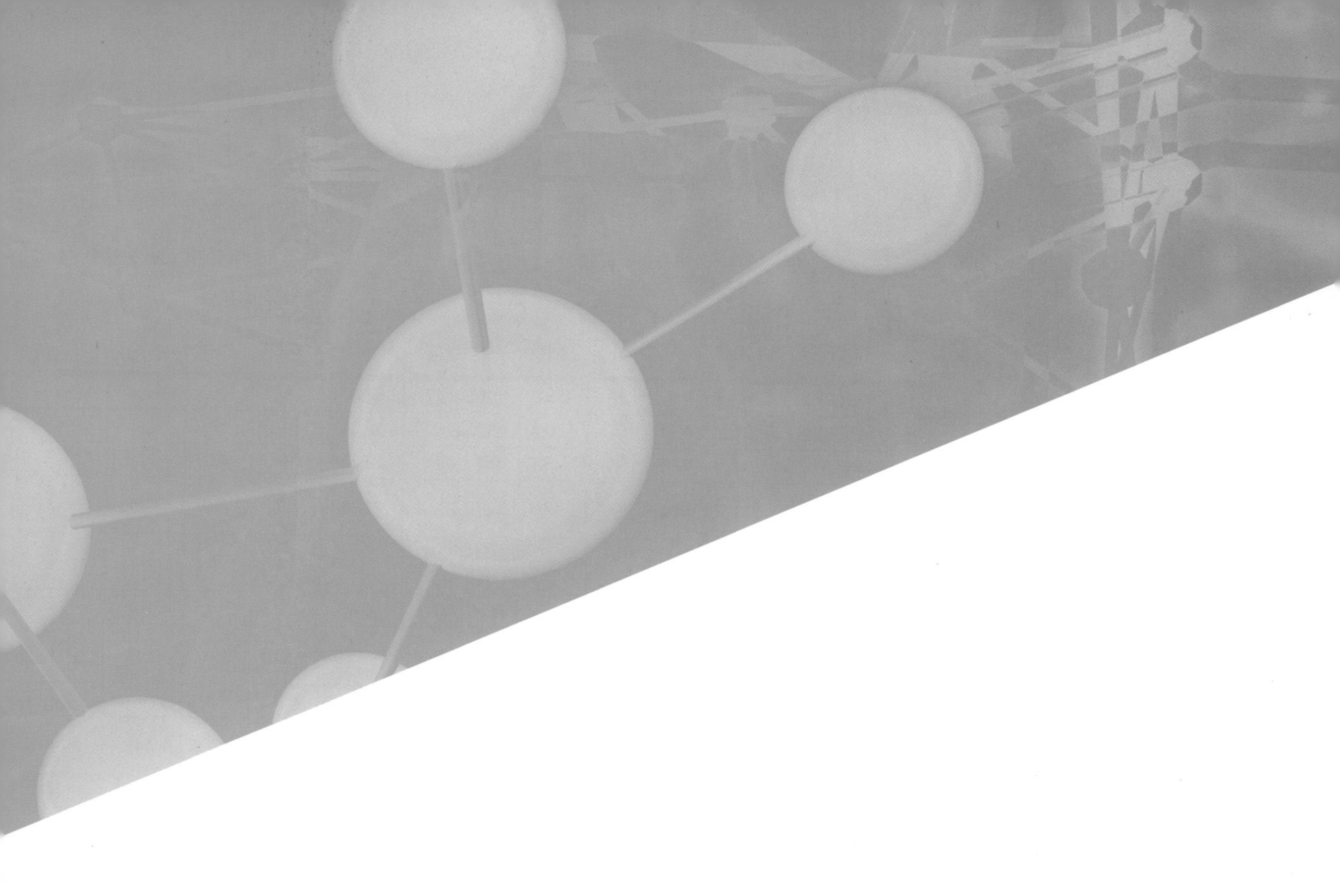

1 만성질환의 정의

만성질환chronic disease은 장기간의 의료처치나 관리를 필요로 하는 상태나 질병으로 비만, 고혈압, 당뇨병, 심뇌혈관질환, 암, 골다공증과 같은 비전염성 질환noncommunicable disease을 의미한다. 만성질환은 만성 비전염성질환chronic noncommunicable disease 또는 만성 퇴행성질환chronic degenerative disease이라고도 한다.

통계청에서 발표한 2020 사망원인통계에 따르면 악성신생물암, 심장질환, 폐렴, 뇌혈관질환, 고의적 자해자살, 당뇨병, 알츠하이머병, 간질환, 고혈압성 질환, 패혈증 순으로 총 사망자의 68.0%를 차지하였다. 따라서 폐렴, 고의적 자해, 패혈증을 제외한 주된 사망원인은 암을 포함한 만성질환임을 알 수 있다.

표 4-1
사망원인 순위 추이 (2010~2020)

(단위: 인구 10만 명당 명, 명, %)

순위	2010년		2019년		2020년					
	사망원인	사망률	사망원인	사망률	사망원인	사망자수	구성비	사망률	'10 순위대비	'19 순위대비
1	악성신생물	144.4	악성신생물	158.2	악성신생물	82,204	27.0	160.1	–	–
2	뇌혈관질환	53.2	심장질환	60.4	심장질환	32,347	10.6	63.0	↑+1	–
3	심장질환	46.9	폐렴	45.1	폐렴	22,257	7.3	43.3	↓+3	–
4	고의적 자해(자살)	31.2	뇌혈관질환	42.0	뇌혈관질환	21,860	7.2	42.6	↑–2	–
5	당뇨병	20.7	고의적 자해(자살)	26.9	고의적 자해(자살)	13,195	4.3	25.7	↓–1	–
6	폐렴	14.9	당뇨병	15.8	당뇨병	8,456	2.8	16.5	↓–1	–
7	만성 하기도 질환	14.2	알츠하이머병	13.1	알츠하이머병	7,532	2.5	14.7	↑+6	–
8	간질환	13.8	간질환	12.7	간질환	6,979	2.3	13.6	–	–
9	운수 사고	13.7	만성 하기도 질환	12.0	고혈압성 질환	6,100	2.0	11.9	↑+1	↑+1
10	고혈압성 질환	9.6	고혈압성 질환	11.0	패혈증	6,086	2.0	11.9	↑+4	↑+1

주: 심장질환에는 허혈성 심장질환 및 기타 심장질환이 포함

자료: 통계청(2021).

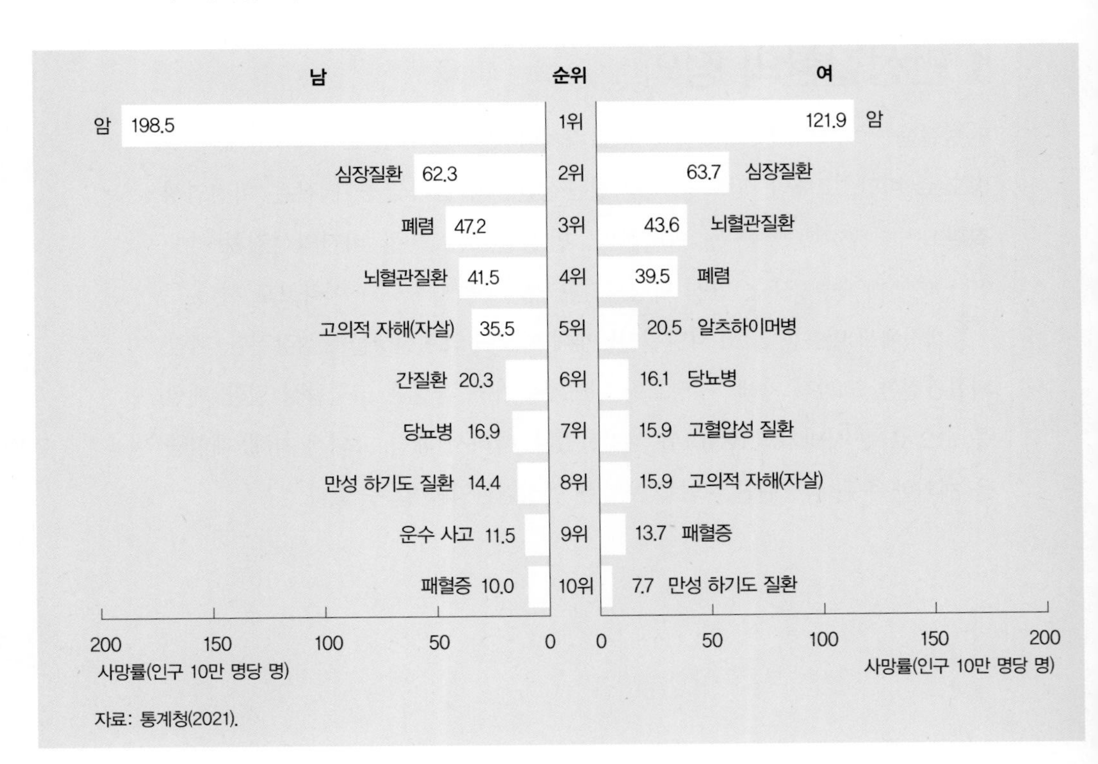

그림 4-1
성별 사망원인 순위(2021)

만성질환의 특징

미국 만성질환전문위원회에서 규정한 만성퇴행성질환의 특징은 다음과 같다.

- 만성: 일단 발병하면 3개월 이상 경과를 보인다.
- 퇴행: 호전과 악화를 반복하면서 점차 나빠지는 방향으로 간다.
- 성인: 대체로 나이와 더불어 증가하는 경향이 있다.
- 후유: 대체로 원인이 명확하지 않고 기능장애를 동반한다.

2 만성질환의 발생과 관련된 요인

만성질환은 다양한 요인에 의하여 발생한다. 다음 표는 만성질환의 발생과 관련된 다양한 요인 중에서 식이요인을 정리한 것이다[표 4-2].

질병	관련 식습관
심장질환	비만, 고지방식, 고콜레스테롤식, 저섬유소식, 비타민 및 무기질 부족
암	알코올, 비만, 저섬유소식
당뇨병	비만, 고지방식, 과일 및 채소 섭취 부족
비만	고열량식, 고지방식
간경변증	영양 섭취 부족, 알코올 섭취
고혈압	고염식, 알코올 섭취, 체지방 증가
골다공증	칼슘 및 비타민 D 섭취 부족

표 4-2
만성질환 관련 식이요인

3 만성질환의 관리대책

만성질환의 다양한 위험요인 중에는 나이, 유전과 같이 변화가 불가능한 요인과 식생활, 음주, 흡연, 운동 등과 같이 변화가 가능한 요인이 있다. 만성질환은 진행단계에 따라 적절한 예방 및 관리전략을 적용해야 한다[그림 4-2]. 만성질환의 단계별 예방 전략은 다음과 같다.

1) 1차 예방

1차 예방은 건강을 증진시켜 질병에 대한 감수성을 낮추고 질병의 발생률을 감소시킬 수 있는 영역이다. 개인·가족·지역사회를 대상으로 위험요인이 될 수 있는 생활습관을 바람직한 과정으로 교정하는 방법이다.

2) 2차 예방

2차 예방은 임상적 증상이 나타나기 전에 질병을 조기에 발견하거나 질병의 위험을 감지하여 관리하는 것이다. 정기적인 건강검진 및 영양상태 판정 등이 이러한 과정에 속한다.

3) 3차 예방

3차 예방은 질병이 발생한 만성질환 환자를 대상으로 합병증이 발생하거나 후유증이 생기는 것을 예방하는 것이다. 발병한 질병에 맞추어 효과적인 치료방법을 적용하고 재발 및 악화를 막기 위한 교육이 시행된다.

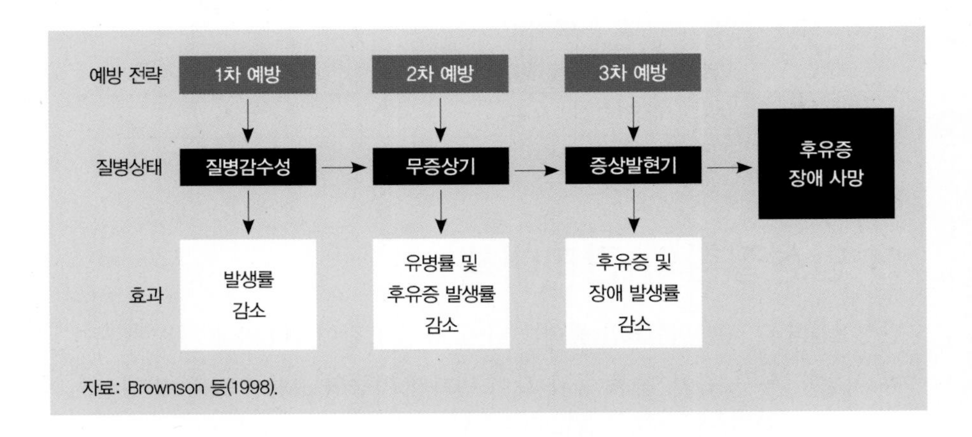

그림 4-2
만성질환의 단계에 따른 예방 및 관리 전략

4 주요 만성질환 관리

1) 비만

(1) 비만의 정의 및 진단

비만obesity이란 체내의 지방량이 신체 구성에 필요한 지방보다 증가된 상태이다. 일반적으로 성인 체지방량의 정상치는 남자가 8~15%, 여자가 13~23%이고, 체지방률은 남자의 경우 25% 이상, 여자는 33% 이상 초과하는 경우 비만으로 분류한다. 세계보건기구WHO의 비만에 대한 문제 인식은 1997년 비만에 관한 회의를 개최하면서 본격적으로 시작되었다. 비만은 질병발생에 미치는 영향이 매우 광범위함에도 불구하고 경시되어 온 공중보건학적 문제로, 세계보건기구WHO는 21세기에 비만이 '흡연'만큼 중요한 건강문제로 대두될 것이라 예견하였고, 비만 그 자체를 '치료해야 할 질병'으로 정의하였다.

비만은 체지방량의 값으로 진단하는 것이 가장 좋지만, 간접적인 방법으로 신장 대비 체중의 수준체질량지수이나 허리둘레 치수를 이용하여 진단하기도 한다. 체질량지수Body Mass Index; BMI, quetlet's index는 체지방 함량을 비교적 정확히 반영하는 것으로 알려져 있으며, 현재의 신장과 체중을 이용하여 아래와 같이 산출하며 비교적 손쉽게 판단기준으로 이용할 수 있다.

$$\text{체질량지수}^{BMI} = \text{체중}^{kg}/\text{신장}^{m^2}$$

체질량지수는 질병의 이환율 및 사망률의 상대위험도를 나타낸다. 즉, 체질량지수가 높을수록 심혈관질환과 암 발생 위험률이 높고 조기사망의 가능성이 높아진다. 세계보건기구WHO에서는 과체중overweight을 체질량지수 25~29.9kg/㎡, 비만을 체질량지수 30kg/㎡ 이상으로 정의하고 있다. 그러나 이는 아시아 성인을 기준으로 한 비만지수와는 다소 차이가 있으며, 한국비만학회에서는 이를 받아들여 한국인의 기준치로 정하였다표 4-3. 한국인의 기준치에서는 과체중overweight을 체질량지수 23~24.9kg/㎡, 비만을 체질량지수 25kg/㎡ 이상으로 정의하고 있다. 또한 국내 복부비만의 진단기준은 《대한비만학회지》에 발표된 이상엽 등2006의 연구에서 세계보건기구WHO 아시아 태평양 지역의 복부비만 기준치를 수정·보완하여 남자는 허리둘레 90cm 이상, 여자는 허리둘레 85cm 이상을 비만의 기준으로 제시하고 있다.

표 4-3
한국인의 BMI에 따른 비만 진단기준과 허리둘레에 의한 동반질환 위험도

분류*	체질량지수 (kg/m^2)	허리둘레에 따른 동반질환의 위험도	
		<90cm(남자), <85cm(여자)	≥90cm(남자), ≥85cm(여자)
저체중	<18.5	낮음	보통
정상	18.5 ~ 22.9	보통	약간 높음
비만전단계	23 ~ 24.9	약간 높음	높음
1단계 비만	25 ~ 29.9	높음	매우 높음
2단계 비만	≥30 ~ 34.9	매우 높음	가장 높음
3단계 비만	≥35	가장 높음	가장 높음

* 비만전단계는 과체중 또는 위험체중으로, 3단계 비만은 고도비만으로 부를 수 있다.

자료: 대한비만학회, 비만 진료지침 2020.

2020 국민건강통계에 의하면 체질량지수 25 이상을 기준으로 한 비만 유병률만 19세 이상, 연령표준화은 2010년 30.9%에서 2020년 38.3%로 증가하였고, 최근 10년간 약 31~38% 수준을 유지하고 있다. 남자는 2010년 36.4%에서 2015년 39.7%로 꾸준히 증가하였으며, 2016년부터 40%를 상회하는 수준을 보여, 2020년 48.0%로 나타났다. 여자는 2010년부터 2020년까지 25~28% 수준을 유지하고 있다. 2020년 비만 유병률만 19세 이상은 남자 48.0%, 여자 27.7%로 남자가 여자보다 20.3%p 높았다. 연령대별 비만 유병률에서 남자는 30~39세가 58.2%로 성인기 전 연령대별 가장 높은 유병률을 보였으나, 가령에 따라 감소하는 양상을 보였고, 여자는 연령이 증가함에 따라 비만 유병률이 증가하는 양상을 보여 60~69세에서 38.4%, 70대 이상에서 37.8%를 보였다그림 4-3.

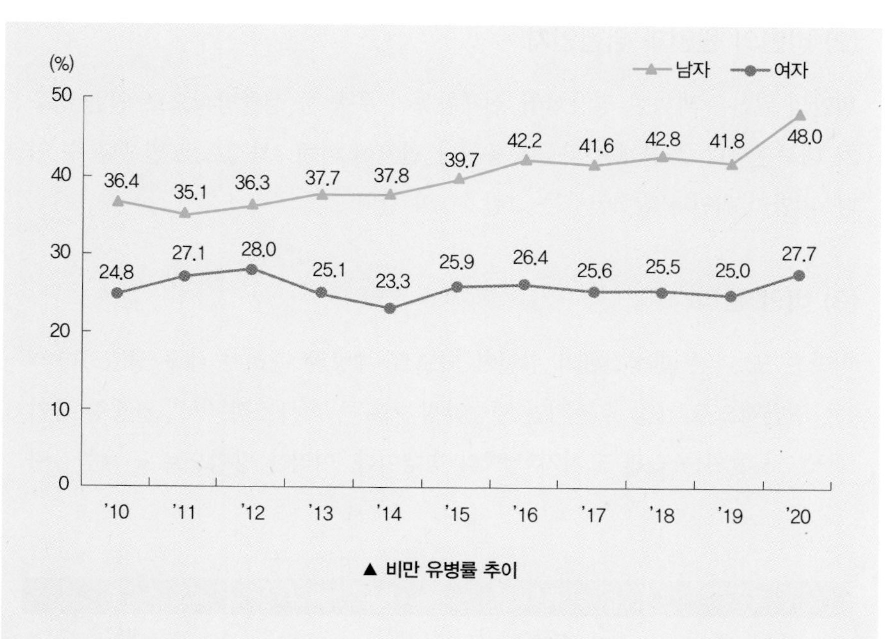

▲ 비만 유병률 추이

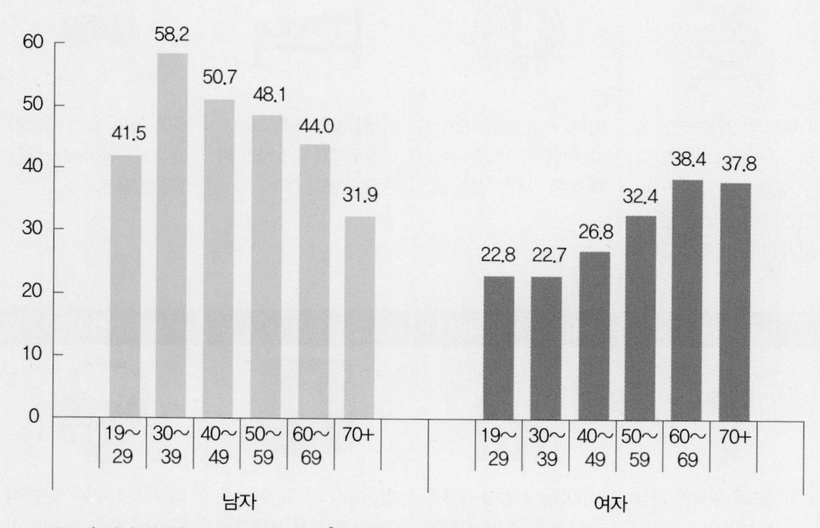

주: 1) 비만 유병률: 체질량지수(kg/m²) 25 이상인 분율, 만 19세 이상
2) 2005년 추계인구로 연령표준화

▲ 2020 연령별 비만 유병률

자료: 질병관리청(2022).

그림 4-3
비만 유병률

(2) 비만의 원인과 위험인자

비만의 원인은 과다한 영양섭취, 신체활동의 부족 등 생활방식으로 인한 경우가 대부분이다. 드물게는 약물복용이나 질환에 의해 2차적으로 발생할 수 있다. 비만의 원인과 위험인자는 그림 4-4와 같다.

(3) 비만 관리

비만은 또 다른 만성질환의 원인이 되므로 예방과 관리가 매우 중요하다그림 4-5. 일반적으로 가장 효과적인 체중감량 치료는 식사조절식사요법, 활동량 증가운동요법 및 살찌는 습관 고치기행동요법의 병행이다. 이러한 방법으로도 체중감량

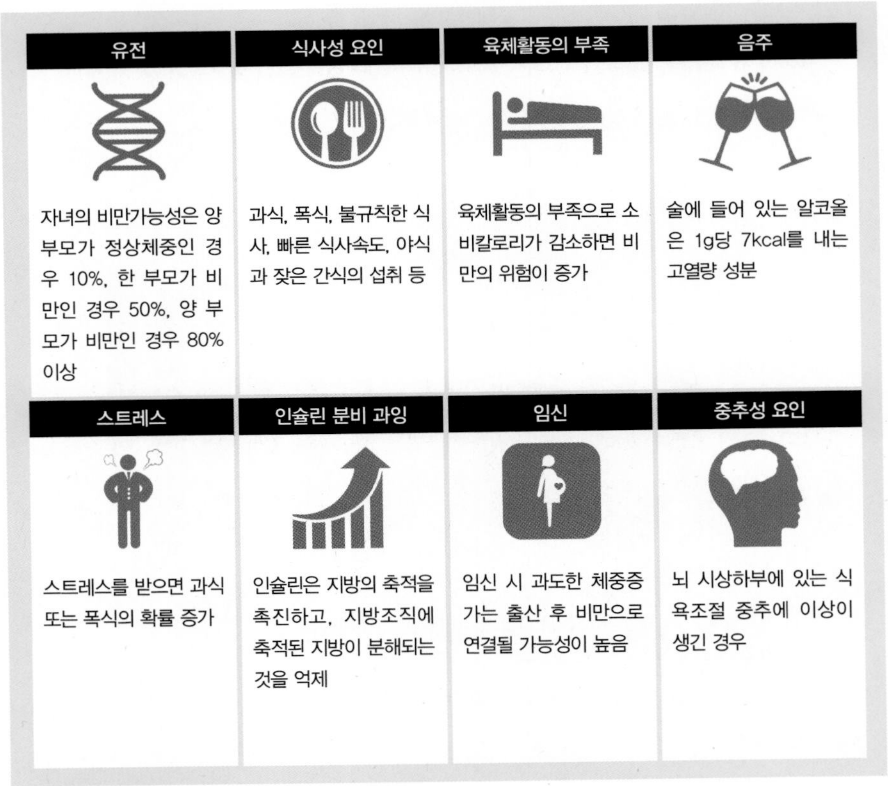

유전	식사성 요인	육체활동의 부족	음주
자녀의 비만가능성은 양부모가 정상체중인 경우 10%, 한 부모가 비만인 경우 50%, 양 부모가 비만인 경우 80% 이상	과식, 폭식, 불규칙한 식사, 빠른 식사속도, 야식과 잦은 간식의 섭취 등	육체활동의 부족으로 소비칼로리가 감소하면 비만의 위험이 증가	술에 들어 있는 알코올은 1g당 7kcal를 내는 고열량 성분
스트레스	**인슐린 분비 과잉**	**임신**	**중추성 요인**
스트레스를 받으면 과식 또는 폭식의 확률 증가	인슐린은 지방의 축적을 촉진하고, 지방조직에 축적된 지방이 분해되는 것을 억제	임신 시 과도한 체중증가는 출산 후 비만으로 연결될 가능성이 높음	뇌 시상하부에 있는 식욕조절 중추에 이상이 생긴 경우

그림 4-4
비만의 원인과 위험인자

이 되지 않으면 약물치료나 수술적 방법을 병행한다. 칼로리 섭취를 심하게 줄이면 단기적으로는 효과가 있으나 장기적인 체중 감량으로 이어지지 않는 경우가 많고, 기초대사량의 감소를 일으켜 원래의 식사량으로 돌아갔을 때 체중이 다시 증가하는 요요현상의 원인이 되기도 한다. 따라서 살을 뺄 때에는 식사조절만 단독으로 시도하기보다, 활동 및 운동량의 증가와 병행하여 중장기적으로 체중 감량을 시행하는 것이 바람직하다.

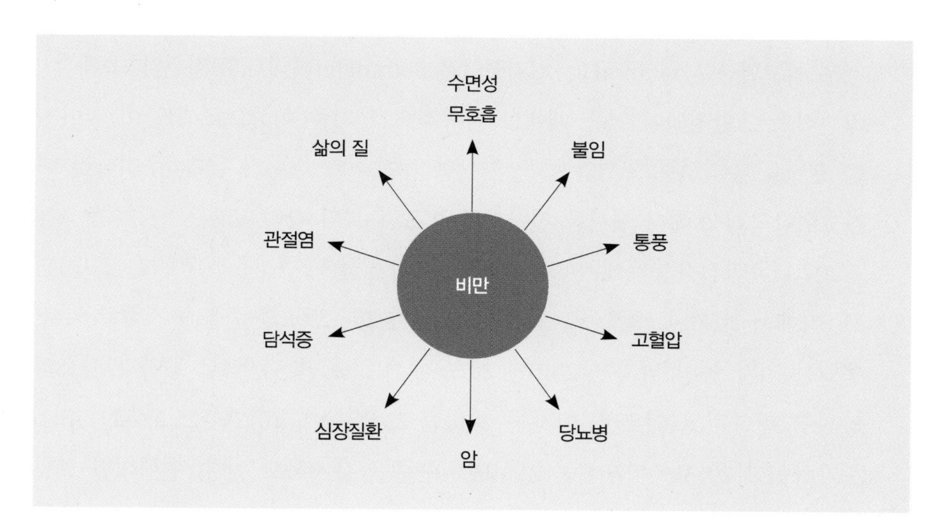

그림 4-5
비만의 동반질환

비만 관리를 위한 식사요법

- 전반적인 식사량을 줄이고 기름진 음식을 피한다.
- 과식하지 않고 금주한다.
- 아침을 굶게 되면 점심 전에 간식을 섭취하게 되거나 점심 때 과식할 가능성이 높으므로 간단하게라도 아침을 섭취한다.
- 끼니를 거르기보다 매 끼니 섭취하는 양을 줄인다.
- 오이, 토마토 등 비교적 에너지 함량이 낮은 식품을 간식으로 선택한다.
- 변비를 예방하고 단백질, 비타민, 무기질을 충분히 공급하기 위해 유제품, 과일, 채소 등을 매일 섭취한다.

2) 고혈압

(1) 고혈압의 정의 및 진단

혈압은 심장의 펌프작용으로 혈액이 동맥 내로 분출될 때 동맥벽이 받는 측압을 체표면에서 측정한 것이다. 혈압은 심장이 수축할 때의 수축기 혈압[systolic blood pressure, 최고혈압]과 심장이 이완할 때의 확장기 혈압[diastolic blood pressure, 최저혈압]으로 나타나며, 최고혈압과 최저혈압의 차이는 맥압이라 한다. 혈압은 연령, 성별, 식사, 운동, 감정 등에 영향을 받아 하루 중 변동이 있지만 정상인의 경우 최고혈압은 140mmHg, 최저혈압은 90mmHg 이내로 조절된다. 육체적·정신적으로 안정되어 있을 때에도 지속적으로 기준 이상으로 혈압이 높아지는 질병을 총칭하여 고혈압[high blood pressure 또는 hypertension]이라 한다. 우리나라 대한고혈압학회[2018]에서 제시한 진단기준은 표 4-4와 같다.

2020 국민건강통계에 의하면 고혈압 유병률[만 30세 이상, 연령표준화]은 2010년 26.8%에서 2020년 28.3%로, 최근 10년간 약 25~29% 수준을 유지하고 있다. 동일한 기간 동안 남자는 2010년 29.3%에서 2020년 34.9%로 증가와 감소의 양상을 반복하고 있으며, 여자는 2010년 23.8%에서 2012년 25.2%로 1.4%p 증가하였고 2013년 이후에는 21~23% 수준을 유지하고 있다. 연령대별 고혈압 유병률에서는 남녀 모두 가령에 따라 고혈압 유병률이 증가하는 양상을 보인다[그림 4-6].

표 4-4
혈압의 분류

(단위: mmHg)

혈압 분류	수축기 혈압		이완기 혈압
정상혈압*	<120	그리고	<80
주의혈압	120~129	그리고	<80
고혈압 전 단계	130~139	또는	80~89
제1기 고혈압	140~159	또는	90~99
제2기 고혈압	≥160	또는	≥100

*심뇌혈관질환의 발생 위험이 가장 낮은 최적혈압

자료: 대한고혈압학회(2018).

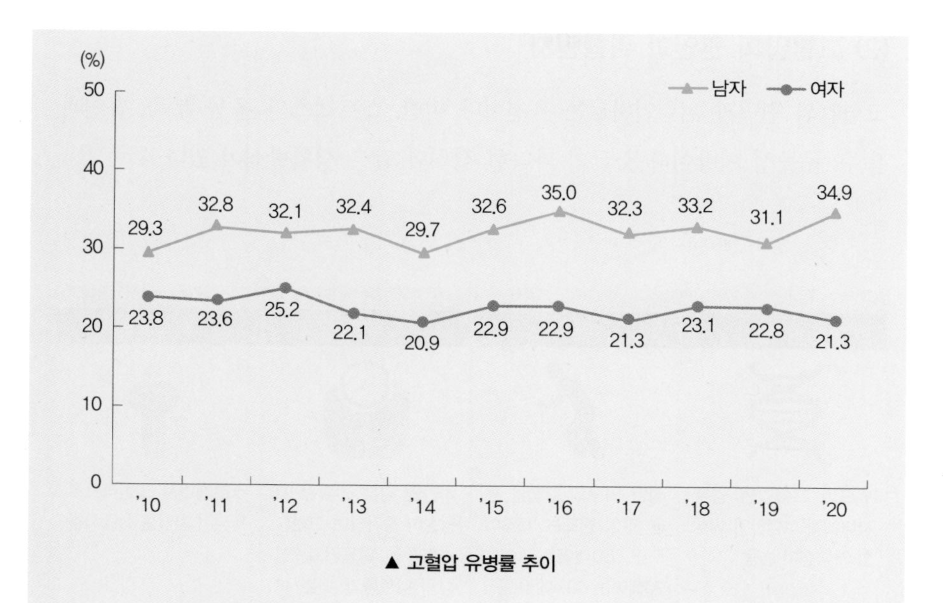

▲ 고혈압 유병률 추이

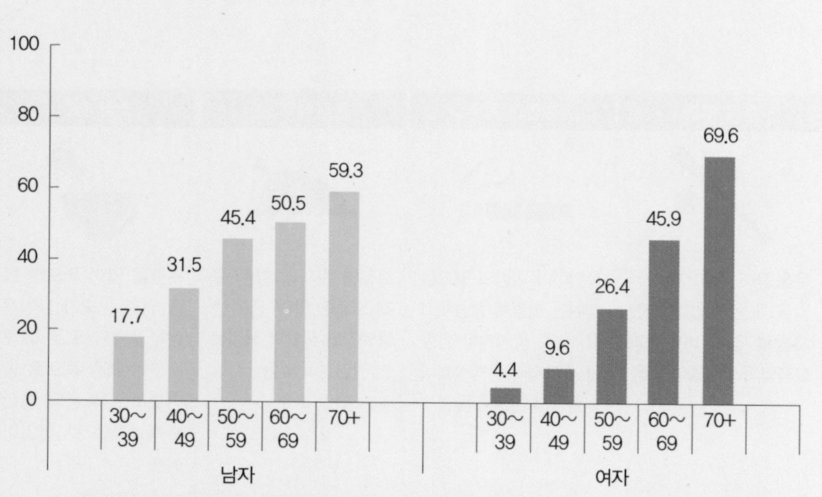

주: 1) 고혈압 유병률: 수축기 혈압이 140mmHg 이상이거나 이완기 혈압이 90mmHg 이상 또는 고혈압 약물을 복용한 분율, 만 30세 이상
2) 2005년 추계인구로 연령표준화

▲ 2020 연령별 고혈압 유병률

자료: 질병관리청(2022).

그림 4-6
고혈압 유병률

(2) 고혈압의 원인과 위험인자

고혈압의 원인과 위험인자로는 유전이나 비만, 스트레스와 운동 부족, 흡연과 음주, 동물성 지방이나 소금의 과다한 섭취와 같은 생활방식이 있다그림 4-7.

유전	나이	비만	스트레스
부모가 고혈압인 경우 자녀에게 고혈압이 발생할 가능성이 높음	성인 인구의 고혈압 평균 발생 빈도는 15%이지만, 60대에는 40%, 70대에는 60%에 이름	비만인 경우 인슐린 저항성이 증가하여 고인슐린혈증을 일으키고, 신장의 나트륨과 수분 보유를 높여 고혈압 유발	스트레스는 일반적으로 확장기 혈압을 상승시킴
운동 부족	**흡연과 음주**	**동물성 지방**	**소금 섭취**
운동량이 적고 앉아서 일을 하는 직업을 가진 사람의 경우 비만증과 고혈압의 발생률이 높음	흡연이나 과량의 알코올 섭취는 혈압을 상승시키고, 혈중 중성지방 함량을 증가시켜 동맥경화나 뇌졸중의 발생을 높임	고혈압 환자의 혈중 콜레스테롤 함량 증가는 동맥경화 유발과 직접적인 관련성이 있음	소금을 많이 먹으면 혈중 염분 농도가 높아져 삼투압 현상으로 체내 수분이 혈관 속으로 들어오고 나트륨의 혈관 수축 작용으로 혈압이 상승

그림 4-7
고혈압의 원인과 위험인자

(3) 고혈압 관리

고혈압 환자에게 식사 및 생활습관의 수정은 매우 중요하므로 권장사항표 4-5 실천을 통해 혈압을 저하시켜야 한다.

개선목표	권고사항	혈압 감소 효과(수축기/이완기혈압, mmHg)
체중감량	매 체중 1kg 감소	−1.1/−0.9
식사조절	채식 위주의 건강한 식습관(칼로리와 동물성 지방의 섭취를 줄이고 야채, 과일, 생선류, 견과류, 유제품의 섭취를 증가시키는 식사요법)	−11.4/−5.5
소금 섭취 제한	하루 소금 6g 이하	−5.1/−2.7
운동	하루 30~50분, 1주일에 5일 이상	−4.9/−3.7
절주	하루 2잔 이하	−3.9/−2.4

자료: 대한고혈압협회(2018).

표 4-5
고혈압 환자의 생활습관 권장사항

식품군	권장사항
곡류	• 잡곡밥을 권장하며 매끼 2/3~1공기 정도 섭취
고기·생선·달걀·콩류	• 삼겹살이나 갈비 등의 고지방 육류는 피함 • 살코기, 생선, 껍질을 제외한 닭고기, 콩·두부 등으로 단백질 섭취 • 지방 함량이 높으므로 체중조절을 위해서는 소량씩 섭취
채소류	• 나물이나 생채소는 매끼 충분히 섭취 • 국이나 찌개를 먹을 때는 건더기 위주로 섭취
과일류	• 중간 크기의 사과 1개, 토마토는 2개 정도를 섭취(단, 통조림 과일은 당분과 나트륨이 많으므로 제한)
우유·유제품류	• 칼슘 공급을 위해 저지방 혹은 무지방 제품으로 섭취 • 매일 우유 1컵 또는 요구르트 1컵 섭취
유지·당류	• 지방 사용 줄이기 • 튀김, 전, 볶음보다는 찜, 굽기 등의 조리법 이용 • 설탕, 사탕, 젤리, 꿀 등 단순당류 식품은 적게 섭취

자료: 대한영양사협회(2011). 고혈압의 식사관리.

표 4-6
DASH 다이어트

최근에는 고혈압 관리를 위한 식사요법에 저염식과 함께 DASH[dietary approaches to stop hypertension] 다이어트가 거론되고 있다. DASH 다이어트는 혈압을 낮추기 위해 미국에서 개발된 식사요법으로, 포화지방산, 콜레스테롤, 총 지방의 섭취를 줄이고 과일, 채소, 저지방우유 등의 섭취를 통해 혈압을 낮추는 것이다[표 4-6].

3) 당뇨병

(1) 당뇨병의 정의 및 진단

당뇨병이란 고혈당을 특징으로 하는 일련의 대사질환이다. 당화혈색소 6.5% 이상 또는 8시간 이상 공복혈장포도당 126mg/dL 이상 또는 75g 경구당부하 후 2시간 혈장포도당 200mg/dL 이상 또는 당뇨병의 전형적인 증상(다뇨, 다음, 설명되지 않는 체중감소)이 있으면서 무작위 혈장포도당 200mg/dL 이상인 경우에 당뇨병으로 진단한다.

당뇨병은 크게 제1형 당뇨병과 제2형 당뇨병으로 분류한다. 제1형 당뇨병은 인슐린을 분비하는 췌장의 β세포 기능이 비정상화되어 완전 인슐린 결핍이나 부분적 인슐린 결핍이 나타난다. 주로 소아기, 청소년기, 젊은 성인층30세 이전에 많이 발생하며 인슐린 공급이 절대적으로 필요하다.

제2형 당뇨병은 인슐린 저항성 증가, 부적절한 인슐린 분비, 포도당 생산 증가 등의 다양한 원인에 의해 발생된다. 인슐린 생성 능력은 있으나 인슐린 수용체의 감소로 인슐린이 효과적으로 작용하지 못하는 경우가 많다. 따라서 인슐린 공급이 절대적으로 요구되지는 않지만 혈당 조절을 위해 인슐린 주사가 필요한 경우도 있으며 경구혈당강하제를 사용하기도 한다. 인슐린 비의존형 당

표 4-7
당뇨병의 진단기준 및 분류

분류	진단기준
정상 혈당	최소 8시간 이상 음식을 섭취하지 않은 상태에서 공복혈장포도당 100mg/dL 미만, 75g 경구당부하 후 2시간 혈장포도당 140mg/dL 미만
당뇨병	1. 당화혈색소 6.5% 이상 또는 2. 8시간 이상 공복혈장포도당 126mg/dL 이상 또는 3. 75g 경구당부하 후 2시간 혈장포도당 200mg/dL 이상 또는 4. 당뇨병의 전형적인 증상(다뇨, 다음, 설명되지 않는 체중감소)이 있으면서 무작위 혈장포도당 200mg/dL 이상
당뇨병 전단계 (당뇨병 고위험군)	1. 공복혈당장애는 공복혈장포도당 100~125mg/dL 2. 내당능장애는 75g 경구당부하 후 2시간 혈장포도당 140~199mg/dL 3. 당화혈색소 5.7~6.4%에 해당하는 경우 당뇨병 전단계(당뇨병 고위험군)

자료: 대한당뇨병학회(2021). 당뇨병 치료지침.

뇨병을 성인형 당뇨병이라고도 하며, 당뇨병 환자의 80~90%가 이에 속한다. 40세 이후 주로 발병하고 증상이 서서히 나타나기 때문에 오랜 시일 방치하기 쉽고 그로 인해 관상동맥 심장질환, 뇌졸중, 말초혈관 질환 등을 초래할 수도 있다.

역학적으로 보면 지난 20년간 당뇨병 환자 수는 1985년 3,000만 명에서 2000년에는 1억 7,700만 명으로 급속하게 증가해 왔다. 이러한 추세라면 2030년에는 3억 6,000만 명 이상이 당뇨병에 이환될 것이라는 추측이 나온다. 제1형 당뇨병과 제2형 당뇨병 모두 유병률이 증가하고 있지만, 제2형 당뇨병의 유병률은 산업화가 진행됨에 따라 비만의 증가와 활동량의 감소로 인하여 더욱 빠른 속도로 증가할 것으로 보인다. 우리나라의 경우 만 30세 이상 당뇨병 유병률만 30세 이상, 연령표준화은 2011년 11.6%에서 2020년 13.6%로 증가하였다. 같은 기간 동안 남자는 약 11~17% 수준을, 여자는 약 9~12% 수준을 보이고 있다. 만 30세 이상 당뇨병 유병률은 남자 19.2%, 여자 14.3%로 남자가 높고, 남녀 모두 가령에 따라 증가하여 남자는 50세 이상에서, 여자는 60세 이상에서 20% 이상의 유병률을 보였다그림 4-8.

(2) 당뇨병의 원인과 위험인자

당뇨병의 위험인자에는 유전적 요인, 노화, 비만, 육체활동 부족, 스트레스, 임신, 췌장염 및 췌장암과 같은 췌장질환, 내분비성 질환 및 약물복용 등이 있다그림 4-9.

(3) 당뇨병 관리

당뇨병 치료는 인슐린 등 약물, 운동, 체중감량과 함께 식사 섭취의 적절한 조절이 필요하다. 1차 예방은 비만 또는 당뇨병 전기 고위험군에서 제2형 당뇨병의 발생을 막거나 지연시키는 것이 목표이고, 2차 예방은 혈당조절 능력을 호전시켜 당뇨병과 관련된 합병증을 막거나 지연시키는 것이다. 3차 예방법은 심혈관질환, 신장질환 등 당뇨병 환자의 합병증을 관리하는 것이다.

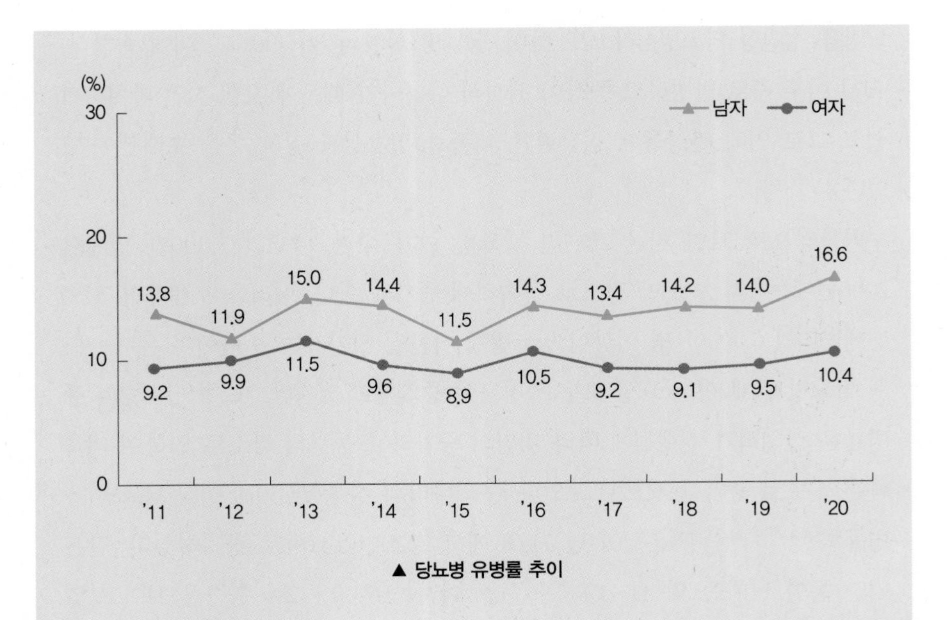

▲ 당뇨병 유병률 추이

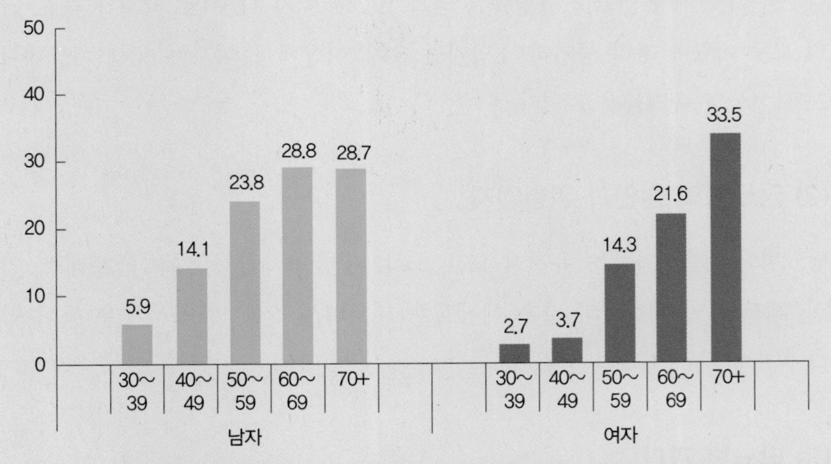

주: 1) 당뇨병 유병률: 공복혈당이 126mg/dL 이상이거나 의사진단을 받았거나 혈당강하제복용 또는 인슐린 주사를 사용하거나, 당화혈색소 6.5% 이상인 분율, 만 30세 이상
2) 2005년 추계인구로 연령표준화

▲ 2020 연령별 당뇨병 유병률

그림 4-8
당뇨병 유병률

자료: 질병관리청(2022).

당뇨병 환자의 안전한 운동을 위한 지침

- 운동은 매일 같은 시각에 하고, 운동 전 섭취하는 음식의 양은 혈당수준에 따라 조절한다.
- 혈당수준이 정상상태로 되었을 때 운동을 시작한다.
- 저혈당을 예방하기 위해 인슐린 작용이 최고치에 달했을 때는 운동을 피한다.
- 인슐린 주사 후 40분 이내에 운동을 하면 주사 부위의 자극으로 인슐린 흡수를 촉진시키므로, 인슐린 주사 후 운동할 경우에는 인슐린의 영향이 미치지 않도록 시간 간격을 둔다.
- 운동 전에 식사를 하여 저혈당을 예방하고, 식사와 운동에 적응하기 위한 적절한 인슐린 투여를 한다.
- 심한 운동은 오히려 산증, 신경증, 망막증, 혈압상승 등으로 당뇨병을 악화시키므로 적당한 운동을 꾸준히 한다. 식후 30분쯤 지나 30분 정도 걷거나 수영, 천천히 달리기 등 유산소운동을 하는 것이 적합하다.

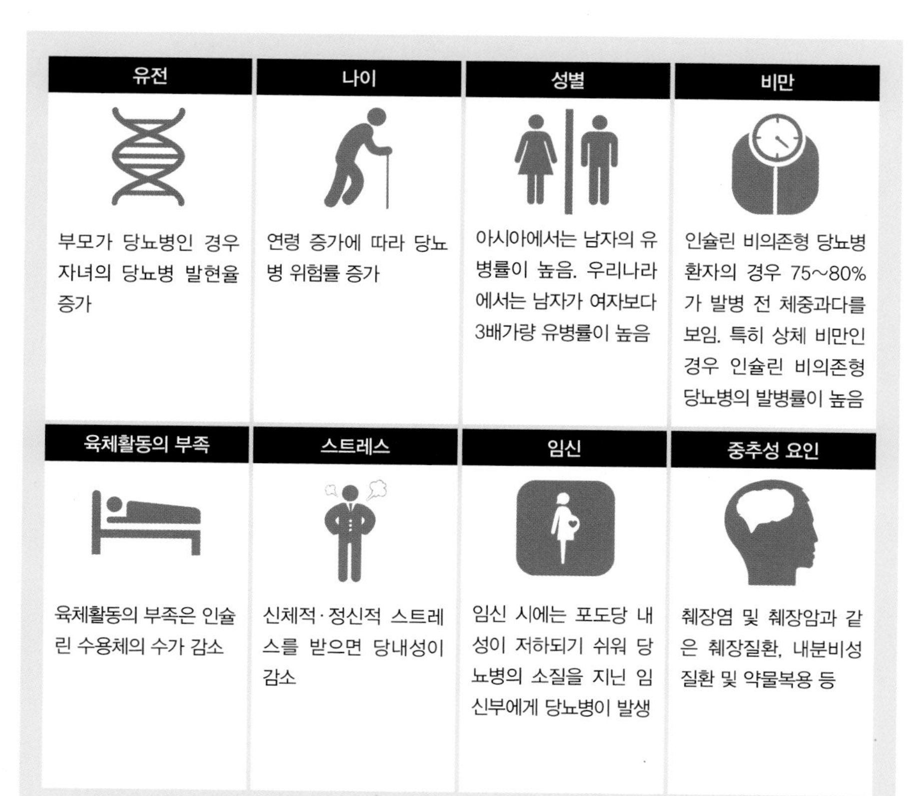

그림 4-9
당뇨병의 원인과 위험인자

당뇨병 환자는 혈당의 정상화를 위해 정상체중의 유지 및 식사조절을 해야 한다. 식사요법의 목적은 심장질환, 신장질환, 시력 및 신경장애 등 합병증의 예방 및 지연, 혈중 지질농도의 정상범위 내 유지, 적절한 영양상태를 유지하는 것이다. 당뇨병의 유형에 따른 식사 시 주의사항은 다음과 같다표 4-8.

표 4-8
당뇨병 유형별 식사 시 주의사항

인슐린 의존형 당뇨병(type 1)	인슐린 비의존형 당뇨병(type 2)
• 바람직한 체중유지를 위해 적절한 열량을 섭취한다. • 식사시간과 식사량을 규칙적으로 한다. • 저혈당에 대비하여 음식을 배분하며, 밤 또는 인슐린의 최대 작용시간에 맞추어 야식 및 오전과 오후 간식을 준비한다. • 활동량이 증가한 날이나 아픈 날에는 그에 따른 식사계획을 한다. • 기타 합병증이 있는 경우 고려한다.	• 바람직한 체중유지를 위해 적절한 열량을 섭취하고 비만인 경우 체중조절을 고려한다. • 식사시간과 식사량을 규칙적으로 한다. • 경구혈당 강하제나 인슐린을 허용하는 경우 저혈당에 대비하여 음식을 배분하며, 밤 또는 인슐린의 최대 작용시간에 맞추어 야식 및 오전과 오후 간식을 준비한다. • 활동량이 증가한 날이나 아픈 날에는 그에 따른 식사계획을 한다. • 기타 합병증이 있는 경우 고려한다.

4) 암

(1) 암의 정의 및 진단

정상적인 세포는 세포 내 조절기능에 의해 분열하여 성장하고, 죽어 없어지기도 하면서 세포 수의 균형을 유지한다. 어떤 원인으로 세포가 손상을 받아 세포의 유전자에 변화가 일어나면 비정상적으로 세포가 변하여 불완전하게 성숙하고, 과다하게 증식하는데 이를 암cancer이라 정의한다. 암은 주위 조직 및 장기에 침입하고 이들을 파괴할 뿐 아니라 다른 장기로 퍼져나가는 특징이 있다. 암은 억제가 안 되는 세포의 증식으로 정상적인 세포와 장기의 구조 및 기능을 파괴한다.

암은 현대사회에서 인류의 생명과 복지를 위협하는 가장 중요한 요인으로 지목되고 있다. 통계청에서 발표한 2020 사망원인통계에 따르면 악성신생물암, 심장질환, 폐렴, 뇌혈관질환, 고의적 자해자살, 당뇨병, 알츠하이머병, 간질환, 고

(단위: 인구 10만 명당 명, %)

구분			악성신생물(암)	식도암	위암	대장암	간암	췌장암	폐암	유방암	자궁암	전립선암	뇌암	백혈병
남녀 전체	2010년		144.4	2.7	20.1	15.4	22.5	8.6	31.3	3.7	2.6	2.7	2.4	3.2
	2019년		158.2	3.0	14.9	17.5	20.6	12.5	36.2	5.1	2.6	4.0	2.8	3.7
	2020년		160.1	3.0	14.6	17.4	20.6	13.2	36.4	5.3	2.5	4.3	2.8	3.6
	'19년 대비	증감	1.9	0.0	−0.2	−0.0	−0.0	0.7	0.2	0.2	−0.1	0.3	0.0	−0.2
		증감률	1.2	0.6	−1.5	−0.3	−0.2	5.9	0.5	3.8	−4.3	7.2	1.5	−4.5
남	2010년		181.0	5.0	26.1	17.4	33.4	9.3	45.7	0.0	−	5.3	2.6	3.7
	2019년		196.3	5.6	19.4	19.8	30.4	13.4	53.5	0.1	−	8.0	3.0	4.5
	2020년		198.5	5.5	18.8	19.8	30.5	13.5	54.0	0.1	−	8.6	3.1	4.1
	'19년 대비	증감	2.1	−0.1	−0.6	−0.0	0.1	0.1	0.5	−0.0	−	0.6	0.1	−0.4
		증감률	1.1	−1.5	−3.0	−0.1	0.4	0.8	0.9	−4.7	−	7.2	3.7	−8.3
여	2010년		107.8	0.4	14.1	13.5	11.5	8.0	16.9	7.5	5.1	−	2.2	2.8
	2019년		120.2	0.5	10.4	15.2	10.9	11.6	19.0	10.2	5.2	−	2.6	3.0
	2020년		121.9	0.6	10.5	15.1	10.7	12.9	18.8	10.6	5.0	−	2.5	3.0
	'19년 대비	증감	1.7	0.1	0.1	−0.1	−0.2	1.4	−0.1	0.4	−0.2	−	−0.0	0.0
		증감률	1.4	24.0	1.3	−0.5	−1.8	11.7	−0.6	3.9	−4.3	−	−1.1	1.1
사망률 성비 (남/여)	2010년		1.68	12.76	1.85	1.29	2.92	1.17	2.70	0.01	−	−	1.20	1.32
	2019년		1.63	11.10	1.87	1.30	2.79	1.16	2.82	0.01	−	−	1.15	1.50
	2020년		1.63	8.82	1.79	1.31	2.85	1.04	2.87	0.01	−	−	1.21	1.36

자료: 통계청(2021).

표 4-9
악성신생물(암)의 성별 사망률 추이(2010~2020)

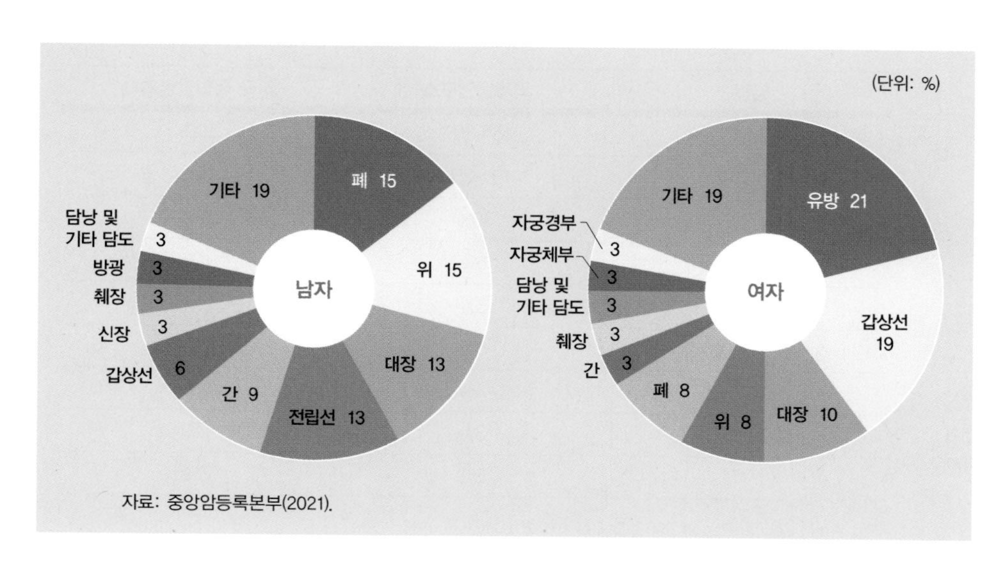

그림 4-10
성별 주요 암 발생 분율(2019)

혈압성 질환, 패혈증 순으로 암이 총 사망원인의 1위, 사망자의 27.0%를 차지하였다. 악성신생물[암]에 의한 사망률[인구 10만 명당]은 160.1명으로, 폐암[36.4명], 간암[20.6명], 대장암[17.4명], 위암[14.6명] 순으로 높았다. 남성은 폐암[54.0명], 간암[30.5명], 대장암[19.8명], 위암[18.8명] 순으로 사망률이 높았고, 여성은 폐암[18.8명], 대장암[15.1명], 췌장암[12.9명], 간암[10.7명], 유방암[10.6명] 순으로 나타났다[표 4-9]. 암에 의한 사망률과 암의 발생률 통계는 차이를 보여 최근 발생률이 가장 높은 암은 여자는 유방암이고, 남성은 폐암이다[그림 4-10].

(2) 암의 원인 및 위험인자

세계보건기구 산하 국제암연구소의 보고에 따르면 암 사망의 30%는 흡연에 의해, 30%는 식이요인에 의해, 18%는 만성감염에 기인한다고 하였다. 그 밖에 직업, 유전, 음주, 생식요인 및 호르몬, 방사선, 환경오염 등의 요인도 각각 1~5% 정도 기여하는 것으로 알려져 있다.

여전히 암의 원인이 정확히 밝혀지지 않았으나 여러 역학연구에서 발암요인과 암 발생 간의 인과관계에 근거하여 위험요인을 밝혀내고 있다. 세계보건기구의 산하기구인 국제암연구소[International Agency for Research on Cancer: IARC] 및 미국 《국

표 4-10
국제암연구소(IARC)와 미국 《국립암협회지》에서 밝힌 암의 원인

원인	국제암연구소	미국 국립암협회지
흡연	15~30%	30%
만성감염	10~25%	10%
음식	30%	35%
직업	5%	4%
유전	5%	–
생식요인 및 호르몬	5%	7%
음주	3%	3%
환경오염	3%	2%
방사선	3%	3%

자료: World Cancer Report 2003, Doll et al.(1981).

립암협회지》에서 밝힌 암의 원인은 표 4–10과 같다.

암의 원인 중 70% 정도는 흡연, 만성감염바이러스, 세균, 기생충, 음식, 음주, 방사선 및 화학물질 노출 등의 환경요인이 주이며 유전적인 원인이 5%인 것을 감안하면 위험요인을 피하고 생활양식의 변화를 통해서 얼마든지 암의 예방이 가능하다는 것을 알 수 있다.

우리나라 암 발생의 2/3를 차지하는 주요 호발암의 일반적인 원인은 다음과 같다표 4–11.

암의 종류	원인
위암	식생활(염장식품–짠 음식, 탄 음식, 질산염 등), 헬리코박터 파이로리균
폐암	흡연, 직업력(비소, 석면 등), 대기오염
간암	간염바이러스(B·C형), 간경변증, 아플라톡신
대장암	유전적 요인, 고지방식, 저식이섬유소식
유방암	유전적 요인, 고지방식, 여성호르몬, 비만
자궁경부암	인유두종바이러스, 성관계

자료: 국가암정보센터(http://www.cancer.go.kr).

표 4–11
국내 주요 호발암의 일반적인 원인

(3) 암의 관리

세계보건기구WHO에서는 의학적인 관점에서 암 발생 인구의 1/3은 예방이 가능하고, 1/3은 조기진단만 되면 완치가 가능하며, 나머지 1/3의 환자도 적절한 치료를 하면 완화가 가능한 것으로 보고 있다. 따라서 암 관리의 가장 중요한 요인은 발암 관련 위험요인을 줄여 암을 예방하는 것이다. 그다음으로 중요한 것은 정기적인 건강검진을 통한 조기진단과 조기치료이다.

지금까지 연구된 암과 식생활의 연관성에 관한 결과자료를 평가하여 세계암연구재단과 미국암연구소에서 제안한 암 예방 권장사항은 다음과 같다AICR, 2021.

- 건강한 체중을 유지한다.
- 적절한 신체활동량을 유지한다.
- 전곡류, 채소, 과일, 두류를 섭취한다.
- 첨가당이 함유된 음료를 제한한다.
- 알코올 섭취를 제한한다.
- 보충제 섭취를 통한 암 예방 시도를 하지 않는다.
- 가능한 모유수유를 한다.
- 암 진단을 받고 치료 중인 환자도 가능한 한 동일한 예방수칙을 따른다.

보건복지부와 국립암센터(2016)에서 제안한 암 예방 수칙은 다음과 같다.

- 담배를 피우지 말고, 남이 피우는 담배 연기도 피하기
- 채소와 과일을 충분하게 먹고 다채로운 식단으로 균형 잡힌 식사 하기
- 음식을 짜지 않게 먹고 탄 음식을 먹지 않기
- 암 예방을 위하여 하루 한두 잔의 소량 음주도 피하기
- 주 5회 이상, 하루 30분 이상 땀이 날 정도로 걷거나 운동하기
- 자신의 체격에 맞는 건강 체중 유지하기
- 예방접종지침에 따라 B형간염과 자궁경부암 예방접종 받기
- 성 매개 감염병에 걸리지 않도록 안전한 성생활 하기
- 발암성 물질에 노출되지 않도록 작업장에서 안전보건수칙 지키기
- 암 조기검진지침에 따라 검진을 빠짐없이 받기

5 만성질환의 관리사례

질병관리청에서는 국가 차원의 만성질환예방관리사업을 시행하고 있다. 이 중 가이드라인 개발 및 보급 사업의 목적과 내용은 다음과 같다.

1) 사업목적

- 일반인·보건인·의료인을 위한 가이드라인 제공을 통해 국민의 올바른 질환 인식 및 관리 행태 개선

2) 사업내용

(1) 일반인을 위한 건강 정보 제공

- 다학제 전문가로 구성된 집필위원회를 통해 과학적 근거가 충분한 정보를 개발
- 콘텐츠심의위원회를 통한 건강 및 질병정보의 질 관리
- 의학, 헬스커뮤니케이션, IT 전문가 및 소비자 등으로 구성된 운영위원회를 구축하여 분기별 운영전반에 대한 의사결정
- 광범위한 영역의 건강정보를 국가건강정보포털http://health.kdca.go.kr에 탑재

(2) 주요 만성질환 치료자를 위한 임상진료지침 제공

- 질환별 다학제 개발팀제정, 실무, 집필위원회 구성
- 단위가이드 및 쟁점사항 도출
- 과제 선정을 통해 개발 방법 결정
- 내부 및 외부검토인증

- 질환별 진단, 치료, 동반질환, 합병증으로 구성된 임상진료지침을 임상진료 지침정보센터www.guideline.or.kr에 탑재

(3) 지역사회 만성질환 예방관리사업 담당자를 위한 공중보건권고

- 논리적 모형logic model을 바탕으로 권고개발 대상 주제의 우선순위 선정
- 효과성 근거평가systematic review, using SR, adaptation, rapid review
- 효과성, 적용가능성, 건강형평성, 실행가능성 등을 고려한 권고 개발
- 실행지침action guide 개발을 통해 지역사회 활용 가이드 제공

CHAPTER 5

인구 및 모자보건

학습 목표

- 인구의 구조에 대해 이해하고 인구의 변화에 따른 문제점을 유추할 수 있다.
- 현재 우리나라 및 전 세계의 인구변화 양상과 의미를 파악할 수 있다.
- 모자보건의 개념 및 중요성을 이해할 수 있다.
- 모성보건의 의의와 모성보건사업의 관리과정을 이해할 수 있다.
- 영유아 보건의 의의와 영유아 대상의 주요 보건대책을 논의할 수 있다.

CHAPTER 5

인구 및 모자보건

도입 사례 *

인구와 모자보건

1 출산인구의 지속적인 감소에 따른 범정부적인 출산지원정책의 추진, 혼인의 증가 추세 등으로 우리나라의 출생아 수가 다소 증가할 것으로 전망되나, 중·장기적으로 주 출산연령층(20~34세) 여성인구의 감소, 다양한 사회경제적 환경 및 가치관의 변화에 따른 혼인연령의 상승, 기혼여성의 출산기피 등으로 저출산 현상이 지속될 것으로 우려되고 있다. 저출산 추세에 체계적으로 대응하지 못하면 향후 우리 사회의 지속적인 성장·발전이 어렵다는 인식하에 정부에서는 '저출산·고령화사회 기본계획'에 따라 인구, 출산, 아동 분야 중장기 종합계획을 수립하여 추진한다. 계획에는 임신, 출산, 양육 등에 대한 지원, 영유아 건강보호 및 모성건강증진계획, 아동의 안전 및 권리증진과 지역사회 및 가정보호 강화방안 등이 포괄적으로 포함되고 있다.

자료: 보건복지부(2011). 제2차 저출산고령화 기본계획.

2 우리나라 보육시설 이용률은 3세 이하 영아의 경우 37.7%로 OECD 가입국 중 12위이며, 5세 이하는 79.8%로 22위에 이르고 있다. 보육시설 이용률 증가에 따라 시설의 수준과 보육서비스에 대한 관심이 높아지고 있고, 실제로 2012년 통계청의 조사에 따르면 국민의 19.9%는 보육서비스의 질적 수준향상을 요구하고 있다. 또한 100명 이상 집단급식소에만 영양사가 상주하도록 「영유아보육법」 및 「유아교육법」에 규정되어 있어 그 이하 규모의 집단급식소에 대한 위생 및 영양 관리를 위한 국가적 지원이 필요한 실정이다. 실제로 2008년 2월 식품의약품안전처의 실태조사 결과 보육시설과 유치원의 절반 정도가 급식 위생상태가 불량한 것으로 조사되었고, 2010년에도 강남 유명 유아원에서 '곰팡이 급식' 파문이 일어난 바 있다. 따라서 어린이급식관리지원센터를 통한 체계적 식품안전, 영양 관리 지원의 필요성 및 영유아 급식 관리의 선진화를 위해 급식관리지원센터 5개년 계획('11~'15)이 수립되었다.

자료: 식품의약품안전처(2014). 어린이급식관리지원센터.

생각해 보기 **

- 현재 우리나라 인구변화 추이가 시사하는 바는 무엇이라고 생각하는가?
- 현재 우리나라에서 시행 중인 모자보건정책의 유형과 향후 전망은?

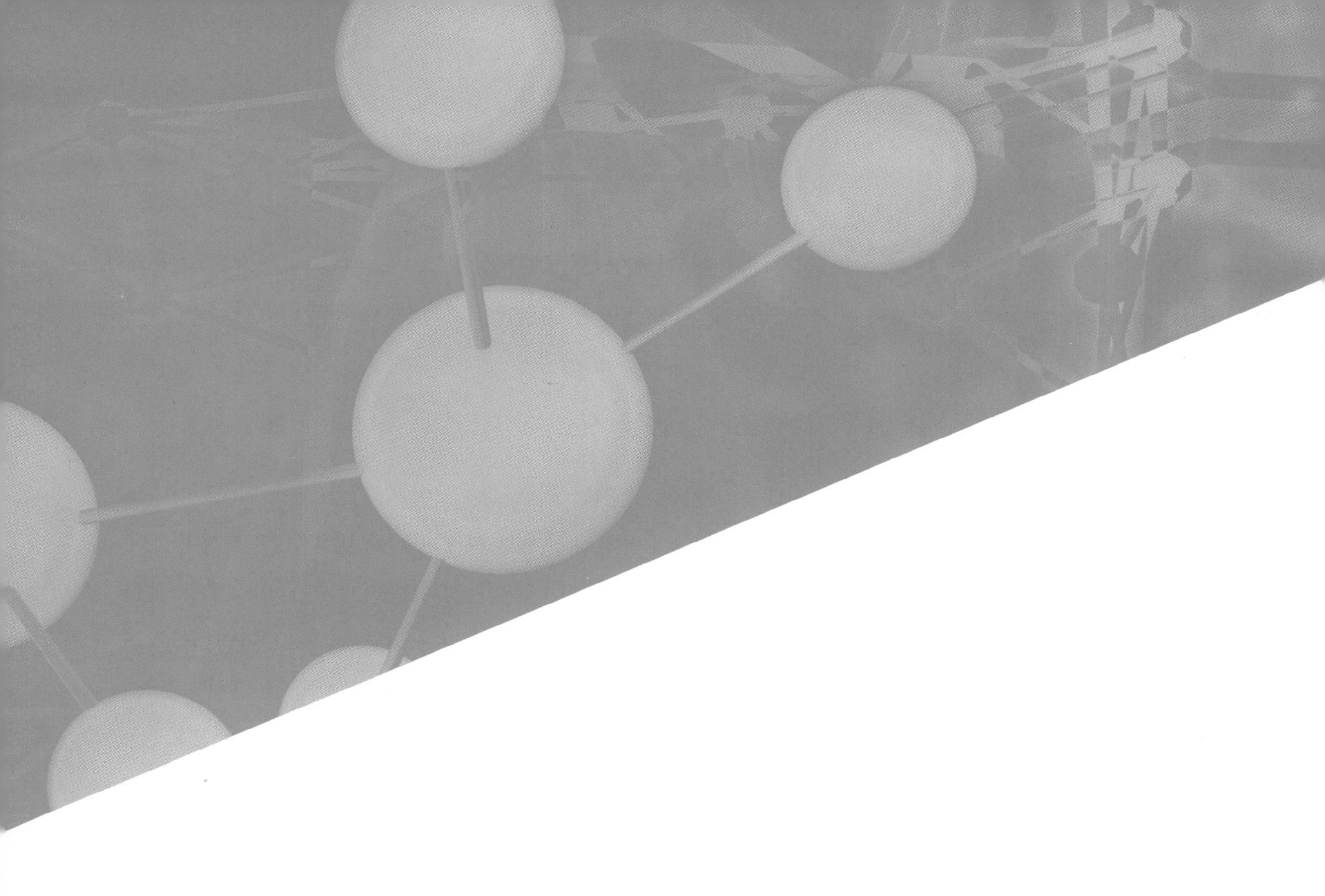

1 인구의 개념

1) 인구의 정의

인구란 일정한 기간에 일정한 지역에 생존하는 인간의 집단이며 이러한 인구집단의 성별·연령별·산업별·도촌별 구성상태를 인구구조라 한다. 인구구조는 인구규모와 함께 국가의 기본정책을 수립하는 데 가장 근원이 되는 기초자료로서, 인구규모가 인구의 양적인 측면을 말하는 데 반해 인구구조는 인구의 질적인 측면을 나타낸다. 인구구조는 성, 연령별, 지역 및 사회, 경제적 분포상황을 나타내므로 사회·문화·경제적 변화 예측에 활용된다. 인구의 사망, 출생 등 자연변화 및 거주지 이전 등에 의한 인구의 규모 및 구성의 변화는 인구정태state of population와 인구동태movement of population로 설명할 수 있다. 인구정태는 어떤 특정한 순간의 상태, 인구의 크기, 구성 및 성격을 서술하는 통계로 자연적성별, 연령·사회적국적, 학력·경제적직업, 산업 인구구조를 의미한다. 인구동태는 어느 일정 기간에 인구가 변동하는 상황으로 출생신고, 사망신고, 혼인 신고와 전출입신고 및 이주신고 등 법적 신고기록에 의해 파악된다.

2) 인구의 구조 및 구성 지표

인구의 구성상태를 파악할 수 있는 지표로는 성비, 연령별 인구, 인구피라미드 등이 있다. 성비는 여자 100명에 대한 남자의 인구비를 말한다. 1차 성비는 태아의 성비, 2차 성비는 출생 시의 성비, 3차 성비는 현재 인구의 성비를 말한다. 출생 시 성비는 105 전후이지만 결혼적령기가 되면 거의 100이 되고, 노년기에는 낮아진다. 생산 연령인구는 15세에서 64세까지의 인구를 말하며, 비생산 연령인구는 14세 이하 유소년인구와 65세 이상 노년인구를 의미하며 인구 고령화 현상의 예측지표로 활용된다. 인구피라미드는 인구의 구성상태별예: 남녀별, 연령별로 피라미드를 그린다. 보통 여자는 우측에, 남자는 좌측에 표시하며 연령간격은 보통 5세 간격으로 하여 인구수를 표시하고, 그 결과에 따라 피라미드형pyramid form, 종형bell form, 항아리형pot form, 별형star form, 기타형guitar form 등의 형태로 분류할 수 있다그림 5-1.

피라미드형은 대표적인 인구 증가형으로 출생률이 높고 사망률이 높을 때 나타나는 유형이며, 종형은 출생률과 사망률이 모두 낮은 경우에 나타나는 인구정지형이다. 항아리형은 출생률이 사망률보다 낮고 평균수명이 높은 인구 감소형인데 14세 이하 인구가 65세 이상 인구의 2배 이하이다. 별형은 생산 연령인구가 전체 인구의 50% 이상인 도시형 인구의 유형이며 기타형은 생산 연

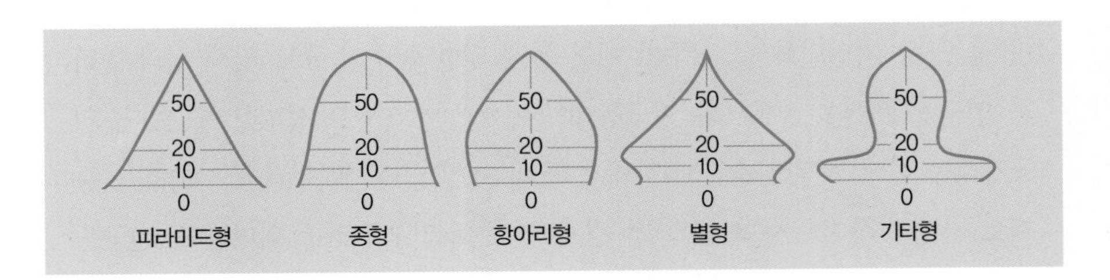

그림 5-1
인구피라미드의 유형

령인구가 전체 인구의 50% 미만으로 나타나는 농촌형이다. 2020년 현재 우리나라 인구구조는 생산 연령인구에 해당하는 15~64세 인구가 3,738만 명으로 중심을 이루는 전형적인 항아리형 인구피라미드 구조이나, 유소년인구 감소와 고령인구 증가로 인해 향후 인구 유형 변화가 예상된다.

3) 인구변화의 지표

인구변화의 지표로는 재생산율, 합계출산율 등이 흔히 사용된다. 재생산율은 여자가 일생 동안 낳는 여자 아이의 평균 수이다. 1.0은 인구의 증감이 없는 상태, 1.0 이하는 인구의 감소를, 1.0 이상은 인구의 증가를 나타낸다. 합계출산율은 여자가 일생 동안 낳는 아이의 평균 수이다. 합계출산율이 높을수록 한 여성이 출생하는 자녀 수가 많다는 의미로, 합계출산율이 1.3명 이하인 경우 초저출산 사회로 분류한다. 2021년 출생·사망통계잠정 결과 분석에 의하면 2021년 총 출생아 수잠정는 26만 500명으로 2011년 총 출생아 수잠정 47만 1,300명보다 21만 800명이 적어, 최근 10년간 44.7% 감소한 것으로 나타났다. 합계출산율도 2021년도 0.81명으로 10년 전인 2011년도 1.24명보다 감소하였다. 특히 2019년 우리나라의 합계출산율은 0.92명으로 '세계 유일한 합계출산율 1명 미만' 국가에 해당하였고, 이는 다른 나라와 비교 시2018년 OECD 평균 1.65명 상당한 격차가 있는 수치이다제4차 저출산·고령사회 기본계획.

구분	2011	2012	2013	2014	2015	2016	2017	2018	2019	2020	2021
출생아 수	471.3	484.6	436.5	435.4	438.4	406.2	357.8	326.8	302.7	272.3	260.5
합계출산율	1.24	1.30	1.19	1.21	1.24	1.17	1.05	0.98	0.92	0.84	0.81

자료: 통계청(2022), 2021년 인구동향조사 출생·사망 통계(잠정).

표 5-1
최근 10년간 우리나라 합계출산율 추이

2 인구의 변천과 현황

1) 인구변천이론

인구의 성장과 감퇴는 앞서 언급된 출생과 사망 외에 전입과 전출 등의 사회적 요인에 의해서도 결정되며 인구변화의 단계를 구분한 여러 이론이 제시되어 있다. 블래커Blacker의 인구변천이론에 따르면, 산업이 발달되지 않은 농경기에서 문명이 발달한 현대사회로 오기까지 인구는 다음과 같은 5단계의 변천과정을 거치게 된다.

(1) 1단계고위정지기

고출생률과 고사망률의 인구정지형으로 중부 아프리카 지역의 국가들과 앞으로 인구증가 잠재력을 가진 후진국형 인구에서 나타난다.

(2) 2단계초기확장기

저사망률에 고출생률의 양상을 보이며 전형적인 인구증가형으로 당분간 인구증가가 계속되는 일본과 한국을 제외한 아시아 국가의 인구가 주로 해당되며 경제개발 초기단계 국가의 인구상태이다.

(3) 3단계후기확장기

저사망률에 저출생률의 경향을 나타내는 인구성장둔화형으로 중앙아메리카, 남아메리카 등의 인구에서 나타난다.

(4) 4단계저위정지기

사망률과 출생률이 최저인 인구증가정지형 국가로 러시아, 이탈리아, 중동, 온대아메리카 등의 인구에서 나타난다.

(5) 5단계[감퇴기]

출생률이 사망률보다 낮은 인구감소형으로 북유럽, 북아메리카, 일본, 뉴질랜드 등의 인구에서 주로 나타난다.

2) 인구증가와 인구론의 대두

세계 인구는 서기를 전후로 하여 2억 5,000만 명으로 추정된다. 산업혁명 당시 인구는 약 8억 명으로 인구증가율은 0.1% 정도였다. 산업혁명 이후 경제발전과 생활수준의 향상으로 경제적 부양능력이 증가했으며 식생활 개선, 의료기술 발달 등으로 사망률이 급속히 저하되어 2005년에 지구 인구가 60억 명을 넘었고 2020년에는 85억 명에 달할 것으로 추산된다[UN 보고서]. 인구과다는 식량부족, 환경오염, 의료혜택의 부족을 유발하며 다산, 짧은 출산 간격, 산모의 고령화로 인한 모성사망, 출산합병증, 모성 질병발생, 미숙아 발생, 영유아 사망 및 질병 증가 등으로 이어진다. 이러한 인구과다가 미치는 사회경제적·보건학적 문제의 개선을 위해 인구론이 발전하였다.

토머스 맬서스[Thomas Malthus, 1766~1834]는 인구가 기하급수적으로 늘고 식량은 산술급수적으로 증가하기 때문에 식량과 인구가 불안정해지므로 인구억제가 필요하다고 하였으며, 인구규제의 방법으로 도덕적 억제를 주장, 만혼과 성적 순결을 강조하였다. 이후 신맬서스 주의[neomalthusism]를 표방한 프랜시스 플레이스[Francis Place, 1771~1854]는 피임에 의한 인구억제를 주장하였다. 프랑스에서는 제1·2차 세계대전 사이 인구감소의 심각성을 인식하고 1938년 가족법을 제정하여 '아이는 국가의 자산'이라는 개념에 따라 출산지원책을 마련하였고, 국민소득 극대화를 위해 인구억제를 식량에 국한하지 않고 생활수준까지 염두에 두면서 인구의 실질소득을 최대로 할 수 있는 적정인구론이 등장하였다.

3) 세계 인구 및 우리나라 인구의 현황

2011년 세계 인구는 68억 9,600만 명으로 이 중 아시아에 거주하는 인구가 약 60.4%를 차지한다. 세계 인구의 규모가 폭발적으로 성장하는 가운데, 특히 개발도상국 이하의 국가에서 인구성장이 아주 급격하게 이루어지고 있다는 점이 문제가 되고 있다표 5-2.

2012년 우리나라의 총 조사 인구는 5,000만 4,000명으로 전체 국가 중 25

세계 및 지역별 자료	총인구 수 (백만 명)	인구 변화율 (2010~2015)	출생 시 기대수명		여성 1인당 출산율 (2010~2015)	10~19세 인구 (2010)
			남자 (2010~2015)	여자 (2010~2015)		
전 세계 (world)	7,162	1.1	68	72	2.5	16.7
선진지역 (more developed regions)	1,253	0.3	74	81	1.7	11.5
저개발지역 (less developed regions)	5,909	1.3	67	70	2.6	17.9
개발도상국 (least developed countries)	898	2.3	59	62	4.2	21.4
아랍국가 (arab States)	350	1	67	71	3.3	20.6
아시아 태평양 (asia and the pacitic)	3,785	1.9	69	74	1.8	12.9
동유럽, 유럽, 중앙아시아 (eastern europe and central asia)	612	1.1	71	78	2.2	18.7
라틴아메리카, 카리브 (latin america and the caribbean)	888	2.6	55	57	5.1	23
사하라 사막 이남의 아프리카 (sub-saharan africa)	49.3	0.5	78	85	1.3	13
한국	49.3	0.5	78	85	1.3	13
북한	24.9	0.5	66	73	2.0	16

자료: OECD 한국경제 보고서.

표 5-2
세계 인구변화 추이

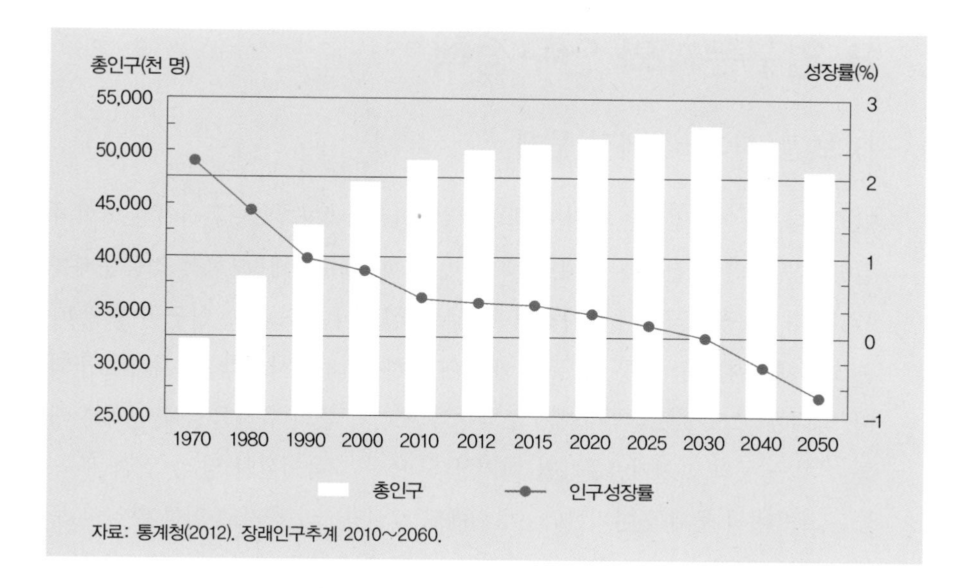

그림 5–2
우리나라 총인구 추이 및 전망

위 규모의 인구수준이나 우리나라 인구밀도는 486명/㎢로 소규모 도시와 섬 국가를 제외한 방글라데시1,033명/㎢, 대만640명/㎢에 이어 세계 3번째의 인구조밀국가로 나타났다. 2010년에는 지난 5년간 연평균 인구증가율이 0.5%였으며, 1990년 이후 0.5% 내외 수준의 증가율을 보였다. 지난 5년간 인구증가율이 높았던 시도는 경기9.3%, 충남7.3%, 인천5.2% 순이며 감소율이 큰 시도는 전남4.2%, 부산3.1% 등이었다. 이는 경기·인천지역이 서울의 유출인구를 흡수해 수도권 집중화 현상이 계속 진행되고 있는 것으로 해석된다.

우리나라는 전국적으로 저출산과 고령화 기조가 지속되고 있어 인구증가율은 계속 감소하고 2020년부터는 마이너스 성장을 할 것으로 예측된다. 2021년 말 기준으로 국내에 사는 외국인 주민 수는 195만 6,781명으로 총 조사 인구의 4.1%를 차지했다.

3 인구문제와 인구정책

1) 보건·사회·경제적 문제

인구과다 및 인구밀집은 식량자원의 고갈, 의료혜택의 감소, 환경위생 악화와 질병증가 등의 보건문제 외에도 생활기반문제, 교육문제, 사회적 적응문제를 야기한다. 인구가 급격히 증가하면 주택부족현상이 심화되고, 인구 수송에 따른 교통체증현상 등 교통 및 통신 개발에 대한 막대한 사회간접투자가 요구되며, 막대한 쓰레기를 발생시키는 오폐수와 쓰레기 중의 유해물질이 인체에 해를 끼치는 등의 생활기반문제를 야기한다. 또한 교육시설의 양적·질적 부족, 높은 교육비의 문제를 야기한다. 이 외에도 노인인구의 증가로 인한 부양의 문제, 여성의 직업과 가사 병행으로 인한 과로뿐만 아니라 가정에서 어머니 부재로 인한 청소년 문제 등도 발생할 수 있다. 경제적인 측면에서 볼 때에도 인구가 과다하면 경제활동인구가 비경제활동인구를 부양해야 하는 비율이 높아져 1인당 실질소득이 그만큼 감소하고 이에 따라 생활수준의 저하가 초래된다. 그러나 최근 우리나라는 인구증가보다는 저출산으로 인한 인구감소 및 인구의 고령화 경향이 나타나 유휴노동력 부족과 경제성장의 저하를 염려하고 있다.

2) 저출산과 고령화

우리나라는 1970년에서 2003년 사이 출산율이 3.34명 감소하는 등 일본0.84명, 독일0.69명, 영국0.72명에 비해 감소속도가 상당히 빠르다. 또한 우리나라의 경우 합계출산율이 저하되어 2002년도에 1.17로 세계 최저치를 보여 준 바 있다. 그 당시 OECD 평균은 1.6, 일본은 1.32, 미국은 2.01, 뉴질랜드는 1.90였다. 그 이후 소폭 상향되었으나 여전히 1.2대를 맴돌고 있다. 반면, 서구국가 중 프랑스는 꾸준한 출산장려정책에 힘입어 2008년 합계출산율이 2.02에 이르는 좋은 성과를 나타내었다.

65세 이상 인구 구성비가 전체의 7% 이상이면 고령화사회, 14% 이상이면

구분	1970	1980	1990	2000	2010	2012	2020	2040	2060
65세 이상 인구 비율(%)	3.1	3.8	5.1	7.2	11	11.8	15.7	32.3	40.1
15~64세	54.4	62.2	69.3	71.7	72.8	73.1	71.1	56.5	49.7
0~14세	42.5	34	25.6	21.1	16.1	15.1	13.2	11.2	10.2
계	100	100	100	100	100	100	100	100	100

자료: 통계청(2010). 장래인구추계.

표 5-3
노인인구의 비율

구분	도달연도			증가소요연수	
	7% (고령화사회)	14% (고령사회)	20% (초고령사회)	7% → 14% (고령사회 진입)	14% → 20% (초고령사회 진입)
한국	2000	2017	2026	17	9
프랑스	1864	1979	2018	115	39
미국	1942	2014	2032	72	18
일본	1970	1994	2005	24	11

자료: 통계청(2010).

표 5-4
고령화 및 소요연수의 국가별 비교

고령사회, 20% 이상이면 초고령사회로 분류된다. 2021년 우리나라의 65세 이상 인구는 총인구의 16.5%853만 7,000명로 우리 사회는 이미 고령화사회aging society이다. 모든 시·도에서 노인인구가 7%를 넘어서고 있으며, 농촌의 경우에는 노인인구 비중이 높아 도시에 비해 고령화가 빠르게 진행되고 있다. 또한 우리나라는 2000년 고령화사회에서 2017년 고령사회에 진입하였고, 2025년에는 초고령사회에 도달할 것으로 예측되며 이는 OECD 국가와 비교해도 매우 빠른 속도이다표 5-3, 표 5-4.

유럽 선진국의 경우에는 그 변화가 오랜 세월에 걸쳐 서서히 진행되었기에 사회가 변화에 대처할 충분한 시간적 여유가 있었지만, 우리나라는 새로이 다가오는 고령사회에 적응하지 못할 위험성이 있으므로 국가 차원에서 적절한 정책을 수립하고 실행하는 것이 중요하다.

저출산·고령화 추세에 따라 생산가능인구는 감소하고, 피부양 노인인구가 급증함으로써 생산가능인구의 노년부양비가 크게 증가할 전망이다. 유소년부양비는 지속적으로 감소하는 반면 노년부양비는 증가세에 있다.

저출산 고령사회가 심화되면 여러 가지 문제점이 발생할 수 있다. 첫째, 가족기능이 약화되면서 가족복지에 대한 부담이 국가와 사회로 전환되고 복지서비스에 대한 요구가 증가한다. 둘째, 생산가능인구 감소와 노동력의 고령화로 노동생산성이 감소한다. 셋째, 생산성 저하, 저축감소, 소비위축, 재정악화 등으로 경제성장이 둔화될 수 있다. 넷째, 세입기반 약화, 노인 관련 재정지출 급증으로 연금이 불안정해지고 재정수지가 악화될 수 있다. 마지막으로 세대 간 갈등이 심화되면서 생산가능인구의 노인부양부담 증가와 부담의 적정성·형평성 등에 대한 논란이 발생할 수 있다.

3) 인구정책

인구정책의 목적은 이상적인 인구규모에 도달하는 것이다. 이상적인 인구규모란 전 인구에 충분한 식량자원 확보, 건강을 유지·증진시킬 수 있는 자연환경과 의료시설의 제공, 노동력이 있는 사람이 일정 수준 이상의 생활을 영위하기 위한 고용수준을 유지할 수 있으면서 모든 사람이 충분히 교육받을 수 있고, 누구나 만족할 만한 문화생활을 누릴 수 있으며, 인구가 지역적으로 고르게 분포되어 지역 간 균등한 발전을 가져올 수 있는 수준의 인구규모를 말한다. 인구정책은 크게 인구조정정책과 인구대응정책으로 나뉜다. 인구조정정책은 출산조절정책, 인구분산정책 등으로 인구의 양과 질에 직접적인 영향을 미치는 정책이다. 인구대응정책은 주택정책, 교육정책, 사회보장정책, 식량정책 등 인구변화에 따라 일어나는 파급효과에 대응하기 위한 정책이다.

1945년 제2차 세계대전 직후 수립된 국제연합UN은 인구위원회를 설치하여 개발도상국에 인구억제정책을 권유하였다. 인구과잉과 빈곤문제가 서로 연결된 문제라는 인식과 더불어 많은 국가들이 활발하게 인구억제정책을 실시하였고 우리나라에서도 1980년대 중반까지 강력한 출산억제정책을 펼쳤다.

1990년대 중반, 인구의 질적 향상을 도모하는 방향으로 인구정책이 바뀌어 인구억제정책이 중단되었으나, 1997년 IMF 외환위기가 일어나면서 출산율이 더욱 낮아졌고 2000년도에는 세계에서 가장 낮은 출산율을 나타내기도 했다. 2006년 보건복지부에서 장래인구추계를 발표하고, 2009년《제1차 저출산 고령사회기본계획》등을 출간하며 고령사회 대비를 위한 출산장려정책을 도입하였다.

4 모자보건

1) 모자보건의 정의 및 목적

모자보건은 모성보건과 영유아보건으로 나뉜다. '모성'이란 임산부와 가임기可姙期 여성을 뜻하며, '임산부'는 임신 중이거나 분만 후 6개월 미만인 여성을 말한다. '영유아'는 출생 후 6년 미만인 아기를 말하며, '영아'는 1세 미만의 아기를 말한다. 이 중 출생 후 28일 이내의 영유아를 '신생아'라 하고, 1개월부터 12개월 미만을 '후기신생아'라 칭한다. '유아'는 1세부터 6세까지를 말한다.

모자보건의 목적은 임산부 또는 영유아에게 전문적인 의료서비스를 제공함으로써 신체적·정신적 건강을 유지하게 하여 모성의 생명과 건강을 보호하고 건전한 자녀의 출산과 양육을 도모하여 국민건강 향상에 이바지하는 것이다.

2) 모자보건 사업의 중요성

모자보건이 중요한 이유는 모자보건의 대상이 되는 인구가 전 인구의 60~70%를 차지하며, 어린이가 국가나 사회의 고귀한 인적자원이며, 임산부와 어린이가 질병에 쉽게 이환되기 때문이다. 임산부와 어린이의 질병을 방치하면 사망률이 높고, 치유된 후에도 기형 및 불구의 후유증이 평생 지속될 가능성이 있다. 하지만 이는 조직적인 노력으로 쉽게 예방이 가능하기도 하다. 영유아기는 인간의 생애 중 대부분의 지능발달이 이루어지는 시기로, 모성과 아동의 건강은 차세대의 인구자질에 영향을 미치는 중요한 요소이다.

3) 모자보건 관련 지표

모자보건 관리를 위해 사용되는 지표로는 영아사망률, 주산기사망률, 모성사망률 등이 있다. 영아사망률은 연간 출생 수 1,000명당 생후 1년 이내 사망하는 아이의 수이며, 주산기사망률은 임신 28주부터 생후 7일 미만의 기간에 사망한 비율이다. 모성사망률은 연간 출생아 수에 대한 모성의 임신·분만·산욕 중 사망한 비율을 나타낸다. 이들의 수치가 높을수록 국가의 모자보건 상태가 불량한 것이다.

$$\text{영아사망률} = \frac{\text{1세 미만의 사망 수}}{\text{출생 수}} \times 1{,}000$$

$$\text{주산기사망률} = \frac{\text{임신 28주 출생 후 1주 미만의 사망 수}}{\text{임신 28주 출생 후 1주 미만의 수}} \times 1{,}000$$

$$\text{모성사망률} = \frac{\text{임산부와 가임기 여성의 사망 수}}{\text{출생아 수}} \times 1{,}000$$

5 모성보건

「모자보건법」에서는 임산부를 임신 중이거나 분만 후 6개월 미만인 여성, 모성을 임산부와 가임기 여성으로 규정하고 있다. 영양상태가 우수하고 건강한 모체에서 태어난 아이는 건강 및 영양상태가 양호하지 못한 모체에서 태어난 아이보다 신체적·정서적 발달이 양호하고 질병에 대한 저항력이 우수하며 선천적 장애 확률이 낮다. 따라서 임신기와 수유기의 바람직한 건강 관리로 건강 및 영양상태를 최상으로 유지하는 것은 임산부 자신의 건강뿐 아니라 태아발달 및 출생 후 아기의 정상적인 발육 및 건강, 나아가 성인기의 건강상태에도 영향을 미친다. 따라서 모성보건사업은 임신, 분만, 수유와 관련된 질병의 예방에 중점을 두어 산전 관리, 분만 관리, 산후 관리를 실시해야 한다.

1) 산전 관리

산전 관리는 임신 기간 동안 모성과 태아 및 태어날 신생아의 건강을 유지하고 보호하기 위한 모성의 관리를 의미한다. 임산부는 임신이 되었다는 생각이 드는 시점부터 시기별로 필요한 지도와 진찰 및 검사를 정기적으로 받아야 한다. 일반적으로 정상산모는 임신 28주까지는 한 달에 1번, 29~36주까지는 2주마다, 그리고 임신 36주 이후부터는 매주 산전 관리를 받는 것이 이상적이다. 산전 관리의 기본 목적은 올바르고 적절한 산전 관리를 통해 임신중독증, 유산, 조산, 난산 및 사산 등의 가능성을 일찍 발견하여 안전하고 건강한 임신과 분만이 이루어지도록 하는 것이다표 5-5.

시기	실시 항목
최초 방문 시	초음파, 빈혈 검사, 혈액형 검사, 풍진 항체 검사, B형간염 검사, 에이즈 검사, 소변 검사, 자궁 경부 세포진 검사
9~13주	초음파(목덜미투명대), 융모막 융모 생검, 이중 표지물질 검사
15~20주	사중 표지 물질 검사, 양수 검사
20~24주	임신 중기 초음파, 태아 심장 초음파
24~28주	임신성 당뇨 선별 검사, 빈혈 검사
28주	Rh 음성인 경우 면역 글로불린 주사
32~36주	초음파 검사(태아 체중, 태반 위치, 양수량)

자료: 대한산부인과학회.

표 5-5
산전 관리 검사항목

2) 분만 관리

분만은 자궁 내에 있던 태아와 그 부속물이 모체 밖으로 배출되는 현상이다. 산모와 태아의 안전한 분만과 건강을 위해서는 분만 관리가 필요하다. 따라서 산모와 가족은 분만의 시작을 구별하는 방법과 병원에 가야 하는 시간 등을 주지하고, 산모가 공포감이 없는 상태에서 정신적·신체적으로 편안하게 분만에 임하도록 교육을 받아야 한다.

3) 산후 관리

모체는 분만으로 인해 신체기능에 변화가 발생한다. 이러한 변화에서 임신 전의 상태로 회복하는 기간을 산욕기라고 하며, 분만 후 6주까지가 이에 해당한다. 산욕기에는 모체의 신체적·정신적 건강 관리와 일상생활에 적응할 수 있는 생활 관리가 필요하다. 분만 후에는 충분한 수면과 안정이 필요하며, 산후운동은 몸에 무리가 가지 않는 범위에서 실시한다. 출산 후 6개월까지는 심한 운동을 피하는 것이 좋다. 산후우울증은 출산 직후 호르몬 변화와 육아로 인한 스트레스가 원인으로, 출산 후 2주에서 수개월까지 지속되기도 한다. 이는 가족이나 전문가의 도움을 받아 조속히 치료하는 것이 바람직하다. 분만 후 2~3일경부터는 모유 분비가 시작되는데 처음 분비되는 모유를 초유라고 한다. 초유는 노란색을 띠며 일주일 정도 분비되고, 면역물질이 함유되어 있으므로 신생아에게 반드시 먹여야 한다.

4) 임신 및 수유기의 영양 관리

임신부는 자신의 건강 유지와 태아의 성장을 고려하여 충분한 영양을 섭취해야 한다. 이때 평소보다 열량과 주요 영양소의 필요량이 증가하는데, 임신부의 식사는 양보다 질이 중요하므로 영양섭취기준에 따라 필요한 양을 섭취하는 것이 좋다표 5-6.

구분 / 연령(세)		에너지 (kcal)	단백질 (g)		비타민 A (μgRAE)[4]		비타민 D (μg)	비타민 C (mg)		티아민 (mg)	
		EER[1]	EAR[2]	RNI[3]	EAR	RNI	AI[5]	EAR	RNI	EAR	RNI
일반 여성 19~29		2,000	45	55	460	650	10	75	100	0.9	1.1
일반 여성 30~49		2,000	40	50	450	650	10	75	100	0.9	1.1
임신부	중기(2분기)	+340	+12	+15	+50	+70	+0	+10	+10	+0.4	+0.4
	말기(3분기)	+450	+25	+30							
수유부		+320	+20	+25	+350	+490	+0	+35	+40	+0.3	+0.4

구분 / 연령(세)	리보플라빈 (mg)		니아신 (mg NE)		비타민 B_6 (mg)		엽산 (μg DFE)[6]		비타민 B_{12} (μg)	
	EAR	RNI	EAR	RNI	EAR	RNI	EAR	RNI	EAR	RNI
일반 여성 19~29	1.0	1.2	11	14	1.2	1.4	320	400	2.0	2.4
일반 여성 30~49	1.0	1.2	11	14	1.2	1.4	320	400	2.0	2.4
임신부	+0.3	+0.4	+3	+4	+0.7	+0.8	+200	+220	+0.2	+0.2
수유부	+0.4	+0.5	+2	+3	+0.7	+0.8	+130	+150	+0.3	+0.4

구분 / 연령(세)	칼슘 (mg)		인 (mg)		철 (mg)		아연 (mg)	
	EAR	RNI	EAR	RNI	EAR	RNI	EAR	RNI
일반 여성 19~29	550	700	580	700	11	14	7	8
일반 여성 30~49	550	700	580	700	11	14	7	8
임신부	+0	+0	+0	+0	+8	+10	+2	+2.5
수유부	+0	+0	+0	+0	+0	+0	+4	+5.0

1) EER(Estimated Energy Requirement): 에너지필요추정량
2) EAR(Estimated Average Requirement): 평균필요량
3) RNI(Recommended Nutrient Intake): 권장섭취량
4) RAE(Retinol Activity Equivalents): 레티놀활성당량
5) AI(Adequate Intake): 충분섭취량
6) DFE(Dietary Folate Equivalents): 식이엽산당량, 가임기 여성의 경우 400μg/일의 엽산보충제 섭취를 권장함.

자료: 보건복지부·한국영양학회(2020), 2020 한국인 영양소 섭취기준.

표 5-6
임신 수유부의
1일 영양섭취기준

임신 중에는 태반의 발달, 혈액량 증가, 유선조직, 지방조직과 같은 신체조직의 증가로 1일 에너지필요량이 증가한다. 따라서 임신 중기에는 340kcal, 말기에는 450kcal를 추가 섭취해야 한다. 임신 초기의 1일 단백질 필요량은 약 35~45g이나 임신 후반기에는 필요량이 증가하여 임신 중기에는 15g, 후기에는 30g의 단백질을 더 섭취해야 한다. EPA나 DHA와 같은 n3 지방산은 태아의 뇌와 망막조직의 발달에 필요하고 자궁수축을 방지하여 조산을 예방할 수 있으므로 임신 중 n3 지방산이 풍부한 등 푸른 생선을 섭취하는 것이 좋다.

칼슘은 임신 중 태아의 성장 발달과 모체조직의 증가를 충족시키기 위해 충분히 섭취해야 하며 우유 및 유제품과 뼈째 먹는 생선이 칼슘을 많이 함유하고 있다. 최근 발표된 2020 한국인 영양소 섭취기준한국영양학회 2020에 의하면 가임기 성인 여성19~29세, 30~49세의 칼슘 권장섭취량은 700mg/일이다. 그러나 임신, 수유에 따른 체내의 칼슘 필요량 증가는 생리적으로 적응현상이 나타나고 추가 섭취에 대한 근거 부족으로 임신, 수유부에 대한 추가 칼슘 섭취량을 정하지 않았으나 가임기 성인 여성의 칼슘 권장섭취량을 충족해야 한다. 임신 기간 동안 철분 섭취가 부족하면 빈혈을 유발하고 조산 및 저체중아 출산 등 태아의 건강에 치명적이므로 임신부는 하루 10mg의 철분을 추가로 섭취하여야 한다. 식품을 통한 철 섭취가 어렵다면 임신 말기에는 철 보충제를 복용하는 것이 좋다. 임신 중 아연이 부족할 경우에는 조산아 출산, 출산 중 용혈, 진통시간 연장 등의 문제가 생길 수 있으므로 임신 전보다 하루에 2.5mg을 더 섭취하는 것이 좋다. 비타민 A는 태아의 성장, 세포분화, 정상적인 발달에 필요하므로 임신 시에는 70㎍ RAE/일의 비타민 A가 추가로 권장된다. 비타민 D는 칼슘 흡수에 필수적으로 2020 한국인 영양소 섭취기준한국영양학회에서는 가임기 성인 여성19~29세, 30~49세의 비타민 D 권장섭취량이 10㎍/일이며 수유부에 대한 추가 섭취량은 없으나 가임기 성인 여성의 비타민 D 섭취권장량을 충족해야 한다.

비타민 C는 성장에 꼭 필요한 콜라겐 합성에 관여하며 뼈와 결체조직 형성에 중요하다. 최근 연구에 따르면 엽산은 태아의 신경세포의 발달 및 결손 예방에 중요한 것으로 알려지고 있다. 한국영양학회에서도 임신 시에는 성인 여성보다 220㎍ DFE/일을 증가시킨 620㎍ DFE/일을 섭취하도록 추천하고 있다.

수유 시에도 모유를 통해 전달되는 영양소가 신생아의 성장, 발육에 직접적인 영향을 미치므로 임신기에 준한 영양소 섭취가 필요하며 칼슘, 인, 철분, 비타민 D를 제외한 대부분의 영양소의 추가 섭취가 권장된다.

5) 건강한 출산의 저해요인

신체가 미성숙한 상태에서 임신을 하면 건강한 아이의 출산이 어렵고 임신중독증으로 인한 저체중아 출산빈도가 높다. 임신중독증은 임신 7~8개월에 발병할 가능성이 크며 고혈압, 단백뇨, 부종 등의 증상이 나타난다. 우리나라의 경우 임신중독증 발병률이 5~8%이고 출혈 및 감염과 함께 임산부의 3대 사망원인이며, 조산과 사산의 위험이 높고 산모가 시력을 상실할 가능성이 크다. 임신부의 흡연은 태아의 산소 공급을 방해하고, 담배연기의 유독성분이 태아의 뇌를 손상시킬 수 있다. 또한 유아돌연사증후군의 위험이 증가하고 저체중, 선천성 기형, 발육지체, 신경장애 등의 문제가 있는 아이를 출산할 가능성도 높아진다. 최근 우리나라에서는 결혼 연령이 증가하면서 고령출산의 비율이 증가하고 있다. 고령출산은 35세 이후의 임신과 출산을 말하며 임신성 당뇨와 고혈압, 선천성 기형아 출산, 자연유산율 증가 등을 유발할 수 있으므로 임신 중에도 지속적인 관찰과 상담 등으로 주의를 기울여야 한다.

6 영유아보건

1) 영유아보건의 목적

영유아는 신생아부터 유아까지의 어린이를 말한다. 생후 7일까지는 초생아, 생후 4주까지는 신생아, 생후 1년 미만은 영아, 만 1세 이상부터 초등학교 취학 전인 6세 미만까지는 유아라고 한다. 초생아, 신생아, 영아는 모성의 영향을 가장 많이 받는다. 그중 유아는 사고사가 많아 사고 관리가 중요하다. 영유아보건의 목적은 영유아의 신체적 발육과 정서적 성장을 촉진하고 영양부족과 감염으로 인한 질병을 예방하여 조산아, 불구아, 심신장애아 등을 조기에 발견하고 치료 및 교정함으로써 건강한 성인이 되도록 하는 것이다.

2) 영유아기의 영양섭취기준

영유아기에는 성장과 발달의 현저한 변화가 일어나므로 모유수유 시기부터 영유아의 건강을 뒷받침할 수 있는 영양소의 적절한 균형이 필수적이다. 이유식을 먹기 시작하면서부터는 생애 최초로 새로운 식품을 접하므로 식품 알레르기 등의 문제도 유의해야 한다. 영유아 말기에는 성인과 거의 동일한 형태의 음식 섭취를 하게 되면서 평생 지속될 식습관이 형성되기 시작하므로 건강한 식습관을 형성할 수 있도록 관리한다. 한국인 영양섭취기준에서 제시하는 영유아기에 필요한 에너지와 영양소는 표 5-7과 같다.

3) 영유아 주요 질환 및 예방접종

신생아의 주요 사망원인은 미숙아, 호흡장애, 출생 시의 손상 및 선천성 기형 등 발생의 원인을 파악하기 어려운 경우가 대부분이다. 영아기에는 호흡기나 소화기계 감염 및 사고가 대부분을 차지한다. 과거에는 두창천연두이나 홍역과 같은 감염병이 두려움의 대상이었지만 백신이 개발되고 예방접종이 실행되면

연령 \ 구분	에너지 (kcal)	단백질 (g)		식이섬유 (g)	비타민 A (μg RAE)[5]			비타민 D (μg)		비타민 E (mg α-TE)[6]		비타민 K(μg)
	EER[1]	EAR[2]	RNI[3]	AI[4]	EAR	RNI	UL	AI	UL	AI	UL	AI
1~2세	900	12	15	15	190	250	600	5	30	5	100	25
3~5세	1,400	15	20	20	230	300	750	5	35	6	150	30

연령 \ 구분	비타민 C (mg)			티아민 (mg)		리보플라빈 (mg)		니아신 (mg NE)		비타민 B_6 (mg)		
	EAR	RNI	UL	EAR	RNI	EAR	RNI	EAR	RNI	EAR	RNI	UL
1~2세	30	40	340	0.4	0.4	0.4	0.5	4	6	0.5	0.6	20
3~5세	30	45	510	0.4	0.5	0.5	0.6	5	7	0.6	0.7	30

연령 \ 구분	엽산 (μg DFE)[7]			칼슘 (mg)			인 (mg)		철 (mg)			아연 (mg)		
	EAR	RNI	UL	EAR	RNI	UL	EAR	RNI	EAR	RNI	UL	EAR	RNI	UL
1~2세	120	150	300	400	500	2,500	380	450	4.5	6	40	2	3	6
3~5세	150	180	400	500	600	2,500	480	550	5	7	40	3	4	9

1) EER(Estimated Energy Requirement): 에너지필요추정량
2) EAR(Estimated Average Requirement): 평균필요량
3) RNI(Recommended Nutrient Intake): 권장섭취량
4) AI(Adequate Intake): 충분섭취량
5) RAE(Retinol Activity Equivalents): 레티놀활성당량
6) α-TE(α-Tocopherol): α-토코페롤(활성 비타민 E)
7) DFE(Dietary Folate Equivalents): 식이엽산당량, μg DFEs=μg 식이엽산+(1.7×μg 식이에 첨가된 엽산)

자료: 보건복지부·한국영양학회(2020), 2020 한국인 영양소 섭취기준.

표 5-7
영유아의 1일 주요 영양소 섭취기준

서 감염병 환자의 발생이 큰 폭으로 줄어들었다. 하지만 어린이 건강을 위협하는 감염병 유행이 계속되고 있어 예방접종은 매우 중요하다. 특히 영유아를 대상으로 하는 예방접종은 국가가 주도적으로 실시해야 할 보건사업 중 하나이다. 우리나라 어린이 국가예방접종 지원 사업에서는 2022년 현재 2009년 1월 1일 이후 출생한 모든 영유아를 대상으로 출생부터 만 12세까지 국가예방접종 대상 감염병총 17종, 그림 5-3에 대한 필수예방접종의 백신비 및 예방접종 시행비를 전액 지원하고 있다.

국가예방접종 대상 감염병 17종		
결핵(BCG)	B형간염	디프테리아/파상풍/백일해
폴리오	b형 헤모필루스 인플루엔자	폐렴구균
홍역/유행성이하선염/풍진	수두	A형간염
일본뇌염	사람유두종바이러스	인플루엔자
장티푸스	신증후군출혈열	로타바이러스
수막구균	대상포진	

자료: 보건복지부(2022).

그림 5-3
어린이 국가예방접종 지원사업

4) 주요 영유아보건정책

(1) 영유아 장애예방과 미숙아 관리체계 강화

우리나라는 미숙아와 선천성 이상아의 조기선별을 위해 한국인에게 발생빈도가 높은 선천성 대사이상검사 6종(페닐케톤뇨증, 갑상선기능저하증, 호모시스틴뇨증, 단풍단뇨증, 갈락토스혈증, 선천성 부신과형성증)을 모든 신생아에게 무료로 실시하고 있으며, 선천성 이상아의 치료에 따른 과다한 의료비 부담으로 인한 치료의 포기 및 영아사망을 예방하고자 의료비를 지원하고 있다. 보건소에서는 미숙아와 선천성 이상아의 출생이 보고되면 의료기관과 긴밀히 연계하여 지속적이고 종합적인 관리가 이루어지도록 한다.

(2) 모유수유클리닉 운영과 모유 먹이기 홍보사업

정부는 모유수유의 중요성을 인식시키고 모유수유 실천율을 높이기 위해 교육·홍보·캠페인을 전개하고 있다. 지역보건소에서는 모유수유교육, 간담회, 상담 사이트 운영 등 지역의 실정에 맞는 모유수유클리닉을 운영한다.

(3) 영양플러스사업

우리나라는 급격한 출산율 감소와 함께 저체중아 출산율이 증가하는 추세이며 소득수준이 낮은 가구의 영유아 영양섭취상태가 매우 불량하고 가임기인 10~49세 여성의 빈혈 유병률이 2018년 13.1%이다. 따라서 빈혈, 저체중, 영양불량 등 취약계층 임산부 및 영유아의 영양문제를 해소하고, 스스로 식생활을 관리할 수 있는 능력 배양과 건강증진 도모를 목표로 사업을 진행하고 있다. 영양플러스사업은 가구 규모별 기준 중위소득 80% 이하의 임산부(임신, 출산, 수유부)와 영유아 중 영양위험요인을 가진 것으로 판정된 경우를 대상으로 실시한다. 일정 기간 영양교육과 상담을 실시하고 특정 보충식품을 제공하여 대상자들의 영양상태를 개선하고 개인 스스로 식생활 관리 능력을 함양하기 위한 국가영양지원사업으로 2005년에 3개 보건소 1,404명을 대상으로 시범사

구분	자격기간
영아	• 생후 만 12개월까지
유아	• 생후 만 1세~만 6세 미만(72개월 미만)
임신부	• 출산 후 6주까지
출산부	• 출산 후 6개월까지
모유수유부	• 출산 후 12개월까지 • 완전모유수유부 및 혼합수유부 포함

주: 모유수유를 하지 않은 출산 후 7개월인 어머니: 해당 안 됨
모유수유를 하는 출산 후 7개월인 어머니: 해당됨

자료: 보건복지부(2021).

표 5-8
영양플러스 사업 대상자 구분기준

업을 시작하였다. 2008년에는 153개 보건소에서 46,047명이, 2009년에는 245개 보건소에서 40,114명이 참여하였는데 빈혈 유병률이 감소하고 영양상태의 개선효과가 큰 것으로 나타났다. 2020년에는 252개 보건소가 이 사업을 운영하였으며, 영양취약계층의 영양문제를 개선하기 위해 해당사업을 지속적으로 실시할 계획이다.

영양플러스사업은 대상자 선정 후 대상에 맞는 영양교육 및 보충식품을 제공하고 정기적인 영양평가를 하는 것으로 구성되어 있다. 대상별 영양교육의 내용은 영양플러스사업 참여방법, 보충식품 이용방법, 영아 이유식 도입 및 진행방법, 유아·임신부·출산수유부의 식생활·영양 관리, 빈혈·저체중·비만·편식 등의 영양문제 해소를 위한 식생활 관리, 모유수유 촉진 등이다.

(4) 어린이급식관리지원센터

어린이급식관리지원센터는 「어린이 식생활안전관리 특별법」 제5장 21조에 근거하여 어린이에게 단체급식을 제공하는 어린이집, 유치원 등의 위생 및 영양관리를 지원하기 위하여 설치·운영되고 있다. 2022년 현재까지 전국 236개 어린이급식관리지원센터가 개소하였다. 주요 사업은 어린이에게 제공되는 급식이 위생적이고 안전하도록 순회방문을 통하여 급식전반에 대한 지원을 하는 것이다. 또한 영양적으로 균형 잡힌 식단을 제공하고 성장발달에 맞는 급식량이 배식되도록 지원하여 급식의 영양적 질을 높이는 일을 한다. 어린이가 올바른 식습관을 형성하고 건강에 이로운 식생활을 영위할 수 있도록 어린이, 학부모, 시설원장, 교사, 조리종사자 등에게 영양, 위생, 안전에 대한 교육을 실시하기도 한다.

보육통계자료에 의하면 2021년 기준으로 전국의 어린이집은 32,246개소로 이용 어린이 수는 총 118만 4,716명으로 추산되며[2022 보건복지부, 보육통계], 2021년 기준으로 전국의 유치원 수는 총 8,660곳이며 총 58만 2,572명의 어린이를 대상으로 관련 법규에 의한 급식을 실시하고 있다[한국교육개발원, 교육통계연보]. 어린이가 건강하게 성장하기 위해서는 어린이에게 제공되는 급식의 영양 및 위생적 품

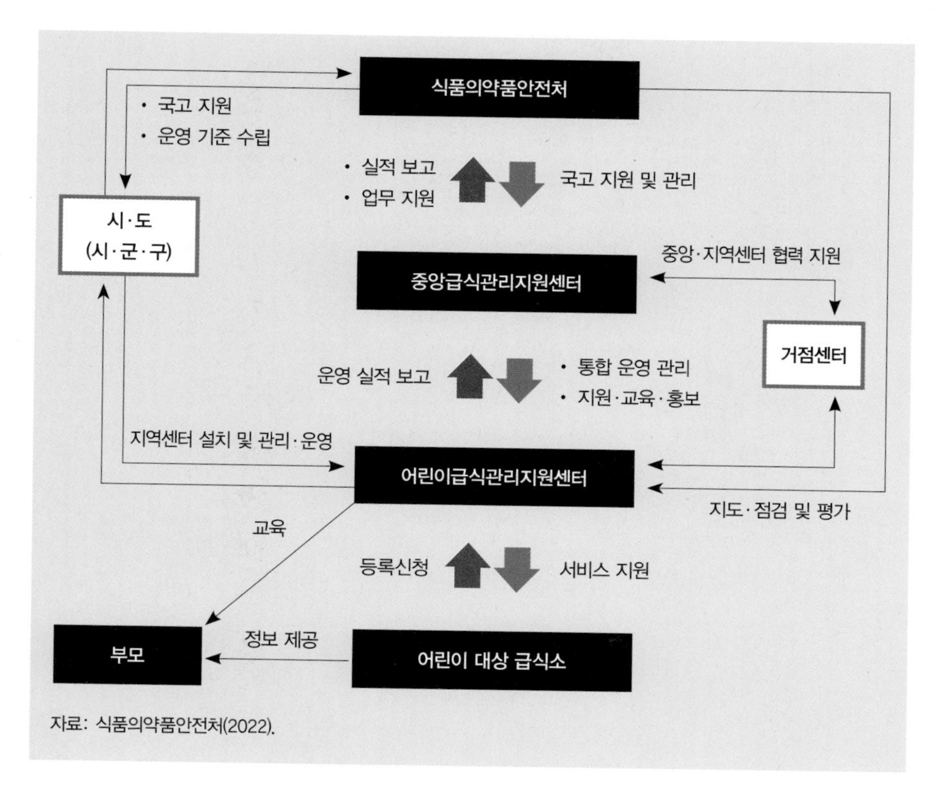

그림 5-4
어린이 급식관리
지원센터 운영체계

질이 확보되어야 한다. 따라서 어린이급식관리지원센터의 중요도는 지속적으로 높아질 것으로 생각된다.

CHAPTER 6
노인 및 정신보건

학습 목표

- 노인기의 신체적·생리적 및 사회적·심리적 변화를 설명할 수 있다.
- 노인의 건강문제에 대해 기술할 수 있다.
- 우리나라 노인보건정책에 대해 설명할 수 있다.
- 정신보건의 목적과 기본 이념을 설명할 수 있다.

CHAPTER 6

노인 및 정신보건

도입 사례 *

혼자 사는 고령자의 삶

통계청에서는 2003년부터 매년 고령자 관련 통계를 수집·정리한 〈고령자 통계〉를 작성해 '노인의 날(10. 2.)'에 발표한다. 고령자 통계는 65세 이상 인구를 대상으로 하고, 2021년에는 특별기획으로 '혼자 사는 고령자의 삶'에 대한 분석을 추가하였다.

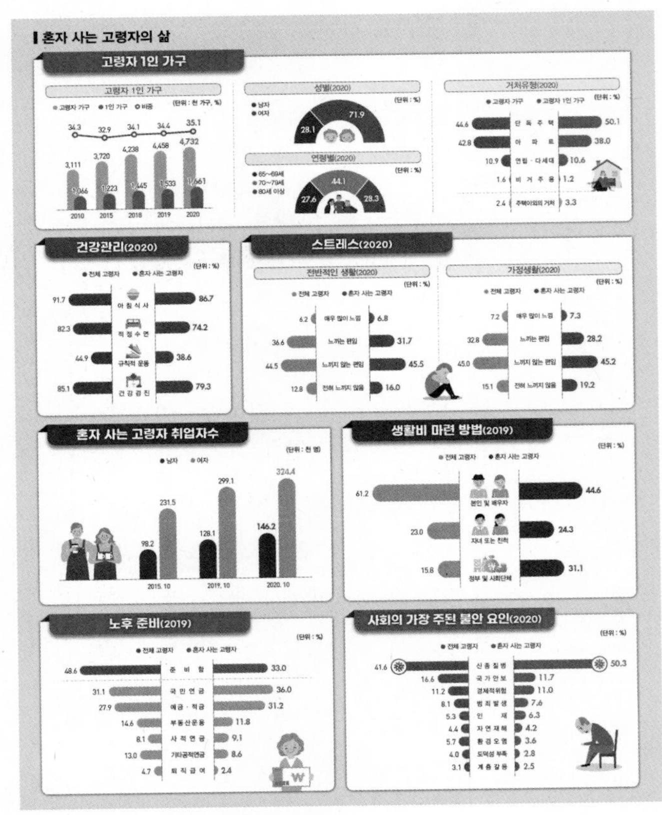

자료: 통계청(2021). 2021 고령자 통계.

생각해 보기 **

- 혼자 사는 노인의 라이프 스타일을 설명하고, 어떤 건강 문제가 있을지 이야기해 보자.

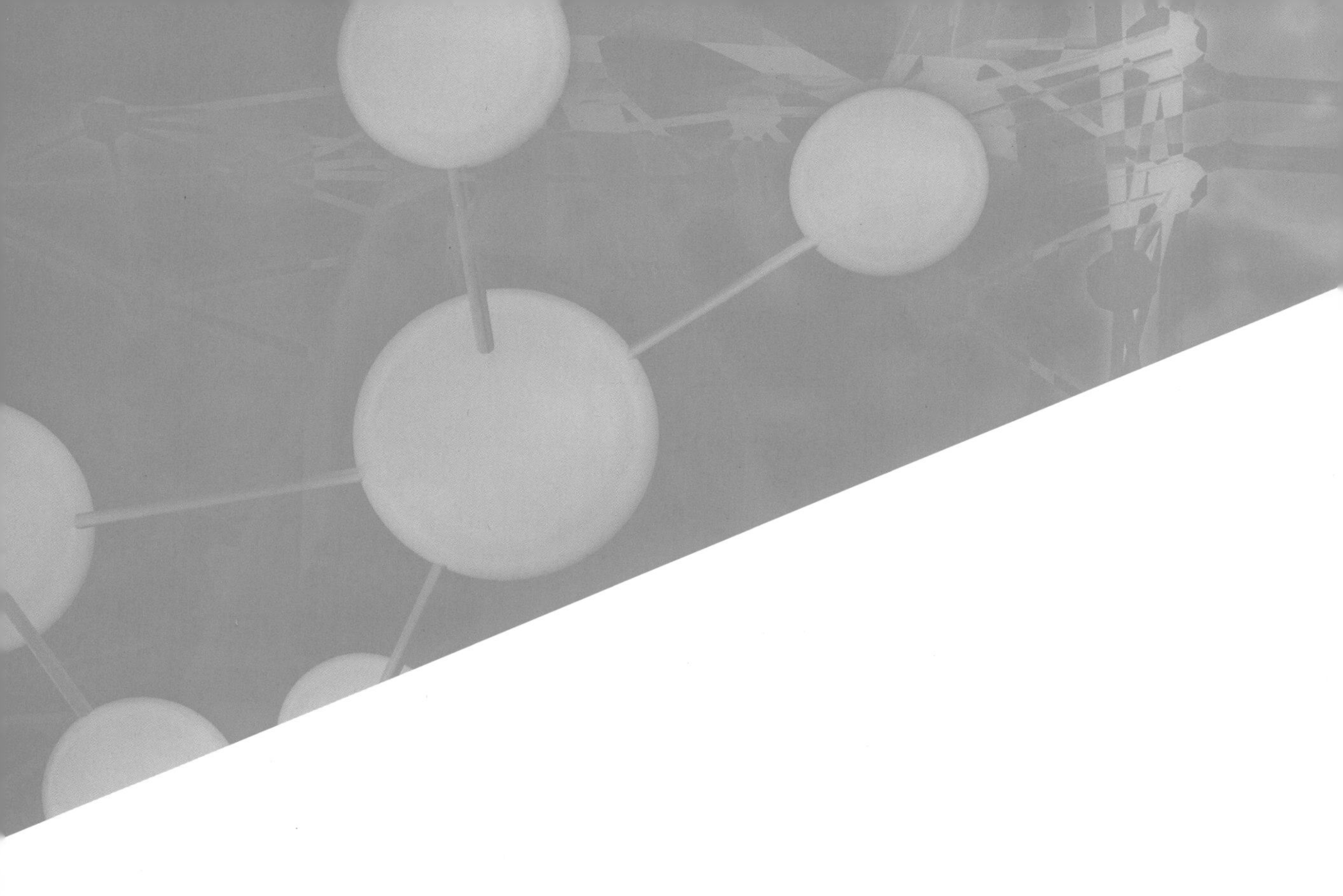

1 노인보건

1) 노인보건의 중요성

(1) 인구의 고령화

평균 수명 연장과 저출산의 영향으로 우리나라는 매우 빠른 속도로 고령화가 진행되고 있다. 일반적으로 65세 이상을 노인이라고 하는데, UN에서는 전체 인구 중 65세 이상 인구가 차지하는 비율이 7% 이상~14% 미만이면 고령화 사회, 14% 이상~20% 미만이면 고령사회, 20% 이상이면 초고령사회로 정의한다. 노인인구의 비율은 지난 1970년 총인구의 3.1%에서 꾸준히 증가하여 2021년 16.5%에 이르렀고, 2025년에는 20.3%로 우리나라가 초고령사회에 진입할 것으로 전망된다그림 6-1. 생산연령인구 100명이 부양하는 고령인구를 의미하는 노년부양비는 2010년 14.8명에서 2021년 23.0명이 되었고, 2060년에는 91.4명으로 예측된다그림 6-2. 유소년인구0~14세 100명당 65세 이상 노인 비인 노령화지수는 2019년 119.4로 노인인구가 유소년인구를 초과하였고, 2036년이 되면 315.9가 될 것으로 전망된다그림 6-2.

$$노년부양비 = \frac{65세\ 이상\ 인구}{15세\ 이상\sim64세\ 인구} \times 100$$

$$노령화지수 = \frac{65세\ 이상\ 인구}{0\sim14세\ 인구} \times 100$$

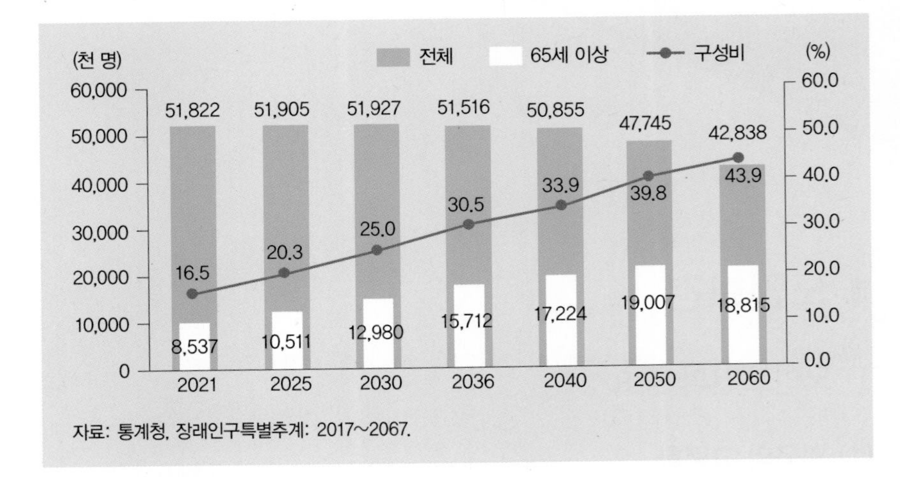

그림 6-1
65세 이상
고령인구 및 구성비

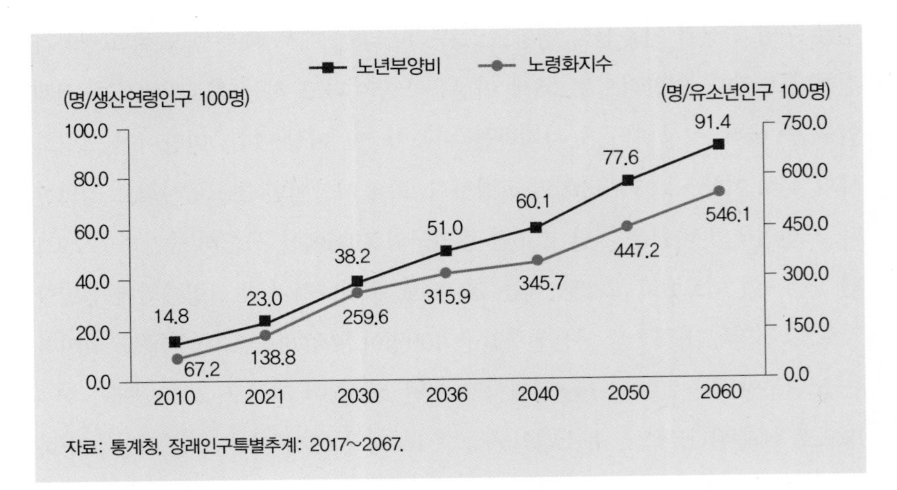

그림 6-2
노년부양비 및
노령화지수

(2) 노인기의 변화

노인기에는 노화가 진행되면서 다양한 신체적·생리적 변화가 나타나고, 은퇴·사별 등 사회적·심리적·경제적 변화로 빈곤·역할상실·고독 등의 문제가 발생하기도 한다. 이러한 변화의 정도와 신체적·생리적 노화의 속도는 개인차가 큰 편이며, 이로 인해 발생하는 문제는 노인 개인뿐만 아니라 가족과 사회의 문제로 이어지므로 노인 개인 외에 가족, 사회적 체계를 통한 노인보건관리가 요구된다.

신체적·생리적 노화

근골격계 변화

일반적으로 노인기에는 근육, 뼈, 수분 등 제지방조직이 감소하고 체지방량이 증가한다. 특히 여성은 폐경 이후 골흡수를 억제하는 여성호르몬 분비가 감소하여 남성에 비해 골다공증이 유발되기 쉽다.

심혈관계 및 호흡기계 변화

심박동력이 약해지면서 심장이 한 번 펌프질할 때 배출되는 혈액량이 감소한다. 또한 혈관의 탄력성이 줄어 혈압이 높아지고, 정맥의 탄력성 및 판막 능력이 감소하여 다리에 부종이 잘 발생한다. 노화에 따라 폐포 수 감소, 탄력성 저하로 폐활량이 줄어들고, 기도의 섬모 수 감소, 호흡근 약화, 면역력 약화로 호흡기계의 감염에 취약해진다.

소화기계 변화

소화기계 노화는 사망할 정도의 심각한 결과를 초래하지는 않지만, 노인의 영양상태와 삶의 질에 영향을 미친다. 노화로 구강 내 타액 분비가 줄어 구강건조증이 생기고 치아 손실, 부적절한 의치 사용 등으로 음식을 씹기 어렵거나 음식을 삼키는 기능이 저하되기도 한다. 또한 위산 분비와 소화효소가 감소되고, 장운동이 느려져 소화 및 흡수 능력이 떨어지고 변비가 생기기 쉽다.

비뇨기계 변화 나이를 먹으면서 신장의 무게와 크기가 줄어들고 네프론 수, 신장의 혈류량, 사구체 여과율 등이 감소되어 신장기능이 약화된다. 요농축이 잘되지 않아 소변의 양이 증가하는데, 방광 용적의 감소로 소변을 자주 보게 되고, 방광기능과 요도괄약근력 감소로 요실금이나 방광염이 유발된다. 남성 노인에게는 전립선 비대증이 나타나 배뇨 곤란을 겪기도 한다.

신경계 변화 노인기에는 뇌세포뉴런가 줄어들고 크기도 감소되어 뇌의 무게가 감소된다. 대뇌피질의 뉴런 감소로 기억력이 감퇴되고, 일부 노인에게 치매가 발생하기도 한다.

감각기계 변화 노인기에는 안검이 처지고 눈물이 줄어 건조하며, 동공 크기가 작아져 어두운 곳에 적응하기가 어려워진다. 또한 수정체의 변화로 초점을 맞추기 어려워지고, 백내장도 흔히 발생한다. 청력이 감소되어 노인성 난청이 생기고, 후각세포의 위축으로 후각이 감소한다. 미뢰의 감소로 미각 역치가 높아지고 특히 단맛과 짠맛을 느끼는 미뢰의 기능 저하로 음식을 달고 짜게 먹는 경향이 나타난다. 또한 갈증을 잘 느끼지 못해 수분 섭취가 줄고, 변비와 탈수현상이 나타나기 쉽다.

사회적·심리적 노화

노인기에는 신체 능력 감소로 활동량이 줄어들 뿐 아니라 은퇴를 하면서 사회적 활동 역시 감소된다. 여기에 경제력 감소, 배우자 사별, 친구·자녀와의 관계 부족 등이 더해져 사회적 관계가 더욱 위축된다. 이러한 변화는 심리적으로 영향을 미쳐 우울·불안 등의 감정을 느끼게 하므로, 건강한 노화를 위해 사회적·심리적 건강을 유지하는 것이 중요하다.

2) 노인건강문제

(1) 노인의 주요 사망원인

우리나라 노인의 사망원인 1위는 악성신생물[암]로, 2020년 노인인구 10만 명당 733.3명이 암으로 사망하였고, 그 뒤를 심장질환[331.9명], 폐렴[257.5명], 뇌혈관질환[225.3명]이 따르고 있다[표 6-1]. 최근 악성신생물, 뇌혈관질환에 의한 사망은 감소하고 있으나, 알츠하이머병은 꾸준히 순위가 상승하여 2020년 노인의 다섯 번째 사망원인이 되었다. 제1 사망원인인 암의 종류별 사망률을 보면 60~79세 인구에서 폐암, 간암, 대장암에 의한 사망이 많았고, 80세 이상 인구에서 폐암, 대장암, 위암에 의한 사망이 많았다.

(단위: 명/인구 10만 명)

	2000	2010	2015	2019	2020
1순위	악성신생물(암) (937.3)	악성신생물(암) (882.4)	악성신생물(암) (803.0)	악성신생물(암) (750.5)	악성신생물(암) (733.3)
2순위	뇌혈관질환 (789.9)	뇌혈관질환 (409.4)	심장질환 (351.0)	심장질환 (335.7)	심장질환 (331.9)
3순위	심장질환 (363.5)	심장질환 (344.0)	뇌혈관질환 (311.1)	폐렴 (283.1)	폐렴 (257.5)
4순위	당뇨병 (220.0)	당뇨병 (153.1)	폐렴 (209.1)	뇌혈관질환 (232.0)	뇌혈관질환 (225.3)
5순위	만성 하기도 질환 (210.3)	폐렴 (127.6)	당뇨병 (133.2)	당뇨병 (87.1)	알츠하이머병 (91.4)

주: 1) 심장질환은 허혈성 심장질환과 기타 심장질환을 포함
2) 만성하기도 질환은 기관지염, 천식, 폐기종 등 만성적으로 호흡에 장애를 주는 폐질환의 총칭

자료: 통계청, 사망원인통계(2022).

표 6-1
노인의 주요 사망원인 및 사망률(65세 이상)

(2) 노인의 건강수준

우리나라 노인들이 스스로 건강이 좋다고 인식하는 비율이 24.3%인 데 반해 건강이 나쁘다고 인식하는 비율은 38.4%로 나타났다[표 6-2]. 연령이 낮을수

표 6-2
65세 이상 노인의 주관적 건강 평가

(단위: %)

	계	매우 좋다	좋은 편이다	보통이다	나쁘다	매우 나쁘다
전체	100.0	3.0	21.3	37.3	33.2	5.2
성별						
남자	100.0	4.0	28.0	36.8	27.5	3.7
여자	100.0	2.3	16.2	37.6	37.6	6.3
연령						
65~69세	100.0	3.3	27.9	44.1	22.3	2.4
70~79세	100.0	3.4	21.5	37.1	33.7	4.4
80세 이상	100.0	1.9	11.0	27.7	48.3	11.0

주: 자신의 건강상태에 대해 '좋은 편이다' 또는 '매우 좋다'는 응답자의 비중임

자료: 통계청, 2021 고령자통계.

록 건강을 더 좋다고 인식하였고, 여성이 남성에 비해 건강을 더 나쁘게 인식하였다. 우리나라 노인의 84.0%가 만성질환을 앓고 있는데, 노인들에게 유병률이 높은 질환은 고혈압, 당뇨병, 고지혈증, 골관절염 또는 류머티즘관절염의 순이다표 6-3. 노인들은 평균 1.9개의 만성질환을 앓고 있고, 2개 이상의 질환을 동시에 지닌 복합이환율이 54.9%에 이른다. 여성이 남성에 비해 복합만성질환 유병률이 높으며, 연령이 높아질수록 만성질환 유병률이 함께 높아진다. 따라서 일반 성인과 달리 노인의 건강관리에는 개별 질환관리보다 만성질환의 복합이환 관리가 필요하다. 정신건강 역시 중요한데, 전체 노인의 13.5%가 우울증상을 가지고 있으며, 소득과 교육수준이 낮을수록 높은 경향을 보인다.

노인의 건강에서는 유병률이나 사망률 외에 기능상 장애 여부 역시 중요한 지표로 이용된다. 일상생활수행능력Activities of Daily Living: ADL은 노인이 자립적인 생활을 수행하는 데 가장 기본적인 7개 항목으로, 옷 입기, 세수·양치질·머리 감기, 목욕 또는 샤워하기, 차려 놓은 음식 먹기, 누웠다 일어나 방 밖으로 나가기, 화장실 출입과 대소변 후 닦고 옷 입기, 대소변 조절하기가 포함된다표 6-4. 일상생활수행능력 항목별 완전자립률은 90% 후반대이고, 7개 항목

(단위: %)

특성	전체		남자		여자		2017년도 유병률
	유병률	치료율	유병률	치료율	유병률	치료율	
고혈압	56.8	98.7	57.0	99.0	56.6	98.5	59.0
뇌졸중(중풍, 뇌경색)	4.3	96.5	4.8	96.8	3.8	96.2	7.1
고지혈증(이상지질혈증)	17.1	96.9	13.5	96.1	19.9	97.3	29.5
협심증, 심근경색증	4.4	96.9	4.8	97.3	4.2	96.6	7.0
기타 심장질환	4.5	98.2	4.2	99.0	4.8	97.7	6.6
당뇨병	24.2	99.0	23.9	99.4	24.4	98.7	23.2
갑상선 질환	3.3	97.3	1.3	97.2	4.9	97.3	3.3
골관절염 또는 류머티즘관절염	16.5	91.1	7.4	87.3	23.3	92.1	33.1
골다공증	8.5	90.1	1.7	87.4	13.7	90.3	13.0
요통, 좌골신경통	10.0	82.1	4.3	82.5	14.3	82.0	24.1
만성기관지염, 폐기종(CO포인트D)	1.5	91.8	2.2	94.2	0.9	87.7	1.5
천식	2.0	94.3	2.4	93.3	1.7	95.4	3.1
폐결핵, 결핵	0.1	82.9	0.2	74.9	0.1	100.0	0.3

자료: 이윤경 등(2020).

표 6-3
2020 우리나라 노인(65세 이상)의 성별 주요 만성질환 유병률 및 현 치료율

(단위: %, 명)

특성	완전자립	부분도움	완전도움	계(명)[1]	2017년 완전자립률
옷 입기 (옷 꺼내기, 단추·지퍼, 벨트)	97.0	2.4	0.6	100.0(10,097)	96.8
세수, 양치질, 머리 감기	96.9	2.4	0.6	100.0(10,097)	96.9
목욕 또는 샤워하기 (욕조 드나들기, 때밀기, 샤워)	95.0	3.7	1.3	100.0(10,097)	93.1
차려 놓은 음식 먹기	97.8	1.9	0.4	100.0(10,097)	98.5
누웠다 일어나 방 밖으로 나가기	97.4	2.1	0.5	100.0(10,097)	98.8
화장실 출입과 대소변 후 닦고 옷 입기	97.8	1.8	0.5	100.0(10,097)	98.0
대소변 조절하기	98.1	1.3	0.7	100.0(10,097)	96.5

주: [1] 전체응답자를 대상으로 한 분석결과임.

자료: 이윤경 등(2020).

표 6-4
노인의 일상생활수행능력 항목별 분포(2020)

모두에서 완전자립이 가능한 노인 비율은 94.4%로 보고된다.

일상생활수행능력과 유사하게 노인의 자립적 생활 유지에 필요한 기능 상태를 평가하기 위한 지표로 수단적 일상생활수행능력Instrumental ADL: IADL이 있는데, 몸단장, 집안일, 금전관리, 교통수단 이용하기 등 10개 항목으로 구성된다표 6-5. 수단적 일상생활수행능력에 대한 모든 항목에서 90% 이상 완전자립률을 보이고, 전체 노인의 88.0%가 모든 항목에서 완전자립이 가능한 것으로 나타났다. 치매선별용 한국어판 간이정신상태 검사로 조사했을 때 조사된 노

표 6-5
노인의 수단적 일상생활수행능력 항목별 분포(2020)

(단위: %, 명)

특성	완전 자립	부분도움		완전 도움	계(명)[1]	2017년 완전자립률
		적은 부분도움	많은 부분도움			
몸단장(빗질, 화장, 면도, 손톱·발톱 깎기)	96.6	2.8		0.6	100.0(10,097)	95.2
집안일(실내청소, 설거지, 침구정리, 집안정리정돈 등)	93.1	4.5		2.4	100.0(10,097)	84.1
식사준비(음식 재료 준비, 요리, 상 차리기)	92.1	5.2		2.7	100.0(10,097)	86.5
빨래(손이나 세탁기로 세탁 후 널어 말리기 포함)	93.2	4.2		2.6	100.0(10,097)	86.5
제시간에 정해진 양의 약 챙겨 먹기	96.5	2.6		1.0	100.0(10,097)	96.5
금전관리(용돈, 통장관리, 재산관리)	93.6	4.5		2.0	100.0(10,097)	90.0
근거리 외출하기(가까운 거리 걸어서)	94.6	3.5		1.9	100.0(10,097)	94.4
물건 구매 결정, 돈 지불, 거스름돈 받기	95.4	2.1	1.4	1.1	100.0(10,097)	94.4
전화 걸고 받기	96.0	2.2	1.1	0.7	100.0(10,097)	86.3
교통수단 이용하기(대중교통, 개인 차)	92.1	3.4	2.3	2.2	100.0(10,097)	85.3

주: [1]전체응답자를 대상으로 한 분석결과임.

자료: 이윤경 등(2020).

인의 25.3%가 인지저하자로 평가되었다.

3) 노인 의료비

65세 이상 노인의 의료 이용률은 노인인구 비율보다 높아, 2020년 65세 이상 노인의 진료비는 국민 전체 진료비의 43% 이상을 차지하였다그림 6-3. 65세 이상 노인 1인당 연평균 진료비는 487만 원으로 전체 인구 1인당 연평균 진료비169만 원의 약 2.9배 수준이다. 또한 생계가 곤란한 저소득층에 제공되는 기초사회보장 정책의 하나인 의료급여 지출 중 65세 이상 노인의 지출 비중이 2020년 50%를 넘어서면서 노인인구 증가에 따른 의료비 증가는 개인과 사회에 부담이 되고 있다.

4) 노인기의 건강 관리

경제적 수준과 의료기술의 발전으로 기대수명은 지속적으로 길어져 2019년 65세 생존자의 기대 여명은 21.3년, 75세 생존자의 기대 여명은 13.2년이었다.

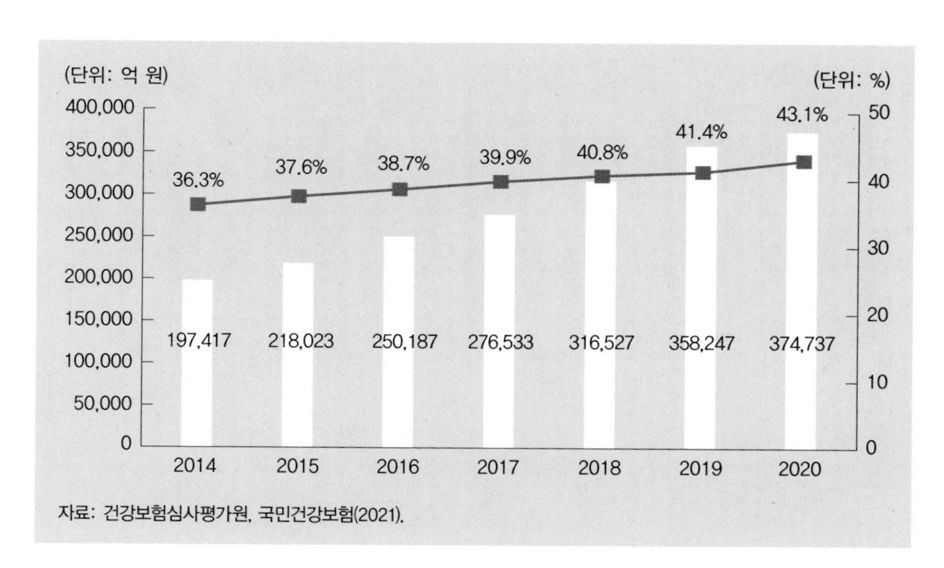

그림 6-3
연도별 65세 이상 노인 진료비 추이

이는 OECD 국가의 평균보다 높은 수준이다[그림 6-4]. 65세 남성과 여성의 기대여명은 각각 19.1년, 23.4년으로 여성이 4.3년 더 길었고, 75세 노인의 기대 여명은 남성 11.5년, 여성 14.6년으로 3.1년의 차이가 나타났다[그림 6-5]. 비교적 건강한 생활을 영위하는 노인이 많지만, 평균 수명의 증가로 질병이 있는 상태로 노후를 보내는 기간 역시 길어지고 있다. 기대수명에서 질병이나 부상으로 인한 기간, 즉 유병기간을 제외한 기간을 건강수명이라고 하는데, 기대수명과 건강수명은 약 12년의 차이가 있다. 따라서 노인의 건강 관리에서 단순한 수명연장이 아닌 건강수명 연장이 강조되고 있다. 노인들은 2가지 이상의 질병의 복합이환으로 중복투약을 받는 경우가 많고, 증상의 예후가 환경의 영향을 많이 받으므로 의료적 접근과 함께 영양 관리, 치아 관리, 수면 관리, 정신건강 관리, 운동 관리 등 다학제적 접근이 효과적이다. 노인의 건강상태는 만성질환의 관리에 따라 결정되므로 노인과 그 가족은 보유질환에 대한 충분한 지식을 가지고 건강한 생활습관 실천, 올바른 약의 복용 등으로 스스로 건강을 관리할 수 있어야 한다. 또한 이를 지원할 수 있는 프로그램이 요구된다.

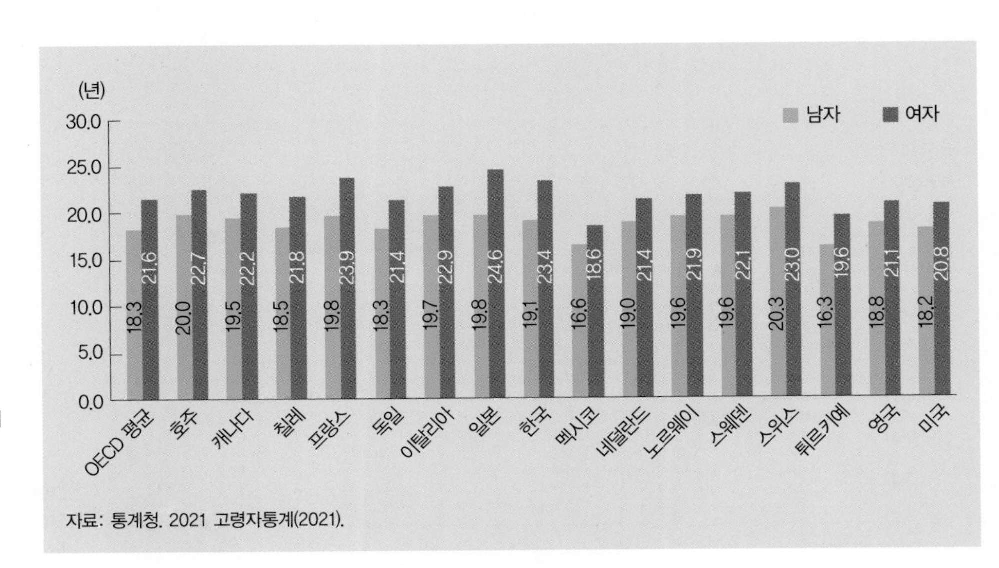

자료: 통계청. 2021 고령자통계(2021).

그림 6-4
OECD 주요 국가의 성별 기대 여명 (65세, 2019년)

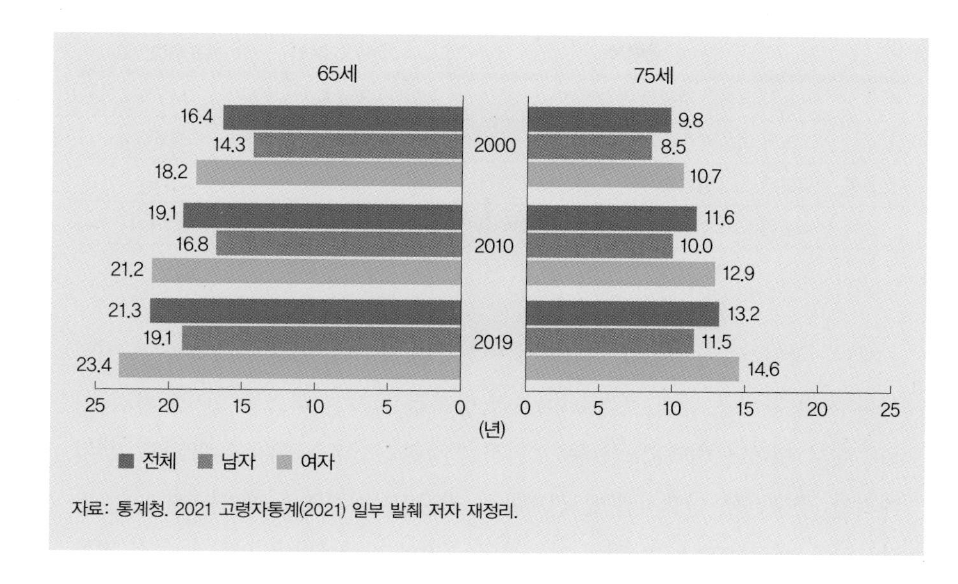

그림 6-5
65세와 75세 성별 기대 여명

5) 노인보건정책과 사업

(1) 노인보건정책 및 방향

노인인구 증가와 노인의료비의 급격한 증가로 이에 대한 정책이 요구되고 있다. 특히 고령자 가구 비율이 높으며 이 중 1인 가구 비중이 높아지고 있어 사회의 돌봄 요구 역시 증가하고 있으며, OECD 최고 수준의 노인 빈곤율은 노인의 건강에도 부정적인 영향을 미치고 있다. 제5차 국민건강증진종합계획에서는 2030년까지 건강수명 73.3세 달성을 총괄 목표의 하나로 제시하였고, 노인건강과 관련하여 중점 과제별 성과지표 25개를 제시하였는데 그중 대표 지표를 표 6-6에 제시하였다.

표 6-6
제5차 국민건강증진종합 계획(2021~2030)의 노인건강 목표

성과 지표	기준치(2018)	목표치(2030)
노인 남성의 주관적 건강인지율	28.7%	34.7%
노인 여성의 주관적 건강인지율	17.6%	23.6%
소득 1~5분위 노인 남성의 주관적 건강인지율 격차	15.6%p	13.2%p
소득 1~5분위 노인 여성의 주관적 건강인지율 격차	5.9%p	3.5%p

제5차 국민건강증진종합 계획에서는 건강한 노년을 오래 누리기 위한 지역사회 지원 확대를 위해 보건소 어르신 방문건강관리서비스를 만성질환 관리 위주에서 벗어나 허약·노쇠 등 보편적 건강관리서비스 체계로 개편하고, 치매지원, 구강건강, 영양지원 및 신체활동, 건강정보이해력 등과 연계한 노인 건강사업을 제시하였다. 그 외에 기능상태 유지와 장애예방을 위한 노인성 질환 치료·관리 지원과 AI·IoT 등 4차 산업혁명 기술 활용 및 거동 불편 노인을 위한 왕진시범사업 등을 활용한 노인 건강관리서비스 및 의료 접근성 증진사업이 이루어지고 있다.

(2) 노인보건제도

노인장기요양보험제도

2008년 이전에는 전 국민 대상 국민건강보험제도와 공적부조 형태의 의료급여만 있었으나, 2008년 7월 노인장기요양보험제도가 실시되면서 만성노인성질환에 대한 사회보험이 시작되었다. 노인장기요양보험제도는 고령이나 노인성 질병 등의 사유로 일상생활을 혼자서 수행하기 어려운 노인 등에게 신체활동 또는 가사활동 지원 등의 장기요양급여를 제공하여 노후의 건강증진 및 생활안정을 도모하고 그 가족의 부담을 덜어 줌으로써 국민의 삶의 질을 향상하는 것을 목적으로 한다. 장기요양급여는 재가급여, 시설급여, 복지용구급여, 특별현금급여 등 수급자의 요구에 따라 다양한 방식으로 지원된다표 6-7. 대상자는 65세 이상의 노인 또는 65세 미만의 자로서 치매·뇌혈관성 질환 등 노인성질병을 가진 자 중 6개월 이상 혼자서 일상생활을 수행하기 어렵다고 인정되는 자이다.

구분	종류	내용
재가급여	방문요양	장기요양요원이 수급자의 가정 등을 방문하여 신체활동 및 가사활동 등을 지원
	방문목욕	장기요양요원이 목욕설비를 갖춘 차량을 이용하여, 수급자의 가정을 방문하여 목욕을 제공
	방문간호	의사, 한의사 또는 치과의사의 지시에 따라 간호사, 간호조무사 또는 치위생사가 수급자의 가정 등을 방문하여 간호, 진료의 보조, 요양에 관한 상담 또는 구강위생 등을 제공
	주·야간보호	수급자를 하루 중 일정한 시간 동안 장기요양기관에 보호하며 목욕, 식사, 기본간호, 치매관리, 응급서비스 등 심신기능의 유지·향상을 위한 교육·훈련 등을 제공
	단기보호	수급자를 월 9일 이내 기간 동안 장기요양기관에 보호하며 신체활동지원 및 심신기능의 유지·향상을 위한 교육·훈련 등을 제공
	기타재가급여(복지용구)	수급자의 일상생활 또는 신체활동지원에 필요한 요구로서 보건복지부장관이 정하여 고시하는 것을 제공하거나 대여하여 노인장기요양보험 대상자의 편의를 도모하고자 지원
시설급여	노인요양시설	장기간 입소한 수급자에게 신체활동 지원 및 심신기능의 유지·향상을 위한 교육·훈련 등을 제공(입소정원: 10명 이상)
	노인요양공동생활가정	장기간 입소한 수급자에게 가정과 같은 주거여건에서 신체활동 지원 및 심신기능의 유지·향상을 위한 교육·훈련 등을 제공(입소정원: 5~9명)
복지용구급여	심신기능이 저하되어 일상생활을 영위하는 데 지장이 있는 노인장기요양보험 대상자에게 일상생활·신체활동 지원 및 인지기능의 유지·기능 향상에 필요한 용구로서 보건복지부장관이 정하여 고시하는 것을 구입하거나 대여	
특별현금급여(가족요양비)	수급자가 섬·벽지에 거주하거나 천재지변, 신체·정신 또는 성격 등의 사유로 장기요양급여를 지정된 시설에서 받지 못하고 그 가족 등으로부터 방문요양에 상당하는 장기요양 급여를 받을 때 지급하는 현금급여	

표 6-7 장기요양급여의 종류와 내용

노인맞춤돌봄서비스

노인맞춤돌봄서비스는 돌봄이 필요한 노인인구가 증가하고 있으나 기존 노인 대상 돌봄사업에서 유사하거나 분절적인 사업 운영, 민간전달체계 관리 감독 미흡 등의 문제가 지적되면서 2020년 6개 돌봄사업노인돌봄기본서비스, 노인돌봄종합서비스, 단기가사서비스, 독거노인 사회관계활성화, 초기독거노인 자립지원, 지역사회자원연계을 통합·개편하여 운영되고 있는 개인 맞춤형 돌봄서비스이다. 이 서비스의 목적은 일상생활 영위가

<table>
<tr><th>구분</th><th>대분류</th><th>중분류</th><th>소분류</th></tr>
<tr><td rowspan="10">직접서비스
(방문·통원 등)
※ 4개 분야</td><td rowspan="3">안전지원</td><td>방문 안전지원</td><td>• 안전·안부확인
• 정보제공(사회·재난안전, 보건·복지 정보제공)
• 생활안전점검(안전관리점검, 위생관리점검)
• 말벗(정서지원)</td></tr>
<tr><td>전화 안전지원</td><td>• 안전·안부확인
• 정보제공(사회·재난안전, 보건·복지 정보제공)
• 말벗(정서지원)</td></tr>
<tr><td>ICT 안전지원</td><td>• ICT 관리·교육
• ICT 안전·안부확인</td></tr>
<tr><td rowspan="2">사회참여</td><td>사회관계 향상 프로그램</td><td>• 여가활동
• 평생교육활동
• 문화활동</td></tr>
<tr><td>자조모임</td><td>• 자조모임</td></tr>
<tr><td rowspan="2">생활교육</td><td>신체건강분야</td><td>• 영양교육
• 보건교육
• 건강교육</td></tr>
<tr><td>정신건강분야</td><td>• 우울예방 프로그램
• 인지활동 프로그램</td></tr>
<tr><td rowspan="2">일상생활 지원</td><td>이동활동지원</td><td>• 외출동행</td></tr>
<tr><td>가사지원</td><td>• 식사관리
• 청소관리</td></tr>
<tr style="display:none"></tr>
<tr><td colspan="2" rowspan="4">연계서비스(민간후원자원)</td><td>생활지원연계</td><td>• 생활용품 지원
• 식료품 지원
• 후원금 지원</td></tr>
<tr><td>주거개선연계</td><td>• 주거위생개선 지원
• 주거환경개선 지원</td></tr>
<tr><td>건강지원연계</td><td>• 의료연계 지원
• 건강보조 지원</td></tr>
<tr><td>기타서비스</td><td>• 기타 일상생활에 필요한 서비스 연계</td></tr>
<tr><td colspan="2">특화서비스</td><td colspan="2">• 개별 맞춤형 사례관리
• 집단활동
• 우울증 진단 및 투약 지원</td></tr>
</table>

자료: 보건복지부, 노인맞춤돌봄서비스(2022).

표 6-8
노인맞춤돌봄서비스의 내용

어려운 취약노인에게 적절한 돌봄서비스를 제공하여 안정적인 노후생활 보장, 노인의 기능·건강 유지 및 악화 예방이며, 욕구중심 맞춤형 서비스 제공 및 서비스 다양화와 민간복지전달체계의 공공성·책임성 강화를 주요 추진 방향으로 한다. 서비스 대상자는 만 65세 이상 국민기초생활수급자, 차상위계층 또는 기초연금수급자로서 유사중복사업 자격에 해당되지 않는 자다만, 시장·군수·구청장이 서비스가 필요하다고 인정하는 경우 예외적으로 제공 가능로 정하고 있다. 주요 서비스 내용은 표 6-8에 제시하였다.

노인맞춤돌봄서비스의 특징

① 사업 통합으로 서비스 다양화 ② 참여형 서비스 신설 ③ 개인별 맞춤형 서비스 제공 ④ ICT기술을 활용한 첨단 서비스 도입 ⑤ 생활권역별 수행기관 책임 운영 ⑥ 은둔형·우울형 노인에 대한 특화서비스 확대

2 정신보건

1) 정신건강의 개념과 중요성

세계보건기구WHO에서는 정신건강을 "정신질환이 없는 상태 이상의 것뿐만 아니라 개인이 자신의 능력을 깨닫고, 삶에서 발생하는 정상적 범위의 스트레스에 대처할 수 있으며 생산적으로 일을 하여 결실을 맺고 개인이 속한 사회에 기여할 수 있는 안녕의 상태"라고 정의하였다. 세계보건기구는 2004년 전 세계 질병 부담의 13%를 정신질환이 차지하고 있으며, 2030년 우울증이 고소득 국가 질병 부담많은 사람들이 질병에 걸릴 뿐 아니라 해당 질병으로 인해 질병 후유증과 장애까지 포함 1위 질환이 될 것으로 전망하였다. 우리나라 18세 이상 인구의 정신질환 평생 유병률은 25.4%로 국민 4명당 1명은 평생 동안 한 번 이상 정신질환을 경험한다표 6-10.

표 6-9
주요 정신장애
1년 유병률(만 18세 이상, 2001~2016년)

(단위: %)

구분	2001년	2006년	2011년	2016년
알코올 사용장애	6.8	5.6	4.4	3.5
니코틴 사용장애	6.7	6.0	4.0	2.5
조현병 스펙트럼 장애	0.5	0.3	0.4	0.2
기분장애	2.2	3.0	3.6	1.9
불안장애	6.1	5.0	6.8	5.7
섭식장애	0.1	0.0	0.1	–
신체형장애	0.5	1.0	1.3	–
모든 정신장애	18.5	15.2	16.0	11.9
모든 정신장애(니코틴 사용장애 제외)	14.1	11.8	13.5	10.2
모든 정신장애(니코틴, 알코올 사용장애 제외)	8.4	7.9	10.2	7.2

자료: 보건복지부(2020).

표 6-10
주요 정신장애
평생 유병률(만 18세 이상, 2001~2016년)

(단위: %)

구분	2001년	2006년	2011년	2016년
알코올 사용장애	15.9	16.2	13.4	12.2
니코틴 사용장애	10.3	9.0	7.2	6.0
약물 사용장애	–	–	–	0.2
조현병 스펙트럼 장애	1.1	0.5	0.6	0.2
기분장애	4.6	6.9	8.7	9.3
불안장애	8.8	6.9	8.7	9.3
섭식장애	0.1	0.1	0.2	–
신체형장애	0.7	1.2	1.5	–
모든 정신장애	29.9	26.7	27.6	25.4
모든 정신장애(니코틴 사용장애 제외)	25.3	23.2	24.7	23.1
모든 정신장애(니코팅, 알코올 사용장애 제외)	12.7	12.1	14.4	13.2

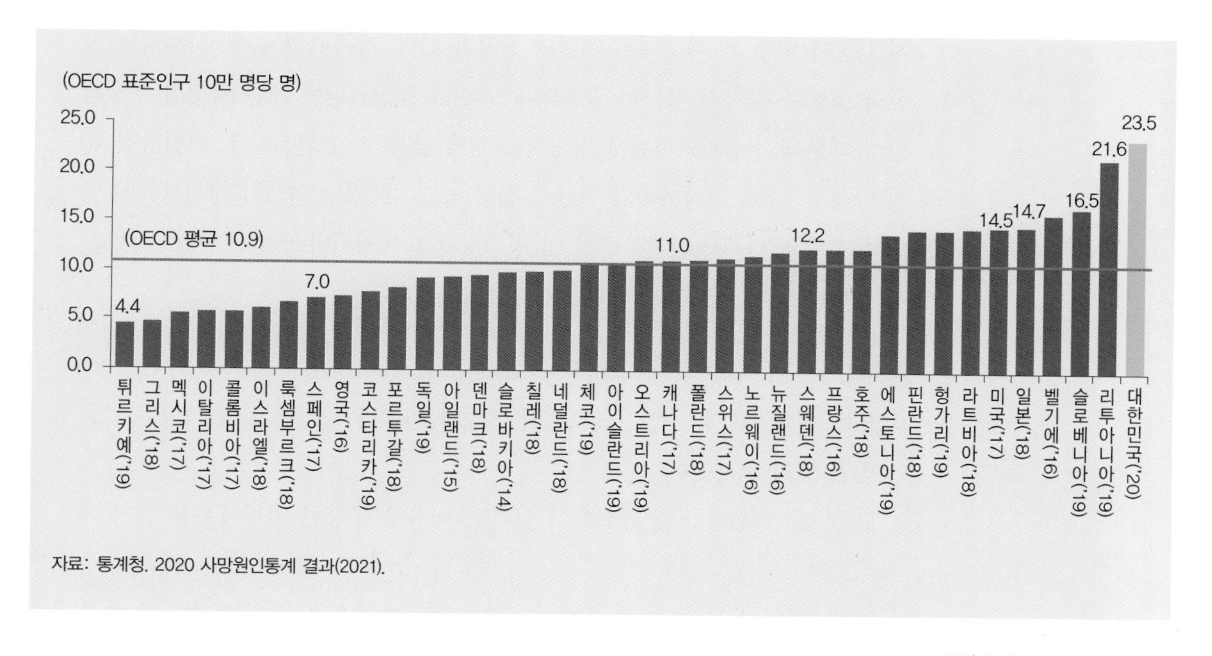

그림 6-6
OECD 국가 자살률 비교

정신장애 중 가장 높은 비율을 차지하는 것은 알코올 사용장애, 기분장애, 불안장애인데, 정신건강의 악화는 삶의 의욕 저하, 중독 의존, 자살의 위험을 높이게 된다. 한국인의 사망원인에서 고의적 자해, 즉 자살이 5위를 차지하였고, 특히 10~30대의 사망원인 1위이다. 우리나라의 사망원인에서 고의적 자해가 차지하는 비율이 최근 점차 낮아지고 있으나, OECD 국가의 연령표준화 자살률OECD 표준인구 10만 명당 명과 비교할 때 우리나라의 자살률은 높은 수준이다그림 6-6. 정신건강 문제는 생애주기 초기에 발생하고 유병 기간이 긴 특징을 보이므로 의료비 부담, 소득 상실 등 사회적 비용이 높다.

빠른 속도로 변화하는 현대사회에서 사람들은 더 많은 스트레스를 겪게 되고, 인간 소외 등으로 인해 정신건강에 위협을 받고 있다. 특히 우리나라 국민의 낮은 행복지수와 삶의 만족도, 높은 자살률과 함께 최근의 디지털 미디어의 발달, 코로나19로 인한 사회적 거리두기 등을 고려할 때 향후 정신건강 문제가 심화될 우려가 있다. 정신건강 문제는 의학적 치료가 중요하지만 예방과 치료, 재활의 모든 과정에서 개인의 성장과 발달, 가족과의 관계, 사회적 역할 등을 고려한 다각적 접근이 중요하다. 그러나 정신질환에 대한 국민의 부정적 인식 때문에 정신질환치료에 대해 접근성이 낮은 것이 현실이다. 정신과적 증상 발생 후 치료 시작까지의 기간이 길면 조기치료가 지연되어 정신질환이 만성화될 수 있다. 「정신건강증진 및 정신질환자 복지서비스 지원에 관한 법률」에서는 다음과 같은 기본 이념을 제시하고 있다.

- 모든 국민은 정신질환으로부터 보호받을 권리를 가진다.
- 모든 정신질환자는 인간으로서의 존엄과 가치를 보장받고, 최적의 치료를 받을 권리를 가진다.
- 모든 정신질환자는 정신질환이 있다는 이유로 부당한 차별대우를 받지 아니한다.
- 미성년자인 정신질환자는 특별히 치료, 보호 및 교육을 받을 권리를 가진다.
- 정신질환자에 대해서는 입원 또는 입소(이하 “입원등”이라 한다)가 최소화되도록 지역사회 중심의 치료가 우선적으로 고려되어야 하며, 정신건강증진시설에 자신의 의지에 따른 입원 또는 입소[이하 “자의입원등”이라 한다]가 권장되어야 한다.
- 정신건강증진시설에 입원등을 하고 있는 모든 사람은 가능한 한 자유로운 환경을 누릴 권리와 다른 사람들과 자유로이 의견교환을 할 수 있는 권리를 가진다.
- 정신질환자는 원칙적으로 자신의 신체와 재산에 관한 사항에 대하여 스스로 판단하고 결정할 권리를 가진다. 특히 주거지, 의료행위에 대한 동의나 거부, 타인과의 교류, 복지서비스의 이용 여부와 복지서비스 종류의 선택 등을 스스로 결정할 수 있도록 자기결정권을 존중받는다.
- 정신질환자는 자신에게 법률적·사실적 영향을 미치는 사안에 대하여 스스로 이해하여 자신의 자유로운 의사를 표현할 수 있도록 필요한 도움을 받을 권리를 가진다.
- 정신질환자는 자신과 관련된 정책의 결정과정에 참여할 권리를 가진다.

2) 정신보건정책 및 사업

우리나라 정신보건사업은 1984년 보건사회부가 정신질환 종합대책을 수립하고 정신질환 역학조사를 실시하며 시작되었고, 1995년 「정신보건법」이 제정되고 1997년부터 시행되었다. 이후 이 법은 「정신건강증진 및 정신질환자 복지서비스 지원에 관한 법률[약칭: 정신건강복지법]」로 전부개정되었다. 「정신건강복지법」은 정신질환의 예방·치료, 정신질환자의 재활·복지·권리보장과 정신건강 친화적인 환경 조성에 필요한 사항을 규정함으로써 국민의 정신건강증진 및 정신질환자의 인간다운 삶을 영위하는 데 이바지함을 목적으로 한다.

제5차 국민건강증진종합계획[2021~2030]에서는 자살 고위험군, 치매, 정신질환 조기발견 및 개입 체계 강화와 정신건강 서비스 인식개선 및 지역사회 지지체계 확립을 정신건강관리의 목표로 제시하였다. 이를 위한 중점 과제로 자살 고위험군 포괄적 지원 강화 및 생명존중 문화 조성, 치매 조기진단·관리 등 양질의 서비스 제공 및 치매 친화 환경 조성, 알코올·약물 등 중독문제 조기개입 및 치료 격차 해소, 중증·만성 정신질환자를 위한 지역사회 지지체계 확립을 수립하였다.

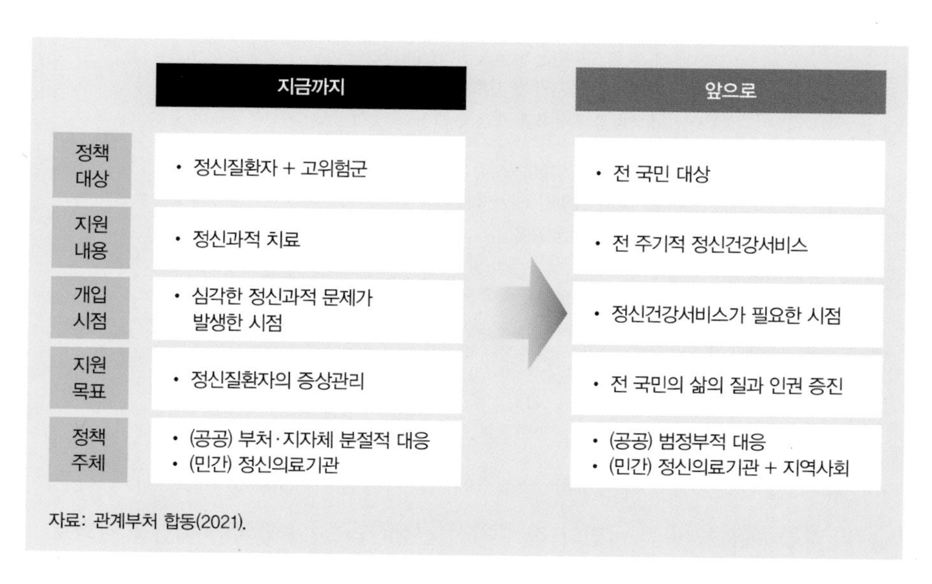

	지금까지	앞으로
정책 대상	• 정신질환자 + 고위험군	• 전 국민 대상
지원 내용	• 정신과적 치료	• 전 주기적 정신건강서비스
개입 시점	• 심각한 정신과적 문제가 발생한 시점	• 정신건강서비스가 필요한 시점
지원 목표	• 정신질환자의 증상관리	• 전 국민의 삶의 질과 인권 증진
정책 주체	• (공공) 부처·지자체 분절적 대응 • (민간) 정신의료기관	• (공공) 범정부적 대응 • (민간) 정신의료기관 + 지역사회

자료: 관계부처 합동(2021).

그림 6-7
제2차 정신건강복지기본계획 정책 방향

비전	마음이 건강한 사회, 함께 사는 나라
정책 목표	1. 코로나19 심리방역을 통한 대국민 회복탄력성 증진 2. 전 국민이 언제든 필요한 정신건강서비스를 이용할 수 있는 환경 조성 3. 정신질환자의 중증도와 경과에 따른 맞춤형 치료환경 제공 4. 정신질환자가 차별 경험 없이 지역사회 내 자립할 수 있도록 지원 5. 약물중독, 이용장애 등에 대한 선제적 관리체계 마련 6. 자살 충동, 자살 수단, 재시도 등 자살로부터 안전한 사회 구현

추진전략	핵심과제
전 국민 정신건강증진	1. 적극적 정신건강증진 분위기 조성 2. 대상자별 예방 접근성 제고 3. 트라우마 극복을 위한 대응역량 강화
정신의료 서비스/인프라 선진화	1. 정신질환 조기인지 및 개입 강화 2. 지역 기반 정신 응급 대응체계 구축 3. 치료 친화적 환경 조성 4. 집중 치료 및 지속 지원 등 치료 효과성 제고
지역사회 기반 정신질환자의 사회통합 추진	1. 지역사회 기반 재활 프로그램 및 인프라 개선 2. 지역사회 내 자립 지원 3. 정신질환자 권익 신장 및 인권 강화
중독 및 디지털기기 이용장애 대응 강화	1. 알코올 중독자 치료 및 재활서비스 강화 2. 마약 등 약물중독 관리체계 구축 3. 디지털기기 등 이용장애 대응 강화
자살로부터 안전한 사회 구현	1. 자살 고위험군 발굴과 위험요인 관리 2. 고위험군 지원 및 사후관리 3. 서비스 지원체계 개선
정신건강정책 발전을 위한 기반 구축	1. 정책 추진 거버넌스 강화 2. 정신건강관리 전문인력 양성 3. 공공자원 역량 강화 4. 통계 생산체계 정비 및 고도화 5. 정신건강분야 전략적 R&D 투자 강화

자료: 관계부처 합동(2021).

그림 6-8
제2차 정신건강복지기본계획의 추진전략과 핵심과제

제2차 정신건강복지기본계획2021~2025에서는 '마음이 건강한 사회, 함께 사는 나라'라는 비전하에 전 국민의 전 주기적 건강관리를 위해 국가 책임을 강화로 정책 방향을 제시하였다그림 6-7. 제2차 정신건강복지기본계획의 추진전략과 핵심과제는 그림 6-8에 제시되었다. 정신건강증진사업은 "정신건강 관련 교육·상담, 정신질환의 예방·치료, 정신질환자의 재활, 정신건강에 영향을 미치는 사회복지·교육·주거·근로 환경의 개선 등을 통하여 국민의 정신건강을 증진시키는 사업"으로 정의되며, 국가정신건강증진사업의 기본 원칙은 다음과 같다.

1. 전체 국민을 대상으로 한 정신건강 증진과 예방, 환경조성을 강조한다.
2. 지역사회 인프라 강화-정보시스템-협력체계 구축을 통해 서비스 접근성을 확보한다.

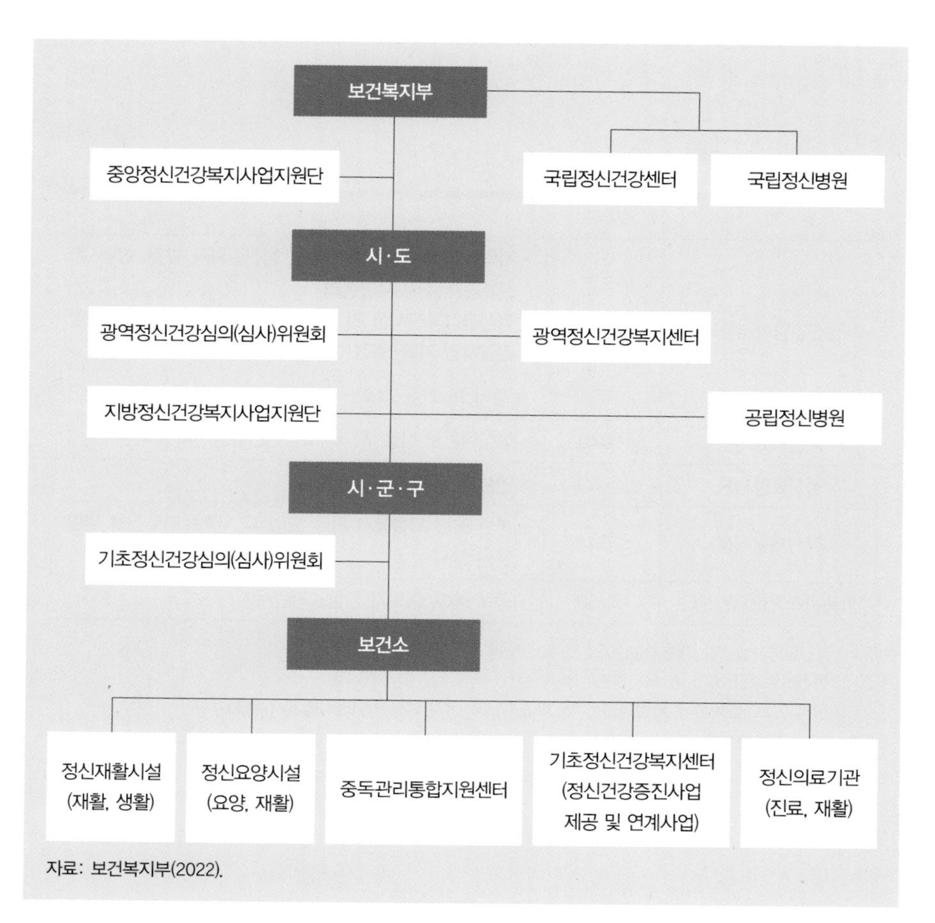

그림 6-9
정신건강서비스 전달체계

3. 국가 정신건강 증진사업의 리더십을 강화한다.
4. 정확한 정보와 근거를 기반으로 정신건강정책 사업을 수행한다.

「정신건강복지법」에는 국가와 지방자치단체의 책임으로 정신질환의 예방과 치료, 재활을 위한 정신건강증진기관을 연계하는 정신보건서비스 전달체계를 확립하도록 규정하고 있다그림 6-9. 정신건강증진기관으로는 정신건강복지센터, 정신의료기관, 정신요양시설, 정신재활시설, 중독관리통합지원센터가 있다표 6-11. 재난이나 그 밖의 사고로 정신적 충격을 받은 트라우마 환자의 심리적 안정과 사회 적응을 지원하기 위해 국가 트라우마센터 및 권역별 트라우마센터도 운영되고 있다.

표 6-11
전국의 정신건강증진 기관·시설 현황(2022년)

(단위: 개소)

구분	기관 수	주요 기능
계	2,662	
정신건강복지센터	260	• 지역사회 내 정신질환 예방, 정신질환자 발견·상담·정신재활훈련 및 사례관리 • 정신건강증진시설 간 연계체계 구축 등 지역사회 정신건강사업 기획·조정 ※광역 16/기초 244
정신의료기관	1,949	• 정신질환자 진료, 지역사회정신건강증진사업 지원
정신요양시설	59	• 만성 정신질환자 요양·보호
정신재활시설	344	• 병원 또는 시설에서 치료·요양 후 사회복귀촉진을 위한 훈련 실시
중독관리통합지원센터	50	• 중독 예방, 중독자 상담·재활훈련

주: 1) 정신요양시설, 정신재활시설(2021. 6. 30. 기준)
2) 정신의료기관(2021. 6. 30. 기준)
3) 광역·기초·중독센터, 자살예방센터(2020. 12. 31. 국가 정신건강현황 보고서 기준)
자료: 보건복지부(2020).

정신질환자에 대한 10가지 편견과 진실

- 위험하고 사고를 일으킨다. ▶ 대부분 온순하며 범죄율도 일반인보다 낮다.
- 격리 수용해야 한다. ▶ 급성기가 지나면 시설 밖에서의 재활치료가 바람직하다.
- 낫지 않는 병이다. ▶ 적절한 치료로 호전되고, 치료재활기술이 개발되어 있다.
- 유전된다. ▶ 일부 정신질환에서 유전적 소인이 있을 뿐이며, 대부분의 정신질환은 그렇지 않다.
- 특별한 사람이 걸리는 병이다. ▶ 평생 동안 10명 중 3명은 정신질환에 걸린다.
- 이상한 행동만 한다. ▶ 증상이 심할 때만 잠시 부적절한 행동을 한다.
- 대인관계가 어렵다. ▶ 우리가 무관심하기 때문에 혼자 있는 것이고, 그들에게도 마음을 주고받을 사람이 필요하다.
- 직장생활을 못한다. ▶ 정신질환이 기능을 상실시키지는 않는다. 일할 기회가 없어서 못할 뿐이다.
- 운전·운동을 못한다. ▶ 상태가 악화되었을 때만 빼고 주의하고 제한하면 된다.
- 나보다 열등한 사람이다. ▶ 정신질환은 지능과 능력을 떨어뜨리지 않는다.

자료: 보건복지부(2011).

CHAPTER 7
식품위생 관리

학습 목표

- 식품위생의 정의와 목적을 이해할 수 있다.
- 식품의 위해요인을 이해할 수 있다.
- 식중독을 일으키는 위해요인을 이해하고 예방법을 설명할 수 있다.
- 식품의 보존방법을 설명할 수 있다.

CHAPTER 7

식품위생 관리

도입 사례 *

식품안전과 식품위생

생활 및 식생활 패턴이 다양화되고, 소득수준이 향상됨에 따라 국민의 삶의 질 향상에 대한 욕구가 증대되고 있다. 이와 함께 식품안전에 대한 관심과 기대수준이 높아지고 있다. 우리나라는 그간 오염된 물이나 식품을 매개로 하여 발생되는 식중독을 비롯하여, 광우병, 불량만두사건, 멜라민사건, 새우깡 생쥐머리사건, 중국산 김치사건, 납꽃게사건, 수입식품 파동사건 등 대규모 식품사건이 많이 발생해 왔다.
식품위생은 식품의 안전성을 확보하기 위한 수단이다. 식품의 안전성을 확보하기 위해서는 식품원료의 생산 과정부터, 가공, 유통, 저장, 조리, 섭취까지의 모든 단계에서 유래하는 위해요소를 관리하고 최소화해야 한다. 이 장에서는 식품의 안전을 위협하는 요소를 알아보고, 위해요소로 작용하는 원인, 위해요소가 식품에 존재하게 되는 원인과 위해작용을 최소화할 수 있는 방안을 알아보고, 식품의 변질과 보존, 식품위생행정 등 전반적인 식품위생을 알아본다.

생각해 보기 **

- 효과적인 식품위생 관리 방안은 무엇인가?
- 식중독을 일으키는 여러 원인과 그에 대한 예방법은 무엇인가?

1 식품위생

1) 식품위생의 정의

사람은 식품에서 영양분을 공급받아 삶을 영위한다. 식품은 인간의 생명유지를 위해 없어서는 안 될 물질이다. 그러나 때로 식중독균이나 화학물질에 오염된 식품을 섭취하여 식중독에 걸릴 수 있으며 이로 인해 인체에 해를 입기도 한다.

식품위생이란 식품으로 인한 질병과 위해를 방지하여 인간의 생명과 건강을 유지시키기 위한 수단과 기술이다. 세계보건기구WHO의 환경위생전문위원회1956년는 식품위생이란 "식품의 사육·생산·제조에서 최종적으로 사람에게 섭취될 때까지의 모든 단계에서 안전성·건전성을 확보하기 위한 수단 및 방법을 의미한다."고 하였다.

우리나라의 「식품위생법」에서는 "식품위생이라 함은 식품, 식품첨가물, 기구 및 용기와 포장을 대상으로 하는 음식물에 대한 모든 위생을 말한다."라고 규정하고 있다제1장 총칙 제2조(정의) 11호. 즉, 식품으로 인한 건강장해는 식품 자체의 위생도 중요하지만 식품섭취에 관련되어 있는 기구, 용기, 첨가물, 포장 등이 고려되어야 하며 이로써 진정한 의미의 식품안전 확보가 가능하다.

2) 식품위생의 목적

「식품위생법」에서는 식품위생의 목적을 "식품으로 인하여 생기는 위생상의 위해를 방지하고 식품영양의 질적 향상을 도모하며 식품에 관한 올바른 정보를 제공하여 국민보건의 증진에 이바지함을 목적으로 한다."고 정의하고 있다. 즉 유독물이나 이물의 혼입 또는 변질이나 오염에 의해 변질된 식품이 인체에 해를 끼칠 수 있는 원인을 찾아내어 제거 및 예방하고 식품 취급에 필요한 기구, 용기 및 포장에 대한 품질을 보장하여 안전한 식생활환경을 조성하는 것이다.

3) 식품위생의 범위

식품위생이란 식품위생의 주체가 식품의 흐름 전 단계에서 식품이 안전하고, 완전하며, 건전하도록 동원하는 모든 수단과 방법에 대하여 다루는 것이라고 요약할 수 있다. 식품의 위해인자는 식품 생산에서 최종 소비에 이르기까지의 전 과정에서 오염·생성될 수 있다. 따라서 식품위생의 범위는 농·축·수산물의 생산, 수확, 저장, 제조, 가공, 수입, 유통, 판매, 조리, 섭취 등의 단계를 모두 포함한다. 이들 각 단계와 관련된 생산자, 가공자, 판매자, 조리자, 소비자 등은 식품위생의 주체가 된다그림 7-1.

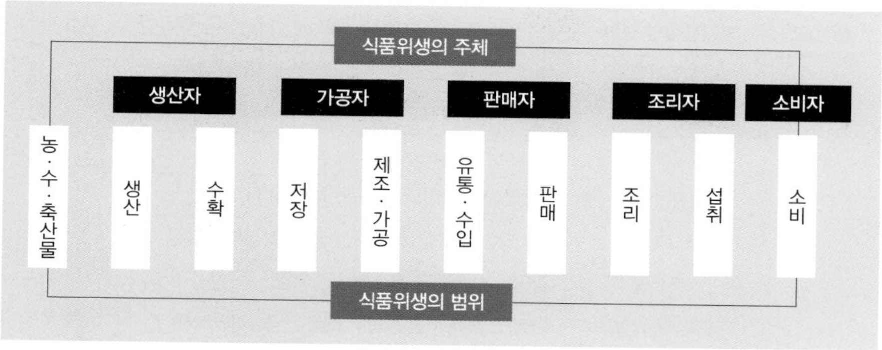

그림 7-1
식품위생의 범위

2 식품의 위해요인

1) 식품의 위해요인

식품 섭취 시 식중독의 원인이 되는 물질을 위해요인이라고 한다. 대표적인 생물학적 위해요인은 병원성 대장균과 같은 식중독세균, 노로바이러스와 같은 식중독 바이러스가 있다. 화학적 위해요인은 식품에 의도적이거나 비의도적으로 첨가되는 화학물질, 조리·가공과정 중 생성되는 화학물질 등이 있다. 경구감염병, 인수공통감염병, 기생충증 등에 의해서도 인체는 해를 입을 수 있다.

식품의 위해요인은 식품으로 인한 건강장해의 생성요인에 따라 내인성, 외인성, 유기성으로 나눌 수 있다[표 7-1]. 내인성은 식품 자체에 독성물질이 함유되어 있는 것으로 각종 버섯독, 식물에 함유된 다양한 시안배당체, 발암물질, 알칼로이드 등 식물성 자연독과 복어독, 마비성 조개독, 베네루핀, 시가테라독 등 동물성 자연독과 같이 유해·유독성분을 함유하거나 식이성 알레르겐, 항비타민 물질, 항효소성 물질, 항갑상선 물질 등과 같은 생리적 작용을 하는 식품 고유의 유해물질들이다. 외인성은 생산이나 제조·유통·소비과정에서 유래하거나 오염된 것으로, 세균성 식중독균, 경구감염병균, 곰팡이독, 기생충 등과 같은 생물학적인 것이 있다. 또한 허용되지 않은 식품첨가물을 사용하는 것처럼 의도적으로 사용된 유해물질도 있다. 잔류농약, 환경오염 물질, 방

표 7-1
식품으로 인한 건강장해 유발 위해요인

생성요인	병원물질의 종류	병원물질의 예	비고
내인성	식물성 자연독	버섯독(아마니틴), 일반식물(솔라닌, 시안배당체)	식품의 고유성분
	동물성 자연독	어패류독(테트로도톡신), 조개독(삭시톡신)	
	식이성 알레르기원	히스타민(histamine)	
	변이원성 물질	소철(cycasin), 고사리(ptaquiloside) 등	
	기타 생리작용 성분	항비타민성 물질, 항효소성 물질, 항갑상선 물질	
외인성	식중독균	감염형 식중독균, 독소형 식중독균	식품에 부착하거나 기생
	경구감(전)염병	이질균, 콜레라균, 장티푸스균, 간염바이러스 등	
	곰팡이독	아플라톡신, 파툴린, 오크라톡신	
	기생충	회충, 십이지장충, 무구조충, 간디스토마 등	
	의도적 식품첨가물	불법첨가물(붕산, auramine, dulcin)	인위적 첨가
	비의도적 식품첨가물	• 공장 배출물 • 방사능 물질 • 기구, 용기, 포장재 용출물 • 잔류농약(DDT, BHC, parathion 등)	–
유기성	물리성	조사유지, 가열유지(산화유지 등), 벤조피렌	–
	화학성	조리과정의 가열분해물(Trp-P-1, IQ 등), 식물 성분 반응으로 생성되는 N-니트로소 화합물	
	생물성	N-니트로사민 생체 내 생성	

사능 물질, 용기 및 포장재 용출 물질 등과 같이 비의도적 유해물질 및 가공과정이나 조리과정에서 과오로 오염된 독성물질 등과 같은 인위적인 것도 있다. 유기성은 식품의 조리과정 및 가공과정에서 자연적으로 생성되는 유해물질로 고기를 구울 때 생성되는 벤조피렌이 이에 해당한다.

2) 식품으로 인한 건강질환

식품 섭취로 인한 건강질환은 크게 식중독과 감염병으로 나눌 수 있다[표 7-2]. 식중독이란 식품 섭취로 인하여 인체에 유해한 미생물 또는 유독물질에 의하여 발생하였거나 발생한 것으로 판단되는 감염성 또는 독소형 질환[식품위생법 제

<table>
<tr><th colspan="4">분류</th><th>주요 질병 또는 원인 미생물·물질</th></tr>
<tr><td rowspan="7">식중독
(광의)</td><td rowspan="6">식중독
(협의)</td><td rowspan="3">세균성</td><td>감염형</td><td>살모넬라, 장염 비브리오, 병원성 대장균 등</td></tr>
<tr><td>독소형</td><td>황색포도상구균, 클로스트리디움 균 등</td></tr>
<tr><td>중간형</td><td>클로스트리디움 퍼프린젠스, 바실러스 세레우스균 등</td></tr>
<tr><td rowspan="2">자연독</td><td>식물성</td><td>독버섯, 청매, 소철, 고사리, 독보리 등</td></tr>
<tr><td>동물성</td><td>복어독, 조개독, 시가테라(ciguatera) 등</td></tr>
<tr><td colspan="2">화학물질</td><td>메탄올, 비소, 주석, 납, PCB 등의 오용 및 혼입</td></tr>
<tr><td colspan="3">기타</td><td>곰팡이독, 알러지성 식중독, 잔류농약, 공해병 등</td></tr>
<tr><td colspan="4">경구감염병</td><td>콜레라, 이질, 장티푸스, 급성 회백수염, 전염성 설사증 등</td></tr>
<tr><td colspan="4">인축공통감염병</td><td>결핵, 탄저, 브루셀라증, 야토병 등</td></tr>
<tr><td colspan="4">기생충증</td><td>회충, 구충, 요충(이상 선충류), 광절열두조충, 무구조충(이상 조충류), 간흡충, 폐흡충(이상 흡충류) 등에 의한 질환</td></tr>
</table>

표 7-2
식품으로 인한 건강질환 및 원인물질

2조 제10호으로, 세계보건기구WHO는 "식품 또는 물의 섭취에 의해 발생되었거나 발생된 것으로 생각되는 감염성 또는 독소형 질환"으로 규정하고 있다. 식중독은 오염된 물이나 식품을 매개로 하여 발생되는 질병을 말하며 넓은 의미로는 세균, 바이러스, 곰팡이, 기생충뿐만 아니라 미생물이 생산하는 독소, 독성이 있는 화학물질과, 식품재료 중 유해성분 등에 의해서 발생하는 급성 건강장애를 포함한다.

식중독은 원인에 따라 세균, 자연독, 화학물질에 의한 것으로 분류할 수 있다. 세균에 의한 식중독은 식중독 발생 기작에 따라 감염형, 독소형, 중간형생체 내 독소형으로 분류할 수 있으며 자연독에 의한 식중독은 독소가 유래된 물질에 따라 동물성, 식물성 및 곰팡이독으로 분류할 수 있다.

식품과 관련된 장티푸스, 콜레라, 결핵 등의 감염병이나 회충, 간디스토마 등의 기생충증, 식품의 변질, 부패, 이물질 등은 식중독에 포함시키지 않고 있다. 감염병은 특정 병원체나 병원체의 독성물질로 인하여 발생하는 질병으로 감염된 사람으로부터 감수성이 있는 숙주사람에게 감염되는 질환을 의미한다.

감염병 병원체의 종류로는 세균, 바이러스, 기생충, 곰팡이, 원생동물 등이 있으며 임상 특성으로는 호흡기계질환, 위장관질환, 간질환, 급성 열성질환 등이 있다. 전파방법은 사람 간 접촉, 식품이나 식수, 곤충매개, 동물에서 사람으로 전파, 성적 접촉 등에 의한다. 일반적으로 전염성이 없으나 노로바이러스와 같이 사람 간의 전염성이 있는 경우도 있다. 식중독은 증상의 발현 시기에 따라 급성중독과 만성중독으로 나누지만 급성이 대부분이다.

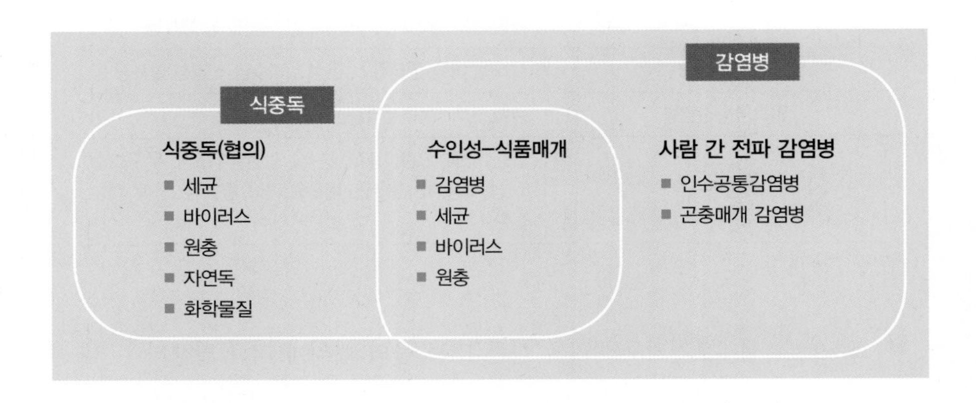

그림 7-2 식중독과 감염병의 범위

감염병 발생은 병원체, 숙주, 환경요인으로 구성되어 있으며, 숙주요인이 약해지거나 병원체가 강해지거나, 환경요인이 인간에게 해롭게 혹은 병원체에 이롭게 작용하면 발생한다. 우리나라의 식중독은 식품의약품안전처에서 식품 위주로 관리하고 있으며, 수인성 감염병과 식품매개질환은 질병관리본부에서 관리하고 있다.

3 식중독

1) 세균에 의한 식중독

(1) 감염형 식중독

병원성 세균으로 인한 식중독은 발생기전에 따라 감염형과 독소형, 중간형으로 나뉜다. 감염형 식중독은 식품에 오염된 다수의 살아 있는 세균의 섭취에 의해 일어나며 인체에 침투한 세균이 소장 또는 대장에서 증식하며 발생한다. 대부분의 식중독이 감염형에 해당되며 살모넬라 식중독salmonellosis이 대표적이다. 감염형 식중독의 특징은 장관 내 세균이 endotoxin이나 exotoxin을 분비하여 증상을 나타내는데, 모든 감염형 식중독이 대장증상을 일으키는 것은 아니다. 소장점막을 통해 침입한 세균들은 신체의 다른 조직에 침투하기도 하는데 그 예로 리스테리아 식중독*Listeria monocytogenes*을 들 수 있다. 감염형 식중독에는 살모넬라균에 의한 것이 가장 흔했으나, 최근에는 캠필로박터*Campylobacter*균에 의한 것이 살모넬라균에 의한 것보다 더 많이 발생하는 것으로 밝혀지고 있다. 이 외에도 장염 비브리오균*Vibrio parahaemolyticus*, 쉬겔라균*Shigella* 등에 의한 식중독이 있다.

살모넬라 식중독

살모넬라*Salmonella spp.* 식중독은 세계적으로 가장 흔한 식중독이다. 현재 2,800여 종 이상이 보고되어 있으며 종류에 따라 차이가 있으나 모두가 사람에게 병원성인 것으로 알려져 있다. 미국에서는 매년 400만 명 이상이 살모넬라 식중독에 걸리는 것으로 보고되고 있다.

살모넬라 식중독은 나이와 건강 정도에 따라 차이가 있으나 살모넬라 생균을 식품 1g당 5~6 logCFU 이상 섭취했을 때 나타난다. 이들 세균은 소장의 점막을 투과하므로 동물이나 인간의 소장에서 발견되며 동물, 사람, 환경의 사이클을 돌며 오염을 계속 유발한다. 특히 육류, 가금류, 달걀 같은 동물성 식품은 살모넬라의 위험성이 높으므로, 단백질이나 탄수화물이 풍부한 식품의 오염을 특히 주의해야 한다. 때로는 손을 제대로 씻지 않는 등의 행동이 살모넬라 식중독의 원인이 되기도 한다. 살모넬라 식중독의 예방책은 식품을 철저히 조리하고, 식품위생규칙 등을 준수하여 교차오염 및 식품의 재오염을 방지하는 것이다.

장염비브리오 식중독

장염비브리오*Vibrio spp.* 식중독은 주로 비브리오균 중 장염비브리오균*Vibrio*

parahaemolyticus, 비브리오패혈증균V. vulnificus, 비브리오콜레라균V. cholerae이 식중독에 연루되어 나타나며, 우리나라나 일본 등에서 가장 흔한 비브리오 장염 식중독은 장염비브리오균V. parahaemolyticus에 의한 감염증이다. 감염증상은 복통과 물 같은 설사이며 가끔은 구역, 구토, 두통 및 열을 동반한다.

잠복기는 평균 15시간4~96시간이며 심하지 않은 정도의 식중독 증세로 2.5일1~7일 범위 정도 지속되며 사망하는 경우는 드물다. 장염비브리오균은 호염성이기 때문에 여름이 되면 해수면으로 떠올라서 어패류를 오염시키며, 오염된 어패류를 제대로 조리하지 않거나 수산물을 생으로 섭취한 사람이 감염된다. 1~7일 경과 후 자연치유되므로 특별한 치료는 필요 없으나 심한 경우 항생제를 투여할 수 있다. 예방법으로는 여름철 어패류의 생식을 피하는 것이 최선이며 열에 약하므로 섭취 전 60℃에서 15분 이상, 80℃에서 7~8분 이상 조리하는 것이 안전하다.

병원성 대장균 식중독

대장균은 소장에 흔히 존재하는 통성혐기성 세균으로 생리 유지에 중요한 역할을 하며, 대개 분변에서 발견된다. 대부분의 환경에서 분리되는 *E. coli*는 비병원성이나, 식중독증상을 일으키는 대장균들을 유독성의 특징, O, H 항원성의 특징, 소장 점막과의 상호작용 차이, 역학적 차이에 따라 장침투성대장균enteroinvasive *E. coli*, 장독소생성대장균enterotoxigenic *E. coli*, 장출혈성 대장균enterohemorrhagic *E. coli*, 장병원성 대장균enteropathogenic *E. coli*, 장응집성대장균enteroaggregative *E.coli*의 5가지 그룹으로 분류한다. 특히 장출혈성 대장균은 언론에서 많이 보도된 *E. coli* O157:H7이 속한 군으로, 출혈성 대장염hemorrhagic colitis과 용혈성 요독증상hemolytic uremic syndrome의 원인균이다. 인체 내에서는 베로독소를 생성하여 질병을 일으키고 증상은 혈변, 심한 복통 등의 증상이 나타난다. 원인식품으로는 적절한 열처리가 되지 않은 쇠고기 분쇄육, 햄버거, 샌드위치, 원유, 사과주스 등 소독되지 않은 물을 음용한 경우이다.

E. coli O157:H7은 주요 급원이 동물의 장관으로 동물성 식품은 도살과정 중 분변에 의해 오염될 수 있다. 따라서 육류의 올바른 제조공정과 소비자의

주의 깊은 조리과정이 중요할 것이다.

위험성이 있는 식품에 대한 일반적인 통제 방법은 63℃ 이상에서 15초 이상 가열하는 것이다. 분쇄육처럼 가는 동안 세균과 식품이 골고루 섞일 수 있는 식품은 더 높은 온도에서 철저히 조리해야 한다.

캠필로박터 식중독

캠필로박터*Campylobacter jejuni* 식중독은 우리나라에서 최근 5년간 발병률이 가장 많이 증가한 식중독으로 전 세계적으로 1980년대부터 대장염을 가장 많이 일으키는 식중독균 중 하나이다.

캠필로박터균은 30℃ 이하에서는 자라지 않고 낮은 산소농도5~10%에서만 성장하는 미호기성균microaerophilic으로 건조한 상태, 산성, 멸균제, 대기 중 산소, 그리고 열 등에 매우 민감하기 때문에 다른 미생물에 비해 그다지 경쟁력이 높은 편은 아니다.

발병은 오염된 식품을 섭취한 지 2~5일1~10일 범위에 심한 장염을 일으키며 주로 극심한 설사, 복부 통증, 두통, 불쾌감, 열 등을 수반한다. 식중독과 연루된 식품으로는 제대로 조리하지 않은 닭고기, 덜 익힌 햄버거, 날조개, 열처리를 하지 않은 우유 등이 있다. 캠필로박터 식중독의 예방책은 동물성 식품, 특히 닭고기류를 철저히 조리하고, 조리된 음식과 조리되지 않은 날식품의 교차오염을 주의하는 것이다.

리스테리아 식중독

리스테리아*Listeria monocytogenes* 식중독균은 물, 흙, 진흙, 사람, 생선, 갑각류 및 새를 포함한 동물과 꿀, 채소 등 자연에 광범위하게 분포한다. 이 균은 건조하거나 염도가 높은 상태를 비롯한 열악한 환경에서도 장시간 생존 가능하며 저온에서도 잘 자라는 대표적인 저온균이다.

리스테리아는 인간과 동물에게 리스테리아증*listeriosis*을 일으키는데 이는 약한 감기 증세, 불안, 설사, 열 같은 임시 증상에서 심각한 증상까지 다양하게 나타난다. 심각한 증상은 독성이 강한 세균이 마크로파지 내에서 번식하여

패혈증을 유발하고, 이는 임신부와 태아의 신경계, 심장, 그리고 다른 주요 기관에 영향을 미쳐 유산, 사산, 또는 신생아 패혈증을 일으킨다. 주로 태아, 신생아, 그리고 면역력이 약화된 사람들이 위험하며, 위험 그룹의 사망률이 30%나 된다.

리스테리아균은 가금류, 육류, 다진 쇠고기, 치즈, 열처리를 하지 않은 우유, 아이스크림 등 유가공품, 생선, 어패류, 만두, 냉동식품 채소 등의 다양한 식품에서 분리되며, 3℃ 정도의 낮은 온도에서도 성장할 수 있어 냉장식품을 섭취할 때에도 유의해야 한다.

리스테리아 식중독은 샐러드용 채소와 같이 날것으로 차게 먹는 음식이 원인이 될 수 있으므로 식재료의 준비단계부터 주의를 기울이고, 철저한 열처리를 하여 교차오염을 줄인다. 생유와 열처리되지 않은 우유로 만든 소프트 치즈는 되도록 먹지 않는다.

(2) 독소형 식중독

독소형 식중독은 식품에 오염된 미생물이 세포로부터 독소를 분비하여 이를 섭취했을 때 발생한다. 독소형 식중독을 일으키는 세균이 분비하는 독소는 세포 밖으로 분비되므로 외독소exotoxin라 불리며 또한 소화기 장관을 공격하므로 내독소enterotoxin라 부른다. 대표적인 독소형 식중독 세균으로는 황색포도상구균과 클로스트리디움균이 있다. 일반적으로 독소형 식중독은 식품섭취 후 식중독증상이 일어날 때까지 걸리는 시간이 짧다.

황색포도상구균 식중독

황색포도상구균*Staphylococcus aureus*은 우리나라에서 가장 빈번하게 발생하는 식중독균으로, 이 균이 생성하는 내독소enterotoxin를 함유한 식품을 섭취함으로써 독소형 식중독이 발생한다. A~F형의 6가지 장독소를 생성하는데, 이 독소는 열에 안정하여 보통 식품의 열처리에 불활성화되지 않으며, 이 중 장독소 A가 식중독률73%이 가장 높다.

주요 감염원은 사람이나 동물로, 건강한 사람의 피부에서도 쉽게 분리되며 주로 비강이나 감염된 상처, 피부손상 부위가 원인이 된다. 주요 증상은 급성 위장염이다. 독소를 함유한 식품을 섭취한 지 30분에서 7시간 이내로 증상이 나타나며 주로 2~4시간의 짧은 발병시간을 나타낸다. 기침·재채기 등 급성 호흡기질환, 피부발진, 피부화농 등을 가진 사람은 식품취급을 제한해야 한다. 포도상구균 식중독의 원인이 되는 독은 가열해도 파괴되지 않으므로 조리를 통해서는 예방할 수 없다. 따라서 오염이 적은 식품을 선택하고, 적절한 온도와 시간관리를 통해 균이 증식하지 않도록 주의한다.

클로스트리디움균 식중독

클로스트리디움 보툴리눔*Clostridium botulinum* 식중독은 보툴리누스 식중독이라고도 한다. 클로스트리디움균이 식품을 오염시켜 혐기상태에서 증식할 때 생산하는 신경독소neurotoxin에 의해 일어나는 독소형 식중독이다. 신경독소는 항원성에 따라 A~G형의 7개로 분류하며, 이 중 사람에게 식중독을 유발하는 것은 주로 A·B·E·F형이다. 클로스트리디움균의 신경독소는 독성을 나타내는 자연물질 중에서도 강력하여 신경계통에 작용해서 신경자극의 전달을 막아 신경마비를 일으키고, 심한 경우 호흡마비를 일으켜 사망에 이르게 한다. 클로스트리디움균의 신경독소는 황색포도상구균의 장독소에 비해 열에 약하며, 80℃에서 30분, 100℃에서 2~3분간 가열하면 독소가 완전히 파괴된다.

클로스트리디움균의 주 오염원은 토양, 동물의 분변이다. E형은 해조, 어류 등에 널리 분포되어 있으므로 이들에 의한 식품의 오염을 방지해야 한다. 따라서 채소 등은 잘 씻어 먹고 어류의 장관 내용물이 육질에 오염되지 않도록 주의한다. 또한 가정에서 제조한 통조림식품, 병조림식품 등을 제한하고, 적절히 식히지 않은 대량조리식품에서 일어나는 혐기적 상태를 방지한다.

(3) 중간형 식중독

중간형 식중독은 오염된 식품에 증식한 균이 장관 내에 정착하여 독소를 생산하고 그 독소가 식중독을 일으킨다. 중간형 식중독의 대표적인 예는 바실러스 세레우스균*Bacillus cereus*, 클로스트리디움 퍼프린젠스*Clostridium perfringens* 식중독이다.

바실러스 세레우스 식중독

바실러스 세레우스*Bacillus cereus*균은 그람 양성, 포자형성균으로 토양유래 미생물이며 곡류나 두류에 많이 함유되어 있다. 이 균은 설사형과 구토형의 2가지 식중독을 일으키는데, 설사형 식중독의 원인은 경구적으로 섭취된 대량의 생균이 생체 내에서 증식하는 과정에서 생산하는 고분자의 장독소enterotoxin에 의한 것으로 중간형 식중독이며, 설사를 유발한다. 구토형 식중독은 식품 내에 다량의 균이 증식할 때 분비하는 독소에 의한 것으로 독소형 식중독에 속한다. 독소형 식중독 관련 식품으로는 밥과 쌀 제품, 국수, 시리얼, 파스타의 전분질 식품, 건조 향신료, 된장, 고추장 등이 있으며 설사형의 경우 조리된 고기나 우유 등의 단백질음식이 있다. 외국의 경우 중국음식점에서 밥에 의한 사고가 많이 일어난다고 보고되나 우리나라는 그런 사고가 비교적 적게 일어나는 편이다.

바실러스 세레우스균의 포자는 조리 시 사멸되지 않으며 밥이나 파스타 등이 식어 위험온도에 들어갈 때 균이 증식하여 독소를 분비하므로 밥을 소량씩 만들어 실온방치시간을 최대한 단축하는 것이 좋다. 바실러스 세레우스균에 오염되기 쉬운 식품은 조리 후 신속히 섭취하고 그렇지 못한 경우는 10℃ 이하로 급속히 냉각 보존한다.

클로스트리디움 퍼프린젠스 식중독

클로스트리디움 퍼프린젠스*Clostridium perfringens*는 포자를 형성하는 그람 양성의 간균으로, 생성하는 독소의 종류에 따라 A부터 E형까지 5가지 형태가 존재한다. A형이 주로 많은 식중독에 연관되며 클로스트리디움 퍼프린젠스 식중독은 주로 세균에 오염된 식품을 섭취하였을 때 이들이 장내에서 독소enterotoxin를 생성함으로써 증상이 나타나게 되어 발생한다. 독소 생성을 위해서는 다수의 클로스트리디움 퍼프린젠스*C. perfringens*균이 필요한데 식품 1g당 5 log CFU에서 최대 8 log CFU까지 필요한 것으로 보고되고 있다. 이 세균은 숫자가 적을 때는 별로 문제가 되지 않으나 가열처리 등에 의해 다른 세균이 제거되어 이것만 남았을 때는 매우 빠르게 증식하여 문제를 일으킨다. 이 식중독의 잠복기는 6~24시간으로 짧게는 2시간 만에 발생했다는 보고도 있다.

주요 증상으로는 설사, 심한 복통이 있으며 드물게 열, 메스꺼움, 구토가 발생한다. 증상은 비교적 짧아 12~24시간 지속되며 사망하는 경우는 거의 없으나 노인층은 예외가 될 수 있다. 원인식품은 육류와 가금류, 어육 연제품 등의 가공품, 동물성 단백질 식품이나 기름에 튀긴 식품이며 가열 조리식품이 주요한 원인이다. A형 식중독은 설사형으로 바실러스 세레우스 식중독과 유사한 증상을 나타내며 잠복기가 8~20시간이고 설사와 복통을 주증상으로 하며 구토와 발열은 거의 없다. 이 식중독은 집단급식소, 음식점 등 단체급식과 관련된 사례가 많으므로 특히 주의해야 한다.

클로스트리디움 퍼프린젠스 식중독의 예방책은 조리한 음식은 되도록 빨리 섭취하는 것이다. 조리한 육류는 재빨리 냉장온도로 식히고 재가열 시 내부온도가 70℃ 이상 되도록 한다.

(4) 그 밖의 식중독 세균

위 세균들 외에도 여시니아 엔테로콜리티카*Yersinia enterocolitica*, 스트렙토코커스*Streptococcus* 등이 있다.

2) 바이러스에 의한 식중독

과거 식중독은 온도와 습도가 높은 여름철에 많이 발생했으나 근래에는 겨울철에도 발생한다. 가장 많이 발생하는 바이러스성 식중독은 노로바이러스Norovirus 식중독으로 한번 발생하면 환자가 다수 발생하는 경향이 있다. 겨울철에 집중적으로 발병했던 사례와는 달리 최근에는 연중 바이러스성 식중독이 발생하며 2차 발병률이 높다. 질병관리본부의 발표에 의하면 노로바이러스성 식중독은 언제든 발생할 수 있지만 10~11월에 증가하기 시작하여 다음해 1월에 최고조에 달하는 것으로 알려져 있다.

노로바이러스의 잠복기는 약 1~2일이고 주요 증상은 설사를 동반한 급성 위장염이며, 어린이의 경우 구토가 설사보다 심한 경우가 많다. 대부분 증상이 약하고 하루나 이틀이면 자연회복이 가능하며 후유증이나 만성보유는 없다.

감염경로는 감염자의 대변 혹은 구토물 등의 바이러스가 사람의 손이나 접촉한 물건 등에 의해 음식, 물, 조리기구를 오염시키면서 일어난다. 원인식품으로는 어패류, 샐러드, 과일, 샌드위치, 상추, 냉장조리 햄, 빙과류 또는 오염된 물 등이 있다.

노로바이러스로 인한 식중독을 예방하기 위해서는 식품을 위생적이고 안전하게 구매·보관·조리하는 것이 중요하고, 조리사가 개인위생을 철저하게 지켜야 한다. 2차 감염을 막기 위해서는 감염자의 분변, 구토물에 접촉하지 않아야 하고 접촉한 경우에는 충분히 세척하고 소독을 해야 한다. 과일과 채소는 잘 씻어야 하고, 굴과 같은 어패류는 열처리를 충분히 한 후 섭취한다.

3) 자연독 식중독

일반적으로 자연독은 식물성 자연독과 동물성 자연독으로 구분된다. 자연독은 동식물의 특수한 대사산물로서 2차 대사산물로 분류된다. 자연독에 의한 식중독의 특징은 세균성 식중독에 비해 발생건수 및 환자 수가 적은 반면, 사망자 수는 훨씬 많아 식중독 사망의 주요 원인이 된다는 점이다. 자연독 식중독의 원인식품으로는 식물성인 버섯류, 동물성인 복어 등이 있다.

(1) 식물성 자연독

대표적인 식물성 자연독 식품은 독버섯이다. 독버섯은 종류에 따라 여러 가지 독소를 생산한다. 대표적인 버섯 독소로는 무스카린muscarine, 무스카리딘

muscaridine, 아마니타톡신amanitatoxin, 콜린choline, 뉴린neurine 등이 있으며, 중독증상에 따라 위장형, 신경마비형, 콜레라형 등으로 나눌 수 있다.

감자의 경우, 싹이 난 부분과 녹색으로 변한 껍질 부위에 솔라닌solanine이라는 독소가 존재한다. 솔라닌의 중독증상으로는 복통, 설사, 현기증이 있으며, 과량 섭취 시 신경마비증상이 나타난다. 솔라닌은 발암물질로 알려져 있으므로 싹이 난 부분을 제거한 후 섭취해야 한다.

숙성되지 않은 매실인 청매에는 아미그달린amygdalin이라는 시안배당체가 함유되어 있다. 섭취 시에는 자가효소에 의해 청산HCN이 생성되므로 주의해야 한다. 목화씨에는 0.6% 정도의 고시폴gossypol이라는 독성분이 존재한다. 이 성분은 정제된 면실유에는 제거되어 있으나, 면실박에는 잔존하므로 사용 시 문제가 될 수 있다.

(2) 동물성 자연독

동물성 식중독은 주로 어패류에 의해 발생되며, 독소 생성방법에 따라 독소 생성 어패류에 의한 식중독과 먹이사슬에 의한 어패류 식중독이 있다. 어패류 자체가 독소를 생성하는 예로는 복어가 대표적이다. 복어는 난소, 간, 피부 등에 테트로도톡신tetrodotoxin이라는 독소를 가지고 있다. 테트로도톡신은 독성이 강하여 섭취 후 단시간 내에 마비가 오기 시작하여 호흡 곤란으로 사망에 이른다. 먹이사슬에 의한 식중독은 어패류 중 독성이 있는 플랑크톤이나 조류를 먹은 바지락, 모시조개, 홍합 등을 섭취했을 때 나타난다. 섭취 후 몇 분 이내에 입술, 손끝에 마비증상이 나타나기 시작하여 심하면 호흡 곤란으로 사망하기도 한다.

4) 곰팡이독에 의한 식중독

곰팡이가 생산하는 유독성물질은 사람과 가축에게 질병이나 이상 생리작용을 유발한다. 곰팡이독은 주로 탄수화물이 풍부한 농산물에서 생성되며 원인

식물이 곰팡이에 오염되어 있고, 계절과 관계가 깊다. 곰팡이독은 장애 부위에 따라 간장독, 신경독, 신장독 등으로 구분한다.

(1) 아플라톡신

농산물에 기생하는 곰팡이가 만들어 내는 독으로 인한 식중독으로 가장 많이 알려지고 영향력이 큰 것은 아스페르길루스*Aspergillus*가 생산하는 아플라톡신aflatoxin이다. 이 독소는 주로 탄수화물이 많은 식품, 쌀, 보리, 옥수수 등에서 발생하며, 특히 간에 치명적인 영향을 미치는 발암물질이다. 13종의 아플라톡신 중 B1의 독성이 가장 강하다. 아플라톡신 생산균의 최적 생산조건은 쌀, 보리, 옥수수 등 탄수화물이 풍부한 곡류를 주요 기질로 하여, 기질수분 16% 이상, 상대습도 80~85% 이상, 온도 25~30℃이다. 곡류의 경우 독성물질을 생성하는 곰팡이에 오염될 기회가 많으므로 곡류가 주식인 우리나라에서는 주의해야 한다.

(2) 황변미독

쌀에 페니실리움*Penicillium*속 곰팡이가 기생하여 황색으로 변하는 것을 황변미yellow rice라 한다. 쌀은 수분을 14~15% 이상 함유하면 곰팡이의 생육에 알맞은 기질이 되며, 습도와 기온이 높은 환경에서 저장된 쌀에 기생하는 페니실리움속 곰팡이들이 쌀을 황색으로 변화시키면서 독소를 생성한다. 황변미독소를 생산하는 페니실리움속 곰팡이는 14~15% 이상의 기질수분에서 생육하므로, 아플라톡신 생성 곰팡이보다 수분활성도가 낮아도 자랄 수 있다.

5) 화학적 식중독

화학적 식중독은 유독한 화학물질에 의해 오염된 식품을 먹고 중독증상을 일으키는 것이다. 예로는 농작물에 뿌린 농약이 식품에 남아 있거나 중금속, 합성세제 등이 식품에 오염되어 있는 경우, 식품 용기나 포장재에서 유해물질이 녹아 나오는 경우, 허용되지 않았거나 허용량 이상의 식품첨가물을 의도적으로 첨가하는 경우 등이 있다.

(1) 식품첨가물의 정의

식품은 시간이 지나면 변질되어 영양가와 가치가 떨어진다. 저장기간을 증가시키면 식품성분 간 화학반응이나 미생물의 오염에 의해 품질이 저하될 수 있으므로, 식품의 저장성을 높이고 섭취가능성을 증가시키기 위한 조치가 필요하다. 식품의 기호성, 저장성, 안전성, 품질향상 및 영양가 강화를 위해 가공식품에 의도적으로 첨가하는 물질은 식품첨가물이라고 한다.

사용목적	식품첨가물
기호성을 높이고 관능을 만족시키는 첨가물	조미료, 감미료, 산미료, 착색료, 착향료, 발색제, 표백제 등
식품의 변질을 방지하는 첨가물	보존료, 살균료, 산화방지제
식품의 영양을 강화하는 첨가물	강화제
식품의 품질개량이나 품질유지에 사용되는 첨가물	품질개량제, 밀가루 개량제, 호료, 안정제, 피막제, 유화제, 용제
식품제조에 필요한 첨가물	식품제조용 첨가제, 소포제

표 7–3
사용목적에 따른 식품첨가물의 종류

우리나라는 「식품위생법」 제2조에 식품첨가물을 "식품을 제조, 가공 또는 보존함에 있어서 식품에 첨가, 혼합, 침윤, 기타의 방법으로 사용되는 물질"이라고 정의하고 있다. 유엔식량농업기구Food and Agriculture Organization: FAO와 세계보건기구World Health Organization: WHO가 공동으로 만든 식품첨가물 전문위원회Joint FAO and WHO Expert Committee on Food Additives: JECFA에서는 식품첨가물을 "식품의 외관, 향미, 조직 또는 저장성을 향상시킬 목적으로 보통 소량으로 식품에 첨가되는 비영양성 물질"로 정의하였다. 즉, 식품첨가물이란 식품의 본래 성분 외에 식품에 첨가하는 물질로 어떤 뚜렷한 사용목적을 지니고 식품과 공존함으로써 그 의의를 가지며, 단독으로는 우리의 식생활과 관계가 없는 비식품이다.

(2) 식품첨가물의 분류

우리나라에서는 식품의약품안전처장의 고시로 식품첨가물을 정하며, 식품첨가물의 제조와 사용에 관한 기준과 성분규격은 《식품첨가물공전》에 의해 규제하고 있다.

4 식품의 안전성 평가

식품의 안전성 평가란 독성시험을 통해 독성작용이 일어나지 않는 범위를 측정하는 과정이다. 안전성 평가의 가장 초기단계는 식품 내에 존재하는 위해요인을 파악하는 것이다. 위해물질이 파악되면 이 물질이 식품 내에 어떤 농도로 존재하는지, 이 물질이 들어 있는 식품을 소비자가 얼마나 섭취하는지에 대한 분석이 필요하며 이러한 과정을 통해 유해 화합물이 인체에 노출되는 양을 추정할 수 있다.

1) 독성시험

식품첨가물의 안전성을 확보하기 위해서는 동물을 이용한 독성시험이 필수적이다. 일반적인 독성시험으로는 단회투여독성시험과 반복투여독성시험이 있다.

(1) 단회투여독성시험

급성 독성을 시험하는 것으로 실제 식품에서 섭취될 예상량보다 훨씬 높은 양을 생쥐, 흰쥐 등에 투여하고, 독성이 나타나는 표적장기나 독성증상을 관찰하여 투여량용량에 따른 증상의 빈도와 정도를 관찰한다. 1회 투여로 반수치사량Lethal Dose 50: LD50값, mg/kg을 구하여 독성 정도를 파악하는 데 이용한다. LD_{50}값이 작을수록 독성이 강한 것을 의미한다.

(2) 반복투여독성시험

아급성독성시험과 만성독성시험이 있으며, 실험동물에 시험물질을 반복하여 투여하거나 식이 등에 첨가하여 연속적으로 투여하면서 증상을 관찰하는 시험을 하여 용량에 따른 증상을 관찰함으로써 이상증상이 나타나지 않는 최대무작용량No Observed Adverse Effect Level: NOAEL을 구할 수 있다. 이 시험의 결과에 따라 장기만성 독성시험 필요성 여부를 판단할 수 있다.

2) 독성시험자료를 이용한 규제치 설정

(1) 최대무작용량NOAEL

용량에 따른 증상을 관찰했을 때, 이상증상이 나타나지 않는 최대무작용량 값을 의미한다. 이 값은 일일섭취허용량 설정에 중요한 역할을 한다.

(2) 일일섭취허용량 설정Acceptable Daily Intake: ADI

현시점에서 알려진 사실에 근거하여 사람이 일생 동안 섭취하였을 때 바람직하지 않은 영향이 나타나지 않을 것으로 예상되는 화학물질의 1일 섭취량으로, kg당 mg 수로 표시한다. 독성시험의 기본원칙은 동물이나 세포를 이용한 시험과 같은 반응이 사람에게도 일어날 수 있다는 점이지만, 사람과 동물의 생화학·생리학적 반응이 동일하지 않으므로 안전계수safety factor를 적용하여 인체에 무해한 양을 설정한 것이 일일섭취허용량이다. 식품첨가물의 일일섭취허용량은 첨가물의 하루 섭취량이나 식품기호계수 등을 고려하여 허용량을 넘지 않는 범위 내에서 결정되며, 법적 사용기준량은 일일섭취허용량보다 낮게 설정하는 것이 보통이다.

$$\text{ADI} = \frac{\text{NOAEL}}{\text{안전계수}}$$

5 식품의 변질과 보존

1) 식품의 변질

광선, 산소, 효소 및 미생물 등의 작용으로 식품의 성분이 산화되거나 분해되어 본래의 색과 향기, 맛 등을 잃고 영양소가 파괴되는 등의 물리적·화학적 변화를 변질이라고 한다. 미생물에 의한 변질의 예로는 우유를 실온에 장시간 두어 상하는 경우, 과일이나 채소에 곰팡이가 핀 경우, 육류가 세균에 의해 부패하는 경우 등이 있다. 미생물 번식을 막아 식품의 변질을 억제하기 위해서는 습도, 산도, 온도, 영양분 등을 잘 조절해야 한다.

2) 식품의 보존방법

(1) 물리적 보존법

가열살균법

식품을 가공·저장하는 방법 중 가장 널리 사용되는 방법으로 미생물과 효소를 불활성화시켜 식품의 변패를 방지한다. 가열살균법은 저온살균법과 고온살균법으로 나뉘는데, 저온살균법은 100℃ 이하의 온도에서 가열하는 방법으로 식품 중의 위해 미생물을 불활성화시키는 것이다. 이때에도 포자는 파괴되지 않으므로 살균된 식품은 냉장 보관해야 한다. 고온살균법은 100℃ 이상의 온도에서 가열하는 방법으로 모든 미생물을 완전히 사멸하는 방법이다.

건조법

식품을 미생물 생육에 필요한 수분함량 이하로 건조시키면 미생물의 생육이 불가능해지므로 오래 보존할 수 있다. 식품을 건조시키면 실온에서도 장기간 저장이 가능하며, 중량과 부피가 줄어 수송이 편리하다는 장점이 있다. 그러나 식품을 높은 온도에서 건조하거나 저장하면, 비타민의 손실이 크고 조직감과 향미가 변한다.

냉장·냉동법

식품을 낮은 온도에 보관하여 품질의 저하를 방지하는 방법으로 0℃ 이상에서 저장하는 냉장법과 0℃ 이하에서 저장하는 냉동법이 있다. 온도가 낮으면 미생물의 증식과 활동이 억제되고, 식품 내의 화학적·효소적 반응도 억제되어 저장성이 좋아진다. 냉동의 경우 영하의 온도에 장기간 보관할 경우, 식품 조직의 변화를 일으켜 풍미와 영양소 함량에 영향을 줄 수 있다.

방사선 조사

방사선 조사법은 발열이 적다고 하여 저온살균법이라고도 부른다. 엑스선X-ray 또는 코발트 60Co60과 같은 방사성동위원소를 이용한 방사선감마선 조사는 미생물 살균에 매우 효과적이다. 방사선 조사는 세포분자에 흡수되어 세포를 파괴시키거나 세포 안팎의 수분이 방사에너지를 흡수함으로써 유리래디칼free radical을 생성한다. 현재 우리나라를 비롯한 많은 나라에서 육류 및 가금류, 딸기, 향신료 등에 방사선 조사를 하여 식품저장기간을 연장하고 있다.

(2) 화학적 보존법

식품에 설탕이나 소금을 첨가하면 식품 내의 삼투압 차에 의하여 설탕이나 소금이 식품에 흡수되고, 수분과 미생물이 탈수되어 수분이 줄며, 미생물의 생육이 억제된다. 따라서 채소류, 해산물 등은 주로 염장소금농도 10~20%을 하고, 과일은 주로 당장설탕농도 40~50%을 한다. 산도를 낮추어 식품의 보존기간을 늘리는 산저장법도 있다.

(3) 생물학적 보존법

유산균의 발효작용에서 발생하는 산이 식품의 산도를 낮추는 것을 이용하여 보존기간을 늘리는 방법이다. 유산균이 생산하는 항균물질인 박테리오신bacteriocin이나 과산화수소hydrogen peroxide도 다른 세균의 성장을 저해한다.

6 식품위생행정

1) 식품위생법령

식품위생법령에는 「식품위생법」을 근거로 대통령령인 「식품위생법 시행령」, 보건복지부령인 「식품위생법 시행규칙」, 보건복지부장관이나 식품의약품안전처장의 훈령, 예규, 고시 등이 있다.

(1) 식품위생법

식품으로 인한 위생상의 위해를 방지하고 식품영양의 질적 향상을 도모하며 식품에 관한 올바른 정보를 제공함으로써 국민보건의 증진에 이바지함을 목적으로 한다. 「식품위생법」은 영업을 하고자 할 경우 공공복리, 질서유지, 안전보장을 위해 국민의 자유권리를 제한하는 헌법 제37조에 따라 식품위생상의 위해방지 등을 위한 일정 요건과 의무를 요구한다. 이 법은 1962년 1월 20일에 법률 제1007호로 제정·공포되었으며 2022년 6월 10일에 법률 제18967호로 일부 개정되어 현재 총 13장 102조 및 부칙으로 구성되어 있다.

(2) 식품위생법 시행령

「식품위생법」에서 위임된 사항과 그 시행에 관하여 필요한 사항을 규정함을 목적으로 하며, 「식품위생법」에서 위임받은 사항과 「식품위생법」을 시행하는데 필요한 구체적인 사항을 규정한다. 「식품위생법 시행령」의 개정은 입법예고 후 공청회, 관계부처협의, 관계 장관회의, 국무회의를 거쳐 대통령령으로 공포하게 된다. 이 시행령은 1962년 10월에 제정·공포된 이후 「식품위생법」의 개정에 따라 수차례에 걸쳐 관련 규정을 개정·보완하였다. 전문 54조로 된 「식품위생법 시행령」을 제정·공포하였으며, 최근에는 2021년 12월 30일대통령령 제32276호에 일부 개정되었다. 현재 67조와 부칙으로 구성되어 있다.

(3) 식품위생법 시행규칙

「식품위생법」 및 동법 시행령에서 위임된 사항과 그 시행에 관하여 필요한 사항을 규정함을 목적으로 한다. 「식품위생법 시행규칙」의 개정은 입법예고 후 공청회, 관계부처협의를 거쳐 보건복지부령으로 공포한다. 「식품위생법 시행규칙」은 1962년 10월 10일 보건복지부령 제91호로 제정·공포되었으며 「식품위생법」과 「식품위생법 시행령」 개정에 따라 개정되었다. 2022년 4월 28일에 일부 개정되었고 현재 전문 101조와 부칙으로 되어 있다.

(4) 고시

「식품위생법」, 「식품위생법 시행령」, 「식품위생법 시행규칙」에서 위임받은 사항과 구체적인 집행에 관한 사항을 규정한다. 고시의 개정은 입법예고, 공포 등의 절차를 거치며 필요에 따라 공청회 또는 식품위생심의위원회의 심의를 거친다.

(5) 기준 및 규격

식품 또는 식품첨가물의 제조·가공·사용·조리 및 보존의 방법에 관한 규정을 기준이라고 하며, 그 식품 또는 식품첨가물의 성분에 관한 규정은 규격이라고 한다. 기준과 규격은 식품 및 첨가물, 기구 및 용기·포장을 대상으로 하며 식품의약품안전처장은 국민보건상 필요하다고 인정하는 기준과 규격이 고시되지 아니한 식품 또는 식품첨가물에 대하여 그 제조·가공업자로 하여금 제조·가공·사용·조리 및 보존의 방법에 관한 기준과 그 성분에 관한 규격을 제출하게 하여 제18조의 규정에 의하여 지정된 식품위생검사기관의 검토를 거쳐 당해 식품 또는 식품첨가물의 기준과 규격을 한시적으로 인정할 수 있다.

(6) 식품위생법 주요 내용

위해식품 등의 판매 등 금지

다음 어느 하나에 해당하는 식품 등을 판매하거나 판매할 목적으로 채취·제조·수입·가공·사용·조리·저장·소분·운반 또는 진열해서는 안 된다.

- 썩거나 상하거나 설익어서 인체의 건강을 해칠 우려가 있는 것
- 유독·유해물질이 들어 있거나 묻어 있는 것 또는 그러할 염려가 있는 것으로 식품의약품안전처장이 인체의 건강을 해칠 우려가 없다고 인정하는 것은 제외
- 병을 일으키는 미생물에 오염되었거나 그러할 염려가 있어 인체의 건강을 해칠 우려가 있는 것
- 불결하거나 다른 물질이 섞이거나 첨가된 것 또는 그 밖의 사유로 인체의 건강을 해칠 우려가 있는 것
- 안전성 평가 대상인 농·축·수산물 등 가운데 안전성 평가를 받지 아니하였거나 안전성 평가에서 식용으로 부적합하다고 인정된 것
- 수입이 금지된 것 또는 수입신고를 하지 않고 수입한 것
- 영업자가 아닌 자가 제조·가공·소분한 것

표시기준

식품의약품안전처장은 국민보건을 위하여 필요하면 다음 각 호의 어느 하나에 해당하는 표시에 관한 기준을 정하여 고시할 수 있다. 표시에 관한 기준이 정해진 식품 등은 그 기준에 맞는 표시가 없으면 판매하거나 판매할 목적으로 수입·진열·운반하거나 영업에 사용해서는 안 된다.

- 판매를 목적으로 하는 식품 또는 식품첨가물의 표시
- 기준과 규격이 정해진 기구 및 용기·포장의 표시

식품위생감시원

관계 공무원의 직무와 그 밖에 식품위생에 관한 지도 등을 위하여 식품의약품안전처대통령령으로 정하는 그 소속 기관을 포함, 특별시·광역시·도·특별자치도이하 '시·도'라 함 또는 시·군·구자치구를 말한다. 이하 같다에 식품위생감시원을 둔다. 식품위생감시원의 자격·임명·직무범위, 그 밖에 필요한 사항은 대통령령으로 정한다.

소비자식품위생감시원

식품의약품안전처장, 시·도지사 또는 시장·군수·구청장은 식품위생 관리를 위하여 「소비자기본법」 제29조에 따라 등록한 소비자단체의 임직원 중 해당 단체의 장이 추천한 자나 식품위생에 관한 지식이 있는 자를 소비자식품위생감시원으로 위촉할 수 있다. 식품접객업을 하는 자에 대한 위생 관리 상태 점검, 유통 중인 식품 등이 표시기준에 맞지 아니하거나 허위표시 또는 과대광고 금지 규정을 위반한 경우 관할 행정관청에 신고하거나 그에 관한 자료 제공의 역할을 할 수 있다.

시민식품감사인

대통령령으로 정하는 영업자는 식품위생에 관한 전문 지식이 있는 자 중에서 식품의약품안전처장 또는 시·도지사가 지정하는 자를 해당 영업소의 식품 등의 위생관리 상태를 점검하는 시민식품감사인으로 위촉할 수 있다. 영업자의 영업소에 대한 위생 관리 상태를 분기마다 한 번 이상 점검하고, 점검 결과 위생상태가 좋지 않을 경우 개선 등 필요한 조치를 권고할 수 있다.

안전관리인증기준

식품의약품안전처장은 식품의 원료관리 및 제조·가공·조리·소분·유통의 모든 과정에서 위해한 물질이 식품에 섞이거나 식품이 오염되는 것을 방지하기 위하여 각 과정의 위해요소를 확인·평가하여 중점적으로 관리하는 기준(이하 '안전관리인증기준'이라 함)을 식품별로 정하여 고시할 수 있다. 보건복지부령으로 정하는 식품을 제조·가공·조리·소분·유통하는 영업자는 식품의약품안전처장이 식품별로 고시한 안전관리인증기준을 지켜야 한다.

조리사

대통령령으로 정하는 식품접객영업자와 집단급식소 운영자는 조리사를 두어야 한다. 다만, 식품접객영업자 또는 집단급식소 운영자 자신이 조리사로서 직접 음식물을 조리하는 경우에는 조리사를 두지 않아도 된다. 조리사는 집단급식소에서의 식단에 따른 조리업무인 식재료의 전(前)처리부터 조리, 배식 등의 전 과정, 구매식품의 검수 지원, 급식설비 및 기구의 위생·안전 실무 및 그 밖에 조리 실무에 관한 사항을 수행한다.

영양사

대통령령으로 정하는 집단급식소 운영자는 영양사를 두어야 한다. 다만, 집단급식소 운영자 자신이 영양사로서 직접 영양지도를 하는 경우에는 영양사를 두지 않아도 된다. 집단급식소에 근무하는 영양사는 다음 각 호의 직무를 수행한다.

- 집단급식소에서의 식단 작성, 검식檢食 및 배식 관리
- 구매식품의 검수檢受 및 관리
- 급식시설의 위생적 관리
- 집단급식소의 운영일지 작성
- 종업원에 대한 영양 지도 및 식품위생교육

조리사·영양사교육

보건복지부장관은 식품위생 수준 및 자질의 향상을 위하여 필요한 경우 조리사와 영양사에게 교육을 받을 것을 명할 수 있다. 다만, 집단급식소에 종사하는 조리사와 영양사는 2년마다 교육을 받아야 한다.

식품위생심의위원회의 설치 등

보건복지부장관 또는 식품의약품안전처장의 자문에 응하여 다음 각 호의 사항을 조사·심의하기 위하여 보건복지부에 식품위생심의위원회를 둔다.

- 식중독 방지에 관한 사항
- 농약·중금속 등 유독·유해물질 잔류 허용 기준에 관한 사항
- 식품 등의 기준과 규격에 관한 사항
- 그 밖의 식품위생에 관한 중요 사항

용어	정의
식품	모든 음식물(의약으로 섭취하는 것은 제외)
식품첨가물	식품을 제조·가공 또는 보존하는 과정에서 식품에 넣거나 섞는 물질 또는 식품을 적시는 등에 사용되는 물질. 기구(器具) 용기·포장을 살균·소독하는 데에 사용되어 간접적으로 식품으로 옮아갈 수 있는 물질을 포함
화학적 합성품	화학적 수단으로 원소(元素) 또는 화합물에 분해 반응 외의 화학 반응을 일으켜서 얻은 물질
기구	다음 각 목의 어느 하나에 해당하는 것으로서 식품 또는 식품첨가물에 직접 닿는 기계·기구나 그 밖의 물건(농업과 수산업에서 식품을 채취하는 데에 쓰는 기계·기구나 그 밖의 물건은 제외)
용기·포장	식품 또는 식품첨가물을 넣거나 싸는 것으로 식품 또는 식품첨가물을 주고받을 때 함께 건네는 물품
위해	식품, 식품첨가물, 기구 또는 용기·포장에 존재하는 위험요소로서 인체의 건강을 해치거나 해칠 우려가 있는 것
표시	식품, 식품첨가물, 기구 또는 용기·포장에 적는 문자, 숫자 또는 도형
영양표시	식품에 들어 있는 영양소의 양(量) 등 영양에 관한 정보를 표시하는 것
영업	식품 또는 식품첨가물을 채취·제조·수입·가공·조리·저장·소분·운반 또는 판매하거나 기구 또는 용기·포장을 제조·수입·운반·판매하는 업(농업과 수산업에 속하는 식품 채취업은 제외)
영업자	제37조 제1항에 따라 영업허가를 받은 자나 같은 조 제4항에 따라 영업신고를 한 자 또는 같은 조 제5항에 따라 영업등록을 한 자
식품위생	식품, 식품첨가물, 기구 또는 용기·포장을 대상으로 하는 음식에 관한 위생
집단급식소	영리를 목적으로 하지 않으면서 특정 다수에게 계속해서 음식물을 공급하는 다음 각 목의 어느 하나에 해당하는 곳의 급식시설로서 대통령령으로 정하는 시설. 기숙사, 학교, 병원 및 그 밖의 후생기관 등
식품이력추적관리	식품의 제조·가공단계부터 판매단계까지 각 단계별로 정보를 기록·관리하여 식품의 안전성 등에 문제가 발생할 경우 그 식품을 추적하여 원인을 규명하고 필요한 조치를 하도록 관리하는 것
식중독	식품 섭취로 인하여 인체에 유해한 미생물 또는 유독물질에 의하여 발생하였거나 발생한 것으로 판단되는 감염성 질환 또는 독소형 질환
집단급식소에서의 식단	급식대상 집단의 영양섭취기준에 따라 음식명, 식재료, 영양성분, 조리방법, 조리인력 등을 고려하여 작성한 급식계획서

표 7-4
식품위생법 용어의 정의

식중독에 관한 조사보고

식중독 환자나 식중독이 의심되는 자를 진단하였거나 그 사체를 검안檢案한 의사 또는 한의사나 집단급식소에서 제공한 식품 등으로 인하여 식중독 환자나 식중독으로 의심되는 증세를 보이는 자를 발견한 집단급식소의 설치·운영자는 지체 없이 관할 보건소장 또는 보건지소장에게 보고해야 한다. 이 경우 의사나 한의사는 대통령령이 정하는 바에 따라 식중독 환자나 식중독이 의심되는 자의 혈액 또는 배설물을 보관하는 데에 필요한 조치를 하여야 한다.

집단급식소

집단급식소를 설치·운영하려는 자는 보건복지부령으로 정하는 바에 따라 특별자치도지사·시장·군수·구청장에게 신고해야 하며 집단급식소 시설의 유지·관리 등 급식을 위생적으로 관리하기 위해 다음 사항을 지켜야 한다.

- 식중독 환자가 발생하지 아니하도록 위생관리를 철저히 할 것
- 조리·제공한 식품의 매회 1인 분량을 보건복지부령으로 정하는 바에 따라 144시간 이상 보관할 것
- 영양사를 두고 있는 경우 그 업무를 방해하지 아니할 것
- 영양사를 두고 있는 경우 영양사가 집단급식소의 위생관리를 위하여 요청하는 사항에 대하여는 정당한 사유가 없으면 따를 것
- 그 밖에 식품 등의 위생적 관리를 위하여 필요하다고 보건복지부령으로 정하는 사항을 지킬 것

2) 식품위생 행정기구

(1) 식품의약품안전처

1998년 2월 보건복지부 산하 식품약품안전청으로 발족하였고, 2013년 1월 국무총리실 산하의 식품의약품안전처로 승격하였다. 식품, 의약품, 의료기기 등에 대한 시험, 검정 및 평가, 독성연구 및 안전 관리에 관한 사무를 관장한다.

분야	업무 내용
식품행정	허가 관리, 식중독 관리, 부정불량식품 관리, GMO식품 관리, 식품안전 관리
의약품행정	의약품 등의 제조·수입·품목 허가, 약사 감시, 의약품 동등성 확보 대책, 의약품 사후 관리, 마약류 관리
의료기기행정	허가 관리, 의료기기 감시, 의료기기 사후 관리

표 7–5
식품의약품안전처의 분야별 업무 내용

식품위생 관련 업무는 식품안전국, 위해예방정책국 등에서 담당하고 있다. 분야별 업무 내용은 위와 같다표 7–5.

식품의약품안전처의 소속기관으로, 식품 및 의약품 등의 독성에 관한 연구·평가 업무를 담당하기 위하여 식품의약품안전평가원이 운영되고 있다. 또한 식품의약품안전처 소관업무를 분장하여 수행하는 지방식품의약품안전청이 있다. 부산지방청과 경인지방청에는 수입식품검사소가 설치·운영되고 있다.

(2) 농림축산식품부

농림축산식품부는 농림부와 해양수산부의 수산부문, 그리고 보건복지부에 있던 식품업무를 합쳐서 현재의 이름으로 출범하였다. 기본적인 업무 목표는 식량의 안정적 공급과 농수산물에 대한 소비자 안전, 농어업인의 소득 및 경영안정과 복지증진, 농수산업의 경쟁력 향상과 관련 산업의 육성, 농어촌지역 개발 및 국제 농수산업 통상협력 등에 관한 사항, 식품산업진흥 및 농수산물 유통에 관한 사항 등이다.

(3) 농림축산검역본부

농림수산검역검사본부는 2011년 6월 15일 '농수산식품의 안전성 확보 및 가축질병 방역체계 개선'을 최우선 과제로 축산국립수의과학검역원, 식물국립식물검역원, 수산국립수산물품질검사원의 3개 분야 검역·검사기관이 통합하여 출범하였다. 2013년 3월 농림축산검역본부로 이름 변경 및 수산물 검역 업무는 해양수산부 국립수산물품질관리원으로 이관되었다. 농림축산검역본부는 다음과 같은 사무를 관장한다.

- 수출입동물·축산물 및 사료수출입동물에 수반하는 것만 해당의 검역과 검사
- 축산물에 대한 검사 및 위생 관리
- 가축·가금의 질병에 관한 방역 및 생물학적 제제 개발
- 동물용 의약품 등의 검사 및 평가
- 동물의 보호·관리 및 복지 향상에 관한 정책의 개발 및 시행
- 수출입식물의 검역과 검사
- 재식용식물에 대한 격리재배 검역
- 공항만, 수출입식물재배지 등의 외래 병해충 예찰 및 방제
- 북미 출항 선박의 아시아매미나방 검사
- 상기 사무에 필요한 시험·조사 및 연구

CHAPTER 8
기생충질환 관리

학습 목표

- 식중독을 일으키는 위해요소인 기생충의 특성을 이해할 수 있다.
- 각 식품을 매개로 감염될 수 있는 기생충을 학습할 수 있다.
- 기생충의 감염경로를 학습하고, 예방법을 이해할 수 있다.

CHAPTER 8

기생충질환 관리

도입 사례 *

기생충감염 실태조사

기생충은 농경산업이 주류를 이루던 1970년대 이전에 곡식과 채소류를 재배하기 위하여 사람이나 가축의 분뇨를 거름으로 주로 사용하였기 때문에 각종 충란이 채소류에 기생하여 대부분의 국민이 자연스럽게 회충, 십이지장충, 요충 등의 기생충에 노출되었다. 또한 개울이나 논에 서식하는 가재, 게, 강이나 호수에 서식하는 잉어, 붕어, 다슬기 등 민물 어패류 섭취로 인해 간디스토마, 폐디스토마 등에 많은 사람이 감염되었다.
이러한 기생충 감염이 국가적으로 국민건강에 심각한 문제가 됨에 따라, 정부에서는 1971년부터 5년마다 '기생충감염 실태조사'를 실시하였고 이에 따라 감염이 크게 감소하였다. 최근 35년간 채소류를 매개로 하는 회충, 구충, 편충 등의 기생충은 급격히 감소한 반면, 민물 어패류를 매개로 한 기생충은 여전히 감염이 일어나고 있다. 특히, 간흡충은 과거와 비교하여 감소되지 않았고 오히려 증가하는 경향을 나타내고 있다. 간흡충은 강이나 호수 등에 서식하는 담수어에 의한 감염이 문제로, 이들 민물고기로부터 감염을 피하기 위해서는 생식을 금하고 개인위생에 각별히 주의해야 한다.

생각해 보기 **

- 기생충이 인체에 미치는 영향은 무엇인가?
- 효과적인 기생충 예방 방안은 무엇인가?

1 식품과 기생충

기생충은 동물의 피부 표면이나 체내에 기생하여 숙주로부터 영양분을 얻으면서 생활하는 생물로, 식중독을 일으키는 또 하나의 위험요소이다. 기생충은 식품위생 및 공중보건과 밀접한 관계가 있다.

1) 기생충의 분류

기생현상parasitism이란 어느 생물이 다른 생물에게 침입 혹은 부착하여 영양물질을 빼앗으며 생활하는 것이다. 이 같은 기생현상을 영위하는 생물을 기생체라고 하며, 기생체가 기생하는 대상을 숙주host라고 한다. 서로 종류가 다른 두 생물체의 관계에서, 한 생물체기생충가 다른 생물체숙주의 내부나 외부에 살면서 영양물을 얻어먹으며 살아가는 생활방식을 기생생활이라 하며, 기생충이 숙주에 성공적으로 정착했을 때에는 감염되었다고 한다. 숙주는 기생충의 성충이 지속적으로 기생하는 고유숙주definitive host 또는 종말숙주final host로 구별한다. 경우에 따라 중간숙주는 최초의 중간숙주를 제1중간숙주라 하고 나중의 것을 제2중간숙주라고 한다.

사람에게 주로 해를 끼치는 기생충은 원생동물에 속하는 원충류, 후생동물에 속하는 선충류를 비롯하여, 흡충류 및 조충류가 있다.

(1) 흡충류

흡충류trematoda는 암수의 구별이 없는 자웅동체이며 2개의 흡반을 가지고 있으며 디스토마distoma라고도 불린다. 발육 시 2개 이상의 중간숙주를 필요로 하며, 제1중간숙주는 어떠한 종류의 흡충일지라도 연체동물을 택해 무성생식을 한다. 그리고 반드시 제2중간숙주를 거쳐 마지막으로 사람에게 감염된다. 식품위생상 문제가 되는 기생충은 간흡충, 폐흡충, 요코가와흡충 등이다.

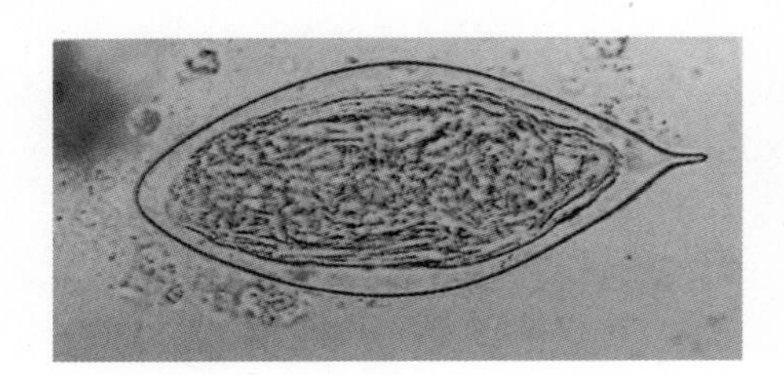
흡충류

(2) 조충류

조충류cestoda는 산란을 하는 의엽조충류pseudophyllidea와 원엽조충류cyclophyllidea로 나뉜다. 의엽조충류의 발육은 제1중간숙주와 제2중간숙주, 그리고 운반숙주가 있으며, 그 과정은 충란 → 전의미충procercoid → 의미충plerocercoid → 성충의 순으로 되어 있다. 원엽조충류의 발육에는 중간숙주가 하나만 필요하며, 중간숙주의 체내에서 형성되는 유충은 조충의 종류에 따라 형태가 다르다. 그

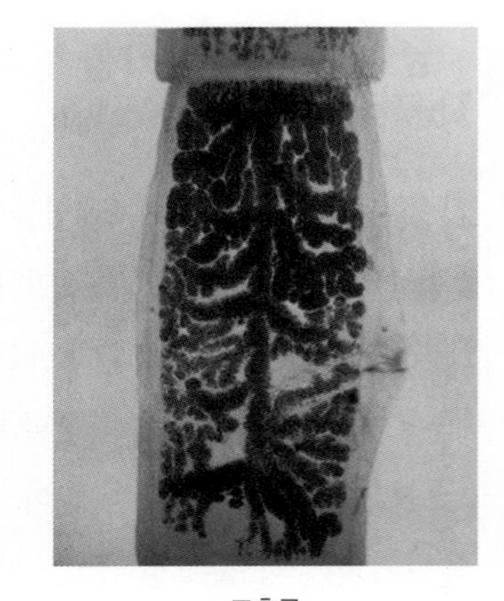
조충류

종류로는 낭미충cysticerens, 유낭미충cysticercoid, 공미충coenurus, 위립충echinococcus 등이 있다. 식품위생상 문제가 되는 기생충은 무구조충, 유구조충, 광절열두조충, 만손열두조충 등이다.

(3) 선충류

선충류nematoda는 선형동물에 속하며 충체는 선형이고, 체강body cavity이 있고 원통형이며 소화관이 있다. 자웅이체이며 암컷은 수컷보다 크고 크기는 대략 0.5mm~100cm로 다양하다. 식품위생상 문제가 되는 기생충은 회충, 구충, 요충, 편충, 십이지장충, 선모충, 아니사키스 등이다.

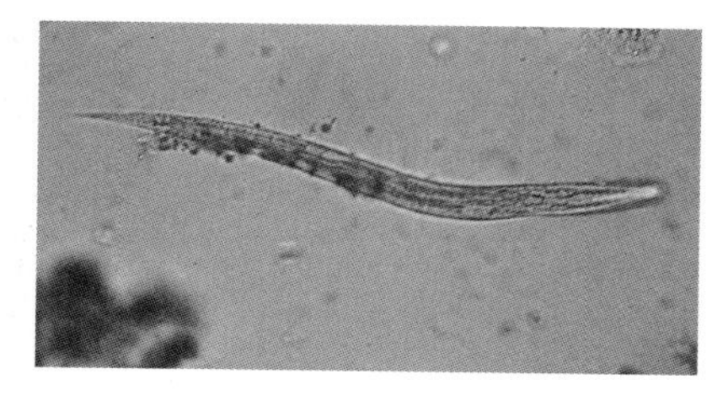

선충류

(4) 원충류

원생동물은 단세포 또는 무세포동물, 원시동물로 식물계와 연계되어 있다. 원충류protozoa에 속하는 인수공통 원충성 감염증은 약 17종이며, 국내에서 문제가 되는 중요한 질병으로 아메바성이질, 톡소플라스마증, 발란티디움증 등을 들 수 있다.

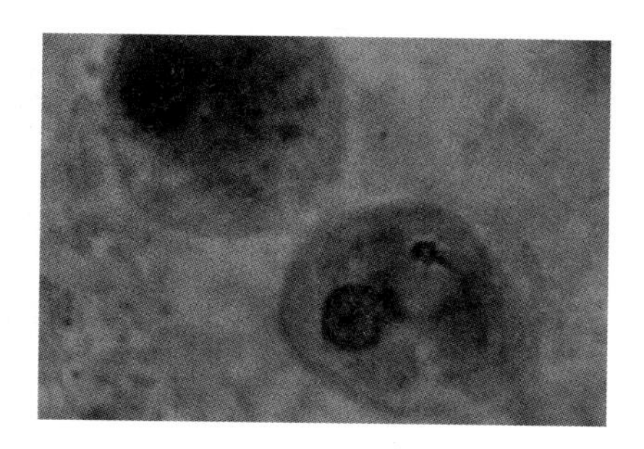

원충류

2) 식품에 따른 기생충 종류

기생충의 감염경로는 경구감염, 경피감염, 접종감염, 접촉감염, 태반감염 등 5가지로 구분 지을 수 있다. 식품위생상 중요한 감염양식은 식품을 통한 경구감염이지만, 경구감염이라도 기생충의 종류에 따라 그 감염경로가 달라진다.

식품의 종류		기생충의 종류
갑각류	참게 등의 담수게 및 가재	폐흡충(*Paragonimus westermani*)
어류	붕어 등의 담수어류 은어 숭어 가물치 대구, 청어, 고등어 등의 해산어	간흡충(*Clonorchis sinensis*) 요코가와흡충(*Metagonimus yokogawai*) 이형이형흡충(*Heterophyes heterophyes*) 유극악구충(*Gnathostoma spinigerum*) 아니사키스(*Anisakis simplex complex*)
양서류·파충류	개구리·뱀 등	만손열두조충(*Sparganum mansoni*)
수육류	소 돼지 소·돼지	무구조충(*Taenia saginata*) 유구조충(*Taenia solium*) 선모충(*Echinococcus granulosum*) 톡소플라스마(*Toxoplasma gondii*)
채소류		회충(*Ascaris lumbricoids*) 구충(*Ancylostoma duodenale*) 편충(*Trichuris trichiura*) 요충(*Enterobius vermicularis*) 동양모양선충(*Trichostrongylus orientalis*)

표 8-1
식품에 따른
기생충의 종류

감염의 경로를 대별하면 동물성 식품을 경유하는 것간·폐흡충, 조충 등과, 채소 등의 일반 식품을 경유하는 것회충·구충 등이 있다.

기생충에 의한 장해는 기생충의 종류에 따라 다르나 기계적 장해회충에 의한 장폐쇄와 다른 장기 침입, 구충에 의한 장점막의 손상, 자극에 의한 만성염증 유발간흡충에 의한 담도 주위조직의 이상증식, 독소에 의한 병해독소자극에 의한 빈혈, 신경증상, 영양물질의 유실 등이다.

2 채소류로부터 감염되는 기생충

1) 회충

(1) 분포 및 특성

회충*Ascaris lumbricoids*은 세계적으로 분포하며 농촌지역의 감염률이 높고, 위생상태가 취약한 아동에게서 주로 발견된다. 회충은 긴 원주상이며, 성충의 길이는 수컷이 15~25cm, 암컷이 25~35cm이고 지름은 3~6mm 정도로 사람에 기생하는 선충 중 제일 크다.

(2) 감염경로

감염경로는 채소에 부착된 충란의 경구섭취, 즉 오염된 채소를 날것으로 먹었을 때 경구감염된다. 분변으로부터 탈출한 회충의 수정란이 자연조건에서 감염형이 되어 경구적으로 침입하면 위에서 부화하고 심장, 폐포, 기관지, 식도를 거쳐 소장에 정착하여 성충이 되고 산란한다감염 50~70일. 이행성이 있어 대장, 항문을 거쳐 밖으로 나오거나 거꾸로 위, 식도, 입을 거쳐 토해지기도 한다그림 8-1.

(3) 증상

회충 감염은 증상이 나타나지 않는 경우가 많으나 심할 때는 복통, 권태, 피로감, 두통, 발열 등을 일으킨다. 또한 유충의 체내 이행에 따라 가래, 발열 등의

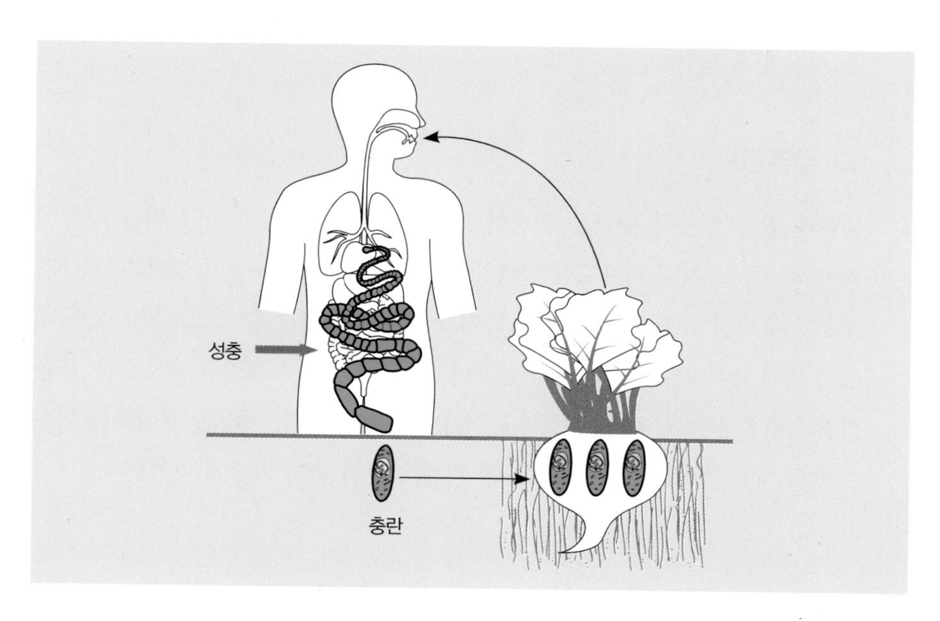

그림 8-1
회충의 생활사

증상이나 성충의 소장 내 기생에 의해 장폐쇄, 급성장염을 일으키기도 한다.

(4) 예방법

충란은 열에 약하여 75℃에서 1초, 65℃에서 10분 이상의 가열로 사멸하나 건조, 토양, 소금절임 채소에 대한 저항성이 매우 강하다. 예방책으로 채소에는 회충알이 많이 붙어 있을 것을 전제하여 채소류를 깨끗이 씻어 먹고, 개인위생을 청결하게 관리하고, 집단구충 등을 실천하여야 한다.

2) 구충

(1) 분포 및 특성

십이지장충은 구충*Ancylostoma duodenale*이라고도 하며, 십이지장충과 아메리카구충이 있다. 우리나라에서는 두 종류 모두 유행하고 있다. 채소를 통하여 감염되는 기생충 중 회충 이상으로 중요한 것이 십이지장충인데 회충보다 건강장애가 심하고, 경구감염 외에도 경피감염이 되므로 주의해야 한다. 십이지장충의 크기는 수컷이 4~11mm, 암컷은 10~15mm이며 암컷 1마리가 하루 약 1만 개의 알을 낳는다.

(2) 감염경로

분변과 함께 배출된 충란은 적당한 조건30℃ 전후의 기온에서 1~2일 지나 자충이 되며 약 1주일 정도 지나 2회 탈피하여 감염성을 가진 유충이 된다. 이때부터 보호막에 싸인 유충은 인체 내에 들어가서 두 번째 껍질을 벗고, 직접 장관 내에서 발육하여 약 5~6주 만에 성충이 된다. 유충으로 오염된 채소류나 물을 섭취하거나 유충이 피부를 뚫고 들어가면 감염이 된다. 이렇게 체내에 들어온 자충은 폐에 들어간 후 기관, 식도를 거쳐 성충이 되어 소장에 기생한다그림 8-2.

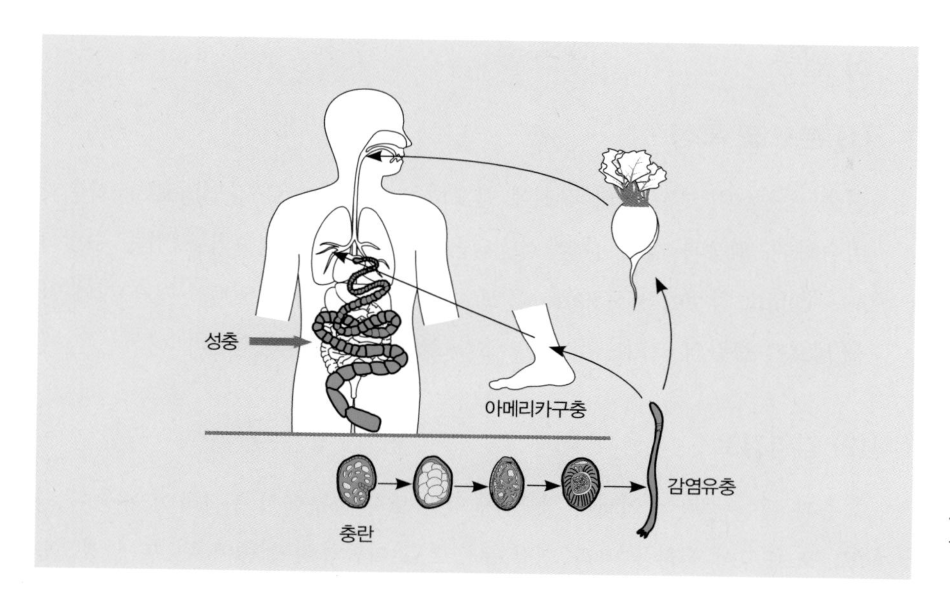

그림 8-2
구충의 생활사

(3) 증상

감염증상은 유충의 체내 이행에 따른 증상(급성위장증상, 목구멍의 이상감, 기침, 객담 등), 성충의 흡혈로 인한 혈액손실, 충체의 독성물질 분비로 인한 인체 조혈기능저하, 출혈에 의한 철 결핍성 빈혈, 구토, 복통, 피부염, 소양증 등이다. 또한 얼굴이나 사지의 부종, 손톱의 변화, 전신권태, 현기증, 식욕부진, 메스꺼움 등이 나타나며 특히 아동의 신체 및 지능 발달에 영향을 미친다.

(4) 예방법

경피감염이 되므로 구충란에 오염된 흙과 접촉되지 않도록 맨발로 다니는 것을 피해야 한다. 충란에 오염된 채소류는 소독이나 세척을 통해 제거해야 하고, 감염 시 구충약을 복용하여 성충을 구제해야 한다. 구충란은 회충란에 비해 저항력이 약해 분변 중에서 2개월 정도 생존하는 것으로 알려져 있고, 열에 약해 70℃에서 1초 만에 사멸한다. 또한 저온에서도 죽으며 직사광선에서는 1~2일 내에 사멸하고, 소독약품에 대한 저항성이 비교적 약하다.

3) 편충

(1) 분포 및 특성

편충*Trichuris trichiura*은 세계 각지에 분포하는 기생충으로 감염경로가 회충과 비슷하여, 회충과 함께 감염·검출되는 경우가 많다. 성충의 크기는 수컷이 30~45mm, 암컷이 35~50mm 정도로 작다. 보통 하루 5,000~7,000개의 알을 낳으며 충란의 크기는 40~50×20㎛로 대부분 경구감염된다.

(2) 감염경로

회충과 같이 충란이 인체에 경구감염되면 소장 상부에서 부화하여 유충이 되고, 그 유충이 점막을 따라 맹장 부근으로 이동하여 성충이 된 후에 맹장과 대장 상부에 기생한다. 충란 섭취 후 산란까지는 1~3개월이 소요되며 감염되면 10년 이상 장관 내에 생존한다.

(3) 증상

크기가 작기 때문에 10마리 미만의 소수가 기생하면 자각증상을 느낄 수 없으나, 200마리 이상의 충체가 기생하면 대장 점막부위에 충혈과 염증, 혈변, 이질증상, 소화불량, 복통, 식욕감퇴, 체중감소, 빈혈증상이 나타나며 심하면 탈항도 있을 수 있다.

(4) 예방법

예방법은 회충과 같다. 채소류에 부착하여 경구감염이 많이 일어나므로 식품조리 시 세척을 잘해야 한다.

4) 동양모양선충

(1) 분포 및 특성

우리나라를 비롯한 동양의 여러 나라에 많이 기생하기 때문에 동양모양선충 *Trichostrongylus orientalis*이라고 불린다. 털 모양의 가늘고 작은 선충으로 크기는 수컷이 4~6mm, 암컷이 5~7mm로 구충보다 작다.

(2) 감염경로

분변에서 배출된 충란이 부화하여 유충이 되고 탈피·발육하여 감염유충이 된다. 감염유충은 온도나 화학약품에 대한 저항력이 비교적 강하며 주로 채소 등에 부착되어 경구감염되면 입에서 창자까지 내려와 성충이 된다. 감염경로는 주로 경구적이지만 경피감염이 되기도 한다.

(3) 증상

감염이 되면 일시적으로 장점막 내에 침입하는 일이 있으나 체내 이행성은 없고 대부분 자각하지 못하며 특별한 병변도 없다. 그러나 다수가 감염되면 장점막에 염증을 일으키고 장염 등의 소화기계 증상과 빈혈을 일으킨다.

(4) 예방법

예방법은 십이지장충의 예방법과 비슷하다.

5) 요충

(1) 분포 및 특성

요충*Enterobius vermicularis*은 세계 각지에서 발견되는 소형 기생충으로 크기는 수컷이 2~5mm, 암컷이 8~13mm×0.3mm 정도이다. 인구밀도가 높은 도시에서 감염률이 높다. 검사는 스카치테이프를 이용하여 항문주위도말법을 실행한다.

(2) 감염경로

충란은 소장에서 부화하여 성숙한 유충이 되고 맹장 주위에서 성충이 되어 기생하며 밤에 항문에서 나와 주변부에 산란한다. 산란한 곳은 몹시 가려우며 긁으면 손가락에 묻은 충란이 다시 입으로 들어가서 자가감염을 일으킨다. 사람의 손 또는 분변에 오염된 음식물을 통해 경구적으로 감염된 후 위액이나 장액에 의해 부하되어 소장 하부로 가서 기생한다. 감염 후 40일이면 성숙하고 11~35일간 생존한다.

(3) 증상

요충에 의한 증상은 항문 주변부의 소양증으로 어린이의 경우 수면장애, 식욕감소, 불쾌감, 야뇨증, 만성장염, 빈혈, 찰상, 충수염 등을 일으킬 수 있다.

표 8-2
채소류를 통해 감염되는 기생충

기생충	특성	감염경로	예방법
회충	• 선충류로 가장 크며, 농촌의 어린이가 주로 감염 • 이미증이 나타남 • 소독, 건조, 저온에 강함.	경구감염	• 철저한 채소의 세정 • 손 세척, 집단구충 • 오염지역의 맨발 통행 자제 • 가족의 구충 • 손, 항문 근처, 속옷 청결
십이지장충	• 선충류로 회충보다 장해가 심함. • 구충, 채독벌레	• 채소, 음료수로 경구감염 • 손, 발로 경피감염	
동양모양선충	• 선충류로 가늘고 긺	경구·경피감염	
편충	• 선충류로 온대지역에 많이 서식 • 구충이 어려움	경구감염	
요충	• 선충류로 도시의 어린이에게 많이 나타남 • 항문 주위에 산란	경구감염, 가족감염	

(4) 예방법

전파력이 강하므로 가족 내 감염을 방지하는 것이 좋으며, 집단감염의 우려가 있으므로 구충제를 복용해야 한다. 예방법으로는 개인의 위생 관리가 중요하며 손, 항문 주변, 속옷 등을 깨끗하게 유지하고 위생환경을 개선한다.

3 어패류로부터 감염되는 기생충

우리나라 사람들은 민물고기나 어패류를 생식하는 식습관이 있기 때문에 이들 어패류에 의한 기생충 감염이 심각한 사회문제가 될 수 있다. 최근 40년간 채소류를 매개로 한 회충·구충·편충 등의 기생충이 급격히 감소한 반면, 민물 어패류를 매개로 한 기생충 감염은 여전히 일어나고 있다. 그중에서도 간흡충은 보균율 1위 기생충으로 과거와 비교했을 때 오히려 증가하는 경향을 보이고 있다.

1) 간흡충

(1) 분포 및 특성

간흡충*Clonorchis sinensis*은 간디스토마라고도 하며 한국을 비롯한 일본, 중국, 베트남, 태국 등에서 감염률이 높은 기생충이다. 성충은 자웅동체로 크기는 1~2cm 정도이며 버드나뭇잎처럼 길고 납작하다. 민물고기를 생식으로 하는 사람과 개, 고양이, 돼지 등 포유동물에게도 기생한다. 우리나라 전역에 고루 분포되어 있으며 특히, 낙동강·영산강·섬진강 유역에서 감염률이 높다.

(2) 감염경로

사람이나 육식동물의 담관에 기생하며 담관에서 산란한 충란이 장으로 내려와 분변과 함께 물속으로 배출된다. 물속에 들어간 충란으로부터 나온 유충

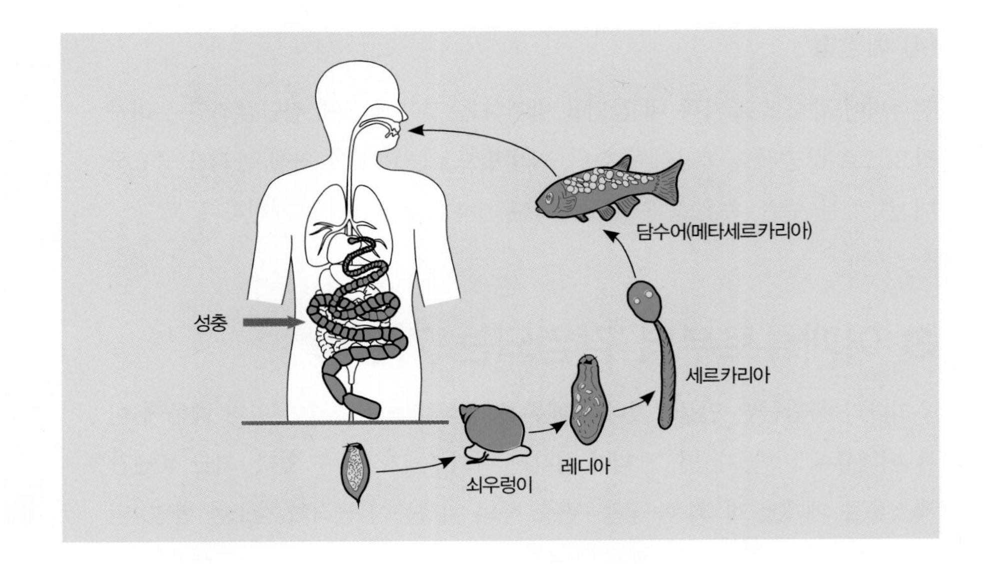

그림 8-3
간흡충의 생활사

은 제1중간숙주인 쇠우렁이, 제2중간숙주인 담수어로 옮겨 가 직경 약 100㎛인 구상의 피낭유충단단한 껍질로 둘러싸인 유충(metacercaria)이 된다. 사람은 피낭유충이 있는 어육을 생식하면 감염되고 피낭유충은 껍질을 벗고 담관에 들어가 1개월 정도 지나면 성충이 되어 산란한다. 성충의 수명은 5~10년이다그림 8-3.

(3) 증상

주요 감염증상은 간비대이며 비장비대, 복수, 부종, 설사, 황달, 빈혈 등이 나타나고 합병증으로 간경변, 담관암도 나타난다.

(4) 예방법

피낭유충은 저온에 강하며 식초나 간장에서는 단시간 내에 죽지 않으나, 열에 약해 55℃에서 15분, 끓는 물에 1분 이상 가열하면 죽는다. 예방법으로는 민물고기를 생식하지 않고 꼭 가열해서 먹는 것과, 소비자를 대상으로 한 기생충 교육 등이 있다.

2) 폐흡충

(1) 분포 및 특성

폐흡충*Paragonimus westermani*은 페디스토마라고도 하며, 전 세계와 한국을 비롯한 동남아에 널리 분포하고 있다. 사람 이외에 개, 고양이, 돼지 등에 기생한다. 성충은 자웅동체이며 크기가 7~16mm로 매우 작아 충체의 앞면이 편편하고 뒷면은 불룩하다. 성충은 사람이나 육식동물의 폐조직에 충낭을 형성하여 기생한다.

(2) 감염경로

객담이나 분변과 함께 외부로 배출된 충란은 25~30℃의 물속에서 2~3주 내에 유모유충miracidium을 형성하고 부화한 뒤 제1중간숙주인 다슬기 내에 들어가 무성생식을 하여 유미유충cercaria이 된다. 이 유충을 가진 다슬기를 제2중간숙주인 참게나 가재가 잡아먹으면 근육이나 내장에서 피낭유충metacercaria이 되고, 이 피낭유충을 사람이 날것으로 먹으면 감염된다. 피낭유충이 물속으

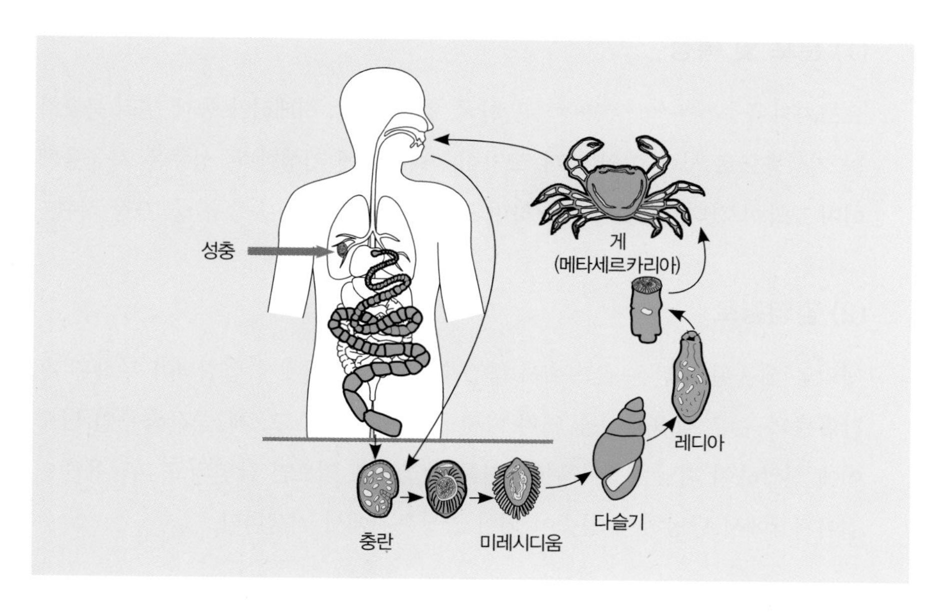

그림 8-4
폐흡충의 생활사

로 나와 생존할 경우 그 물을 마시면 감염된다. 피낭유충은 소장 상부에서 탈낭하여 장벽, 복강, 횡경막 및 흉강을 거쳐 폐에 도달한 후 성충이 되며 수명은 약 10년이다. 감염 후 약 60~90일에 산란을 시작하여 수년간 감염이 지속된다그림 8-4.

(3) 증상

폐결핵 초기와 같이 기침, 객담, 객혈 등의 증세가 나타나고 가벼운 복통, 흉통이 나타나며, 합병증으로 기관지염이 있다.

(4) 예방법

중간숙주인 민물게, 민물가재의 생식을 금하며 가열해서 먹고, 유충이 존재할 수 있으므로 강물, 개울 물 등의 음용을 피한다. 감염된 개, 고양이 등 동물의 위생 관리를 철저히 한다.

3) 요코가와흡충

(1) 분포 및 특성

요코가와흡충*Metagonimus yokogawaii*은 한국, 일본, 중국, 시베리아 등에 널리 분포하는 기생충으로 사람 이외에 개, 고양이, 돼지 등에 기생한다. 성충은 자웅동체이며 모양이 간디스토마와 비슷하며 크기는 1~3mm로 흡충류 중 가장 작다.

(2) 감염경로

체외로 배출된 충란은 물속에서 중간숙주인 다슬기에게 섭취되어 부화된 후 간흡충과 같은 발육과정을 거쳐 다시 물속으로 나오고, 제2중간숙주인 담수어에 침입하여 피낭유충이 된다. 이를 날것으로 먹으면 감염되고 피낭유충이 십이지장에서 탈낭하여 성충이 되어 공장부위에서 기생한다.

(3) 증상

감염증상은 보통 무증상이다. 많은 수가 기생하면 소장점막에 침입하여 장점막을 파괴하고 장염, 설사, 복통, 빈혈 등을 일으킨다.

(4) 예방법

중간숙주인 붕어, 잉어 등의 생식을 금하며 가열해서 먹고, 감염자는 구충제를 복용해야 한다.

4) 광절열두조충

(1) 분포 및 특성

광절열두조충*Diphyllobothrium latum*은 긴촌충이라고도 하며 북유럽, 미국 북부, 시베리아, 일본 북부 등에 분포하고 사람 이외에 개, 고양이, 여우, 곰 등에 기생한다. 성충은 길이가 3~10mm, 폭은 20~25mm 정도이며 약 3,000개 정도의 편절을 가지고 있어 조충류 중 가장 크다. 성숙한 체절은 길이 3mm, 폭 15mm로 폭이 길이보다 넓어 광절이라고 한다. 또한 머리부분이 갈라져 '열두'라는 호칭이 붙었다.

(2) 감염경로

충란으로부터 유충이 유출하여 제1중간숙주인 물벼룩, 제2중간숙주인 송어·연어·농어·꼬치어 등으로 옮겨 가, 근육에서 유백색 끈 모양의 유충plerocercoid으로 기생한다. 이것을 날것으로 먹으면 감염되고 유충은 소장 상부에 기생하고 3주 후 성충이 되어 산란하며 수명은 약 6년이다.

(3) 증상

감염증상은 소화기 장해가 가장 많으며 식욕감퇴, 복통, 설사, 위염 등과 함께 빈혈, 구내염 등을 일으킨다. 이 기생충은 비타민 B_{12}를 많이 흡수하기 때문에 악성빈혈을 일으킨다.

(4) 예방법

중간숙주인 연어, 송어 등 민물어류나 반민물어류를 생식하지 않고 가열해서 먹으며, 감염자는 구충제를 복용해야 한다.

5) 만손열두조충의 유충

(1) 분포 및 특성

사람에게 기생하는 만손열두조충*Sparganum mansoni*의 유충은 유백색의 편편한 끈 모양의 충란이며, 크기는 1~10cm 정도이고 그 종류가 다양하다.

(2) 감염경로

물벼룩을 거쳐 양서류가 제2중간숙주로 되는 조충이지만, 사람의 경우도 제2중간숙주와 동일한 입장이다. 제1중간숙주인 물벼룩에 의해 오염된 물을 사람이 음용하면 감염되기도 하나 흔한 일은 아니다. 유충이 기생하고 있는 개구리 등을 닭이 먹으면 그 피하에 유충이 기생하는데, 그 닭의 살을 회로 먹는 것이 사람에게 감염되는 주된 경로로 여겨진다.

(3) 증상

유충이 사람의 피하조직에 기생하면서 만손고충증을 일으킨다. 기생부위에 따라 이동성의 종류형성피하 기생, 안구돌출, 현기증, 안통눈에 기생, 복통, 팽만감복강·내장 기생, 요통, 요폐요도 기생, 협심증 발작심외막 기생 등의 증상이 나타나는 것으로 알려져 있다.

(4) 예방법

체표 가까이에 있는 것을 외과적으로 적출하는 것 외에 특별한 치료방법은 없다.

6) 아니사키스

(1) 분포 및 특성

아니사키스*Anisakis simplex complex*속은 성충이 바다 포유동물인 고래, 돌고래 등에 기생하는 회충의 일종으로 고래회충이라고 하며, 사람에게는 유충만이 감염되고 있다. 성충은 길이가 7~20cm이며, 유충은 길이가 1~3cm이고 앞에 가시모양의 돌기가 있다그림 8-5.

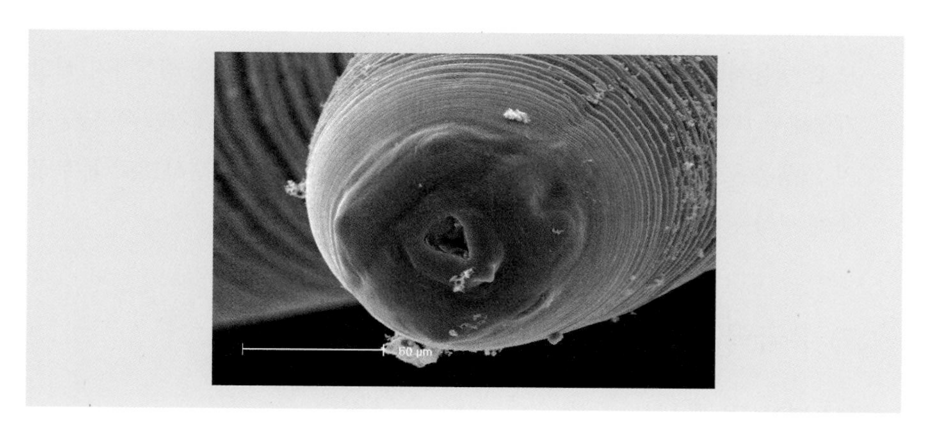

그림 8-5
아니사키스

(2) 감염경로

감염경로는 고래의 분변과 함께 해수 중에 배출된 충란이 제1중간숙주인 해산갑각류크릴새우, 동물 플랑크톤에 먹히고 제2중간숙주고등어, 대구, 청어, 조기 등 해산어류가 갑각류를 섭취함으로써 어류의 근육이나 내장에서 유충이 된다. 이 해산어류를 종숙주인 고래가 섭취하면 종숙주의 위벽에서 성충이 되고, 사람이 제2숙주나 고래를 섭취하면 감염되어 위나 장에서 유충으로 기생한다. 최근 우리나라에서도 감염이 보고된 바 있다.

(3) 증상

증상은 감염 부위에 따라 차이가 있으나 해산어류 생식 후 2~6시간 내에 복통·구토·메스꺼움 등을 느끼는 위장형 증상이 많고, 소장형은 구토와 통증을 유발한다. 특히 위벽이나 장벽에 심한 통증을 유발하는 것을 아니사키스증이라고 한다.

(4) 예방법

유충은 50℃에서 10분, 영하 10℃에서 6시간 동안 생존하며 주로 어체 복부의 복강, 장기 근육 내에 95% 이상 기생한다. 유충은 저온에 대한 저항력이 약하므로 냉동처리가 효과적이다. 예방을 위해서는 해산어패류를 생식하지 말고 가열해서 먹어야 하며, 생식할 경우 어류 포획 즉시 내장을 제거한 후 냉동시켜 기생충을 사멸한다. 또한, 대부분 유충이 복부근육에 기생하므로 복부근육의 생식을 피하며 감염자는 구충제를 복용해야 한다.

7) 유극악구충

(1) 분포 및 특성

유극악구충*Gnathostoma spinigerum*의 종말숙주는 개, 고양이 등의 포유동물이다. 유충이 사람에게 기생하더라도 종숙주가 아니므로 성충이 되지 못하는 점이 다른 기생충과의 차이점이다. 유충의 크기는 2~12mm이다. 동남아시아나 극동아시아 지역에 주로 분포하는 선충이지만 우리나라에서는 아직까지 발생되었다는 보고가 없다.

(2) 감염경로

감염경로는 분변과 함께 배출된 충란이 물속에서 부화하여 제1기 유충이 되고, 제1중간숙주인 물벼룩에 섭취되면 제2기 유충으로 발육하고, 이 물벼룩이 제2중간숙주(가물치, 메기, 뱀장어, 미꾸라지 등)에 먹히게 되면 근육으로 이행하여 제3기 유충이 된다. 이것을 종말숙주인 개, 고양이가 섭취하면 감염되고 사람 역시 감염된다. 이 유충은 근육 또는 피하조직에 기생하여 피부종양을 일으킨다.

(3) 증상

피하조직에서 빠른 속도로 이동하여 피부종양, 내장출혈, 궤양형성, 홍반, 종창을 일으키며 소양증, 동통, 복통, 설사, 구토, 발열 등의 증세를 나타낸다.

기생충	특성	감염경로		예방법
		제1중간숙주	제2중간숙주	
간디스토마(간흡충)	• 흡충류로 낙동강에 분포 • 담관에 기생 • 간비대, 복수, 황달	왜우렁이	붕어, 잉어	• 생선류 생식 금지 • 철저한 칼, 도마 소독 • 구충제 복용 • 음료 살균
폐디스토마(폐흡충)	• 흡충류로 산간지방에서 다발 • 폐의 기관지에 기생 • 기침, 객담, 객혈, 흉통	다슬기	민물게, 가재	
요코가와흡충	• 흡충류로 섬진강에 분포	다슬기	은어	
광절열두조충	• 조충류로 북한과 동해안에 분포 • 긴촌충	물벼룩	농어, 연어	
유극악구충	• 선충류 • 개, 고양이가 종말숙주	물벼룩	가물치, 메기	
아니사키스	• 선충류로 고래 등 해산포유류가 종말숙주	크릴새우	사람, 대구, 청어, 명태	

표 8-3
어패류로 감염되는 기생충

(4) 예방법

예방으로는 중간숙주인 가물치, 뱀장어 등의 민물어류를 생식하지 말고 가열해서 먹어야 하며, 감염자는 구충제를 복용해야 한다.

4 수육류로부터 감염되는 기생충

1) 유구조충

(1) 분포 및 특성

유구조충*Taenia solium*은 주로 돼지고기로부터 감염되므로 돼지고기촌충이라고도 불리며, 두부에 갈고리가 있어 갈고리촌충이라고도 부른다. 유구조충의 두절은 1~2mm의 구형이며 4개의 흡반과 20여 개의 갈고리가 있어 유구조충이라 한다. 성충의 크기는 2~8mm 정도이며, 800~900개의 편절로 되어 있고, 편절이 배출되면 편절에서 충란이 유리되어 중간숙주인 돼지에게 섭취된다. 인체에 섭취된 후 소장에서 8~10주 후에 성충이 되며 20여 년간 생존이 가능하다.

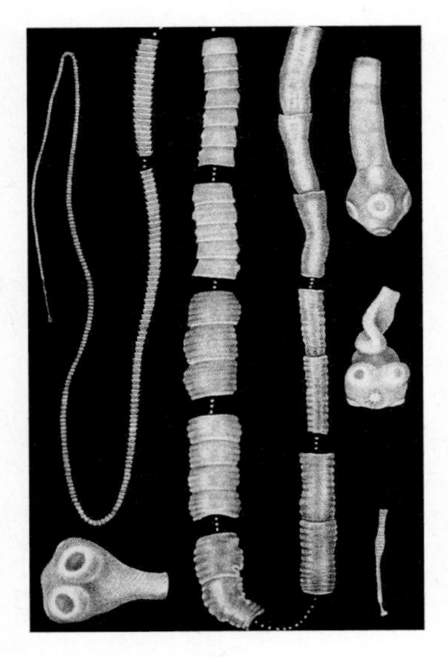
유구조충

(2) 감염경로

분변과 같이 배출된 체절이나 충란이 중간숙주인 돼지나 사람, 기타 포유동물에 섭취되면 소장에서 부화되어 유구유충이 유리되며 장벽을 뚫고 혈류를 따라 각 조직으로 이동하여 유구낭충으로 된다. 낭충이 들어 있는 돼지고기를 사람이 섭취함으로써 감염되며 장액에서 부화된 후 공장점막에 부착하여 성충이 된다.

(3) 증상

감염증상은 성충에 의한 소화장애, 메스꺼움, 구토 등의 장애이다. 수년 내지 수십 년간 기생하므로 빈혈을 일으키는 경우도 있다. 낭충에 의한 장애는 그 기생 장소가 뇌, 안구, 심장, 콩팥, 근육, 피하조직일 경우 심한 증상을 일으키기 쉽다. 반신불수, 경련, 전신마비, 실명, 간질과 같은 증세가 나타나고 심한 경우 목숨을 잃기도 한다.

(4) 예방법

예방을 위해서는 돼지고기를 날것이나 불완전하게 가열하여 먹지 않아야 하며, 염지한 것도 주의해야 한다. 정밀도축검사와 분변에 의한 식품의 오염을 방지하고 감염자는 구충제를 복용해야 한다.

2) 무구조충

(1) 분포 및 특성

무구조충*Taenia saginata*은 민촌충이라고 하며, 낭충은 쇠고기를 통하여 인체에 감염되므로 쇠고기촌충이라고도 부른다. 몸 길이는 4~10m 정도로 유구조충보다 크다. 두절은 1~2mm의 사각형이며 4개의 흡반이 있으나 갈고리가 없어 무구조충이라 한다. 1개 충이 약 1,000~2,000개의 편절로 되어 있으며 편절이 끝에서 차례로 분변 속으로 배출된다. 쇠고기를 많이 섭취하는 나라에서 감염률이 높은 조충으로 낭충이 기생하고 있는 쇠고기를 먹으면 감염된다.

(2) 감염경로

분변과 함께 외부로 나온 충란이 풀이나 채소에 묻어 있다가 경구적으로 소에게 섭취되면 장 내에서 부화된 유충이 장관벽을 뚫고 근육 안에 들어가 자리 잡고 피낭하여 무구낭충이 된다. 이 낭충은 조직 안에서 9개월 정도 생존하는데, 이 낭충을 가진 쇠고기를 사람이 섭취하면 장액에 의해 탈낭되고 공장점막에 부착하여 성충이 되어 기생한다. 낭충은 소의 체내 근육에서 대부분 기생한다.

(3) 증상

감염증상은 없는 경우도 있지만 사람에 따라 복통, 설사, 소화불량, 메스꺼움, 구토 등 소화기 장애와 장폐색증, 빈혈 등이 나타난다. 71℃에서 5분 정도 가열하면 사멸되나 저온에서는 비교적 저항성이 강하다.

(4) 예방법

쇠고기는 충분히 익혀서 먹고, 그 이전에 소가 먹는 사료나 목초가 분뇨에 오염되지 않도록 하여 소의 감염기회를 차단하는 것이 필요하다.

3) 선모충

(1) 분포 및 특성

선모충*Trichinella spiralis*은 다숙주성 기생충으로 돼지, 개, 고양이, 쥐 등의 포유동물과 사람이 숙주이며 전 세계적으로 분포한다. 크기는 수컷이 1.5mm, 암컷이 3~4mm 정도이고 성충에서 태생한 유충은 0.1mm 정도이다.

(2) 감염경로

인체감염은 덜 익힌 돼지고기 등을 섭취함으로써 돼지고기의 피낭유충으로 감염되며, 소장에서 성충이 된 암컷은 점막층에 들어가 6주 경과 후 1,500개 혹은 그 이상의 유충을 산출한다. 이 유충은 림프선이 혈관을 통하여 횡문근으로 가서 근간 결체조직에 기생한다. 이 유충은 동물의 소화기 점막에서 성충이 된다.

(3) 증상

성충에 감염되면 장염을 일으키므로 설사, 구토, 오심이 생기고 유충이 근육에 이행되면 부종, 고열, 근육통, 호흡장애, 안염, 폐렴 등이 생긴다. 횡격막이나 심근을 침해하면 사망하는 수도 있다.

(4) 예방법

돼지고기의 생식을 금하고 돼지의 사육을 위생적으로 한다. 쥐는 병원체를 보유하고 있으므로 죽은 쥐를 잘 처리해야 한다.

4) 톡소플라스마

(1) 분포 및 특성

사람은 물론 고양이, 개, 토끼, 소, 돼지 등 인수공통감염증으로 광범위하게 분포되어 있으며 감염경로는 분명하지 않다. 톡소플라스마증toxoplasmosis은 톡소플라스마*Toxoplasma gondii*에 의하여 사람이나, 포유동물인 고양이과 조류에 일어나는 질병으로서 중간숙주는 숙주 특이성이 없고 사람을 포함한 대부분의 온혈동물이 해당된다. 원충류의 길이는 대략 3~7㎛로 매우 작고 운동성이 없으며 동물 체내에서 여러 장기의 세포 내에 기생하여 증식한다.

(2) 감염경로

포낭에 감염된 쥐를 고양이가 잡아먹으면 위장관 내에서 톡소플라스마가 유

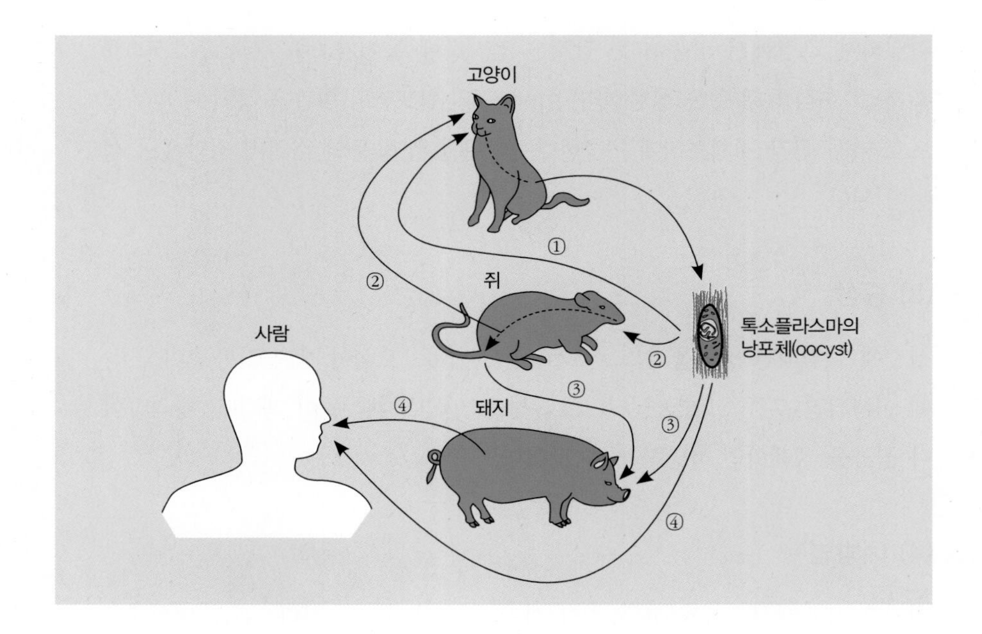

그림 8-6
톡소플라스마의 감염경로

리되고 소장의 상피세포 내에서 증식되어 낭포체oocyst가 생기고 낭포체는 상피세포를 파괴하고 장내로 나와 고양이의 분변과 함께 배출된다. 낭세포를 배출하는 고양이과를 제외한 나머지 동물들소, 돼지, 닭 등은 낭세포를 섭취함으로써 감염되며 동물의 근육조직 내에 감염력 있는 포낭이 생긴다. 인체감염은 포낭이 들어 있는 돼지, 소 등을 덜 익히거나 날것으로 먹었을 때 야기된다그림 8-6.

(3) 증상

선천성 톡소플라스마증은 임신 초기에 모체에서 태아로 태반감염되어 사산, 유산 및 조산 등을 일으키며 태아로 감염이 이행될 경우 안저질환, 임파선염 등을 일으킬 수 있다. 기타 중추신경계에 친화성이 있으므로 맥락망막염, 뇌수종, 뇌의 석회화 및 전신운동 기능장애 등을 보인다. 후천성 톡소플라스마증은 대개 돼지고기나 고양이 등으로부터 감염되며, 대부분 불현성 감염이다.

기생충	특성	감염경로	예방법
		제1중간숙주	
무구조충	• 조충류로 흡판, 편절로 구성 • 갈고리가 없어 민촌충 • 쇠고기촌충	소	• 소, 돼지고기 생식 금지 • 위생적 가축 사육
유구조충	• 조충류로 흡반, 갈고리를 지닌 갈고리촌충 • 돼지고기촌충	돼지	
선모충	• 선충류로 피낭유충 형태의 돼지고기 생식 시 감염	돼지	
톡소플라스마	• 원충류로 임산부의 유산 원인	돼지, 개, 고양이	

표 8-4
육류를 통해 감염되는 기생충

이는 오한, 전율, 두통, 관절통 등으로 시작하여 신경증상, 약시, 실명 등을 일으킨다.

(4) 예방법

완전히 익힌 돼지고기를 섭취하며, 고양이의 배설물에 오염된 물 또는 식품의 섭취를 방지해야 한다. 감염되었을 경우에는 구충제를 복용한다.

CHAPTER 9

학교보건

학습 목표

- 학교보건의 정의를 설명할 수 있다.
- 학교에서의 감염병 예방 관리의 중요성을 설명할 수 있다.
- 학교환경 위생 관리의 주요 점검 내용을 설명할 수 있다.
- 학교급식의 위생 관리 현황을 설명할 수 있다.

CHAPTER 9

학교보건

도입 사례 *

Health Plan 2030–학교보건

국민건강증진종합계획(Health Plan 2030)의 중점과제로 학교보건을 포함하였고, 학교건강증진사업을 통해 학생(초·중·고등학생)들의 질병과 사고를 예방하고, 건강에 대한 올바른 지식을 습득하게 하고 건강한 태도 및 습관의 형성으로 성인기의 질병예방과 평생건강의 기틀을 형성하는 데 목적이 있다. 추진방향은 학교보건 교육의 강화를 통해 행동변화를 수반한 건강역량 향상, 학생의 건강에 영향을 주는 가정·지역사회 등을 포괄하는 학교보건사업 실시 및 교육부와 연계한 건강증진학교 조성 및 확대사업을 실시하고자 한다.

■ **세부 추진계획**

- 학생건강지원기구의 설립
- 교육부 산하의 총괄 기능의 학생건강지원기구와 각 시·도 교육청 산하에 1개의 기구 설립(서울시는 설립되어 있음)
- 건강증진학교 시범학교 지원사업 실시 및 점진적(초→중→고) 확대
- 건강증진학교에 대한 평가기준 개발 및 주기적 평가를 통한 인증제 실시
- 건강증진학교 네트워크 형성
- 국제 건강증진학교 네트워크 결성을 통한 세계수준의 건강증진학교로 변모할 수 있도록 지원

■ **학생들의 건강행태 및 건강상태의 개선**

- 흡연예방사업, 음주예방사업, 비만예방 및 관리사업, 나트륨 섭취 감소사업, 학교 스포츠클럽 활성화 사업, 약물사용 예방사업 등
- 건강증진학교 활성화를 통해 불건강한 보건행태 감소 또는 예방할 수 있는 학교정책 개발
- 알레르기 질환을 보유한 학생의 응급처치 및 관리가 가능한 아토피→천식 안심학교 단계적 확대

■ **학생들의 개인위생 실천율 증가**

- 손 씻기 강화사업: 손 씻기 교육 및 손 씻기 시설 설치
- 칫(잇)솔질 활성화 및 강화사업: 칫솔질 교육, 점심식사 후 칫솔질할 수 있는 환경 조성

■ **학생들의 정신건강수준 향상**

- 자살예방사업
- 스트레스 인지 감소사업
- 학생들의 건강한 성태도 함양

■ **건강한 성가치관 형성을 위한 발달 단계에 맞는 성교육 실시**

- 학교 성교육 담당교사 전문성 제고를 위한 교사연수 실시

■ **학생들의 손상예방 및 안전사고 발생 감소**

- 안전사고 예방행동 실천율 향상 사업: 안전사고 예방교육, 교통안전 현장교육, 교통안전 캠페인, 안전벨트 및 헬멧(오토바이, 자전거, 인라인스케이트 등)과 보호대 착용 교육 실시 등
- 학교 내 안전사고 발생 감소사업: 안전사고 유발 학교시설에 대한 안전장치 강화
- 학교손상 모니터링 시스템 구축

■ **학생들의 인터넷 중독 감소 사업**

- 인터넷 유해 사이트 차단 프로그램 보급
- 인터넷 게임중독 감소사업

■ **건강한 학교 환경 조성**

- 학교 건축물 석면 함유 조사
- 단계적 석면 함유 학교 건축물 개선 실시

자료: Health Plan 국민건강증진종합계획(https://www.khealth.or.kr)

생각해 보기 **

- 학교보건의 중요성이 강조되고 있는 이유는 무엇인가?

1 학교보건의 개념

학교를 통하여 학생들의 건강을 증진시키는 것은 1950년대부터 세계보건기구World Health Organization: WHO의 중요한 목표 중 하나였으며, 'Health for All by the Year 2000'의 목표 달성을 위한 필수방법 중 '건강을 증진시키는 학교Health Promoting Schools: HPS'를 통한 학교보건사업이 포함되어 있다. 1995년 세계보 건기구 주최로 제네바에서 열린 전문가회의WHO's expert committee recommendation on comprehensive school health education and promotion에서는 학교보건 관련 사항을 정리하여 '종합적 학교보건 프로그램comprehensive school health program'의 구체적인 전략을 제시하였으며, 세계 각국에서 이를 기반으로 한 학교보건사업이 진행되었다WHO, 1997.

우리나라는 1951년에 신체검사 규칙을 제정하고 신체검사와 감염병 예방 위주의 학교보건사업을 실시하다가 1967년 「학교보건법」과 1969년 「학교보건법 시행령」이 제정되면서 학교보건 개념이 학교 주변의 교육환경과 학교급식을 포함하는 범위까지 확대되었다.

1) 학교보건의 정의

학교보건school health이란 학생과 교직원이 건강하고 안전하게 생활할 수 있도록 질병을 예방하고 건강을 보호·증진함으로써 건강한 학교생활을 유지하는 것이다. 또한 지역사회 보건의 일부로서 학생 및 교직원의 건강을 유지·증진할 뿐 아니라 학교생활의 안녕을 위해 학교에서 이루어지는 모든 보건활동을 말한다.

2) 학교보건의 목적

「학교보건법」 제1조에서는 학교보건의 목적을 "이 법은 학교의 보건관리에 필요한 사항을 규정하여 학생과 교직원의 건강을 보호·증진함을 목적으로 한다."고 제시하고 있다. 구체적으로는 학교보건의 대상자가 신체적·정신적·사회적으로 각자 해낼 수 있는 최고 수준의 기능을 발휘하도록 하는 데 그 목적이 있다. 1차적 목적은 모든 학생의 복지, 건강증진과 유지, 그리고 자신의 건강selfcare에 책임을 다하고 가족과 지역사회 자원을 이용할 수 있는 잘 적응된 개인으로 발달시키는 것이다. 2차적 목적은 환아의 건강회복, 학령기 학생의 장애나 질병으로 인한 사망의 감소이다. 즉 학교는 질병, 사고, 선천적 기형, 정신·사회적 부적응으로 야기되는 건강요구를 해결하도록 도와야 한다.

3) 학교보건의 필요성

첫째, 학생은 수적으로 지역사회의 1/4 정도를 차지하므로 국민의 전체 건강수준을 향상하기 위해서는 학교인구의 건강을 먼저 고려해야 한다.

둘째, 학생은 배우려는 의욕이 강하기 때문에 보건교육의 효과가 빨리 나타나고, 좋은 건강습관을 길러 주면 가족과 지역사회의 간접교육 효과를 노릴 수 있다.

셋째, 학령기는 일생 중 질병 발생률이 가장 낮은 건강한 시기로, 이 시기의 학생들은 치료보다 예방과 건강한 생활습관 형성이 무엇보다 중요하다.

넷째, 학교는 지역사회의 중심이기 때문에 지역사회 전체의 건강 문제 해결을 위해서는 우선 학교보건 문제를 해결해야 한다.

4) 학교보건 조직과 인력

교육부 학생건강정책과에서는 건강 교육 및 건강검사 등의 기본적인 학생건강관리 정책과 더불어, 학교 내 환경 위생 및 학교 주변 유해업소 관리, 학교 급식 안전관리 및 학생 영양관리 정책 등의 업무를 수행하고 있다교육부, 2022 그림 9-1.

학생건강정보센터는 국가기관·교육청·유관기관 등에서 개발·보급되고 있는 학생건강자료를 종합적으로 제공하고, 학생건강증진을 위한 폭넓은 정보

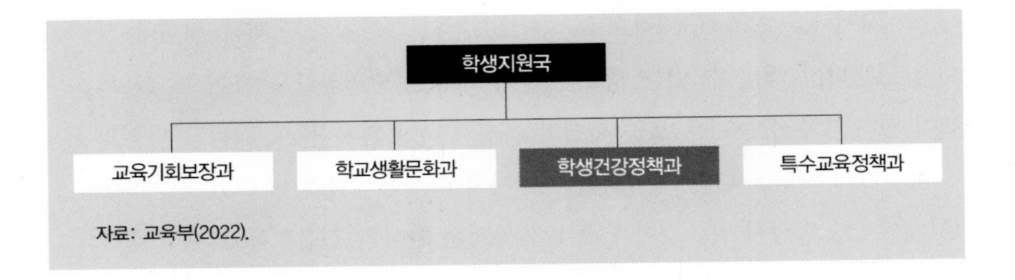

자료: 교육부(2022).

그림 9-1
학교보건 조직

교류와 공유의 공간을 만들어 주기 위하여 교육부와 17개 시·도 교육청의 지원으로 한국교육환경보호원에서 위탁운영되고 있다표 9-1.

표 9-1
학생건강정보센터 분야별 자료

분야	구분	내용
학교보건	신체건강	구강관리, 미세먼지 건강수칙, 학생들의 신체건강 관련 교육자료
	성과건강	학생안전 프로젝트, 디지털 성범죄 예방 교육자료
	정신건강	마음건강 관리, 학생 사이버폭력 예방, 생명존중(자살예방) 교육자료
	사고예방과 응급처치	응급처치법, 심폐소생술, 천식발작 응급대처법 매뉴얼 자료
	약물 오·남용 예방	흡연 및 음주 예방, 약물중독 관련 교육자료
	감염병 예방	유행 감염병 예방 및 행동 수칙, 해외 감염병 발생 동향 관련 자료
	학생건강검사 표본조사	통계작성개관, 조사 내용 자료
학교급식	급식운영	학교급식업무지침, 시설개선사업 자료, 교육급식 선택식단 운영 사례, 채식레시피 관련 자료
	영양교육	영양식생활교육 매뉴얼, 영양교육 영상 및 자료, 나트륨·당류 저감 요리책 등 관련 자료
	위생·안전	학교급식 위생관리지침서, 유치원급식 위생관리 교육자료, 급식종사자 대상 위생교육자료
교육환경	학교 환경위생	미세먼지 건강수칙 및 교육자료, 학교환경위생 관리매뉴얼, 학교 공기정화장치 설치 및 유지관리 업무안내서 자료
	교육환경평가	교육환경평가제도 및 주요 평가내용
	교육환경보호 구역	교육환경보호 업무 실무 편람, 개학기 학교 주변 위해요인 안전점검 및 단속 관련 자료

자료: 교육부 학생건강정보센터(2022).

학교장은 학교보건 관리를 총괄하고 학생보건 관리의 적절한 실천과 교직원 보건에 관하여 필요한 배려와 학교위생 개선의 책임이 있다. 학교보건은 포괄적인 건강사업으로서 그 목적을 제대로 달성하려면 각종 지식과 기술의 투입이 필요하고, 이에 따라 각종 보건의료 전문가는 물론 여러 분야 전문가의 참여가 필요하다. 학교는 학생과 교직원의 건강관리 지원을 위해 학교의사 치과의사 및 한의사 포함, 학교약사, 보건교사를 둘 수 있다.

2007년 11월 「학교보건법」이 개정되어 모든 학교에 보건교사를 배치하고 초·중·고에서 보건교육을 체계적으로 실시하도록 명시되어 2009년부터 시행하였다. 「학교보건법」 제9조에서 "학교의 장은 학생의 신체발달 및 체력증진, 질병의 치료와 예방, 음주·흡연과 마약류를 포함한 약물 오용誤用·남용濫用의 예방, 성교육, 이동통신단말장치 등 전자기기의 과의존 예방, 도박 중독의 예방 및 정신건강 증진 등을 위하여 보건교육을 실시하고 필요한 조치를 하여야 한다"고 명시되어 있다. 교육부 장관은 「유아교육법」 제2조제2호와 「초·중등교육법」 제2조에 따른 학교에서 심폐소생술 등 응급처치에 관한 교육을 포함한 보건교육을 체계적으로 실시하여야 한다. 또한 매년 교직원을 대상으로 심폐소생술 등 응급처치에 관한 교육을 실시하여야 한다.

2 학교보건사업

1) 학생 건강검사

「학교보건법」 및 「학교건강검사규칙」에 근거하여 학생건강실태를 파악하고자 매년 초등학교 4학년, 중학교 1학년, 고등학교 1학년을 대상으로 '학생건강검사'를 실시하고 있다. 신체발달 상황은 표본학교의 초·중·고등학교 전 학년 학생 중 표본 학급, 건강조사는 표본학교의 초·중·고등학교 전 학년 학생 중 표본 학급, 건강검진은 표본학교의 초 1·4학년, 중·고 1학년 학생 중 표본 학급을 대상으로 실시하고 있다그림 9-2.

구분	대상 학년	주요 내용
신체발달상황	초·중·고등학교 전 학년	키, 몸무게 측정 후 비만도 산출
건강조사	초·중·고등학교 전 학년 (초등학생용, 중·고등학생용)	예방접종/병력, 식생활/비만, 위생관리, 신체활동, 학교생활/가정생활, 텔레비전/인터넷/음란물의 이용, 안전의식, 학교폭력, 흡연, 음주/약물의 사용, 성 의식, 사회성/정신건강, 건강상담
건강검진	초 1~4/중 1/고 1 * 구강검진은 초등 전체	척추, 눈·귀, 콧병·목병·피부병, 구강(초등 전체 학년), 병리검사(학교건강검사규칙 제5조)

자료: 교육부 학생건강정보센터(2022).

그림 9-2
학생 건강검사

2) 감염병 예방 관리

학교는 면역력이 상대적으로 약한 학생들이 공동생활을 하는 곳이므로 감염병 발생 시 급속도로 전파되는 특성이 있다. 감염병은 학교 내에서 병원체가 학교 구성원에게 침입하여 발생하거나 집, 학원 및 수학여행 등 학교 밖에서

자료: 교육부(2016). 학생 감염병 예방·위기대응 매뉴얼 제2차 개정판.

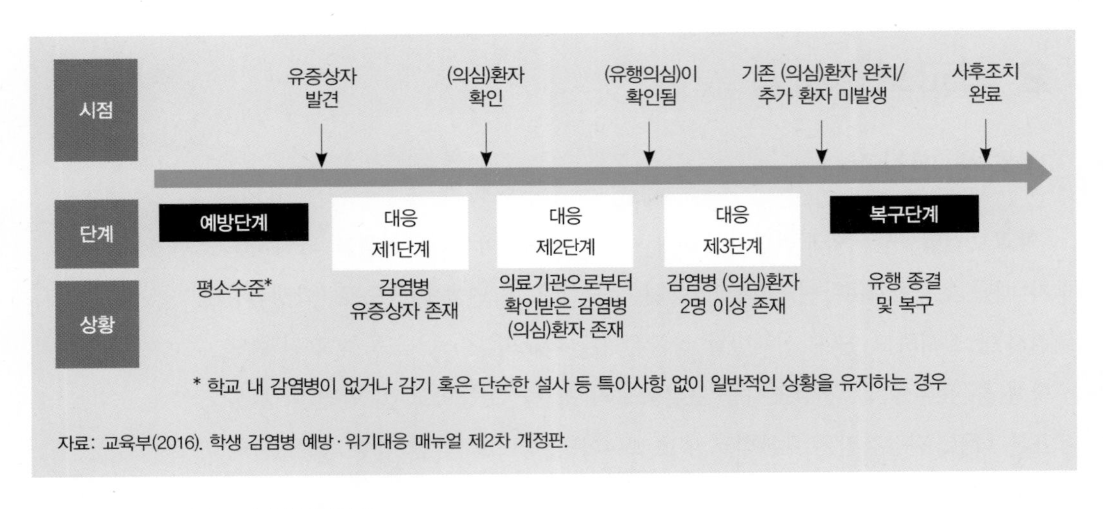

그림 9-3 평상시 학교 감염병 발생 단계

단계	상황	시작 시점	종료 시점	후속 조치
대응 제1단계	감염병 유증상자 존재	유증상자 발견	의료기관 진료 결과 감염병 (의심)환자 발생 확인	⇒ 대응 제2단계
			감염병이 아닌 것으로 확인	⇒ 예방단계
대응 제2단계	의료기관으로부터 확인받은 감염병 (의심)환자 존재	의료기관 진료 결과 감염병 (의심)환자 발생 확인	추가 (의심)환자 발생 확인을 통해 유행의심 기준 충족	⇒ 대응 제3단계
			기존 (의심)환자가 완치되고 추가 (의심)환자 미발생	⇒ 예방단계
대응 제3단계	감염병 (의심)환자 2명 이상 존재	추가 (의심)환자 발생 확인을 통해 유행의심 기준 충족	기존의 모든 (의심)환자가 완치되고 추가 (의심)환자 미발생	⇒ 복구단계

표 9-2
대응단계의 기간 및 후속 조치

발생할 수 있으며, 인플루엔자, 결핵 등 호흡기를 통해 사람 간에 전파되어 다수의 학생들이 감염병에 걸릴 수 있으며, 수인성·식품매개질환과 같이 오염된 식수 또는 식품에 공통적으로 폭로되어 증상을 나타내는 환자가 매우 빠르게 증가할 수 있다. 따라서 학교는 감염병 증상을 보이는 환자가 발생할 경우 대응체계에 따라 신속하게 대응하며[그림 9-3], 학교 내 감염병 발생 대응단계는 감염병 발생 상황에 따라 표 9-2와 같이 3단계로 구성되고, 감염병 대응체계에 따라 업무를 수행해야 한다.

3 학교환경 위생 관리

학교환경 위생 관리란 학교에서 학생 및 교직원이 쾌적하고 안전하게 생활할 수 있도록 교사 내 환경위생 및 식품위생에 의한 위해요소를 조기에 발견·예방하고, 제기된 문제를 효율적으로 조치하여 건강한 학교환경을 이루는 데 그 목적이 있다.

1) 학교 먹는 물 위생 관리

학교 먹는 물 위생 관리는 물의 안전성을 확보하고 위생적인 물의 공급을 통해 학생 및 교직원의 건강보호 및 유지·증진에 기여하는 데 목적이 있으며, 「먹는물관리법」에 의한 수질기준에 적합한 물을 제공하되, 가급적 끓여서 제공해야 하며 주요 유지·관리기준은 표 9-3과 같다.

수돗물은 색도, 탁도, 냄새, 맛 등이 이상이 없을 것을 매일 1회 이상 점검한다. 지하수음용수, 정수기 통과수는 모두 매 분기 1회 이상 검사를 실시하며 지하수는 일반 세균, 총대장균군, 대장균, 암모니아성질소, 질산성질소, 과망간산칼륨소비량 기준 초과 여부, 정수기 통과수는 총대장균군과 탁도 검사를 실시한다.

표 9-3
먹는 물 주요 정기점검 내용

검사사항	점검방법	점검횟수	판정기준	검사기관
수돗물 – 수돗물 수질상태	수질상태는 일상 점검으로 대체할 수 있음	매일 1회 이상	탁도, 냄새, 맛 등의 이상이 없을 것	• 학교 • 환경부령이 정한 자
지하수(음용수) –「지하수법」 제20조 및 같은 법 시행령 제29조에 따라 지하수를 음용수로 사용 시	「먹는물관리법」 제5조에 의하여 실시	매 분기 1회 이상 ※ 전 항목 검사 1회 포함	일반세균, 총대장균군, 대장균, 암모니아성질소, 질산성질소, 과망간산칼륨소비량 기준 초과 여부	• 전문기관
		연중 1회	「먹는물 수질기준 및 검사 등에 관한 규칙」 별표1	• 전문기관
지하수(생활용수)	「지하수의 수질 보전 등에 관한 규칙」	3년마다 1회	1일 양수능력이 30톤 이상인 경우. 다만, 청소용·조경용·공사용·소방용 등은 제외	• 전문기관
정수기 통과수 – 총대장균군 – 탁도		매 분기 1회 이상	「먹는물 수질기준 및 검사 등에 관한 규칙」 제2조에 적합할 것 – 총대장균군: 검출되지 않을 것/100mL – 탁도 * 상수도 1NTU 이하, 지하수 0.5NTU 이하	• 전문기관

주: 「학교환경위생 및 식품위생 점검기준」(제2021-10호, 2021. 2. 26.)에 따라 감염병 등 재난발생으로 학교의 정상 운영이 곤란하다고 교육부장관이 인정하는 경우에는 먹는 물 점검시기 조정 가능

자료: 교육부(2021). 학교환경위생 및 식품위생 관리 매뉴얼-6차 개정판.

2) 교사 내 공기질 등 환경위생

학교생활의 대부분을 교실에서 보내고 있는 성장기 학생들에게 실내 공기질 관리는 매우 중요하기 때문에 학교 신축 시부터 건축자재로부터의 오염 가능성을 배제하고, 정기적인 확인 및 관리를 통하여 학생 및 교직원에게 쾌적한 실내환경을 제공해야 한다. 학교 실내 공기질을 관리하기 위하여 학교 이용 특징과 실내 공기에 미치는 영향은 표 9-4와 같다.

표 9-4 학교 이용 특징 및 실내 공기에 미치는 영향

특징	내용
고밀도 공간	• 높은 재실자 점유율: 일반 사무실의 5배, 주택의 5배 • 다양한 활동성: 활동성이 많은 어린이, 쉬는 시간에 이동이 집중 • 오염원 외기 도입: 운동장 활동에 의한 미세먼지 유입
수업 구분	• 균일한 다수의 실내공간을 정적 수업 공간과 실험 등 동적 수업(미술수업, 과학수업 등) 공간으로 구분 • 수업시간은 초등학교 40분, 중학교 45분, 고등학교 50분
이용시간	• 주로 낮 시간에 이용: 쉬는 시간, 점심시간 존재 • 정적 행위와 동적 행위의 교차
이용자 신체	• 발육상태의 아동기, 청소년기로서 건강 위해성이 성인보다 높음 • 쉬는 시간 옥외와 옥내 이동성 높음
운영	• 1년 365일 중 교과 수업일은 185일 내외 • 1일 중 오전 8시부터 학년별로 4~8시간 수업

자료: 보건복지부(2013).

기존 학교는 교사 내 특성을 고려하여 유지, 관리 항목과 항목별 측정시기 등을 차등하여 적용한다. 교사 안의 공기질 측정은 미세먼지, 이산화탄소 등 12종에 대하여 대상시설의 구조와 용도, 예상되는 오염물질 등의 발생원을 고려하여 실시한다표 9-5. 신축·증축·개축 학교의 실내 공기질은 유지항목인 폼알데하이드, 휘발성유기화합물총휘발성유기화합물, 벤젠, 톨루엔, 에틸벤젠, 자일렌, 스티렌, 라돈에 대한 측정을 의무적으로 실시한다.

표 9-5 학교시설 내 실내 공기질 유지기준 및 측정 방법

검사항목	검사방법	검사횟수	기준	적용시설	검사기관
미세먼지 (PM10)	• 중량법 • 베타선흡수법 • 광산란법	상·하반기 각각 1회 이상	75($\mu g/m^3$) 이하	교사, 급식시설	학교 전문기관
			150($\mu g/m^3$) 이하	체육관, 강당	
미세먼지 (PM2.5)	• 중량법 • 베타선흡수법 • 광산란법	상·하반기 각각 1회 이상	35($\mu g/m^3$) 이하	교사, 급식시설	학교 전문기관
이산화탄소 (Carbon Dioxide: CO_2)	• 현장직독식측정(비분산적외선분석법이 적용된 기기 사용)	상·하반기 각각 1회 이상	1,000(ppm) 이하 (기계환기 1,500)	교사, 급식시설	학교 전문기관
폼알데하이드 (Formaldehyde)	• 현장직독식측정(필요시 2,4-DNPH유도체화 HPLC 분석법으로 측정)	상·하반기 각각 1회 이상	80($\mu g/m^3$) 이하	교사, 기숙사 (건축 후 3년이 지나지 않은 기숙사로 한정한다) 및 급식시설	학교 전문기관
총부유세균 (Total Airborne Bacteria: TAB)	• 충돌법(공기 포집 후 35℃±1℃에서 48시간 배양)	상·하반기 각각 1회 이상	800(CFU/m^3) 이하	교사, 급식시설	학교 전문기관
낙하세균	• 표준한천배지(공기 포집 후 35℃±1℃에서 48시간 배양)	상·하반기 각각 1회 이상	10(CFU/실) 이하	보건실, 급식시설	학교 전문기관
일산화탄소 (Carbon Monoxide: CO)	• 현장직독식측정(필요시 비분산적외선분석법으로 측정)	상·하반기 각각 1회 이상	10(ppm) 이하	개별난방 및 도로변 교실 등	학교 전문기관
이산화질소 (Nitrogen Dioxide: NO_2)	• 현장직독식측정(필요시 화학발광법으로 측정)	상·하반기 각각 1회 이상	0.05(ppm) 이하	개별난방 및 도로변 교실 등	학교 전문기관
라돈 (Radon: Rn)	• 1차 수동형장기측정방법 • 일정 기준 초과 시 단기간 연속측정방법으로 시설 개·보수 여부 판단 (단, 단기간 연속측정방법으로 1차 측정한 경우 2차 검사를 실시하지 않을 수 있음)	상·하반기 각각 1회 이상	148Bq/m^3	기숙사(건축 후 3년이 지나지 않은 기숙사로 한정한다), 1층 및 지하의 교사	학교 전문기관

(계속)

검사항목		검사방법	검사횟수	기준	적용시설	검사기관
휘발성 유기화합물 (Volatile Organic Compounds: VOCs)	총휘발성 유기화합물 (Total Volatile Organic Compounds: TVOCs)	• 고체흡착관과 GC-MS/FID 분석	상·하반기 각각 1회 이상	400($\mu g/m^3$) 이하	신축·증축·개축·개수 학교	전문기관 (학교)
	벤젠 (Benzene)			30($\mu g/m^3$) 이하		
	톨루엔 (Toluene)			1,000($\mu g/m^3$) 이하		
	에틸벤젠 (Ethylene)			360($\mu g/m^3$) 이하		
	자일렌 (Xylene)			700($\mu g/m^3$) 이하		
	스틸렌 (Stylene)			300($\mu g/m^3$) 이하		
석면 (Asbestos)		• 위상차현미경으로 측정하여 기준치 초과 시 전자현미경법으로 측정	상·하반기 각각 1회 이상	0.01(개/cc) 이하	「석면안전관리법」 제22조제1항 후단에 따른 석면건축물	전문기관 (학교)
오존 (Ozone: O_3)		• 현장직독식측정(필요시 자외선광도법으로 측정)	상·하반기 각각 1회 이상	0.06(ppm) 이하	행정실, 교무실, 컴퓨터실 등 1개소	학교 전문기관
진드기 (진드기알레르겐)		• 현미경 계수법 • 효소면역측정법(ELISA법) • 간이측정법(진드기검사용 kit 등)	상·하반기 각각 1회 이상	100(마리/m^2) 10($\mu g/m^2$) 이하	보건실	학교 전문기관

자료: 교육부(2021). 학교환경위생 및 식품위생 관리 매뉴얼-6차 개정판.

학교시설의 조건과 장소에 따른 중점관리기준

대상 시설	중점관리기준
신축 학교	1) 「실내공기질 관리법」 제11조제1항에 따라 오염물질 방출 건축자재를 사용하지 않을 것 2) 교사 안에서의 원활한 환기를 위하여 환기시설을 설치할 것 3) 책상·의자 및 상판 등 학교의 비품은 「산업표준화법」 제15조에 따라 한국산업표준 인증을 받은 제품을 사용할 것 4) 교사 안에서의 폼알데하이드 및 휘발성유기화합물이 유지기준에 적합하도록 필요한 조치를 강구하고 사용할 것
개교 후 3년 이내인 학교	폼알데하이드 및 휘발성유기화합물 등이 유지기준에 적합하도록 중점적으로 관리할 것
개교 후 10년 이상 경과한 학교	1) 미세먼지 및 부유세균이 유지기준에 적합하도록 중점 관리할 것 2) 기존 시설을 개수 또는 보수하는 경우 「실내공기질 관리법」 제11조제1항에 따라 오염물질 방출 건축자재를 사용하지 않을 것 3) 책상·의자 및 상판 등 학교의 비품은 「산업표준화법」 제15조에 따라 한국산업표준 인증을 받은 제품을 사용할 것
「석면안전관리법」 제22조제1항 후단에 따른 석면건축물에 해당하는 학교	석면이 유지기준에 적합하도록 중점적으로 관리할 것
개별난방 (직접 연소 방식의 난방으로 한정한다) 교실 및 도로변 교실	일산화탄소 및 이산화질소가 유지기준에 적합하도록 중점적으로 관리할 것
급식시설	미세먼지, 이산화탄소, 폼알데하이드, 총부유세균 및 낙하세균이 유지기준에 적합하도록 중점적으로 관리할 것
보건실	낙하세균과 진드기가 유지기준에 적합하도록 중점적으로 관리할 것

자료: 법제처(2022). 학교보건법 시행규칙.

환기는 실내에서 발생하는 열, 수증기, 냄새, 먼지 및 유해가스 등에 의하여 실내 공기가 오염되는 것을 방지하고, 산소농도가 감소함으로써 유발되는 학생 및 교직원의 불쾌감이나 환경위생에 대한 위해성을 방지하는 데 있다. 환기용 창 등을 수시로 개방하거나 기계식 환기설비를 수시로 가동하여 1인당 환기량이 시간당 21.6m^3 이상이 되도록 한다. 실내온도는 18℃ 이상 28℃ 이

검사사항	검사방법	검사횟수	판정기준	검사기관
환기량	• 간접측정법 • 직접측정법	연 1회 이상	교실 내 이산화 탄소의 유지 기준(1,500ppm)을 충족할 것	학교 전문기관
온도 및 습도	• 아스만통풍 온·습도계(표준측정법) • 디지털 온·습도계 등으로 측정	계절별 1회 이상	겨울: 18~20℃ 여름: 26~28℃ 습도: 30~80%	학교
소음수준	• 학생 등이 없는 상태에서 창문으로부터 1m 및 바닥으로부터 1.2~1.5m 높이에서 5분간 측정하여 등가 소음 레벨 Leqd B(A)를 산출(단, 소음 발생원이 고속도로 소음인 경우 창문 외부 0.5~1m 지점에서 측정)	연중 1회 이상	55dB(A) 이하	학교 전문기관
조도 (인공조명)	• 칠판 및 교실의 조도를 각각 9곳 이상을 측정	연 1회 이상	300룩스 이상	학교

자료: 교육부(2021). 학교환경위생 및 식품위생 관리 매뉴얼-6차 개정판.

표 9-6
교사 내 환경위생 점검방법 및 기준

하로 하며, 난방온도는 18~20℃, 냉방온도는 26~28℃로, 상대습도는 30~80%로 유지한다. 소음은 학교의 외적 요소로 심리적 불쾌감, 학습능력 저하, 피로의 원인이 되므로 55dB 이하를 유지한다. 교실의 조도인공조명는 책상면을 기준으로 300Lux 이상이 되게 하고 최대조도와 최소조도의 비율이 3:1이 넘지 않도록 하며, 인공조명에 의한 눈부심이 발생하지 않도록 한다표 9-6.

미세먼지 단계별 조치사항

미세먼지는 피부와 눈, 코 등에 물리적 자극을 유발하고 크기가 매우 작아 폐로 흡입되어 호흡기에 영향을 미치며, 신체 여러 장기에 산화손상을 촉진하여 염증반응을 일으킬 수 있습니다.

1. 위험단계

구분		등급(㎍/㎥)						
대기질 기준		좋음	보통	나쁨	매우나쁨(주의보)		경보	
물질	미세먼지(PM_{10})	0~30	31~80	81~150	151 이상		300 이상	
	초미세먼지($PM_{2.5}$)	0~15	16~35	36~75	76 이상		150 이상	
	초미세먼지($PM_{2.5}$) 비상저감조치	환경부 위기경보			관심	주의	경계	심각
		비상저감조치 미발령			발령	3일 이상	5일 이상	7일 이상

※ 환경부 위기경보는 관심–주의–경계–심각 순으로 발령되며, 비상저감조치 연속 발령일수 등을 참고하여 발령되나, 탄력적으로 발령될 수 있음

2. 대응단계

구분	1단계	2단계	3단계	4단계	5단계	6단계	7단계
미세먼지 PM_{10}	사전 대비·대응	고농도 예보	고농도 발생	주의보 발령	경보 발령	발령해제	조치결과 등 보고
초미세먼지 $PM_{2.5}$				주의보 또는 환경부 관심경보	경보 또는 환경부 주의경보 이상		

3. 기관별·단계별 조치사항 요약

구분	사전 대비·대응	고농도 예보	고농도 발생	주의보 발령 (비상저감조치 1단계)	경보 발령 (비상저감조치 2~3단계)	발령해제	발령해제 및 결과보고
교육부	실무매뉴얼 점검 및 정비, 일선기관교육 등	예보 상시 확인	실시간 모니터링 및 안전조치 공문 시행(필요시)	발령상황 확인, 조치사항 이행 요청	발령상황 확인, 조치사항 이행 요청		담당자 지정현황 조치결과 보고 (→환경부)
시·도 교육청	연락체계점검 사전대응계획 마련	예보 상시 확인	실시간 모니터링 및 안전조치 강구(필요시)	발령상황 확인, 전파 등	비상대책반 운영 모니터링 지속	발령해제 전파	발령해제, 피해 등 파악결과 보고 (5월, →교육부)
유치원·학교	매뉴얼 숙지 및 사전준비, 신학기 행정사항 준비, 미세먼지 담당자 교육 이수	예보 상시 확인, 행동요령 교육, 대응방안 검토	미세먼지 농도 확인, 실외수업 자제 등 대응조치 실시	발령상황 수시 확인, 실외수업 금지 등 대응조치 실시	발령상황 수시 확인, 실외수업 금지 등 대응조치 실시	해제상황 수시확인 실내외 환기·청소 등 실시	해제상황 수시확인, 실내외 환기·청소 등 실시 조치결과 보고(발령 당일 내, →교육(지원)청)

자료: 교육부(2021). 대기오염대응 매뉴얼.

미세먼지는 줄이고 건강은 지키는 10가지 학생생활실천

미세먼지를 줄이는 5가지 실천

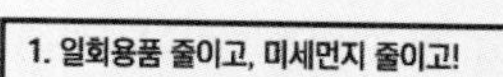
1. 일회용품 줄이고, 미세먼지 줄이고!

2. 겨울철 적정 실내온도(20°C) 유지, 낭비되는 전기에너지 줄이기

3. 가까이는 걷거나 자전거를 타고, 먼 거리는 대중교통으로!

4. 운전하는 어른께는 정차 중에 시동을 꺼달라고 말씀드려요!

5. 공기정화식물 키우고, 나무도 심고!

건강을 지키는 5가지 실천

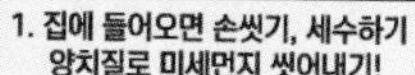
1. 집에 들어오면 손씻기, 세수하기 양치질로 미세먼지 씻어내기!

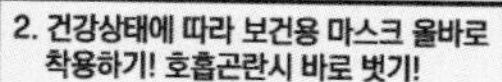
2. 건강상태에 따라 보건용 마스크 올바로 착용하기! 호흡곤란시 바로 벗기!

3. 물과 과일, 야채 충분히 섭취하기!

4. 미세먼지가 나쁜 날에는 격렬한 운동 및 외출 피하기!

5. 미세먼지가 나쁜 날에도 10분씩 하루 3번, 요리할 때는 30분 이상 환기 필수!

올바른 마스크 착용법

1. 마스크 만지기 전 손씻기
2. 양 손으로 마스크의 날개를 펼치고 날개끝을 오므리기

3. 고정심이 있는 부분을 위쪽으로 잡고 턱부터 시작하여 코와 입을 완전히 가린다.

4. 머리끈을 귀에 걸어 위치를 고정하거나 끈을 머리 뒤쪽으로 넘겨 연결고리에 양쪽 끈을 건다.

5. 양 손의 손가락으로 고정 부분이 코에 밀착되도록 심을 누른다.

6. 양 손으로 마스크 전체를 감싸고 공기가 새는지 체크하면서 얼굴에 밀착되도록 고정한다.

자료: 교육부 학생건강정보센터(2021).

4 학교급식

1) 학교급식의 정의

학교급식이란 성장기 학생들에게 필요한 영양을 공급하여 심신의 건전한 발달과 편식교정, 영양교육 및 식습관의 올바른 자세와 협동·질서·책임·공동체 의식을 향상하고, 국민 식생활 개선에 이바지하기 위해 학교교육의 일환으로 실시된다.

2) 학교급식 연혁

우리나라 학교급식은 1953년 유니세프UNICEP가 전쟁으로 인한 결식아동을 돕기 위한 구호급식으로 시작되었으며, 1973년 정부와 학부모의 힘으로 농어촌 지역은 자활급식, 도시지역은 제빵업자에 의한 빵 급식 등 자립형태의 학교급식을 실시하였으나, 1977년 서울 시내 빵 급식에 의한 식중독 사고로 학생 1명이 사망함에 따라 빵 급식제도가 전면 폐지되고, 1978년부터 밥 위주의 자체조리 방식의 급식제도로 개선되어 국가가 이를 정책적으로 추진하게 되었다. 1981년 「학교급식법」이 제정되었으며, 2003년부터 초·중·고등학교 간 연계 급식을 완성하고 전면급식을 실시하게 되었다표 9-7.

1990년대에 학교급식이 양적으로 확대되었으나 다양한 식단 제공, 위생적이고 안전한 식사 제공 등 질적인 면이 확보되지 않아 2003년 3월 서울시내 위탁급식교에서 집단 식중독 사고가 발생하여 '질 중심의 내실화 정책'으로 전환되었으나, 2006년 서울을 중심으로 수도권 지역 위탁급식학교 46개교에서 3,613명의 대형 식중독 사고가 발생함에 따라 직영급식 원칙 및 학교급식공급업자 벌칙 도입, 식재료 품질관리기준 마련 등 안전관리 제도를 강화하였다. 2022년 「학교급식법 시행령」 개정으로 법령 적용대상 유치원 범위가 원아 수 100인 이상에서 50인 이상으로 확대되었다.

시기		주요 내용
학교 구호 급식기 (1953~1972)	1953	• 캐나다 정부 원조와 유니세프 구호를 위한 탈지분유 지원
	1955	• 문교부 의무교육비 예산에 급식비 책정
	1963	• 부산에서 일괄 제빵(옥수수빵) 급식 실시
	1972	• 외국 양곡지원 종료
학교 자립급식 실험기 (1973~1980)	1973	• 국고부담의 무상급식은 줄이고 자부담 급식을 확대
	1977	• 급식 빵 식중독 사건(1명 사망)으로 빵 급식제도 폐지
	1978	• 학교 내에 급식시설을 갖추고 학교장 주관으로 자체조리급식을 실시
학교급식 제도화기 (1981~1990)	1981	• 「학교급식법」 제정 공포(법률 제3356호)
	1982	• 급식학교 영양사를 보건직(7급)으로 배치
	1986	• 학교급식 표준식단 책자 발행
학교급식 확대기 (1991~2002)	1991	• 공동조리 급식학교 최초 지정
	1993	• '학교급식후원회' 제도 도입, 급식확대 추진기반 조성
	1996	• 위탁급식제도 도입으로 급식운영 방식 다양화
	2000	• 《학교급식 위생관리 지침서》 개발, 인쇄 및 배포(전 급식학교)
학교급식 선진화기 (2003~현재)	2003	• 영양교사화를 위한 「초·중등교육법」, 「학교급식법」 개정 • 위탁급식의 직영전환 추진계획 수립(2003~2007)
	2006	• 「학교급식법」 전부개정, 시행령·시행규칙 개정(2007. 1.) – 직영급식 원칙, 벌칙제도 도입, 영양·위생·안전기준 강화
	2007	• 영양교사 배치
	2013	• 알레르기유발식품 표시
	2014	• 14개 시·도 초·중 무상급식
	2020	• 《학교급식 위생관리 지침서》 5차 개정
	2020	• 유치원의 「학교급식법」 적용을 위한 「학교급식법」 개정(2021. 1. 30. 시행)

자료: 한국교육개발원(2016). 학교급식 발전과정 조사, 교육부(2021). 학교보건·급식 70년사.

표 9-7
학교급식 연혁

표 9-8
학교급식 실시현황

구분	학교 수(교)			학생 수(천 명)			운영 형태(교)	
	전체	급식	%	전체	급식	%	직영(%)	위탁(%)
초등학교	6,165	6,165	100	2,680	2,679	99.9	6,158(99.9)	7(0.1)
중학교	3,246	3,246	100	1,346	1,346	99.9	3,222(99.3)	24(0.7)
고등학교	2,378	2,378	100	1,293	1,292	99.9	2,178(91.6)	200(8.4)
특수학교	187	187	100	27	27	99.9	185(98.9)	2(1.1)
합계	11,976	11,976	100	5,346	5,344	99.9	11,743(98%)	233(2%)

자료: 교육부(2022). 2021학년도 학교급식 실시현황.

2022년 2월 기준 학교급식 현황을 살펴보면, 전국 초·중·고·특수학교 전체 11,976개교에서 100% 급식을 실시하고 있으며, 1일 평균 534만 명이 학교급식을 이용하고 있다. 급식방식은 직영급식이 11,743개교98.0%, 위탁급식이 233개교2.0%로 이 중 일부위탁이 190개교, 전부위탁이 43개교이다.

3) 학교급식 위생 관리 현황

1998년 미국 FDA가 안전관리인증기준Hazard Analysis Critical Control Point: HACCP을 외식업체에 적용하기 위한 가이드라인을 제시하였고, 우리나라도 2000년 단체급식 분야에 HACCP 시스템을 적용하도록 하였다. 1999년 교육과학기술부에서는 조직적이고 과학적인 위생관리기법인 학교급식 HACCP 시스템을 연구·개발하여 학교급식 현장에 적용하였고, 2000년에는 《학교급식 위생관리 지침서》를 발간하고 2021년 5차 개정판을 보급하여 적용하고 있다. 학교급식의 위생 과 안전관리를 강화하여 식중독 등 위생사고 발생을 미연에 방지하기 위하여 위생안전점검이 실시되고 평가에 감점제가 도입되었다.

학교급식의 위생과 안전관리를 강화하여 식중독 등 위생사고 발생을 미연에 방지하기 위한 목적으로 「학교급식법」 제19조에서 출입·검사·수거 등에 관한 규정을 마련하여 교육부장관 또는 교육감은 필요하다고 인정하는 때에

구분		주관(협조)	시행시기	대상	평가점검표
학교급식 위생안전 점검	학교 내 직영급식소	교육청 (지방식약청 등)	연 2회* (학기별 1회)	모든 학교	교육부 서식
	학교 내 위탁급식소	교육청 (지방식약청 등)	연 2회* (학기별 1회)	모든 학교	교육부 서식
급식관련 시설점검	학교 밖 위탁급식소 (도시락업소)	지방식약청 (교육청 등)	연 2회 (학기별 1회)	학교급식 공급업소	식약처 서식
	식재료 공급업소	지방식약청 (교육청 등)	연 2회 (학기별 1회)	학교급식 공급업소	식약처 서식

* 학교 밖 식재료 공급업체 등 관련시설에 대하여는 지방식약청 또는 지자체 주관하에 점검하되 교육청 협조, 교육청은 관할지역 국립학교도 포함 점검
* 교육부 장관 또는 교육감이 필요하다고 인정하는 경우에는 연간 실시횟수 조정 가능

자료: 교육부(2021). 학교급식 위생관리지침서-5차 개정판.

표 9-9
주관(협조)기관 및 점검대상

는 식품위생 또는 학교급식 관계공무원으로 하여금 학교급식 관련 시설에 출입하여 식품·시설·서류 또는 작업상황 등을 검사 또는 열람하게 할 수 있으며, 검사에 필요한 최소량의 식품을 무상으로 수거할 수 있도록 하였다. 학교급식 관련 시설 출입·검사인 위생·안전점검은 합리적인 관리체계 정립을 위해 「식품안전기본법」 제4조에 따라 학교 내 급식시설은 교육청 주관하에 지자체 등 관계기관 협조, 학교 밖 식재료업체 등 관련 시설은 지방식약청 또는 지자체 주관하에 교육청이 협조하는 체제로 업무분담 방안을 마련하여 실시하고 있다[표 9-9].

4) 학교급식 식중독 발생동향

학교급식 식중독은 2006년 이후 전반적으로 감소 추세이나, 2012년부터 김치 등 완제품으로 인한 식중독 사고가 증가하는 경향을 보이고 있으며, 2020년은 코로나19로 감소 경향을 보였다[표 9-10].

최근 5년간 누적 원인균별 학교 식중독 발생현황은 병원성 대장균 47건환자

표 9-10 최근 10년간 학교급식 식중독 발생현황

구분		2011년	2012년	2013년	2014년	2015년	2016년	2017년	2018년	2019년	2020년
발생건수 (건)	전체	249	266	235	349	330	399	336	363	286	164
	학교	30	54	44	51	38	36	27	44	24	13
환자 수 (명)	전체	7,105	6,058	4,958	7,466	5,981	7,162	5,649	11,504	4,075	2,534
	학교	2,061	3,185	2,247	4,135	1,980	3,039	2,153	3,136	1,214	401

자료: 식품안전나라(2022). 식중독 통계.

수 3,554명, 노로바이러스 35건환자 수 1,723명, 캠필로박터제주니 8건환자 수 355명, 클로스트리디움 퍼프린젠스 5건환자 수 175명, 살모넬라 3건환자 수 355명, 기타리스테리아 등 6건환자 수 791명으로 나타났다. 병원성 대장균 식중독이 가장 많이 발생하였으며, 노로바이러스 식중독은 매년 꾸준히 발생하였다.

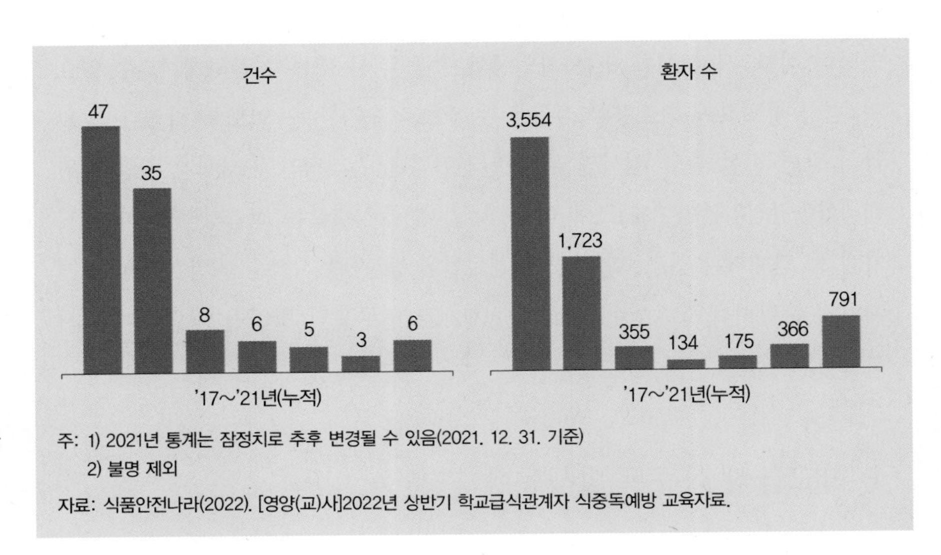

주: 1) 2021년 통계는 잠정치로 추후 변경될 수 있음(2021. 12. 31. 기준)
2) 불명 제외

자료: 식품안전나라(2022). [영양(교)사]2022년 상반기 학교급식관계자 식중독예방 교육자료.

그림 9-4
최근 5년간 원인균별 학교 식중독 발생현황 (2017~2021년 기준)

식중독 발생에 대비하여 평소 학교단위의 '식중독 대책반'을 구성·훈련토록 하여 만일의 사고 발생 시 신속하고 원활하게 조치할 수 있도록 대응체계를 확립하였다그림 9-5.

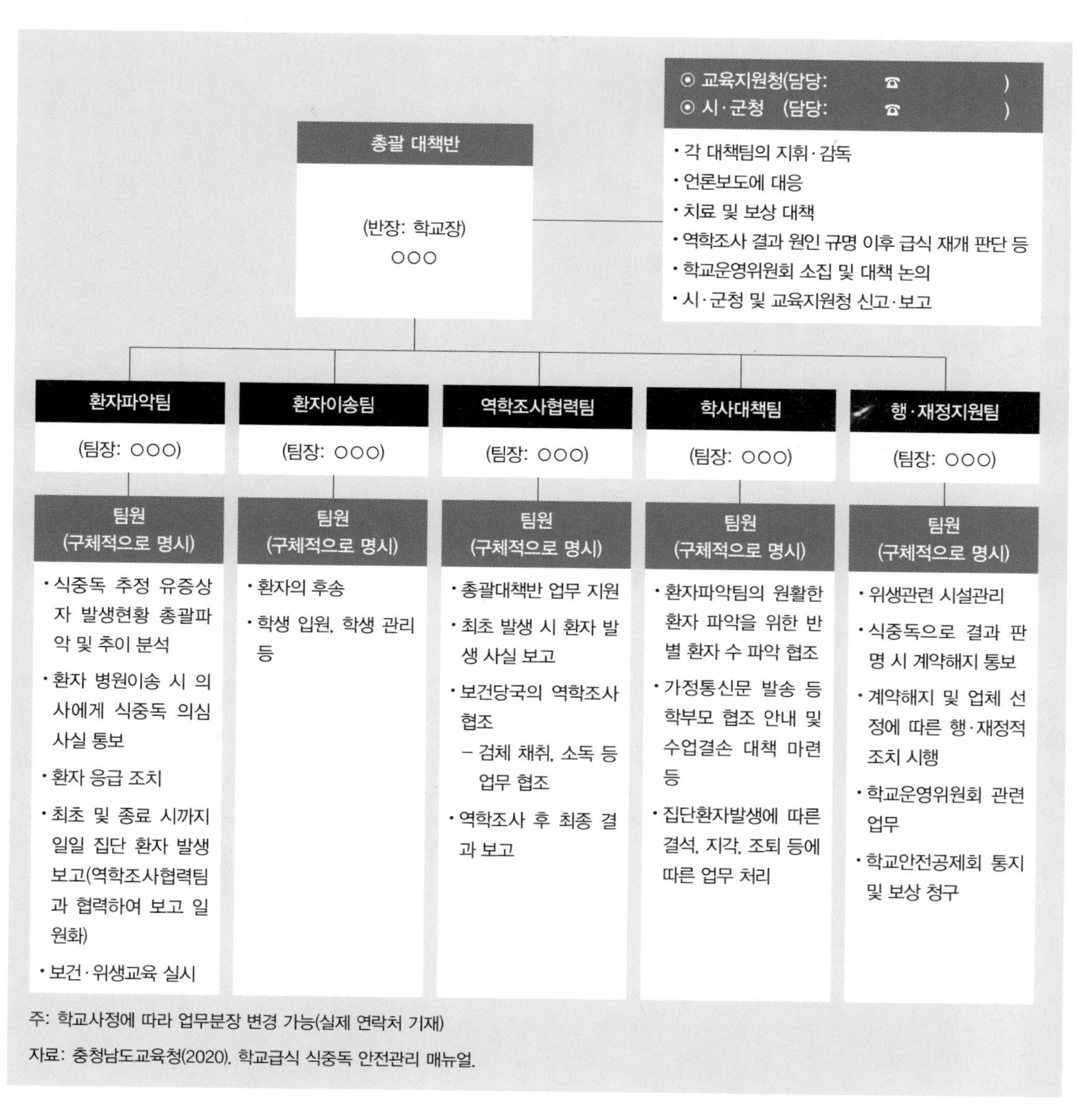

그림 9–5 학교 식중독 대책반 구성도

CHAPTER 10
산업보건

학습 목표

- 산업보건의 정의를 설명할 수 있다.
- 산업재해의 정의와 원인을 설명할 수 있다.
- 직업병의 원인과 관리방안을 설명할 수 있다.
- 산업장의 보건관리방법을 설명할 수 있다.

CHAPTER 10

산업보건

도입 사례 *

포스트코로나 시대, 우리가 맞이한 일터

최근 수년간 우리는 4차 산업혁명에 대해 고민했다. 일자리가 특히 주요 관심사였다. 그 와중에 느닷없이 맞닥뜨린 코로나19는 우리의 삶과 일터를 크게 변화시켰고, 산업안전분야에서도 새로운 이슈들이 등장했다. 산업, 고용구조 및 기술의 변화 측면에서 키워드로 정리하면 다음과 같이 범주화할 수 있다.

우리가 맞닥뜨린 산업, 고용구조 및 기술의 변화상

산업	고용	기술
▪ 산업 및 업종 영역의 불명확 ▪ 사업장 경계의 불명확	▪ 오프라인 → 플랫폼화 ▪ 단순·반복작업부터 로봇 대체	▪ 에너지 집적의 이동, 석유 → 배터리 ▪ 상상하는 것이 바로 제품이 되는 시대

산업의 경계가 무너지고 있다. 자동차가 이제 더는 전통적인 기계공학의 영역이 아닌 디지털과 플랫폼 중심인 시대가 다가오고 있다. 사업장의 영역은 이미 없어지고 있다. 사업장 소속 근로자라는 말도 근로자성이라는 용어와 함께 혼란스러워졌다. 석유에너지는 예상과 달리 아주 빠르게 배터리와 수소에 시장을 내줄 것 같다. 3D 프린터는 공예품이나 만들던 때를 벗어나 이미 건물을 짓기 시작했다.
산업안전분야 중 사망사고 예방 측면에서 종사자가 급속히 늘어나고 관련 산업에 자본이 집중되면서 안전사고가 증가할 우려가 높을 것으로 판단되는 5가지 주요 이슈를 선정했다.
코로나19가 크게 분위기를 조성한 측면이 있지만, 비대면 소비가 폭발적으로 증가하여 배달플랫폼에 종사하는 일명 '라이더'들의 이륜차 교통사고 위험성이 급증하였다. 더불어 온라인 유통시장의 비약적 성장은 대도시 인근 교통망 거점 지역에 대형 물류센터 건설, 빠른 배송을 위한 소규모 도심형 물류센터 건설이 증가하면서 대형사고는 이미 사회적 이슈가 됐다. 노동자 숫자만큼 늘어날 로봇 사용 환경도 이제 우리가 고민해 봐야 할 문제이다. 배터리 및 수소 경제 실현에 따른 잠재 위험성 파악 및 대응 방안 마련, 3D 프린팅 적용 현장 증가에 따른 위험성 평가도 고려해 봐야 할 주요 이슈이다.

자료: 김진현(2021). 포스트코로나 시대, 사망사고 예방 타깃 및 연구 방향. OSHRI:View 15(2): 10-27 발췌 재구성.

생각해 보기 **

- 기존에 로봇은 제조업에서 주로 사용되었으나 최근 서비스 로봇의 활용이 확대되고 있다. 서비스 로봇환경에서 발생할 수 있는 새로운 보건상 위해에는 무엇이 있을까?

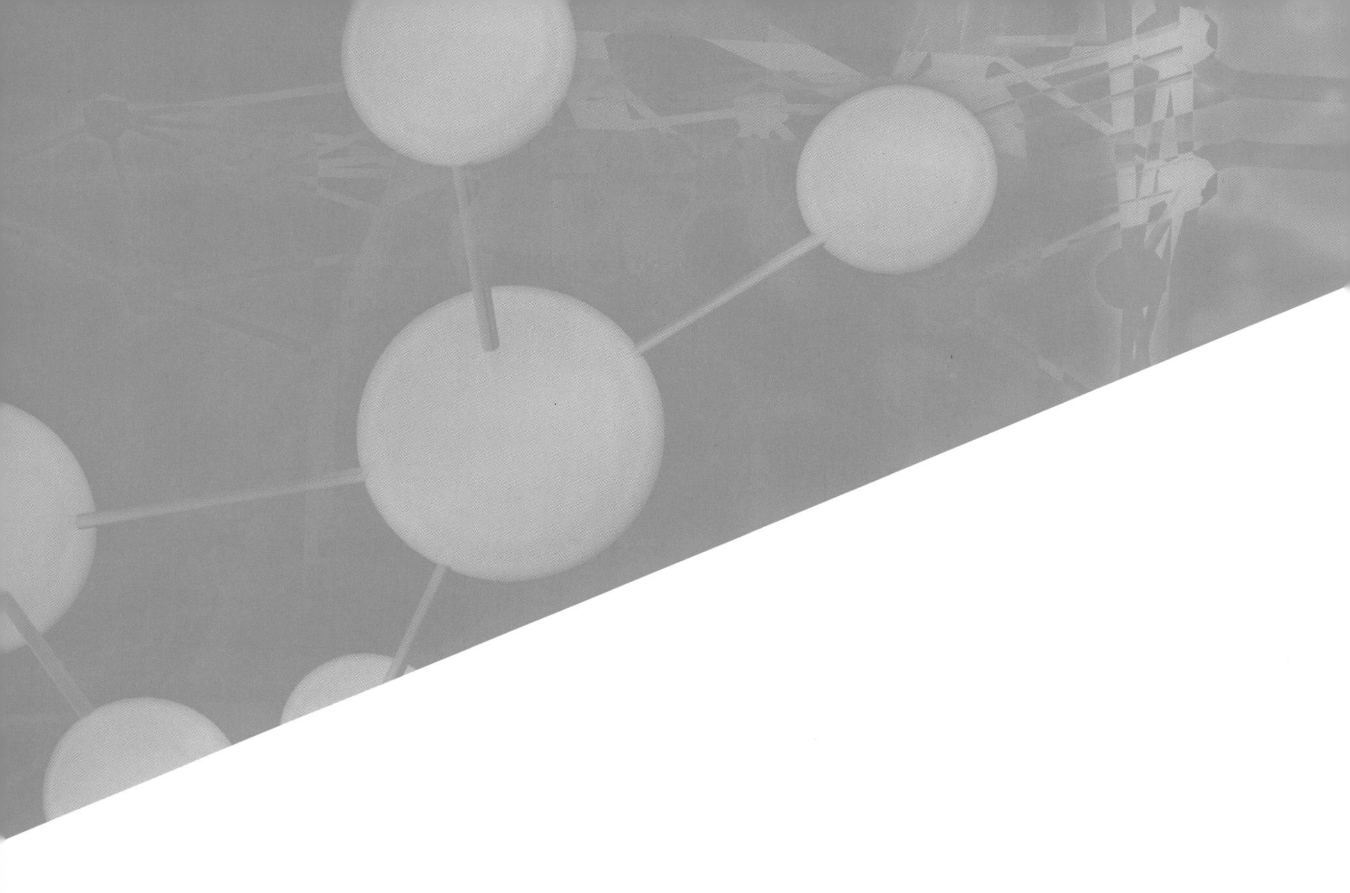

1 산업보건의 개념과 역사

1) 산업보건의 정의

국제노동기구ILO와 세계보건기구WHO에 따르면 산업보건이란 "모든 직업에서 일하는 근로자들의 육체적·정신적·사회적 건강을 유지·증진시키며, 작업조건으로 인한 질병을 예방하고, 건강에 유해한 취업을 방지하며, 근로자를 생리적·심리적으로 적합한 작업환경에 배치하여 일하도록 하는 것"이다. 오늘날 경제환경에서 기업이 경쟁력을 갖추기 위해서는 높은 품질과 생산성을 유지해야 한다. 이를 위해 기업은 우수한 인적자원을 확보하고, 근로자들이 직장 내에서 건강을 유지하며 안전하게 근무할 수 있는 환경을 제공해야 한다. 대부분 청장년인 근로자들의 건강이 국민건강에서 차지하는 중요성은 매우 높다. 또한 산업민주주의 영향으로 직장 내 삶의 질이 중요해지면서 사회적·법적으로 산업보건이 강조되고 있다. 우리나라 산업구조가 제조업 중심에서

서비스 중심으로 변화되고 새로운 직업의 등장, 고령 근로자의 증가, 외국인 근로자의 유입, 비정규직 근로자의 증가 등 산업환경의 변화에 따라 과거와는 다른 작업성 질환과 안전·보건 문제가 등장하고 있다.

2) 우리나라 산업보건의 역사

우리나라의 산업보건은 1953년 「근로기준법」에 안전과 보건에 관한 조항이 포함되면서 처음 모습을 나타냈고, 본격적인 산업보건 활동으로 1962년 시행된 근로자 정기건강진단을 꼽을 수 있다. 연이어 1963년 노동청이 신설되고 「산업재해보상보험법」이 공포되면서 산업보건관리가 시작되었다. 산업보건이 사회적으로 관심을 받은 것은 1970년 청계상가 평화봉제공장 전태일 분신자살사건과 1981년 원진레이온 이황화탄소 중독사건 때문이었다. 산업안전에 대한 사회적 요구가 높아지면서 1981년 정부는 노동청을 노동부로 승격시키고 「산업안전보건법」을 제정하여 산업안전보건 관리체계를 강화하였다. 그 후 유해물질 허용농도 기준 제정, 특수건강진단기관 지정제1983년, 「진폐예방법」1984년, 한국산업안전공단 및 교육원1987년 설립 등 다양한 산업보건 정책과 사업이 실행되었고, 2000년 이후에는 「산업안전보건법」이 5인 미만 사업장까지 확대·적용되었다. 시대의 변화에 따라 나타나는 새로운 노동관계를 반영하여 2020년부터는 「산업안전보건법」의 보호 대상이 특수형태 근로종사자와 배달종사자로까지 확대되었고, 2021년 중대재해를 예방하고 시민과 종사자의 생명과 신체를 보호함을 목적으로 하는 「중대재해 처벌 등에 대한 법률약칭: 중대재해처벌법」이 제정되어 2022년 1월부터 시행되고 있다.

2 산업재해

1) 산업재해의 정의와 원인

「산업안전보건법」에서는 산업재해를 "노무를 제공하는 사람이 업무에 관계되는 건설물·설비·원재료·가스·증기·분진 등에 의하거나 작업 또는 그 밖의 업무로 인하여 사망 또는 부상하거나 질병에 걸리는 것"으로 정의한다. 산업재해 중 사망 등 재해 정도가 심하거나 다수의 재해자가 발생한 경우로서 사망자가 1명 이상 발생한 재해, 3개월 이상의 요양이 필요한 부상자가 동시에 2명 이상 발생한 재해, 부상자 또는 직업성 질병자가 동시에 10명 이상 발생한 재해를 중대재해라고 한다.

작업의 특성에 따라 작업장에는 일반 환경보다 많은 유해요인이 존재할 수 있다. 산업재해의 원인은 시설·공기구 불량, 안전장치 미비 등 환경적 요인과 근로자의 생리적 요인, 감독 불충분 등 인적 요인으로 나눌 수 있다그림 10-1.

그림 10-1
산업재해의 원인

2) 산업재해지표

산업재해는 근로자의 근로 여건을 반영하므로, 다양한 방법으로 산업재해의 수준을 분석하는 것은 도움이 된다. 고용노동부의 산업재해 통계에서 사용되는 대표적인 재해지표는 다음과 같다.

(1) 재해율/연천인율

1년간 근로자 100명당 또는 1,000명당 발생하는 재해자 수의 비율을 각각 재해율, 연천인율이라고 한다. 재해자 수[명]는 업무상 사고 또는 질병으로 인해 발생한 사망자와 부상자를 합한 수이다.

$$\text{재해율}(\%) = \frac{\text{재해자 수}}{\text{근로자 수}} \times 100$$

$$-\ \text{사고재해율}(\%) = \frac{\text{사고재해자 수}}{\text{근로자 수}} \times 100$$

$$-\ \text{질병발생률}(\%) = \frac{\text{질병재해자 수}}{\text{근로자 수}} \times 100$$

$$\text{연천인율}(‰) = \frac{\text{재해자 수}}{\text{근로자 수}} \times 1{,}000$$

(2) 사망만인율

사망만인율은 근로자 1만 명당 발생하는 사망자 수의 비율로, 사망자 수는 업무상 사고로 인한 사망자 수와 업무상 질병으로 인한 사망자 수를 합한 수이다.

$$\text{사망만인율}(‱) = \frac{\text{사망자 수}}{\text{근로자 수}} \times 10{,}000$$

$$-\ \text{사고사망만인율}(‱) = \frac{\text{사고사망자 수}}{\text{근로자 수}} \times 10{,}000$$

$$-\ \text{질병사망만인율}(‱) = \frac{\text{질병사망자 수}}{\text{근로자 수}} \times 10{,}000$$

(3) 도수율 frequency rate of injury

연 근로시간 100만 시간당 몇 건의 재해가 발생했는가를 나타낸다.

$$\text{도수율} = \frac{\text{재해발생 건수}}{\text{근로시간 수}} \times 1{,}000{,}000$$

「산업재해보상보험법」 제37조(업무상 재해의 인정기준)

근로자가 다음 각 호의 어느 하나에 해당하는 사유로 부상·질병 또는 장해가 발생하거나 사망하면 업무상의 재해로 본다. 다만, 업무와 재해 사이에 상당인과관계(相當因果關係)가 없는 경우에는 그러하지 아니하다.

1. 업무상 사고

가. 근로자가 근로계약에 따른 업무나 그에 따르는 행위를 하던 중 발생한 사고
나. 사업주가 제공한 시설물 등을 이용하던 중 그 시설물 등의 결함이나 관리소홀로 발생한 사고
다. 삭제 〈2017. 10. 24.〉
라. 사업주가 주관하거나 사업주의 지시에 따라 참여한 행사나 행사준비 중에 발생한 사고
마. 휴게시간 중 사업주의 지배관리하에 있다고 볼 수 있는 행위로 발생한 사고
바. 그 밖에 업무와 관련하여 발생한 사고

2. 업무상 질병

가. 업무수행 과정에서 물리적 인자(因子), 화학물질, 분진, 병원체, 신체에 부담을 주는 업무 등 근로자의 건강에 장해를 일으킬 수 있는 요인을 취급하거나 그에 노출되어 발생한 질병
나. 업무상 부상이 원인이 되어 발생한 질병
다. 「근로기준법」 제76조의2에 따른 직장 내 괴롭힘, 고객의 폭언 등으로 인한 업무상 정신적 스트레스가 원인이 되어 발생한 질병
라. 그 밖에 업무와 관련하여 발생한 질병

3. 출퇴근 재해

가. 사업주가 제공한 교통수단이나 그에 준하는 교통수단을 이용하는 등 사업주의 지배관리하에서 출퇴근하는 중 발생한 사고
나. 그 밖에 통상적인 경로와 방법으로 출퇴근하는 중 발생한 사고

(4) 강도율[severity rate of injury]

근로시간 1,000시간당 발생한 근로손실일 수로, 산업재해 경중의 정도를 보여 준다.

$$강도율 = \frac{근로손실일\ 수}{근로시간\ 수} \times 1{,}000$$

3) 산업재해 실태

2020년 산업재해분석에 따르면 「산업재해보상보험법」 적용사업장[2,719,308개소]에 종사하는 근로자 중 4일 이상 요양을 요하는 재해자가 108,379명이 발생[사망 2,062명, 부상 91,237명, 업무상질병 요양자 14,816명]하였고, 요양재해율은 0.57%였다[표 10-1]. 같은 기간 산업재해로 인한 직접손실액[산재보상금 지급액]은 5,996,819백만 원으로 전년 대비 8.45% 증가하였고, 직간접손실을 포함한 경제적 손실추정액은 29,984,095백만 원, 근로손실일 수는 55,343,490일이었다. 산업별로는 기타의 사업, 제조업, 건설업에서 대부분의 산업재해가 발생하였고[그림 10-2], 재해 종류로는 넘어짐, 업무상 질병, 떨어짐이 가장 많았다[그림 10-3].

표 10-1 산업재해 현황 비교(2019~2020)

연도	적용 사업장 수 (개소)	대상 근로자 수 (명)	요양재해자 수(명)				요양 재해율 (%)	신체장해자 수(명)			경제적손실추정액 (단위: 백만 원)			근로 손실일 수 (일)
			계	사망	부상	업무상 질병 요양자 수		계	사고 장해자 수	업무상 질병 장해자 수	계	산재 보상금	간접 손실액	
2019년	2,680,874	18,725,160	109,242	2,020	92,932	14,030	0.58	37,450	30,257	7,193	27,646,799	5,529,360	22,117,440	54,544,623
2020년	2,719,308	18,974,513	108,379	2,062	91,237	14,816	0.57	37,426	29,813	7,613	29,984,095	5,996,819	23,987,276	55,343,490
증감 (%)	38,434 (1.43%)	249,353 (1.33%)	−863 (−0.79%)	42 (2.08%)	−1,695 (−1.82%)	786 (5.60%)	−0.01	−24 (−0.06%)	−444 (−1.47%)	420 (5.84%)	2,337,296 (8.45%)	467,459 (8.45%)	1,869,836 (8.45%)	798,867 (1.46%)

자료: 고용노동부(2020).

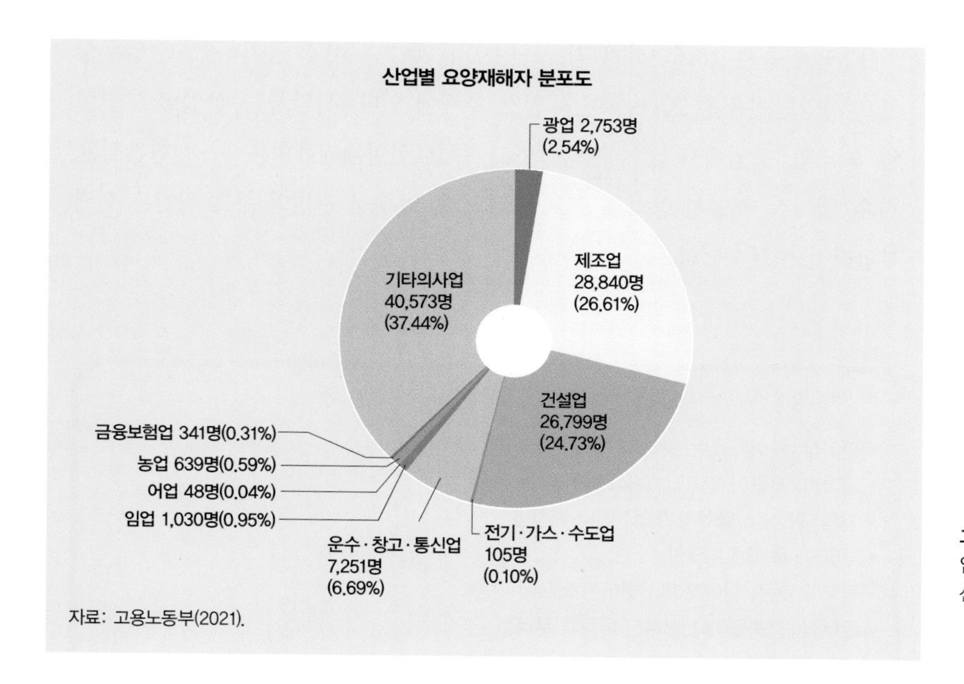

그림 10-2
업종별
산업재해 현황

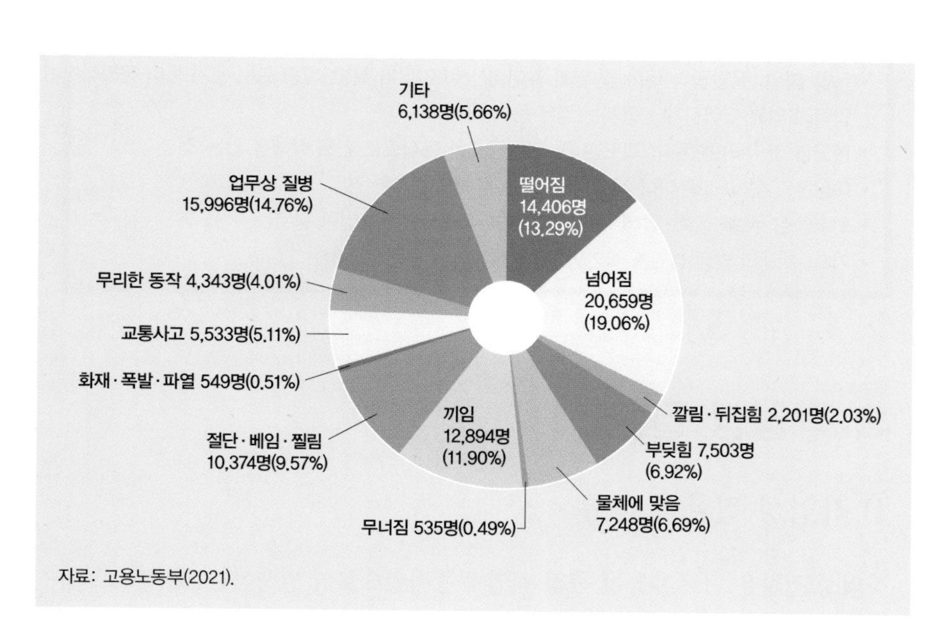

그림 10-3
재해유형별
산업재해 현황 분포

사망만인율은 2016년까지 감소하였으나 2017년 이후 증가하였고, 업무상 사고 사망만인율은 2011년 이후 감소 추세에 있다. 사망자는 산업별로 건설업, 제조업, 광업에서 많이 발생하였고, 주요 사망재해유형은 뇌·심혈관질환, 진폐, 떨어짐, 직업성 암의 순으로 나타났다. 업무상 질병의 주요 원인은 신체부담작업, 요통이었다.

재해 유형 용어

- 떨어짐: 높이가 있는 곳에서 사람이 떨어짐
- 넘어짐: 사람이 미끄러지거나 넘어짐
- 깔림·뒤집힘: 물체의 쓰러짐이나 뒤집힘
- 부딪힘: 물체에 부딪힘
- 물체에 맞음: 날아오거나 떨어진 물체에 맞음
- 무너짐: 건축물이나 쌓여진 물체가 무너짐
- 끼임: 기계설비에 끼이거나 감김
- 절단·베임·찔림: 칼 등 날카로운 물체 또는 톱 등의 회전날 부위에 절단되거나 베임
- 감전: 전기가 흐르는 전선 또는 누전되거나 특별고압에 접근하여 접촉 등이 발생한 경우
- 폭발·파열: 폭발압이 폭음 및 열과 같이 발생한 경우가 폭발, 배관 또는 용기 등이 물리적 압력에 의해 찢어지거나 터지는 경우 등이 파열
- 불균형 및 무리한 동작: 과도한 힘 또는 급격한 동작으로 인해 상해를 입는 것
- 이상온도 접촉: 고온이나 저온 환경 또는 물체에 접촉한 경우
- 화학물질 누출·접촉: 유해·위험한 물질에 접촉하거나 흡입한 경우
- 기타: 재해의 발생 경위가 확인이 되나, 상기의 분류항목에 없는 경우

3 작업성 질환

1) 작업성 질환의 종류

작업성 질환은 근로자들이 특정 직업에 종사함으로써 발생하는 질병으로, 업무상 재해와 업무상 질병을 포함한다. 업무상 재해는 사고나 과실로 발생한 신체적 외상을 의미하며, 주요 원인은 감김·끼임, 넘어짐, 떨어짐이다. 업무상

질병은 직업병과 직업관련성 질병으로 구분되는데, 직업병은 근로자들이 특정 직업에 종사하면서 특수한 작업 환경에 노출됨으로써 근로조건이 원인이 되어 발생하는 만성질환이며, 직업관련성 질병은 업무적 요인과 개인질병 등 업무외적 요인이 복합적으로 작용하여 발생하는 질병(뇌·심혈관질환, 신체부담작업, 요통 등)과 과로, 스트레스, 간질환, 정신질환 등으로 인한 질환을 포함한다.

2) 산업보건 유해인자

「산업안전보건법」에서는 인체에 유해한 가스, 증기, 미스트, 흄이나 분진과 소음 및 고온 등 화학물질 및 물리적 인자를 유해인자라 하고, 이에 대한 유해성평가 및 작업환경 평가와 근로자의 건강진단 등의 기준을 정하고 있다. 그 외에도 미생물, 동식물 등 생물학적 인자, 스트레스, 과로 등 정신적 인자가 있다표 10-2. 사업주는 건설물, 기계·기구·설비, 원재료, 가스, 증기, 분진, 근로자의 작업 행동 또는 그 밖의 업무로 인한 유해·위험 요인을 찾고 부상 및 질병으로 이어질 수 있는 위험성을 평가한 후 적절한 조치를 취해야 한다.

유해인자	분류 기준	
화학물질(29종)	물리적 위험성	폭발성 물질, 인화성 가스, 인화성 액체, 인화성 고체, 에어로졸, 물반응성 물질, 산화성 가스, 산화성 액체, 산화성 고체, 고압가스, 자기반응성 물질, 자연발화성 액체, 자연발화성 고체, 자기발열성 물질, 유기과산화물, 금속 부식성 물질
	건강 및 환경 유해성	급성 독성 물질, 피부 부식성 또는 자극성 물질, 심한 눈 손상성 또는 자극성 물질, 호흡기 과민성 물질, 피부 과민성 물질, 발암성 물질, 생식세포 변이원성 물질, 생식독성 물질, 특정 표적장기 독성 물질(1회 노출), 특정 표적장기 독성 물질(반복 노출), 흡인 유해성 물질, 수생 환경 유해성 물질, 오존층 유해성 물질
물리적 인자(5종)	소음, 진동, 방사선, 이상기압, 이상기온	
생물학적 인자(3종)	혈액매개 감염인자, 공기매개 감염인자, 곤충 및 동물매개 감염인자	

표 10-2
산업보건 유해인자의 종류

4 작업병의 종류와 관리

1) 이상기온에 의한 건강장애

고온다습한 환경에서 심한 육체노동 시 열경련, 열사병, 열피로 등이 발생할 수 있으므로, 고온 노출기준에 준하여 작업시간을 관리하고, 건강장애 발생 시 적절한 조치를 취한다표 10-3, 표 10-4. 저온환경에서 작업할 경우에는 전신 체온 강하, 참호족저온환경에 노출 시 나타나는 모세혈관 손상, 부종, 소양감, 피부 괴사 등, 동상 등이 발생할 수 있으므로 반드시 방한구를 착용하고 고지방식을 섭취한다.

표 10-3
고온에 의한 건강장애

종류	특징
열경련	• 주로 고온 환경에서 심한 육체노동 시 지나친 발한으로 탈수와 염분 손실이 원인 • 수의근의 유통성 경련, 발작, 현기증, 귀울림, 두통, 구역 및 구토증, 호흡곤란 등이 나타남 • 수분과 염분 보충, 신속한 휴식
열사병 (일사병)	• 고온다습한 환경에서 격렬한 육체노동 시 체열 방출 장애로 체온조절 중추기능 장애 발생 • 땀을 흘리지 못하고, 체온 상승(41~43℃), 혼수상태, 피부 건조증상이 나타남 • 서늘한 곳에서 휴식, 수분 보충
열피로 (열실신)	• 고열 환경에 노출 시 혈관운동장애로 저혈압, 실신, 현기증, 급성 신체적 피로감 등 • 서늘한 곳에서 휴식, 수분 보충

표 10-4
고온의 노출기준

(단위: ℃, WBGT)

작업강도 / 작업휴식시간비	경작업 (200kcal까지의 열량이 소요되는 작업)	중등작업 (시간당 200~350kcal의 열량이 소요되는 작업)	중작업 (시간당 350~500kcal의 열량이 소요되는 작업)
계속 작업	30.0	26.7	25.0
매시간 75% 작업, 25% 휴식	30.6	28.0	25.9
매시간 50% 작업, 50% 휴식	31.4	29.4	27.9
매시간 25% 작업, 75% 휴식	32.2	31.1	30.0

2) 이상기압에 의한 건강장애

작업환경에서 이상기압으로 인한 건강상 장애로는 고압에 의한 건강장애와 고압에서 평압으로 감압할 때 받는 장애가 대표적이다. 고압에 의한 건강장애는 크게 생체와 환경의 기압차로 인한 기계적 장애울혈, 부종, 출혈, 동통, 귀와 부비강 등 압박장애와 고압상태의 가스 독성으로 인한 장애로 구분된다. 또한 높은 기압에서 너무 급격히 감압을 하면 혈액과 조직에 용해되어 있던 질소가 기포를 형성하고 이 기포로 순환장애와 조직 손상이 발생하는데, 잠함병 또는 감압증이 대표적이다.

3) 소음성 난청

소음은 원하지 않는 소리로 일정량 이상의 소음에 노출 시 청력 손실소음성 난청이 발생한다. 일과성 청력 손실은 일정 시간이 지나면 회복되지만 장기간 노출 시 영구적 청력 손실이 발생하면 회복이 불가능하다. 소음성 난청을 예방하기 위해 작업장 내 소음 노출 정도를 지속적으로 평가하고, 기준 초과 시 공학적 대책을 도모함과 동시에 근로자에게 청력보호구를 제공하고 정기적으로 청력검사를 실시한다표 10-5. 소음성 난청 외에 폭발 등 일시적인 강력한 소음이 원인이 되는 음향외상도 있다.

1일 노출시간(hr)	소음강도 dB(A)
8	90
4	95
2	100
1	105
1/2	110
1/4	115

주: 115dB(A)을 초과하는 소음 수준에 노출되어서는 안 됨

표 10-5
소음의 노출기준
(충격소음 제외)

4) 진동에 의한 건강장애

진동의 영향은 전신진동과 국소진동으로 구분되는데, 전신진동장애는 2~100Hz 진동이 원인이 되어 말초혈관 수축, 혈압 상승, 맥박 증가, 발한, 피부 전기저항 저하 등의 증상을 보인다. 국소진동장애는 8~1,500Hz 진동이 원인으로 자동톱, 공기해머, 착압기 등을 사용할 때 팔과 다리에 주로 나타난다. 진동으로 인한 장애를 예방하기 위해서는 작업 중 휴식을 자주 하고, 진동공구의 손잡이를 방진재질로 처리한다.

5) VDT 증후군

컴퓨터 사용이 산업 전반에 보편화되면서 VDT(Visual Display Terminal) 증후군 환자 역시 증가하고 있다. VDT 증후군의 주요 증상으로는 안정피로(작업 중 시력 감퇴, 복시), 경견완증상(목, 어깨, 팔, 손가락, 허리 등), 정신신경장애(불안, 초조, 신경질 등)가 있다. VDT 증후군은 영구장애로 이어지지는 않는다고 보고되어 있다.

6) 진폐증

분진은 공기 중에 존재하는 미립자로, 크기가 1㎛ 이하부터 수백 ㎛까지 다양하다. 분진을 흡입하면 폐에 침착하여 진폐증을 일으키는데, 노출된 원인 분진에 따라 규폐증(실리카 등), 석면폐증(석면), 탄광부진폐증(탄분진), 기타 진폐증으로 구분된다. 진폐증의 예방을 위해 분진을 유발하는 재료를 다른 재료로 대체하여 작업장 내 분진 발생을 억제하고 분진을 제거해야 한다. 또한 분진에 노출되는 근로자에게는 적합한 마스크를 제공하고 진폐증에 대한 예방교육을 실시하며, 정기적인 건강진단을 실시한다.

7) 중금속 중독

산업현장에서 흔히 발생하는 대표적인 중금속 중독으로는 납중독, 수은중독, 크롬중독, 카드뮴중독이 있다. 중금속 중독의 위험이 있는 작업장에서는 근로자에게 보호장비를 제공하고, 적절한 배기장치 등을 설치한다표 10-6.

종류	관련 분야 및 증상
납중독	• 납 광산, 납제련, 축전지 제조업, 페인트나 안료 제조, 도자기 제조, 인쇄업 등과 관련 있음 • 식욕 부진, 변비, 복부 팽만감, 급성 복부 산통, 근육 마비, 관절통, 근육통 • 작업장 허용기준: < 0.05mg/m^3, 성인 남성 혈중 납 농도 < 40μg/100mL
수은중독	• 수은광산, 수은추출 작업, 도금, 피륙, 박제 제조, 사진공업, 도료, 인견 제조 등과 관련 • 상온에서 기화되어 흡입되거나 분진과 섭취 • 구내염, 근육경련, 불면증, 근심걱정, 청력·시력·언어장애, 보행장애(만성중독)
카드뮴중독	• 카드뮴 정련가공, 도금작업, 합금제조, 합성수지, 도료, 비료제조 등의 산업장 • 구토, 설사, 급성위장염, 복통, 착색뇨, 간과 신장 장애, 골연화증, 골소공증 • 작업장 허용기준: < 0.03mg/m^3
크롬중독	• 크롬도금 작업장이나 크롬산염을 촉매로 취급하는 작업장에서 크롬 증기 또는 분진의 흡입 • 심한 신장장애(과뇨증, 무뇨증), 요독증, 사망, 비중격천공

표 10-6
대표적인 중금속 중독의 종류와 특징

5 작업노출기준

고용노동부 고시 '화학물질 및 물리적 인자의 노출기준'에 따르면 노출기준이란 "근로자가 유해인자에 노출되는 경우 노출기준 이하 수준에서는 거의 모든 근로자에게 건강상 나쁜 영향을 미치지 아니하는 기준"으로, 1일 작업시간 동안의 시간가중평균노출기준Time Weighted Average: TWA, 단시간노출기준Short Term Exposure Limit: STEL 또는 최고노출기준Ceiling: C으로 표시한다. 우리나라 작업장 유해물질 노출기준은 미국산업위생전문가협회American Conference of Governmental Industrial Hygienists: ACGIH의 노출기준Threshold Limited Values: TLVs을 이용하여 총 731종의 물질에 대해 설정되어 있다.

1) 시간가중평균노출기준

주 40시간 동안의 평상 작업에서 반복하여 폭로되더라도 거의 모든 작업자에게 건강장애를 일으키지 않는 공기 중 유해물질의 시간가중 평균 농도이다. 시간가중평균노출기준은 1일 8시간 작업을 기준으로 하여 유해인자의 측정치에 발생 시간을 곱하고 8시간으로 나눈 값이다.

2) 단시간노출기준

8시간의 시간가중평균노출기준을 넘지 않더라도 하루 작업 동안 넘지 말아야 할 15분간의 시간가중평균농도를 말한다. 15분간 시간가중평균노출값으로서 노출농도가 시간가중평균노출기준을 초과하고 단시간노출기준 이하인 경우에는 1회 노출 지속시간이 15분 미만이어야 하고, 이러한 상태가 1일 4회 이하로 발생하여야 하며 각 노출 간격은 60분 이상이어야 한다.

3) 최고노출기준

근로자가 1일 작업시간 동안 잠시라도 노출되어서는 안 되는 기준으로, 노출기준 앞에 'C'를 붙여 표시한다.

6 산업장 보건관리

1) 산업보건 관리 현황 및 전망

산업재해를 방지하고 건강하게 일할 수 있는 환경을 조성하기 위해 산업안전보건의 법적 요구가 강화되고 있고, 산업안전보건은 ESG[Environmental, Social,

분과	중점과제	대과제	세부 과제내용
인구집단별 건강관리	근로자	근로제도 및 환경개선을 통해 근로자 건강 보호	산재 다발 업종별 위험요인 집중관리를 통해 안전한 일터 조성
			주52시간제 정착 및 장시간 노동이 빈번한 업종의 개선 추진
			근로자 건강관리 형평성 제고를 위한 지지적 환경 구축
			고위험군 대상 정신건강서비스 제공으로 자살 예방

표 10-7
제5차 국민건강종합대책에 제시된 근로자 건강관리 세부 과제

Governance 경영의 기본이 되고 있다. 산업장 보건관리에는 작업환경 및 작업 관리, 건강진단 관리, 건강상담 및 건강증진, 보건교육, 응급처치지도, 보건지도 관리 등이 포함된다. 산업장 보건관리를 위해 300인 이상 사업장에는 보건관리자를 의무 고용해야 한다. 또한 상시 근로자 500명 이상 또는 토건 시공능력 순위 1,000위 이내 주식회사 대표이사는 매년 회사의 안전보건계획을 수립하여 이사회 보고 및 승인을 받고 이를 성실하게 이행해야 한다. 안전보건계획은 안전·보건에 관한 경영방침, 관리조직의 구성·인원 및 역할, 예산 및 시설 현황, 전년도 실적 및 다음 연도 활동계획 등을 포함한다표 10-7.

우리나라 산업보건 활동의 패러다임은 과거 유해화학물질 등 전통적인 '직업병 예방' 중심에서 '근로자 건강증진' 중심으로 변화하고 있다. 제5차 국민건강증진종합계획2030의 근로자 건강증진은 모든 근로자가 퇴직할 때까지 육체적 및 정신적 건강을 유지·증진하도록 지원함으로써 퇴직 후 노년기 건강의 질을 보장하는 것을 목적으로 하고 있다. 이를 위해 사업장 건강증진활동 활성화, 사업장 건강증진활동 비용지원, 건강증진활동 우수 사업장 인증, 근로자건강센터 설치 운영 사업을 추진하고 있다.

2) 작업환경 관리

작업환경 관리란 작업자에게 건강장애를 일으킬 수 있는 작업환경 관련 위해 요소의 노출경로를 차단하거나 관리하는 것이다. 근로자의 건강장애를 초래할 수 있는 유해인자의 노출정도나 발생수준 등 작업환경 실태를 파악하기 위하여 해당 근로자 또는 작업장에 대하여 사업주가 측정계획을 수립하여 시료의 채취 및 분석·평가하는 작업환경측정을 실시한다.

또한 직업병의 예방과 위해평가 등을 고려하여 기계적 설계, 국소배기장치 설치 등 발생원에 대한 처리, 희석, 작업자와 유해인자 간 격리공간적 분리, 안전보호구 착용 등, 공정의 밀폐와 격리, 물질의 변경, 고정변경, 시설변경 등 대치, 작업환경의 정비·안전교육 등을 통해 관리해야 한다.

3) 건강 관리

근로자에 대한 건강 관리는 채용부터 퇴직까지 근로자의 건강을 보호·유지·증진하기 위한 관리이다. 건강 관리 중 가장 중요한 내용은 근로자의 건강검진으로 근로자들의 질병과 건강장애를 조기에 발견하는 것이다. 사업체는 근로자 채용 시 건강검진을 실시하여 작업에 적합한 지원자를 선별하고, 유해작업으로 인한 영향을 판단하기 위한 자료로 활용해야 한다. 일반건강진단은 「국민건강보험법」에 근거하여 실시한다. 특수건강진단은 「산업안전보건법」에 근거해 특수건강진단대상 유해인자에 노출되는 업무에 종사하는 근로자를 대상으로 하고 정기적으로 실시한다. 최근에는 근로자의 만성질환 예방과 관리를 위한 영양 관리가 강조되고 있다. 급식을 통해 신체활동 강도와 시간을 고려한 영양공급이 이루어져야 한다. 또한 직장환경 내에서 증가하는 스트레스 등 정신건강 관리가 수행되어야 한다.

CHAPTER 11
보건행정

학습 목표

- 보건행정의 개념을 이해하고 일반행정과의 차이점을 구분할 수 있다.
- 보건행정의 원리와 관리과정을 습득할 수 있다.
- 우리나라 보건행정의 변천과정과 주요 보건행정부서의 역할을 이해할 수 있다.
- 사회보장의 개념과 기능 및 우리나라에서 시행되는 사회보장제도의 현황을 파악할 수 있다.
- 보건 관련 국제기구의 기능을 설명할 수 있다.

CHAPTER 11

보건행정

도입 사례 *

환경변화와 보건행정의 역할

1 WHO가 세계적 유행(pandemic)을 선언한 감염병은 1968년 홍콩플루(Hong Kong flu), 2009년 신종플루(influenza A H1N1), 2020년 코로나19(COVID-19)였고, 국제보건비상사태(public health emergency of international concern)를 선언한 감염병은 2009년 미국과 멕시코의 신종플루, 2014년 서아프리카의 폴리오와 에볼라 바이러스, 2016년 브라질의 지카바이러스, 2020년 중국의 코로나19이었다. 그리고 코로나19 이후에도 신종감염병은 출현할 것이며, 인구 증가, 자연파괴, 지구온난화, 교류 확대 등 사회경제적·환경적 및 생태학적 요인으로 인해 야생 인수공통감염병(wildlife zoonotic emerging infectious disease)과 매개감염병(vector-borne emerging infectious disease)은 그 출현 주기가 짧아질 것이다[10,11].

자료: 박은철. 코로나19 이후 시대. 보건행정학회지 2020.

2 세계보건기구(World Health Organization)가 coronavirus disease 2019(COVID-19) 대유행(pandemic)을 선언한 지 19개월째에 접어들면서 세계는 빠르게 '위드코로나(with corona)' 시대로 전환되고 있다. 백신 개발로 COVID-19 감염력 및 치명력을 일정 수준 통제하게 된 반면, 그간 방역의 핵심 전략이 되었던 격리정책이 사회·경제적 손실 증가 및 국민적 수용의 한계에 부딪히게 되면서 더 이상 정책수단으로 유지해 가기 어려운 현실이 국내외 공감대로 확산되고 있기 때문이다[2]. 이미 백신의 시대를 빠르게 예감하고 선도적으로 백신접종을 추진해 온 이스라엘을 필두로, 미국, 영국, 싱가포르 등의 국가들은 방역을 해제하고 '일상으로 회복'을 선언하였다[3]. 물론 델타변이 확산으로 감염환자 수가 증가하면서 격리정책의 완급이 조절되고는 있으나 이미 '위드코로나 시대'를 받아들이고 대비해야 한다는 인식이 대세가 되고 있다. 국내에서도 정부가 11월부터 '단계적 일상회복'으로 방역체계를 전환하겠다고 밝히면서[4] 이에 대한 다양한 논의들이 제기되고 있다[5].

자료: 이선희. 위드코로나 시대, 어떻게 준비할 것인가?. 보건행정학회지 2021.

생각해 보기 **

- 감염병 대처가 보건행정의 주 업무로 부상한 위의 사례로 볼 때 보건정책의 수립에 필요한 요소와 보건행정부서의 역할은 무엇인가?

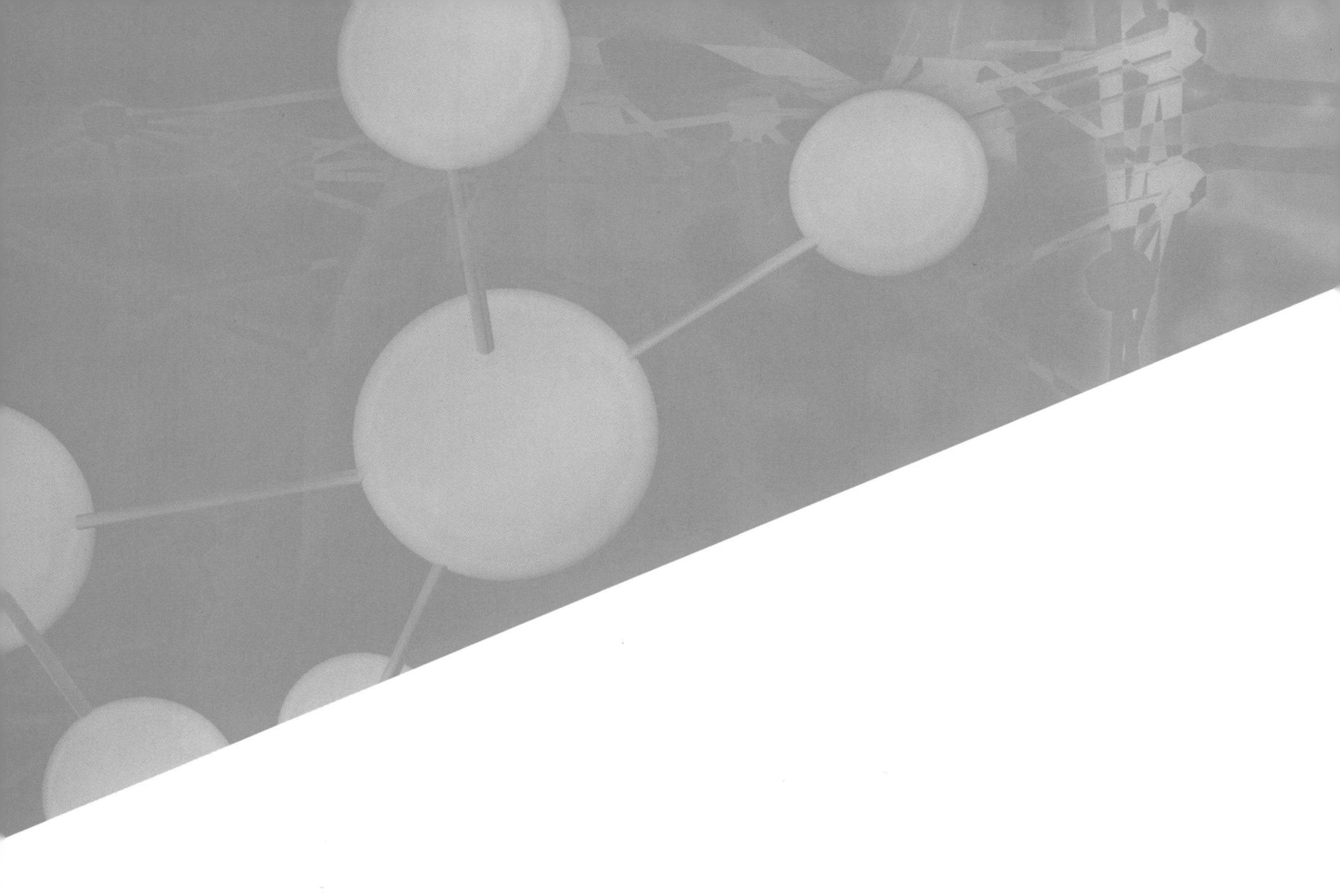

1 보건행정의 개념

1) 보건행정의 정의

보건행정이란 국민의 수명 연장, 질병예방 및 육체적·정신적 건강증진의 목적 달성을 위해 공공의 책임하에 수행하는 행정활동이다. 따라서 보건행정은 공적 또는 사적인 기관이 사회복지를 위해 공중보건의 원리와 기법을 응용하는 것으로 정의할 수 있다. 보건행정활동은 공중보건사업을 실현해 가는 주요 접근방법으로 대상자들지역주민, 국민의 욕구와 수요를 반영하고 시대와 환경의 변화에 부응해야 한다.

2) 보건행정과 일반행정의 차이

보건행정이란 보건학 및 의학 등의 공중보건 관련 지식과 기술을 대인관계 및 행정조직을 통해 주민생활 속에 적용시켜야 하는 과학 및 기술행정이라는 특성을 지닌 점이 일반행정과는 다르다. 보건행정의 과정 중 최우선적 사항은 그 지역의 현황과 문제점을 파악하는 것으로 보건사업을 수립할 때에는 인력·시설과 장비·재정·조직을 고려해야 한다.

3) 보건행정의 효율적 성과를 위한 요소

(1) 생태적 요소

보건행정이나 사업수행은 대상 인구집단의 성별·연령별 구성 및 사회·문화적 특성 등을 고려해서 이루어져야 한다. 보건사업에서 가장 근본이 되는 것은 인구의 파악 및 장래 인구추계 등 인구의 수적 파악과 인구집단에 대한 생태학적인 특성으로 이를 정확하게 파악할 수 있는 기술이 필요하다.

(2) 역학기술

역학기술은 인간집단을 대상으로 질병의 양상 등을 파악하는 기술이며, 보건행정에서 역학적 기초자료의 확보는 기본적인 사항으로 질병 발생의 숙주적·환경적 및 병인적 상호관계를 규명하여 보건행정활동에 적용하는 기초자료를 마련해야 한다.

(3) 의학기술

보건사업수행에 의학적 접근은 필수적이다. 보건행정에서 의학적 기초는 예방의학적 입장, 종합적 보건봉사 및 의료봉사라는 입장에서 주로 적용된다. 따라서 의학적 연구결과의 발전은 보건행정 수행의 내용적 성패를 가늠하는 요소가 된다.

(4) 환경위생학적 요소

질병이나 건강관리에서 인간의 생리를 중심으로 발병요인을 파악하는 것 외에 질병과 관련된 환경요소를 중심으로 하는 연구와 행정체제가 필요하다.

(5) 사회적 기초

보건행정은 국민, 단체, 기관 등의 사회적 관계를 통하여 시행하는 것이다. 보건행정의 효율적인 성과를 위해서는 사회집단의 유기적인 통합 및 상호의사전달이 원활하게 이루어져야 한다.

2 보건행정의 특성

보건행정이 일반행정과 다른 점은 일반행정의 4대 요소조직, 인사, 예산, 법규와 함께 보건학 및 의학 등 전문지식과 기술을 접목하는 기술적 행정이라는 것이다. 보건사업을 정부의 책임하에 수행하는 이유는 지역사회의 활동만으로는 달성할 수 없는 부분이 많고, 관권과 법적 규제가 필수인 보건사업도 많기 때문이다. 또한 보건사업은 정부기관의 일반적인 조직과 인원, 안정성과 지속성을 필요로 하는 분야가 많기 때문에 정부의 책임이 필요하며 다음과 같은 특징을 가진다.

1) 과학성 및 기술성

보건행정은 사람과 관련된 분야이기 때문에 과학과 기술의 확고한 기초 위에서만 성립될 수 있다. 또한 보건행정에 이용되는 과학과 기술은 이용도와 적용도가 높아야 하기 때문에 가격이 저렴하고 장치가 간단하며 조작이 용이해야 한다.

2) 봉사성

행정국가의 개념이 복지국가의 개념으로 변화됨에 따라 공공행정이 소극적인 질서 유지로부터 국민의 행복과 복지를 위해 직접 개입하고 간섭하는 봉사행정으로 변화하였다.

3) 조장성 및 교육성

보건행정은 지역사회 주민의 자발적인 참여 없이는 그 성과를 기대하기 어려우므로 지역사회 주민을 대상으로 한 교육 혹은 참여의 조장을 통해 목적을 달성하며, 교육을 주된 수단으로 사용한다.

4) 공공성 및 사회성

보건행정의 목적은 공공복지와 집단적 건강을 추구함으로써 사회전체 구성원을 대상으로 한 사회적 건강 향상에 있으므로 사회행정적 성격을 띤다. 개인의 건강이 지역사회 또는 국가를 통하여 파악되어야 하는 고도의 공공성과 사회성을 의미한다.

5) 행정대상의 양면성

소비자 보건을 위한 규제와 보건의료산업 보호를 위한 자율을 함께 고려하여야 하는 양면성이 존재한다.

6) 건강에 관한 개인적 가치와 사회적 가치의 상충

생명의 유일함에 대한 무한대의 서비스 욕구를 추구하는 개인의 가치와 한정된 서비스를 분배하려는 사회적 형평성이 상충하는 경우 발생한다.

3 보건행정의 원리와 범위

1) 보건행정의 원리

보건행정은 사회국가의 원리, 법률적합성의 원칙, 평등의 원칙, 과잉급부금지의 원칙, 신의성실의 원칙의 5가지 기본원리에 근거하여 이루어진다. 즉 모든 국민은 인간다운 생활을 할 권리를 가지며 국가는 사회보장·사회복지 증진에 노력할 의무를 가진다는 내용으로 헌법에서 명시하고 있는 사회적 기본권을 바탕으로 현대 법치국가의 기본원리에 입각하여 나라에서 제공하는 보건서비스는 모든 국민에게 균등하게 제공되어야 한다. 또한 과도한 보건의료서비스 제공으로 납세자의 부담이 가중되지 않도록 최저생계보호를 위해 이루어져야 하며, 동시에 재정적자를 초래하지 않도록 공익 추구가 적절한 범위에서 이루어져야 한다. 보건서비스에 대한 대상자의 권리 행사와 의무의 이행은 신의를 지키며 성실히 하도록 규정하고 있다.

2) 보건행정의 관리

보건행정의 관리management란 보건행정조직의 목표달성을 이루기 위해 자원인적·물적을 활용하여 효율적인 방법으로 협동하는 과정이다. 일반적으로 루더 귤릭Luther Gulick이 제시한 POSDCoRB로 표현되는 행정과정이 공공행정이나 보건행정 관리에 오늘날까지 널리 활용되고 있다. POSDCoRB의 내용은 다음과 같다.

(1) 1단계: 기획planning

가설을 세우고, 정보를 수집하여 분석하고 목표를 재설정하여 제시한 후, 실행을 위한 행동계획을 마련하는 것이다.

(2) 2단계: 조직organization

구성원 간의 기능과 책임의 분배에 의한 요원의 배치를 의미한다. 개인보다는 전체의 이익을 최대화하는 관점에서 배치·분배되어야 하며 이를 위해서 업무의 분화, 조정, 명령통일, 동등한 권한과 책임, 주모자와 참모직, 업무의 위임, 통솔범위의 제한 등과 같은 조직원칙이 지켜져야 한다.

(3) 3단계: 인사staffing

행정 관리의 중추적 기능으로 인사행정의 전문화, 인사행정기관의 독립, 직원 근무평가의 과학화 및 제도화의 마련이 필요하다.

(4) 4단계: 지휘directing

조직경영체계의 일원화이며 일정 목표의 효과적 수행을 위한 집단행동 전체를 통솔하는 것을 말한다. 지휘기능은 지도와 동기부여의 2가지로 나뉜다. 지휘기능의 원만한 수행을 위해서는 조직원 사이의 원만한 의사소통이 이루어져야 한다.

(5) 5단계: 조정coordinating

공동목표를 달성하기 위해 회의, 토의 등을 통하여 행동이 통일되도록 집단적인 노력을 하게 하는 행정활동이다.

(6) 6단계: 보고reporting

성실하고 솔직한 보고를 하여 보고과정에서 왜곡되지 않도록 관리한다.

(7) 7단계: 예산budgeting

사업수행의 원동력으로서 예산의 확보 및 효율적 관리는 사업의 성공과 실패에 중요한 역할을 한다.

3) 보건행정의 범위

보건행정에 관여하는 기관과 보건서비스의 기준에 따라 다르며, 국가별로 역사적 배경과 사회경제적 상황 등에 따라 차이가 있을 수 있으나 모두 공공재의 원리에 근거하고 있음을 알 수 있다. 각 기관 및 학자들이 제시하는 보건행정의 주요 내용은 다음과 같다.

(1) 세계보건기구WHO

보건 관련 제 기록 보존, 보건교육, 보건간호, 모자보건, 환경위생, 감염병 관리, 의료서비스 제공에 관여한다.

(2) 미국보건협회APHA

건강자료의 기록과 보존, 보건교육과 홍보, 환경위생, 개인보건 서비스산업, 보건시설 운영, 여러 사업과 자원 간의 조정과 감독 및 통제에 관여한다.

(3) 에머슨Emerson

보건통계, 보건교육, 모자보건, 환경위생, 감염병 관리, 만성 감염병 관리, 보건검사 제공을 연구했다.

(4) 헨론Hanlon

음식물 관리, 환경오염 관리, 구충과 구서, 감염병 관리, 연구와 평가, 의료인력 관리, 자원과 시설의 효율적 이용을 연구했다.

4 한국의 보건행정

1) 한국 보건행정사

우리나라 보건행정에 대한 최초의 문헌기록은 삼국시대까지 거슬러 올라간다. 고구려의 《신농본초경》에는 인삼 재배에 관한 기록이 있으며 백제에는 의박사, 채약사, 주금사약사주라는 직책이 있고 신라에는 승의 활동이라는 것이 존재하였다. 우리나라 최초의 의료서적은 고구려 평원왕561년 때 의총이 오나라에서 들여왔다고 전해진다. 고려시대에는 대의원과 상약국 등의 의약관청이 운영되었고, 조선시대에도 전의감이 보건행정을 담당하고 내의원은 왕실의료를 담당하였으며 혜민서에서는 서민의료를 관리하고 활인서가 감염병 환자를, 전형사가 의약을 담당하였다. 근대와 현대로 내려오면서 보건행정기관이 더욱 세분화되었다표 11-1.

2) 한국 보건행정기관

우리나라 보건행정조직은 정부 책임하에 수행하는 경우와 지방자치단체의 책임하에 수행하는 경우로 나뉜다. 보건행정을 담당하는 중앙행정 주무기관은 보건복지부이며, 보건복지부의 직속 소속기관은 국립건강정신센터, 국립나주병원, 국립부곡병원, 국립춘천병원, 국립공주병원, 국립소록도병원, 국립재활원, 국립장기조직혈액관리원, 오송생명과학단지지원센터, 국립망향의동산관리원, 건강보험분쟁조정위원회사무국, 첨단재생의료및첨단바이오의약품심의위원회사무국으로 모두 12개이다. 그 외에도 환경부환경보건행정 담당, 고용노동부산업보건행정 담당, 교육부학교보건행정 담당 등에서 일부 보건행정을 담당하고 있다.

(1) 보건복지부

2010년 3월 보건복지가족부의 청소년·가족 부분이 다시 여성부로 이관되면서 4실 3국의 보건복지부로 개편되었다그림 11-1. 보건복지부의 보건의료정책실

시기	주요 정책
1960년 이전	• 1886년: 선교사 알렌이 최초의 서양식 병원인 광혜원 설립 • 1894년(갑오경장): 광혜원 내무아문 아래 위생국 설치 • 1899년: 경성의학교 설립 • 1910년(일제시대): 조선총독부 경찰국 내 위생과 신설(일제: 경찰위생행정) • 1945년(미군정 시대): 가장 광범위한 공중보건사업(15국47과, 제64호) 실시, 위생국 → 보건후생국 → 보건후생부 • 1946년: 서울에 시범보건소 설치(최초의 보건소) • 1947년(과도정부): 보건후생부 → 기구 축소(7국으로 감소) • 1948년(정부수립): 사회부 산하 보건, 노동, 후생, 부녀, 주택 및 비서실로 5국 1실 구성 • 1949년: 보건국에서 보건부 독립(1실 3국 11과) • 1955년: 보건부와 사회부가 통합하여 보건사회부로 명칭 변경
1960~ 1989년	• 1963년: 노동국 폐지와 노동청 신설 • 1980년: 환경청 신설(2개의 외청 존재: 환경청과 노동청) • 1981년: 노동청이 노동부로 독립 • 1985년: 1청 1실 7국(보건·의정·약정·위생·사회·사회보건·가정복지) • 1987년: 1청 1실 8국 1개 외청
1990~ 2010년	• 1990년: 환경청이 환경처로 승격, 1실(기획관리실) 8국(보건·의정·약정·위생·사회·의료보험·국민연금·가정복지국) 28과(총무과 제외) • 1994년: 보건사회부가 보건복지부로 변경, 환경처에서 환경부로 승격, 2실(기획관리실·사회복지정책실) 5국(보건·의정·약정·식품·연금보험국) 30과 • 1996년: 보건복지부 행정조직 확장 – 2실 7국(식품국 → 식품정책국) 28과 식품의약품안전본부 신설(6개 지방청 신설) • 1999년: 1개 외청(식품의약품안정청) 2실(기획관리실·사회복지정책실) 6국(심의관3: 기초생활·가정보건복지·장애인복지, 국3: 보건정책·보건증진·연금보험) 24과 • 2000년: 2실(기획관리실·사회복지정책실) 6국(심의관3: 기초생활보장·가정보건복지·장애인보건복지심의관, 국3: 보건정책·보건증진·연금보험국) 24과(총무과 포함) • 2008년: 보건위생·방역·의정·약정·생활보호·자활지원 및 사회보장·아동(영유아 보육을 포함한다)·청소년·노인·장애인 및 가족에 관한 사무를 관장하기 위해 2008년 2월 보건복지부를 보건복지가족부로 개편 • 2010년: 보건복지가족부의 청소년·가족 기능을 여성부로 이관하고 보건복지정책 중심으로 사무를 관장하기 위해 2010년 3월 보건복지가족부를 보건복지부로 개편
2010년 이후 ~현재	• 2011년 12월: 보건복지부(4실 3국), 식품의약품안전청(기획조정관과 5국) • 2013년 3월: 식품의약품안전처로 승격, 농·축·수산물 등 식품안전 관리 일원화에 따른 조직 확대개편 본부, 7국 1관(1기획관) 43과 소속기관: 1원(6부 39과), 6지방청(13개 지소) • 2015년 6월: 사회보장위원회 사무국 신설, 질병관리본부 결핵조사과, 의료방사선과 신설 • 2016년 7월: 의료사업 해외진출의 체계적 지원과 저출산고령사회위원회 기능강화를 위한 기구 신설(해외의료사업지원관, 해외의료사업과, 분석평가과) • 2017년 5월: 건강보험분쟁조정위원회 사무국, 의료정보정책과, 질병관리본부 기획조정부, 희귀질환과 신설 • 2017년 9월: 국가치매책임제 실현을 위한 치매정책과 신설 • 2018년 2월: 의료보장심의관, 예비급여과, 의료보장관리과, 자살예방정책과 신설 • 2019년 1월: 아동학대대응과 및 디지털소통팀 신설 • 2020년 2월: 차세대사회보장정보시스템구축추진단 신설 • 2020년 9월: 제2차관 도입, 질병관리청 승격 등 「정부조직법」 개정 사항 반영 • 2021년 5월: 간호정책과 신설

표 11-1
우리나라 보건행정의 변화

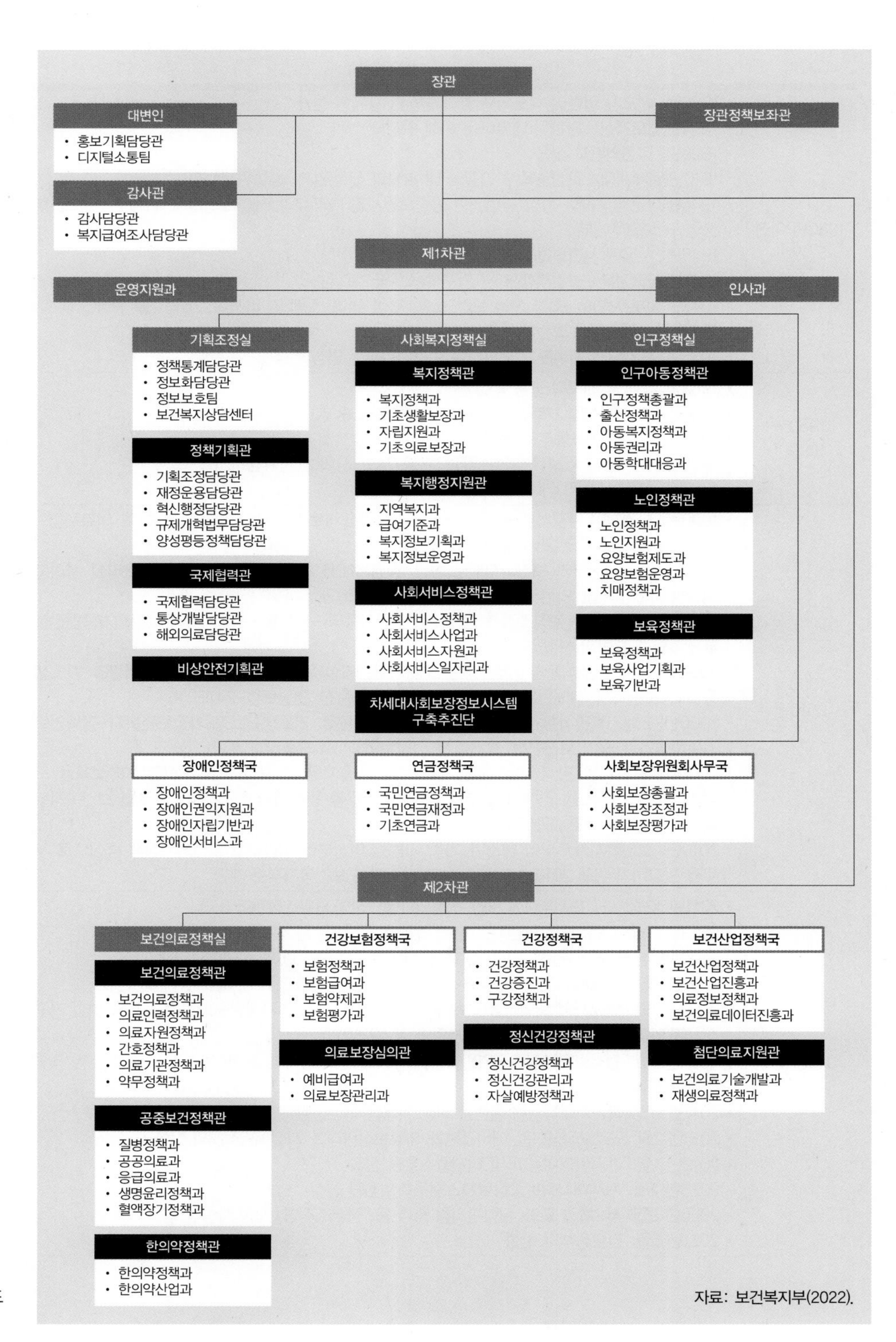

그림 11-1
보건복지부 조직도

에서는 보건의료정책에 관한 종합계획을 수립하며, 보건의료인력 수급 및 관리, 의료기관 평가·인증 및 신의료기술 평가에 관한 사항을 담당하고 있다. 또한 맞춤형 개별급여, 긴급복지지원제도 등 국민기초생활보장제도를 운영하고, 장애인활동지원, 산모/신생아 건강관리지원, 가사간병방문지원, 장애아동가족지원 등 사회서비스를 제공하고 있다. 임신·출산지원, 보육확대, 일가정양립제도 도입, 소득보장강화, 노인의료비 지원확대 등 저출산·고령사회 대비 정책도 펼치고 있다.

(2) 질병관리청

질병관리청은 감염병에 관한 사무, 방역·검역과 각종 질병에 관한 조사·연구에 관한 사무를 관장하는 기관으로, 2020년 9월에 보건복지부 질병관리본부를 개편하여 발족하였다. 직속기관으로는 국립보건연구원, 국립감염병연구소, 권역별 질병대응센터, 국립검역소, 국립마산병원, 국립목포병원이 있다.

(3) 보건복지부 산하기관

보건복지부에는 국민건강보험공단, 한국보건산업진흥원, 한국사회보장정보원, 대한적십자사, 국립중앙의료원, 한국건강증진개발원 등 총 28개의 산하기관이 있으며, 주요기관의 역할과 기능은 다음과 같다.

국민연금공단

1987년 9월 「국민연금법」에 의거하여 설립되었으며, 나이가 들어 생업에 종사할 수 없거나 불의의 사고로 사망하거나 장애를 입은 국민이 안정된 생활을 할 수 있도록 연금을 지급하고, 각종 복지사업을 실시하는 등 국민복지 증진 기여를 목적으로 운영되고 있다.

한국보건산업진흥원

「한국보건산업진흥원법」에 근거하여 설립된 위탁집행형 준정부기관으로 국내외 환경변화에 대응할 수 있는 보건산업의 육성 발전과 보건서비스의 향상을 위한 지원사업을 수행하고 있다. 「한국보건산업진흥원법」에 명시된 사업에는 보건산업 기술의 개발과 그 기술의 제품화를 위한 기술개발 지원사업, 보건산업 정보 및 통계의 조사, 분석 및 활용에 관한 사업, 보건산업의 경영 효율화 등을 위한 기술 지원사업 및 벤처기업의 창업·육성 지원사업, 식품·식품첨가물·의약품 및 의료기기 등의 시험·검사와 생산·유통에 관한 기술 지원사업, 보건서비스 향상을 위한 사업 등이 있다.

한국사회보장정보원

「사회보장급여의 이용·제공 및 수급권자 발굴에 관한 법률」에 따라 사회보장시스템의 운영 및 지원을 위해 설립된 기관이다. 보건복지분야 정보시스템 통합운영관리, 사회보육서비스사업의 통합관리, 보건복지분야 정보화지원, 보건복지분야 통계분석 및 정책지원의 기능을 한다.

대한적십자사

대한제국 말기인 1903년 대한제국 정부가 최초의 제네바 협약에 가입하고, 1905년 대한적십자사규칙이 제정 반포되며 처음 설립되었다. 대한민국 정부 수립 후인 1949년 10월, 대한적십자사로 재조직되었고 1955년 국제적십자연맹에 74번째 회원국으로 가입했다. 현재 「재난 및 안전관리 기본법」상 재난관리책임기관이자 긴급구호기관으로서 재난발생 시 신속한 구호활동을 통해 이재민의 고통경감과 조속한 생활안정을 지원하고 있다. 그 외에 사회봉사, 적십자 이념보급을 위한 청소년 참여 프로그램 운영, 각종 안전사고에 대처할 수 있는 교육프로그램을 운영 및 보급하고 국내 안전문화 확산을 위한 캠페인을 전개하고 있다.

(4) 지방행정기관

지방보건행정기관은 지역의 실정에 맞고 지역주민이 요구하는 보건의료사업 수행을 원칙으로 하며, 국가적 법률의 실시와 국가의 위임사업도 맡아서 수행한다. 우리나라의 각 시·도별 보건행정조직은 약간의 차이가 있다. 예를 들어

서울특별시는 복지건강실 보건정책관 산하에 보건의료정책과, 건강증진과, 식품안전과 등을 두고 있으며, 광역시와 도에는 복지건강국, 보건복지여성국 산하에는 위생과와 보건위생과 등이 편성되어 있다그림 11-2.

보건소는 보건행정조직의 최일선 조직으로 사업을 수행하는 기관이며 주민이 실질적으로 느끼는 보건행정의 대부분이 보건소를 통해 이루어지기 때문에 보건행정에서 차지하는 비중은 매우 크다. 보건소는 해당 지역 시장 혹은 군수의 책임하에 보건소장의 지휘로 운영되고 있다. 우리나라의 보건소는 해방 후 미 군정청에 의해 1946년에 시범보건소 형태로 운영되다가 1962년 9월부터 실질적인 보건소 업무가 시행되었다. 「보건소법」은 1956년 12월 13일에

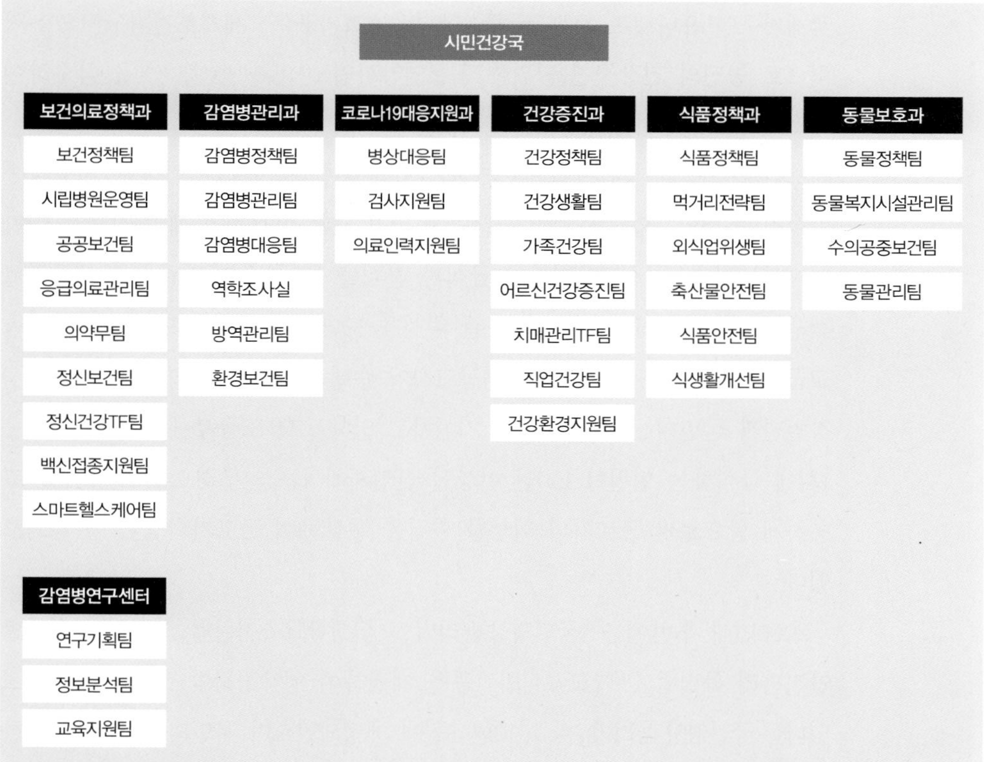

시민건강국

보건의료정책과	감염병관리과	코로나19대응지원과	건강증진과	식품정책과	동물보호과
보건정책팀	감염병정책팀	병상대응팀	건강정책팀	식품정책팀	동물정책팀
시립병원운영팀	감염병관리팀	검사지원팀	건강생활팀	먹거리전략팀	동물복지시설관리팀
공공보건팀	감염병대응팀	의료인력지원팀	가족건강팀	외식업위생팀	수의공중보건팀
응급의료관리팀	역학조사실		어르신건강증진팀	축산물안전팀	동물관리팀
의약무팀	방역관리팀		치매관리TF팀	식품안전팀	
정신보건팀	환경보건팀		직업건강팀	식생활개선팀	
정신건강TF팀			건강환경지원팀		
백신접종지원팀					
스마트헬스케어팀					

감염병연구센터
연구기획팀
정보분석팀
교육지원팀

자료: 서울특별시(2022).

그림 11-2
서울특별시
보건행정 체계도

제정되었으며, 이후 국민소득수준 및 인구구조의 변화에 따라 그동안 감염병 관리와 가족계획사업 위주의 운영에서 지역주민의 건강관리 중심기관으로 육성하기 위해 「보건소법」을 「지역보건법」으로 개정하였으며, 2010년 타법 개정 이후 2022년 현재 전국에서 256개 보건소가 운영되고 있다.

3) 우리나라의 영양정책

정부에서는 1981년 「학교급식법」 제정 이후, 국가차원의 영양관련법 등을 제정하거나 기존 관련법을 강화함으로써 보건정책에서의 영양부분 정책을 구체화하고 있으며, 이를 실현하기 위해 중앙정부의 각 부처에서 다양한 영양사업을 수행하고 있다. 농림수산식품부 산하에 있는 농촌진흥청은 1968년 정부와 국제기구인 유니세프UNICEF, 국제연합식량농업기구FAO, 세계보건기구WHO의 협력으로 농민의 건강증진을 위한 응용영양사업Applied Nutrition Program을 착수하여 1986년까지 시행하였다.

보건복지부 산하의 사업으로는 보건소를 통한 모자보건, 건강인, 저소득층 만성질환, 노인사업 등이 있다. 뿐만 아니라 「영유아보육법」에 따라 6세 미만의 취학 전 어린이 교육기관의 급식과 간식을 통해 필요 영양소를 제공하고 식생활교육을 통해 올바른 식습관 형성을 도와주고 있다. 교육부에서는 「학교급식법」에 따라 학교급식을 영양교사가 수행하도록 하여 학생의 건강한 성장발달과 국민의 식생활 개선에 기여하고 있다. 고용노동부에서는 산업체 중 1회에 급식하는 인원이 100인 이상인 산업체에서는 의무적으로 영양사를 고용하게 함으로써 근로자의 식생활 환경을 향상하여 근로자의 건강을 지키고 있다.

2000년대 후반에는 「국민영양관리법」, 「식생활교육지원법」, 「어린이 식생활안전관리 특별법」, 「학교급식법」 등을 제정하여 영양정책의 실행을 강화하고 있다. 「국민영양관리법」은 2010년 3월에 제정되었으며 국민의 식생활에 대한 과학적인 조사 및 연구를 바탕으로 체계적인 국가 영양정책을 수립하고 시행하여 국민의 영양 및 건강증진을 도모하는 것을 목적으로 하고 있다. 2012년도에는 "영양사 면허 취득자의 신고 규정" 등의 내용으로 일부 개정되었으며, 최근 2020년 8월까지 개정되었다. 「식생활교육지원법」은 2009년 5월에 제정되었으며 국민의 식생활 개선, 전통 식생활 문화의 계승 및 발전과 농어업 및 식품산업 발전을 도모하기 위해 제정되었다. 「어린이 식생활안전관리 특별법」은 어린이들이 올바른 식생활 습관을 갖도록 하기 위하여 안전하고 영양을 고루 갖춘 식품을 제공하는 데 필요한 사항을 규정하여 어린이 건강증진에 기여하는 것을 목적으로 2008년 3월 제정되어 시행되고 있다. 「어린이 식생활안전관리 특별법」은 2016년 2월 우수판매업소 지원 관련 내용으로 개정이 이루어졌고, 최근 2020년 7월까지 개정되었다.

5 사회보장 및 건강보험

1) 사회보장의 개념 및 체계

「사회보장기본법」에 의하면 '사회보장'이란 질병, 장애, 노령, 실업, 사망 등의 사회적 위험으로부터 모든 국민을 보호하고 빈곤을 해소하며 국민생활의 질을 향상시키기 위하여 제공되는 사회보험, 공공부조, 사회복지서비스 및 관련 복지제도를 의미한다[그림 11-3]. 여기서 사회보험은 국민에게 발생하는 사회적 위험을 보험방식으로 대처함으로써 국민건강과 소득을 보장하는 제도이며, 공공부조는 국가 및 지방자치단체의 책임하에 생활유지능력이 없거나 생활이 어려운 국민의 최저생활을 보장하고 자립을 지원하는 제도를 의미한다. 사회복지서비스라 함은 국가, 지방자치단체 및 민간부문의 도움을 필요로 하는 모든 국민에게 상담, 재활, 직업소개 및 지도, 사회복지시설 이용 등을 제공하여 정상적인 사회생활이 가능하도록 지원하는 제도이다.

국제노동기구에서는 사회보장제도 운영 시 국가경제 사정을 감안하여 사회보장의 범위를 단계적으로 확충하고 피보험자의 경제 상태를 고려하여 개

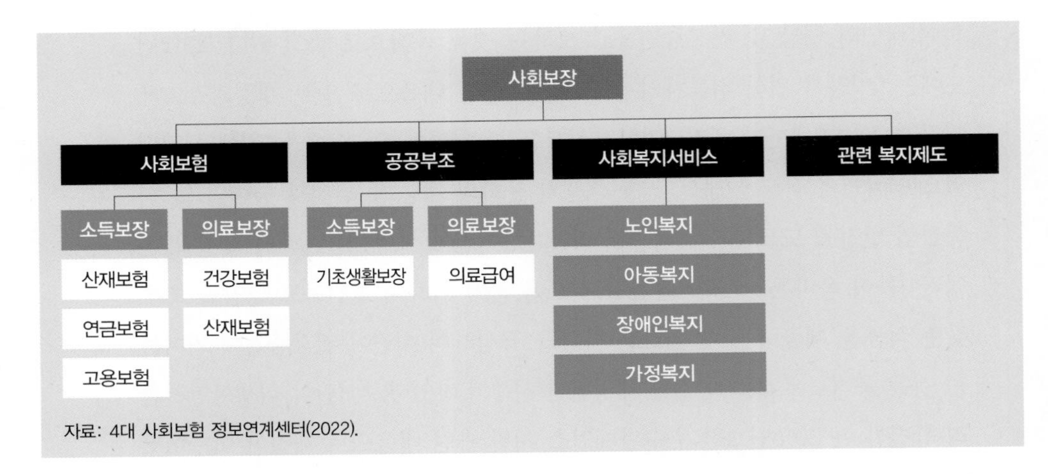

자료: 4대 사회보험 정보연계센터(2022).

그림 11-3
우리나라 보건행정 체계

인부담금의 50%를 초과하지 않도록 하며 퇴직 당시 재정사항 등을 고려하여 급부수준을 정하도록 원칙을 제시하고 있다. 우리나라는 국가가 법에 의해 4대 사회보험 가입을 의무화함으로써 질병, 장애, 노령, 사망, 실업 등 사회적 위험에 대처하는 사회안전망으로서 소득과 의료, 재활, 고용기회를 보장하고 있다표 11-2.

표 11-2
우리나라 사회보험의 종류 및 관리운영

구분	관장부처	근거법	시행일	집행기구	보장내용	관리대상
건강보험	보건복지부	국민건강보험법	1977. 7. 1.	국민건강보험공단	의료보장, 건강증진	전 국민
국민연금		국민연금법	1988. 1. 1.	국민연금공단	소득보장	5인 이상 사업장 근로자, 18~65세 자영업자
산재보험	고용노동부	산업재해보상보험법	1964. 7. 1.	근로복지공단	산재보상, 소득보장	상시 1인 이상 근로자
고용보험		고용보험법	1995. 7. 1.	고용노동부	실업고용, 소득보장	

자료: 4대 사회보험 정보연계센터(2022).

2) 사회보장의 기능

(1) 최저생활 보장

사회보장은 의식주 생활뿐만 아니라 사회적 생활에서도 최저의 생활을 국가 혹은 사회가 책임지는 것을 의미하며, 모든 국민이 인간의 존엄성을 유지할 수 있는 삶을 살 수 있게 한다.

(2) 국민연대를 통한 위험분산 기능

사회보장은 사회보험이라는 형태로 개개인의 생활상 위험을 보험료의 공동 각출과 공동 사용이라는 피보험자 간 연대 및 위험분산 기능을 통해 공동 대처한다.

(3) 소득 재분배 기능

사회보장에서 공적부조는 고소득층으로부터는 소득누진세를 적용하여 거두어들인 국세를 재원으로 국가가 빈곤층에게 일정액을 지급하여 최저생활을 보장하므로 서로 다른 소득계층 간 소득을 재분배하는 기능이 있다.

3) 사회보장의 역사

사회보장제도의 창시자는 독일의 비스마르크Bismarck이다. 비스마르크는 노동자를 위한 질병보호법1883, 산업재해보상보험법1884 및 폐질 및 노령보험법1889을 제정·공포하여 실시하였다. 미국에서는 1935년 사회보장에 관한 단독법을 최초 제정하면서 '사회보장'이라는 용어를 처음 사용하였고 소득보장제도의 부차적인 제도로 출발하였다. 우리나라에서는 6·25 전쟁 이후 1961년 전까지 전쟁 후의 구빈사업 및 전쟁 이재민 수용보호시설의 운영 등을 통해 위생방역사업 위주의 보건사업을 시작하였으며, 1963년 「사회보장에관한법률」 및 「의료보험법」을 제정하면서 보건의료의 법체계를 정비하기 시작하였다. 1970년대 후반부터 1990년까지 경제적 효율성을 중심으로 이루어졌던 정책의 병폐가 부각되고 「사회복지사업법」, 「국민복지연금법」, 「사립학교교원연금법」 제정 및 의료보험 강제실시 등 대상자가 제한된 보장제도의 과도기 과정을 거치게 되었다. 1990년대 후반에는 「의료보험법」이 「국민의료보험법」, 「국민건강보험법」으로 바뀌면서 2000년대 들어 건강보험제도, 기초생활보장제도를 통해 모든 국민을 대상으로 하는 본격적인 사회보장제도가 실시되었다.

4) 의료보장

(1) 의료보장의 개념 및 필요성

의료보장제도는 사회보장 체계 중 보건 관련 보장의 한 형태로서 예기치 못한 의료비 부담으로부터 사회구성원을 재정적으로 보호하고, 사회가 부담할 수 있는 범위 내에서 국민의료비를 적절한 수준으로 유지하여 의료 수급의 효율을 높이기 위한 것이다. 이 제도는 개인의 능력으로 해결할 수 없는 건강문제를 사회적 연대책임으로 해결하는 데 그 의의가 있다. 의료보험은 갑작스러운 의료비 지출로 인한 개인의 경제적 부담의 경감이 목표로 다수가 가입하여 개인, 사용자, 국가가 나누어 일부씩 부담하는 것이 보통이다.

의료기술의 발달 및 관심 증가로 인해 의료비가 급증하고 질병 발생의 예측이 불가능하므로 의료보험은 국민의 질병, 부상, 분만 또는 사망에 대한 보험급여를 실시함으로써 국민보건을 향상하고 사회보장의 증진을 도모하기 위해 필요하다. 또한 만성퇴행성질환의 증가, 고가 의료장비 이용빈도 증가, 계층 간 불평등 증가로 인해 그 필요성이 증가하고 있다. 의료보험은 개인의 의료지출 부담 완화로 의료이용 수요를 유도하여 소득을 수평·수직 재분배한다.

의료보장의 재원조달 방식은 사회의 여건에 따라 다르게 나타나는데 크게 보험가입자의 보험료를 주요 재원으로 하는 사회보험방식과 조세를 주요 재원으로하는 국가보건서비스방식이 있다. 사회보험방식을 채택하고 있는 국가로는 독일, 프랑스, 일본 등이 있고, 국가보건서비스방식을 취하고 있는 국가로는 영국, 이탈리아, 스웨덴 등이 있다. 우리나라의 의료보장체계는 사회보험방식에 속한다.

(2) 우리나라의 의료보장

우리나라에서의 의료보험제도는 1963년 「의료보험법」이 제정되면서 시작되었다. 1968년 부산 청십자 의료보험이 설립되고, 1977년부터 500인 이상 사업장의 근로자들에 대해서는 의무적으로 의료보험을 실시하게 되었다. 1981년 홍천, 군위, 옥구 지역에서 지역의료보험 시범사업이 실시되었고, 1988년에는 전 농촌지역에 의료보험이 확대 실시되었다. 1999년도에 「국민건강보험법」이 제정 공표되면서 2000년도에는 직장가입자와 지역가입자를 통합한 국민건강보험제도가 실시되었고, 2011년도에는 장애인 장기요양제도를 시범 실시하였다. 현재 우리나라의 의료보장은 건강보험과 의료급여공공부조 형태로 시행되고 있다.

국민건강보험

국민건강보험이란 「국민건강보험법」 제41조에 의해, 가입자 및 피부양자의 질병·부상·출산 등에 대하여 법령이 정하는 바에 의하여 공단이 각종 형태로 실시하는 의료서비스를 말한다. 법령에서 정한 보험급여의 종류는 진찰과 검사, 약제의 지급, 처치 및 수술, 재활입원, 간호, 이송과 질병예방 등의 의료서비스 등 전 범위에 걸쳐 다양하다표 11-3.

의료급여

의료급여는 기초생활보장 수급대상자와 일정 수준 이하의 저소득층을 대상으로 그들이 자력으로 의료문제를 해결할 수 없는 경우 국가재정을 이용하여 의료서비스를 제공하는 공적부조의 한 방법으로서, 국민건강보험과 더불어 국민의료보장 정책의 중요한 수단이 되는 사회보장제도이다. 의료급여 진료체계는 1차 의료급여기관, 2차 의료급여기관, 3차 의료급여기관에서의 진료인 총 3단계로 구분되며 단계별로 의료를 이용하도록 되어 있다표 11-4.

표 11-3 우리나라 건강보험 급여

급여 형태	종류	내용
현물급여	요양급여	가입자 및 피부양자의 질병, 부상, 출산 등에 대하여 진찰, 검사, 입원, 처치, 수술 등에 대한 요양급여 실시
	건강검진	가입자 및 피부양자를 대상으로 2년마다 1회 이상 실시
현금급여	요양비	가입자 또는 피부양자가 긴급 기타 부득이한 사유로 질병, 부상, 출산 등에 대하여 요양을 받을 경우 그 요양급여에 해당하는 금액을 보건복지부령에 의하여 지급
	임신·출산 진료비	임신한 가입자 또는 피부양자가 요양기관에서 받는 임신과 출산에 관련된 진료비용 지급
	본인 부담 상한액	지역가입자의 세대별 보험료 수준 또는 직장가입자의 개인별 보험료 부담수준에 따라 그 금액을 달리 정함
	장애인 보조기기	「장애인복지법」에 의해 등록한 장애인 가입자 및 피부양자가 장애인 보조기기를 구입할 경우 구입금액 일부 지급

자료: 국민건강보험(2022).

표 11-4 우리나라 의료급여기관

기관 구분	구분 기준	해당 기관
제1차 의료급여기관	「의료법」에 따라 시장·군수·구청장에게 개설신고를 한 의료기관	보건소, 보건의료원 및 보건지소, 농어촌 등 보건의료를 위한 특별조치법에 의한 보건진료소, 약사법에 따라 등록된 약국
제2차 의료급여기관	「의료법」에 따라 시·도지사가 개설허가를 한 의료기관	병원, 치과병원, 한방병원, 요양병원, 종합병원
제3차 의료급여기관	「의료법」 제3조의4에 따라 지정된 상급종합병원	주요대학 부속병원, 삼성생명 공익재단 삼성서울병원, 서울아산병원 등

자료: 국민건강보험(2022).

6 보건 관련 국제기구

과학과 정보기술의 발달로 세계화가 급속히 진행되면서 국가 간 경제·문화 교류가 활발해지고 동시에 감염병, 만성질환, 건강 불평등 등의 상황에 대처하기 위한 국제협력의 필요성이 증대되고 있다. 오늘날 여러 다양한 국제기구에서는 인류의 보건을 위한 국제적 노력을 공동으로 진행하고 있다.

1) 세계보건기구

세계보건기구World Health Organization: WHO는 제2차 세계대전 때 존재했던 국제공공위생사무소, 국제연맹보건기구, 유엔부흥행정처의 제반 임무를 승계받은 기구로서, 1948년 61개 회원국의 세계보건기구 헌장 비준으로 발족되었다. 세계보건기구는 스위스의 제네바에 본부를 두고 있으며 산하에 각 대륙을 대표하는 6개 사무소가 있다. 우리나라는 서태평양 지역사무소에 소속되어 있다. 세계보건기구는 국제적 보건사업을 지휘하고 조정하며 회원국에 대한 기술지원 및 자료를 공급하는 기능을 하고, 전문가 파견에 의한 기술자문활동을 하고 있다.

2) 유엔아동기금

유엔아동기금United Nations International Childeren's Emergency Fund: UNICEF은 1946년 유엔총회 결의에 의거, 제2차 세계대전의 피해아동을 구호하기 위해 아동의 보건과 복지향상을 위한 원조사업의 전개, 개발도상국을 대상으로 한 보건사업 등 사회사업에 대한 원조, 어린이 권리선언 정신에 의거한 아동권리보호 증진의 목적으로 설립되었다. 현재 유니세프가 역점을 두고 있는 우선순위 사업은 어린이보호환경조성사업, 여성 청소년을 대상으로 하는 양질의 보편교육 실현, 에이즈AIDS 예방 및 보호, 백신제공을 통한 면역접종 확대, 유아기 생존과 성장을 위한 조기교육 등이다.

3) 그 밖의 기구

(1) 국제공중보건사무소

국제공중보건사무소International Office of Public Health: IOPH는 1920년 감염병 예방을 목적으로 창설된 국제연맹이 산하조직으로 발족시킨 보건기구이다. 국제연맹보건기구와 국제공중보건사무국의 업무가 중복되어 1923년 국제연맹보건기구에서 파리에 있는 국제공중보건사무국의 업무를 흡수하게 되었다.

(2) 범미보건기구

범미보건기구PanAmerican Health Organization: PAHO는 1924년부터 국제연맹의 자문기구인 보건위원회의 미주지역 사무처로 기능하다 유엔 창설 이후 1949년부터 세계보건기구WHO와 협력을 체결하여 세계보건기구의 미주지역기구 역할을 하고 있다.

(3) 국제연합구호부흥행정처

국제연합구호부흥행정처United Nations Relief and Rehabilitation Administration: UNRRA는 제2차 세계대전 후 경제문제와 보건문제 해결을 위하여 1943년 미국을 포함한 44개국에 의해 설립되었다. 특히 질병전파 예방을 위한 국가 간 협력기구로 기능하다가 1946년 설립된 세계보건기구의 기초를 마련하였다.

(4) 유엔자본개발기금

유엔자본개발기금United Nations Capital Development Fund: UNCDF은 유엔총회에서 국제연합개발계획의 관리 아래 저개발국의 빈곤퇴치 목적을 가진 기금으로 설립되었다. 소자본을 저개발국의 지방자치단체에 증여 또는 저리의 차관으로 제공하며 자금지원이 끝난 뒤에도 지속적인 변화와 성장을 가능하게 하고, 지역발전을 통한 국가자원의 이용에 중점을 두어 대부분 NGO나 지방자치단체에 지원을 한다. 1973년부터 1999년까지 아프리카 지역의 32개국을 포함하여 56개국에 지원을 하였고, 1998년부터는 대상을 15개국으로 한정하여 집중적인 지원을 하고 있다.

(5) 유엔식량농업기구

유엔식량농업기구United Nations Food and Agriculture Organization: FAO의 설립 목적은 모든 국민의 영양상태 및 생활수준의 향상과 식량의 생산 및 분배능률 증진이다. 주요 사업내용은 영양상태 및 식량에 관한 정보를 수집, 이에 대한 과학적·기술적·사회적·경제적 연구를 진행, 농산물 상품 협정에 관한 국가정책의 채택, 각국 정부가 요청하는 기술 원조 제공 등이다. 우리나라는 1949년에 가입한 이래로 매년 이사회, 농업·수산·산림위원회, 식량안보위원회 등 다수 회의에 참가하며 정보교환 및 국제사업에 참여하고 있다.

CHAPTER 12
보건영양

학습 목표

- 보건영양의 개념을 설명할 수 있다.
- 영양소의 종류와 기능을 설명할 수 있다.
- 영양판정의 방법 및 그 특징을 이해할 수 있다.
- 보건영양에서 한국인 영양소 섭취기준과 국민건강영양조사의 의의를 이해할 수 있다.
- 한국인을 위한 식생활지침을 설명할 수 있다.

CHAPTER 12

보건영양

도입 사례 *

우리나라 국민의 식생활 문제

보건복지부와 질병관리청에서 실시한 2020 국민건강통계 최근 자료에 의하면, 우리나라 국민 중 영양섭취 부족자(에너지 섭취량이 필요추정량의 75% 미만이면서, 칼슘, 철, 비타민 A, 리보플라빈의 섭취량이 모두 평균필요량 미만인 자)의 비율은 14.8%, 에너지/지방과잉섭취자(에너지 섭취량이 필요추정량의 125% 이상이면서 지방 섭취량이 지방에너지적정비율의 상한선을 초과한 자)의 비율은 6.8%로 우리나라 국민들은 영양불균형의 문제를 보였다. 또한 건강식생활실천율(지방, 나트륨, 과일 및 채소, 영양표시 4개 지표 중 2개 이상 지표에서 만족하는 분율)은 43.1%, 아침식사 결식률은 34.6%, 하루 1회 이상 외식률은 28.0%로 다양한 식생활 문제점을 가지고 있었다. 이와 같은 영양불균형과 부적절한 식생활습관은 만성질환과 밀접한 관련이 있어 건강유지 및 증진에 부정적으로 작용할 수 있다. 이를 해결하기 위해 지역사회 주민의 식생활 문제점을 해결하고 개선하여 적절한 영양상태를 지니게 하는 것이 중요하며, 이는 보건영양의 측면에서 접근할 수 있다.

자료: 보건복지부, 질병관리청(2022).

생각해 보기 **

- 보건영양의 측면에서 지역사회 주민의 식생활 개선을 위해 할 수 있는 일은 무엇인가?

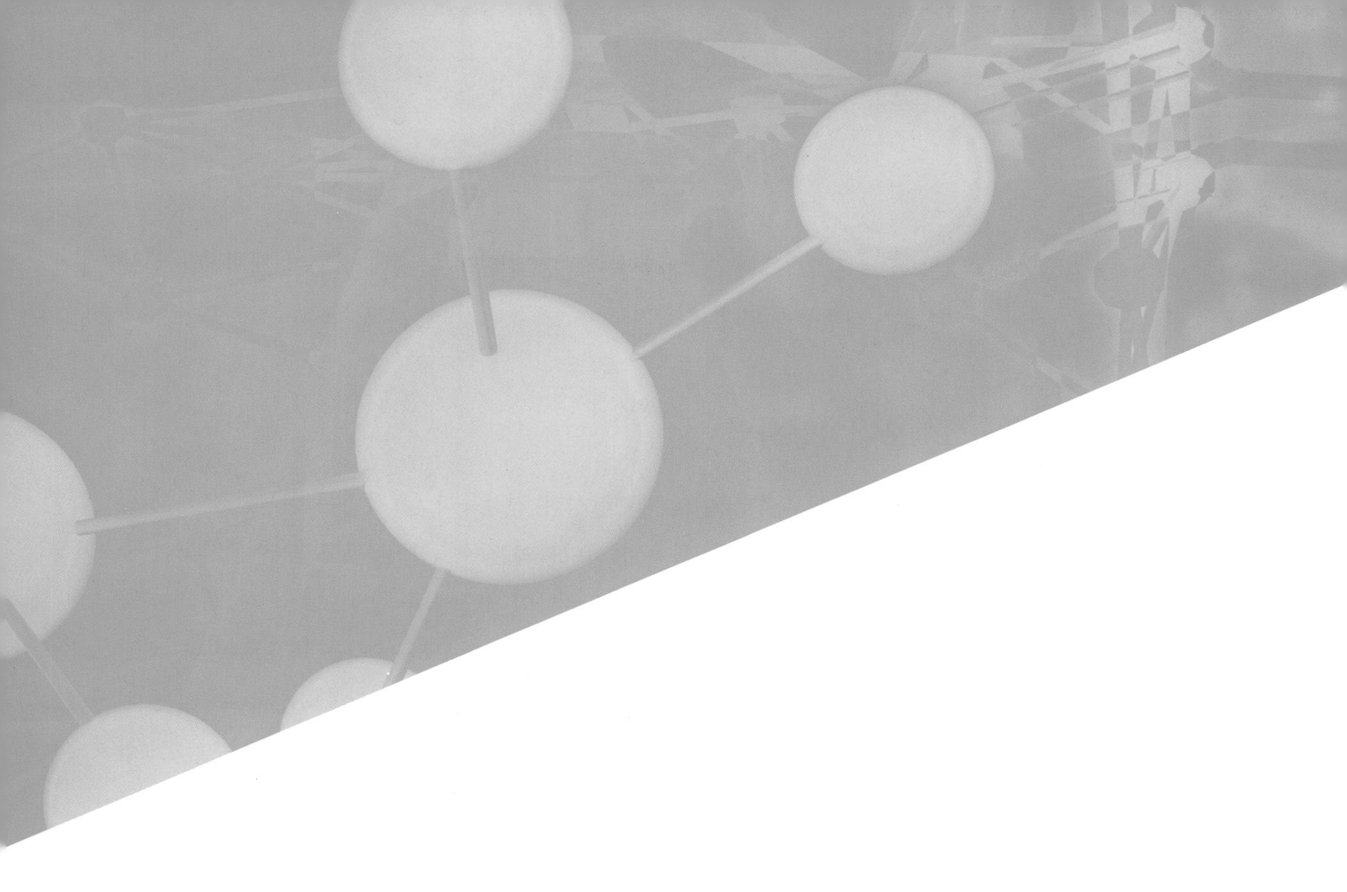

1 보건영양

1) 보건영양의 정의

보건영양public health nutrition은 지역사회 주민의 건강유지와 증진을 위해 식생활의 문제점을 해결하고 개선하여 적절한 영양상태를 지니게 하는 데 의의가 있다. 보건영양은 지역사회의 특수성에 따른 그 지역의 사회·문화·경제적 여건, 자연생태학적 요인, 보건상태 등과 같이 건강에 영향을 미치는 요인을 고려하고, 이를 영양과 접목시켜 영양활동을 계획·실천 및 평가하는 종합적인 과정으로 이를 통해 지역주민의 건강을 유지 및 증진시킨다.

보건영양의 대상자들은 질병 예방이나 건강증진의 차원에서 건강한 사람, 반건강인, 질병이 매우 경미한 사람이 되는 경우가 많으며, 그 외에도 다양한 인구집단이 대상이 될 수 있다. 이때 임신·수유부, 영유아, 노인 등의 건강취약 집단, 식생활 형성 및 확립 단계인 어린이 및 청소년, 만성질환의 위험에 노출되어 있는 성인 등에 대해서는 해당 집단의 특성에 맞추어 체계적인 영양 관리를 실행하게 된다.

2) 보건영양사업

보건영양사업은 ① 국민의 체력향상과 건강유지, ② 올바른 식생활을 통한 결핍증·만성질환·질병 이환율과 사망률의 감소, ③ 임신부·영유아 및 노인 등 영양취약계층의 영양 관리, ④ 근로자의 작업능률 향상으로 인한 생산성 증대 등을 통해 국민의 건강 및 생활수준을 향상하는 것을 목표로 한다. 과거에는 영양소 섭취 부족 및 열악한 생활환경으로 인하여 나타날 수 있는 폐렴, 결핵과 같은 감염성 질환 예방사업이 주가 되었으나, 최근에는 영양소 섭취 부족뿐만 아니라 식생활의 서구화 및 생활의 편리화 등으로 인해 나타나는 비만, 암, 심혈관계질환 등의 식이성 만성질환의 예방도 중요한 문제로 부각되었다. 따라서 건강유지 및 증진을 위해 영양의 결핍과 과다의 양극에 치우치지 않도록 균형적인 영양이 절실히 필요하다.

보건영양사업에서의 활동은 계획-집행-평가의 과정이다. 이러한 큰 틀 안에서 ① 지역사회 주민 또는 국민의 영양관리 요구도를 평가하고, 영양 관련 문제에 대한 정보를 수집하여 문제점을 진단한 후, ② 우선순위를 결정하고, ③ 이를 해결하기 위한 목적과 구체적인 목표를 설정한 후, ④ 영양문제를 해결하기 위해 구체적인 보건영양활동 및 프로그램을 선택하여 개발하고, ⑤ 이를 집행 후, ⑥ 평가하고 피드백하는 일련의 과정을 거치게 된다.

2 영양소

1) 영양과 영양소

영양nutrition이란 신체가 식품을 섭취하고 소화·흡수한 후, 생명유지나 활동에 필요한 열량을 공급하고 각 조직이나 기관의 성장·유지 및 보수작용의 여러 과정을 비롯한 신체에 불필요한 대사물질을 체외로 배설하는 과정이다. 영양소nutrient는 식품을 구성하는 물질 중 우리 몸에 에너지를 공급하고 성장 및 다양한 생리기능을 도모하는 등 건강을 유지하는 데 필요한 성분이다.

2) 영양소의 3대 기능

우리 몸에 필요한 영양소는 탄수화물, 지질, 단백질, 비타민, 무기질, 수분의 6가지로 분류할 수 있다. 이들 영양소는 기능에 따라 에너지를 제공하는 '열량소', 신체의 성장발달 및 유지에 중요한 '구성소', 신체의 대사과정을 조절하는 '조절소'로 분류할 수 있다. 열량소로는 탄수화물, 단백질, 지질이 있으며, 구성소로는 단백질, 지질, 비타민, 무기질 및 수분, 조절소로는 단백질, 지질, 비타민, 무기질 및 수분이 있다. 이와 같이 일부 영양소의 기능은 중복되기도 하는데, 이는 성장 및 신체대사의 유지를 위해 영양소들이 서로 다양하게 이용되기 때문이다.

3) 영양소의 종류

(1) 탄수화물

탄수화물carbohydrate은 탄소, 수소, 산소로 구성되어 있으며, 우리가 주식으로 섭취하는 쌀·보리·밀·옥수수·감자·고구마 등의 식물성 식품을 구성하는 성분으로 우리 식생활의 많은 부분을 차지한다. 탄수화물은 1g당 4kcal의 에너지를 제공하며, 일반적으로 우리가 섭취하는 총 에너지의 약 50~70% 정도가 탄수화물로부터 공급된다. 특히 뇌와 적혈구는 에너지원으로 대개 포도당을 사용하므로 탄수화물은 인체에 필수적인 영양소이다. 탄수화물은 조직단백질이 에너지원으로 사용되는 것을 방지하는 단백질 절약작용을 한다. 탄수화물의 섭취가 제한될 경우 지방조직으로부터 지방산이 불완전하게 분해되어 아세트산과 그 유도체인 케톤체가 다량 생산되는데 이를 '케톤증ketosis'이라 한다. 케톤증을 예방하기 위해서는 1일 최소 100g 정도의 탄수화물 섭취가 요구된다. 탄수화물의 한 종류인 식이섬유는 포만감을 주므로 비만을 예방하며, 식이섬유는 배변활동 촉진 및 혈당조절, 혈청 콜레스테롤 저하 등의 기능을 한다.

(2) 지질

지질lipid은 탄소, 수소, 산소로 구성되어 있으며 물에 용해되지 않고 유기용매에 용해되는 영양소이다. 지방은 1g당 9kcal의 에너지를 제공하며, 다른 열량소인 탄수화물 및 단백질에 비해 2배 이상 농축된 에너지원이다. 신체에서 사용하고 남은 여분의 열량은 주로 중성지방 형태로 지방조직에 저장되며, 저장된 지방은 신체 장기를 보호하고 열 손실을 막는 절연체의 역할을 하게 된다. 또한 지질은 세포막, 뇌조직, 신경조직 등의 구성성분으로 작용하며 지용성 비타민비타민 A, D, E, K의 용매로서 작용하고, 지용성 비타민의 체내 흡수 및 소화를 용이하게 한다.

신체가 건강을 유지하기 위해서는 α-리놀렌산, 리놀레산과 같은 필수지방산의 섭취가 꼭 필요하다. α-리놀렌산은 EPAeicosapentaenoic acid와 DHAdocosahexaenoic acid와 같은 ω-3 지방산의 급원이며, 리놀레산은 ω-6 지방산의 주요 급원이다. ω-3 및 ω-6 지방산들은 신체 내 필수 구성성분으로 눈과 면역계에서 중요한 기능을 수행하며, 세포막을 형성하는 기능을 가지고 있다. 따라서 필수지방산의 섭취 부족 시 성장과 상처 회복이 지연되며 피부염, 설사, 감염 같은 증세가 빈번히 나타나게 된다.

(3) 단백질

단백질protein은 탄수화물이나 지질처럼 탄소, 수소, 산소로 구성되어 있으나 이들과 달리 질소도 함유하고 있다. 단백질은 체중의 약 16% 정도를 차지하며 뼈와 근육, 혈액, 세포막, 효소 및 면역 인자 등의 주요 성분으로 성장과 조직의 유지 및 보수를 위해 매일 충분한 양을 섭취해야 한다. 단백질은 체액의 균형 유지에 관여하며 체내에서 산과 염기, 양쪽의 역할을 다 하므로 혈액의 산·염기 균형을 조절하는 완충제로 작용한다. 또한 체내에서 각종 생화학적 반응을 촉매하는 효소, 조절작용을 담당하는 호르몬, 외부 병원균에 대항하는 항체 등의 주요 구성물질로, 1g당 4kcal의 에너지를 제공하는 열량원이기도 하다.

체내 단백질을 구성하고 있는 기본단위는 아미노산으로, 체내에서 20여 가지의 아미노산이 펩티드 결합에 의해 서로 연결되어 다양한 종류의 단백질을 합성하게 된다. 이들 아미노산 중 10종은 체내에서 전혀 합성되지 않거나 합성되는 양이 매우 적어 반드시 식사를 통해 섭취해야 하는 것으로, 필수아미노산이라고 부른다. 식사로부터 충분한 양의 필수아미노산이 공급되지 않으면 체내의 단백질 합성이 원활하게 이루어지지 않는다. 동물성 단백질은 필수아미노산의 함량이 높은 질 좋은 단백질로 간주된다.

(4) 무기질

신체는 분자구조 중 탄소를 함유하는 물질인 유기물96%과 탄소를 함유하지 않는 무기질mineral, 4%로 이루어져 있다. 무기질은 구조가 매우 간단하여 동일 원소가 하나 이상 포함된 집단으로 존재한다표 12-1. 무기질의 체내 주요 기능은 체조직의 구성, 체내 산·알칼리 평형 유지, 체내 수분 균형 조절 및 효소의 보조인자로서 그 기능을 활성화하는 역할도 담당한다. 무기질의 종류에는 체중의 0.01% 이상 존재하는 다량무기질인 칼슘, 인, 나트륨, 염소, 칼륨, 마그네슘 및 황 등과 체중의 0.01%보다 적은 양으로 존재하는 미량무기질인 철, 요오드, 아연, 셀레늄, 구리, 망간 등이 있다.

(5) 비타민

비타민vitamin은 정상적인 체내 기능, 성장 및 신체 유지 등을 위하여 반드시 필요한 미량의 유기물질로, 비타민을 충분히 섭취하지 못하면 심각한 결핍증이

종류	기능	급원식품
칼슘 (calcium)	골격과 치아의 구성성분, 근육수축, 신경의 흥분억제, 혈액응고 인자 등	우유, 요구르트, 치즈, 뼈째 먹는 생선 등
인 (phosphorous)	골격 및 치아 형성, 에너지 대사, 핵산의 구성성분, 체액의 pH 유지 등	유제품, 육류, 곡류 등
마그네슘 (magnesium)	체내 대사에 관여, 근육과 신경기능 조절, 골격 및 면역기능 유지 등	시금치, 녹색잎채소, 도정하지 않은 곡류, 콩, 견과류 등
나트륨 (sodium)	삼투압 및 산·알칼리 평형 유지, 신경자극 전달 및 근육수축 등	소금, 육류, 가공식품, 화학조미료 등
칼륨 (potassium)	체액의 균형 유지, 신경자극 전달, 근육수축 등	채소, 과일류, 우유, 도정하지 않은 곡류 등
철 (iron)	헤모글로빈과 미오글로빈의 구성요소	육류, 가금류, 생선류 및 채소류, 곡류 등
구리 (copper)	철 대사 관여 기능, 체내 대사 효소의 보조인자 등	어패류(굴), 간, 밀의 배아, 코코아 등
아연 (zinc)	성장발달, 생식 및 면역기능 등	해산물, 살코기, 간, 난황 등
요오드 (iodine)	갑상샘 호르몬의 주요 성분	해조류(미역, 김 등), 해산물 등

표 12-1
무기질의 종류별 기능 및 급원식품

유발될 수 있다. 비타민은 3대 열량소의 대사를 돕는 보조효소로 작용하며 그 외에 항산화제, 시력기능, 혈액응고, 골격 형성 등 다양한 신체기능 유지 등에 도움을 주는 역할을 한다(표 12-2). 비타민은 그 화학적 구조나 성질에 따라 에테르, 벤젠 등 유기용매에 용해되는 지용성 비타민(비타민 A, D, E, K), 물에 용해되는 수용성 비타민(비타민 B군, C)으로 분류할 수 있다.

종류	기능	결핍증	급원식품
비타민 A	암적응 능력, 정상적인 성장, 상피세포 유지, 항암 작용 등	야맹증, 각막연화증 등	버터, 간유, 난황, 연어, 녹황색 채소
비타민 D	혈중 칼슘 및 인 대사 조절, 칼슘의 뼈 침착 기능 등	구루병	효모, 버섯, 동물의 피부 조직, 버터, 간유 등
비타민 E	항산화 작용	용혈성 빈혈	곡류의 배아, 종실유, 콩류, 푸른잎채소 등
비타민 K	혈액 응고	신생아 출혈	시금치, 양배추 등 푸른잎 채소류 등
티아민, 리보플라빈, 니아신	3대 영양소 대사과정의 보조효소	각기병(티아민), 구순구각염(리보플라빈), 펠라그라(니아신)	돼지고기, 해바라기씨(티아민), 우유, 간, 버섯 등(리보플라빈), 버섯, 생선류(니아신)
비타민 B_6	단백질과 아미노산 대사에 관여하는 조효소의 구성성분	수용성 비타민의 결핍증이 복합적으로 나타남	육류, 생선, 가금류 등
엽산	핵산·아미노산·신경전달물질 합성	신경관결손, 거대적아구성 빈혈	시금치, 근대, 상추 등 푸른잎채소류 등
비타민 C	항산화 작용, 콜라겐 합성, 철 흡수 촉진	괴혈병	신선한 과일 및 채소류 등

표 12-2
비타민의 종류별 기능, 결핍증 및 급원식품

3 에너지 대사

1) 에너지 요구량

(1) 기초대사량

기초대사량Basal Energy Expenditure: BEE은 기본적인 생체기능 수행에 필요한 최소한의 열량으로 체온조절, 심근의 수축작용, 혈액 순환, 호흡 등에 필요한 에너지를 말하며, 하루에 소모되는 총 에너지의 60~75%를 차지한다. 개인의 기초대사량은 신체조건, 건강상태 및 환경요인 등에 영향을 받으며, 체중 및 체표면적 증가, 근육량 증가, 남성·성장·갑상샘 호르몬 증가, 덥거나 추운 기후, 임신 등의 상황에서 기초대사량이 증가할 수 있다.

(2) 신체활동대사량

신체활동대사량(활동에너지 소비량, Physical Activity Energy Expenditure: PAEE)은 육체적 활동으로 인해 소모되는 에너지로 활동의 종류나 활동 강도, 활동 시간, 체중 등에 따라 개인 간 차이가 크며, 동일인에서도 하루하루 차이가 날 수 있다. 활동대사량은 일반적으로 1일 총 에너지 소비량의 약 30% 정도를 차지한다.

(3) 식사성 발열효과

식사성 발열효과(식품이용을 위한 에너지 소비량, Thermic Effect of Food: TEF)는 식품의 섭취 후 식품을 소화·흡수·대사·이동 및 저장하는 데 필요한 에너지를 의미한다. 식사성 발열효과는 영양소별로 차이를 보여 지질이 가장 낮고, 단백질이 가장 높다(지방 0~5%, 탄수화물 5~10%, 단백질 20~30%). 균형 잡힌 식사를 할 때 식품의 에너지 대사를 위해 소비되는 에너지는 총 섭취 에너지의 약 10% 정도이다.

2) 에너지 소요량 산출방법

1일 총 에너지 소요량은 기초대사량, 신체활동대사량, 식사성 발열효과를 합한 것이며, 경우에 따라 적응대사량을 포함할 수도 있다. 적응대사량은 추운 환경에 노출되거나 과식을 했을 때, 여러 스트레스 상황에서의 열 발생 등으로 소모되는 것과 같이 적응을 위한 에너지 소모량을 의미한다. 적응대사량은 총 에너지 소비량의 7% 정도이며, 실제 1일 에너지 필요량 계산 시 포함되지 않는 경우가 많다.

4 영양판정 및 영양불량

1) 영양판정

(1) 의의

영양판정은 영양과 관련된 여러 건강자료를 측정하여 영양상태 불량 여부와 그 정도 및 특성을 평가하는 방법이다. 영양판정을 통해 영양교육이나 상담 등 영양관리가 필요한 영양적 문제점을 식별하고, 적절한 영양상태 유지를 위해 필요한 사항을 결정하여 영양관리 계획을 수립·실시하고 그 결과를 피드백할 수 있다.

(2) 분류

영양판정 방법으로는 개인을 대상으로 한 신체계측조사, 생화학적 조사, 식사섭취조사 및 임상조사와 같은 직접평가법과 인구집단을 대상으로 보건 및 영양문제에 관련된 다양한 인자를 평가하는 식생태조사와 같은 간접평가법이 있다. 간접평가 시 보건통계자료, 식품 공급 및 식생태조사 자료환경지표, 사회문화지표, 인구동태자료 및 보건통계 자료 등 등이 유용하게 사용될 수 있다. 신체계측조사 및 생화학적 조사는 객관적인 판정방법으로, 임상조사는 주관적 판정방법으로 분류하기도 한다.

(3) 영양판정 방법

신체계측조사

신체계측치는 연령과 성장 정도 등의 생애주기에 따라 다를 수 있으며 신장, 체중, 상완둘레, 삼두근 피부두겹두께, 허리둘레 등의 신체계측치를 기준치와 비교하거나 시간의 경과에 따른 변화 양상을 관찰함으로써 대상자의 현재 영양상태나 영양상태 변화 추이를 알 수 있다. 신체계측조사는 비용이 저렴하

표 12-3
신체계측 관련 지수

구분	적용대상	산출식	판정기준
카우프지수 (Kaup index)	영유아 (특히 2세 미만)	$\frac{체중(kg)}{[신장(cm)]^2} \times 10^4$	영양불량: < 15 정상: 15~18 비만 경향: 18~20 비만: > 20
뢰러지수 (Rohrer index)	학령기 어린이	$\frac{체중(kg)}{[신장(cm)]^3} \times 10^7$	체중부족: < 110 정상: 110~140 비만: ≥ 141
체질량지수(Body Mass Index: BMI) (kg/m^2)	성인	$\frac{체중(kg)}{[신장(m)]^2}$	저체중: < 18.5 정상: 18.5~22.9 비만전단계(과체중 또는 위험체중): 23~24.9 1단계비만: 25~29.9 2단계비만: 30~34.9 3단계비만(고도비만): ≥ 35
비만도[1] (%)	성인	$\frac{실제체중}{표준체중} \times 100$	저체중: < 90 정상: 90~110 과체중: 111~120 비만: > 120

[1] 비만도 계산 시 표준체중은 브로카법(Broca) 적용
신장 160cm 초과: 표준체중(kg) = [신장(cm)−100]×0.9
신장 150~160cm: 표준체중(kg) = [신장(cm)−150]×0.5+50
신장 150cm 미만: 표준체중(kg) = 신장(cm)−100

고, 측정법이 간단하다는 장점이 있는 반면, 영양상태 이외의 인자질병, 유전 등에 의한 영향을 설명하기 어렵고, 개개의 영양소 섭취 불량을 설명하기에 민감성이 떨어지는 단점도 존재한다. 대개 체중과 신장을 이용한 신체계측지수를 활용하여 비만 판정을 하고 있으며, 신체계측 관련 지수는 표 12-3과 같다.

생화학적 조사

생화학적 조사는 가장 객관적이고 신뢰도가 높은 영양판정 방법으로, 장단기 영양상태를 판정할 수 있는 조사이다. 특히 신체계측치의 변화와 임상적인 증상이 나타나기 이전의 영양불량을 조기에 발견할 수 있어 예방적 차원에서 효과적인 방법으로 신체의 혈액, 소변, 조직 등에서 특정 영양소의 함량이

구분	지표	참고치*	단위
혈액학적 지표	헤모글로빈(hemoglobin)	남자: 14~17 여자: 12~16	g/dL
	헤마토크릿(hematocrit)	남자: 41~53 여자: 36~46	%
	혈중요소질소(Blood Urea Nitrogen: BUN)	8~20	mg/dL
	크레아티닌(creatinine)	0.72~1.18	mg/dL
단백질 영양상태 지표	총단백질(total protein)	6.6~8.3	g/dL
	알부민(albumin)	3.5~5.2	g/dL
면역 관련 지표	총림프구수(total lymphocyte count)	2,000~2,500	cell/mm^3
혈중 지질수준 지표	콜레스테롤**	< 200	mg/dL
	중성지방**	< 150	mg/dL
	HDL-cholesterol	< 40	mg/dL
	LDL-cholesterol	< 130	mg/dL
혈당 관련 지표	공복혈당(fasting blood glucose)	< 100	mg/dL
간기능 지표	AST(aspartate aminotransferase)	< 40	U/L
	ALT(alanine aminotransferase)	< 40	U/L

* 검사방법(시약, 기기 등)에 따라 참고치는 달라질 수 있음. 해당 기관의 검사 참고치와 비교하여야 함.
** 적정기준

표 12-4
혈액 지표별 정상범위

나 기능을 측정함으로써 조사된다. 약물영양소 간 상호작용, 대상자의 질환, 다른 영양소의 섭취 및 스트레스와 같은 요인들의 영향을 받을 수 있어, 생화학적 조사 시 이를 고려한 해석이 필요하다. 각 기능별로 주로 사용하는 혈액 지표 및 정상범위에 대한 내용은 표 12-4에 제시하였다.

식사섭취조사

식사섭취조사는 영양불량의 시작점으로, 영양불량과 가장 밀접한 관련을 가지고 있다. 평상시 식사패턴을 알아보기 위해 조사 전일 24시간 동안 섭취한 모든 식품과 음료의 종류와 섭취량을 조사하는 24시간 회상법[24-hour recall], 식품 섭취를 실측하거나 눈대중량 추정치를 가지고 기록하는 식사기록법[dietary record],

각 식품 또는 식품군별 섭취량 및 섭취빈도를 조사하는 식품섭취빈도조사법 food frequency questionnaire 등의 방법을 사용할 수 있다.

임상조사

임상조사는 영양상태의 변화에 의해 나타나는 신체 징후의 유무와 정도를 조사하는 방법이다. 이 조사방법은 다른 판정법에 비해 상대적으로 비용이 적게 들고, 영양불량 상태가 상당히 진전되었을 때 유용하다. 그러나 경우에 따라 영양소가 심하게 결핍되지 않은 상태에서도 신체징후가 나타나며, 영양불량이 아닌 다른 원인에 의해 서로 나타날 수 있고, 주관적이므로 해석 시 주의가 필요하다.

2) 영양불량

영양상태는 건강을 유지하고 증진시키는 적정상태와 그렇지 못한 불량상태로 구분된다. 영양불량이란 하나 또는 그 이상의 영양소 섭취가 부족 혹은 과잉이거나, 영양소 섭취가 충분하더라도 그 영양소를 체내에서 이용하지 못하여 건강에 문제가 생기거나 질병에 걸리는 것을 의미한다. 영양불량 상태는 원인, 발생 기전 및 발현 기간에 따라 다양하게 분류된다표 12-5.

(1) 단백질·에너지 결핍증

콰시오커kwashiorkor는 단백질 영양결핍증으로 성장기 어린이에게 영양섭취가 부족할 때 주로 나타난다. 증상으로는 부종, 부종으로 인한 달덩이 같은 얼굴 moon face, 지방이 침윤되어 간이 비대해진 모습, 부스럼 등으로 인해 거칠어진 피부, 탈색되고 뻣뻣해진 머리카락 등이 있고 식욕부진, 설사 및 구토 등의 증세도 나타날 수 있다. 또한 성장이 지연될 수 있으므로 적절한 관리가 필요하다. 마라스무스marasmus는 에너지와 단백질이 함께 결핍되었을 때 나타나는 증세로, 근육과 피하지방의 손실, 뺨이 움푹 팬 얼굴monkey face, 거칠고 주름이 많은 피부 등의 증상을 보인다. 또한 심박수, 혈압, 체온이 낮고 탈수 및 호흡

분류		내용
영양공급의 정도와 기간에 따른 분류	영양부족 (undernutrition)	장기간에 걸쳐 신체가 필요로 하는 영양소를 섭취하지 못하거나 체내 이용률이 감소하면서 발생하는 영양불량 상태
	영양과잉 (overnutrition)	신체가 장기간 영양소를 과잉 섭취하면서 나타나는 영양불량 상태
	영양결핍 (specific nutrient deficiency)	1가지 또는 그 이상의 특정 영양소를 섭취하지 못했거나 신체에서 적절하게 이용하지 못함으로써 나타나는 영양불량 상태
	영양불균형 (nutritional imbalance)	체내에서 요구하는 영양소의 필요량과 섭취하는 영양소의 양이 균형을 이루지 못하여 나타나는 영양불량 상태
직접 또는 간접 원인에 따른 분류	일차적 영양불량 (primary malnutrition)	식사를 통한 영양소 공급이 질적·양적으로 부적절하여 신체에서 요구되는 양을 충족시키지 못함으로써 발생하는 영양불량
	이차적 영양불량 (secondary malnutrition)	질병이나 신체의 장애로 영양소의 대사 항진, 영양소의 흡수 저하, 장기 손상, 신체 요구량이 증가하는 등의 원인으로 발생하는 영양불량(임신, 수유, 흡연, 음주, 약물복용 등의 경우도 이에 포함)

표 12-5
영양불량의 분류

계 질환 등의 증상을 보일 수 있으며, 어린이에서 심한 성장부진을 유발할 수 있다.

(2) 에너지 과잉증

비만obesity은 비지방 조직과 비교하여 체내 지방량이 과도한 상태로 축적된 상태를 의미한다. 비만의 원인은 유전적 요인, 내분비 이상, 심리적 요인, 영양소 과잉, 부적절한 식습관, 운동 부족 등이다. 비만은 2형 당뇨병, 이상지질혈증, 관상동맥질환, 고혈압, 골관절염 등 여러 만성질환과 관련되어 있으며 체질량지수, 비만도, 허리둘레 등의 지표를 사용하여 판정할 수 있다. 비만의 관리를 위하여 에너지 섭취 제한과 같은 식사요법, 식습관 및 생활습관 변화와 같은 행동수정요법, 운동요법 등을 사용할 수 있다.

5 한국인 영양소 섭취기준

1) 정의

한국인 영양소 섭취기준Dietary Reference Intakes for Koreans: KDRIs은 건강한 개인 및 집단을 대상으로 하여 국민의 건강을 유지·증진하고 식사와 관련된 만성질환의 위험을 감소시켜 궁극적으로 국민의 건강수명을 증진하기 위한 목적으로 설정된 에너지 및 영양소 섭취량 기준이다. 에너지와 영양소를 적절한 수준으로 포함하고 있는 균형 잡힌 식사는 건강 유지의 필수적인 요인 중 하나이며, 어떤 영양소를 어느 정도 섭취하면 건강을 유지할 수 있는지에 대한 기준치가 있으면 균형 잡힌 식사를 계획하는 데 편리하다. 따라서 각 나라마다 국민의 건강을 유지하기 위한 영양소 섭취기준을 제시하고 있다.

2) 지표

영양소 섭취기준은 섭취부족의 예방을 목적으로 하는 3가지 지표, 즉 평균필요량Estimated Average Requirements: EAR, 권장섭취량Recommended Nutrient Intake: RNI, 충분섭취량Adequate Intake: AI과 과잉섭취로 인한 건강문제 예방을 위한 상한섭취량Tolerable Upper Intake Level: UL, 그리고 만성질환위험감소섭취량Chronic Disease Risk Reduction intake: CDRR을 포함하고 있다.

평균필요량

평균필요량은 대상 집단을 구성하는 건강한 사람들의 일일 영양소 필요량의 중앙값으로부터 산출된 수치이다. 영양소 섭취량에 민감하게 반응하는 기능적 지표가 있고, 영양상태를 판정할 수 있는 평가기준이 있을 때 영양소 필요량을 추정할 수 있으므로, 일부 영양소에 대해서만 평균필요량이 설정되어 있다. 한편, 에너지는 개인의 에너지 필요량을 측정하는 것에 기술적인 문제 등 제한점이 있기 때문에 평균필요량이라는 용어 대신에 필요추정량Estimated

Energy Requirements: EER이라는 용어를 사용한다.

권장섭취량

권장섭취량은 인구집단의 약 97~98%에 해당하는 사람들의 영양소 필요량을 충족시키는 섭취수준으로, 평균필요량에 표준편차 또는 변이계수의 2배를 더하여 산출되었다.

충분섭취량

충분섭취량은 영양소 필요량에 대한 과학적 자료가 부족할 경우, 대상 인구집단의 건강을 유지하는 데 충분한 양으로 설정된 수치를 말한다. 따라서 충분섭취량은 실험연구 또는 관찰연구에서 확인된 건강한 사람들의 영양소 섭취량의 중앙값을 기준으로 정해졌다.

상한섭취량

상한섭취량은 인체 건강에 유해영향이 나타나지 않는 최대 영양소 섭취수준으로, 과량을 섭취할 때 유해영향이 나타날 수 있다는 과학적 근거가 있는 영양소에 한해 설정할 수 있다.

에너지적정비율

탄수화물, 지질, 단백질의 에너지적정비율은 에너지를 공급하는 영양소에 대한 에너지 섭취 비율이 건강과 관련성이 있다는 과학적 근거에 기반하여 설정되었다. 에너지적정비율은 각 영양소를 통해 섭취하는 에너지의 양이 전체 에너지 섭취량에서 차지하는 비율의 적정 범위로, 19세 이상 성인에서 탄수화물 : 단백질 : 지질의 에너지적정비율은 55~65 : 7~20 : 15~30이다.

만성질환위험감소섭취량

만성질환 위험감소를 위한 섭취량은 건강한 인구집단에서 만성질환의 위험을 감소시킬 수 있는 영양소의 최저 수준 섭취량이다. 이는 그 기준치 이하를 목표로 섭취량을 감소시키라는 의미가 아니라 그 기준치보다 높게 섭취할 경우 전반적으로 섭취량을 줄이면 만성질환에 대한 위험을 감소시킬 수 있다는 근거를 중심으로 도출된 섭취기준을 의미한다. 「2020 한국인 영양소 섭취기준」에서는 나트륨에 대하여 심혈관질환과 고혈압의 위험감소를 위한 섭취량을 설정하였으며, 성인 기준 한국인의 만성질환 위험감소를 위한 나트륨 섭취기준은 1일 2,300mg으로 설정되었다.

3) 한국인 생애주기별 분류

한국인 영양소 섭취기준에서는 영아를 2집단[0~5개월, 6~11개월], 유아는 2집단[1~2세, 3~5세]으로 구성하였고, 아동 및 청소년기의 남녀를 구분하여 4집단[6~8세, 9~11세, 12~14세, 15~18세]으로, 성인 및 노인의 경우에도 남녀를 구분하여 5집단[19~29세, 30~49세, 50~64세, 65~74세, 75세 이상]으로 구분하였으며, 임신부 및 수유부와 같은 특정 생애 주기도 포함하였다.

4) 섭취기준 설정 영양소

「2020 한국인 영양소 섭취기준」은 에너지 및 다량영양소 12종, 비타민 13종, 무기질 15종의 총 40종 영양소에 대해 설정되었다. 「2020 한국인 영양소 섭취기준」이 설정된 영양소는 표 12-6에 제시하였다.

5) 영양소 섭취기준 활용방안

영양소 섭취기준은 보건영양과 관련하여 국가, 지역사회, 개인 단위의 각 분야에서 활용할 수 있는데, 개인의 경우 개별적으로 영양소 섭취실태를 평가하거나 식단을 계획할 때, 학교에서는 급식 및 학생들을 대상으로 하는 영양상태 평가, 영양교육에서 영양소 섭취기준을 가이드라인으로 활용할 수 있다. 병원의 경우 환자급식계획, 영양상태평가, 식사지도 등, 산업체에서는 제품 개발, 식품표시 등, 정부부처의 경우 식생활 관련 정책 및 영양/건강 사업의 계획,

표 12-6 2020 한국인 영양소 섭취기준 설정 영양소

영양소		영양소 섭취기준					
		평균 필요량	권장 섭취량	충분 섭취량	상한 섭취량	만성질환 위험감소를 고려한 섭취량	
						에너지 적정비율	만성질환위험 감소섭취량
에너지	에너지	○[1]					
다량 영양소	탄수화물	○	○			○	
	당류						○[3]
	식이섬유			○			
	단백질	○	○			○	
	아미노산	○	○				
	지방			○		○	
	리놀레산			○			
	α-리놀렌산			○			
	EPA+DHA			○[2]			
	콜레스테롤						○[3]
	수분			○			
지용성 비타민	비타민 A	○	○		○		
	비타민 D			○	○		
	비타민 E			○	○		
	비타민 K			○			
수용성 비타민	비타민 C	○	○		○		
	티아민	○	○				
	리보플라빈	○	○				
	니아신	○	○		○		
	비타민 B_6	○	○		○		
	엽산	○	○		○		
	비타민 B_{12}	○	○				
	판토텐산			○			
	비오틴			○			

(계속)

영양소		영양소 섭취기준					
		평균 필요량	권장 섭취량	충분 섭취량	상한 섭취량	만성질환 위험감소를 고려한 섭취량	
						에너지 적정비율	만성질환위험 감소섭취량
다량 무기질	칼슘	○	○		○		
	인	○	○		○		
	나트륨			○			○
	염소			○			
	칼륨			○			
	마그네슘	○	○		○		
미량 무기질	철	○	○		○		
	아연	○	○		○		
	구리	○	○		○		
	불소			○	○		
	망간			○	○		
	요오드	○	○		○		
	셀레늄	○	○		○		
	몰리브덴	○	○		○		
	크롬			○			

1) 에너지필요추정량

2) 0~5개월과 6~11개월 영아의 경우 DHA 단일성분으로 충분섭취량 설정

3) 권고치

자료: 보건복지부·한국영양학회(2020). 한국인 영양소 섭취기준. 보건복지부(2020).

실행, 평가 시 영양소 섭취기준을 활용하게 된다. 보건 영양 측면에서 집단을 대상으로 한 식사평가 시 집단 내 개인의 식사자료를 토대로 영양소 섭취기준과 비교하여 영양소 섭취의 적절성을 평가하고 영양불량인 자의 비율을 산출할 수 있다.

6 국민건강영양조사

1) 정의

국민건강영양조사는 우리나라 국민의 건강과 영양 수준을 파악하고 국가의 보건정책을 수립·평가하는 데 필요한 기초자료를 마련하기 위해 질병관리청에서 실시하는 전국 규모의 조사이다. 우리나라의 국민건강영양조사는 국민영양조사1969~1995년, 매년 조사와 국민건강 및 보건의식행태조사1971~1995년, 총 5회 조사 2가지를 통합하여, 1995년 제정된 「국민건강증진법」 제16조에 근거하여 만들어졌다. 국민건강영양조사는 이전 조사의 건강면접, 보건의식, 영양 및 검진조사를 통합하여 검진조사, 건강설문조사 및 영양조사 3가지 분야로 나누어 조사하고 있다. 1998년 이후 3년1998년 1기, 2001년 2기, 2005년 3기마다 실시하였으며, 2007년에 진행된 4기부터는 연중 조사체계를 도입하여 1년마다 실시하고 있다. 현재는 제8기2019~2021년 조사를 마치고 제9기 조사2022~2024년를 실시 중이다.

2) 목적

국민건강영양조사는 국민의 건강 및 영양상태에 관한 현황 및 추이에 대한 기초자료를 구축함으로써 국민의 건강과 영양상태에 근거한 맞춤형 건강정책을 수립, 실현하고 더불어 보건정책과 사업이 효과적으로 전달되고 있는지 평가하는 데 도움이 된다. 국민건강영양조사의 실시목적에 따른 세부목표는 다음과 같다.

- 국민건강증진종합계획의 목표 지표 설정 및 평가 근거자료 제출
- 흡연, 음주, 영양소 섭취, 신체활동 등 건강위험행태 모니터링
- 주요 만성질환 유병률 및 관리지표인지율, 치료율, 조절률 등 모니터링
- 질병 및 장애에 따른 삶의 질, 활동제한, 의료이용 현황 분석
- 국가 간 비교 가능한 건강지표 산출

3) 조사내용

국민건강영양조사에서는 국가를 대표하는 통계 산출을 위해 매년 192개 지역의 연령과 성별·지역별로 고르게 선정된 4,800여 가구의 1세 이상 가구원 약 1만 명을 조사한다. 대상자의 생애주기별 특성에 따라 소아1~11세, 청소년12~18세, 성인19세 이상으로 나누어 각 특성에 맞는 조사항목을 적용한다표 12-7.

표 12-7
국민건강영양조사의 조사항목 및 조사내용

조사분야	조사항목	조사내용*
검진조사	신체계측, 혈압측정, 악력검사, 체성분검사, 혈액검사, 소변검사, 구강검사, 시력검사, 이비인후검사, 가족력	비만, 고혈압, 당뇨병, 이상지질혈증, 간질환, 신장질환, 빈혈, 구강질환, 악력, 체성분, 시력검사, 이비인후질환
건강설문조사	가구조사(성, 연령, 결혼상태, 가구원수, 세대유형, 기초생활수급여부, 주택유형, 가구소득, 건강보험 가입 등), 질병이환, 손상, 건강검진, 신체활동, 수면건강, 정신건강, 여성건강, 경제활동, 비만 및 체중조절, 음주, 안전의식, 흡연, 예방접종, 의료이용, 활동제한, 삶의 질 등	가구조사, 이환, 예방접종 및 건강검진, 활동제한 및 삶의 질, 손상, 의료이용, 신체활동, 여성건강, 교육 및 경제활동, 비만 및 체중조절, 음주, 안전의식, 수면건강 및 정신건강, 흡연, 구강건강
영양조사	식생활조사(끼니별 식사빈도, 외식빈도, 끼니별 동반식사 여부 및 동반대상, 채소과일 섭취빈도, 식이보충제 복용 경험 여부, 현재 복용 중인 식이보충제, 영양교육 및 상담 수혜 여부, 영양표시 인지 및 이용 여부, 영양표시 관심영양소, 영양표시 영향 여부, 모유수유 여부, 수유기간 등), 식품섭취조사(24시간 회상법), 식품안정성 조사	식품 및 영양소 섭취현황, 식생활행태, 식이보충제, 영양지식, 식품안정성, 수유현황, 이유보충식

* 제9기 1차년도(2022년) 조사 기준
자료: 보건복지부, 질병관리청(2022).

7 한국인을 위한 식생활지침

2021년 보건복지부는 농림축산식품부, 식품의약품안전처와 공동으로 국민의 건강하고 균형 잡힌 식생활 수칙을 제시하는 「한국인을 위한 식생활지침」을 발표하였다. 식생활지침은 건강한 식생활을 위해 일반 대중이 쉽게 이해할 수 있고 일상생활에서 실천할 수 있도록 제시하는 권장 수칙으로, 식품 및 영양 섭취, 식생활 습관, 식생활 문화 분야의 내용을 포함하고 있다.

한국인을 위한 식생활지침

1. 매일 신선한 채소, 과일과 함께 곡류, 고기·생선·달걀·콩류, 우유·유제품을 균형 있게 먹자
2. 덜 짜게, 덜 달게, 덜 기름지게 먹자
3. 물을 충분히 마시자
4. 과식을 피하고, 활동량을 늘려서 건강체중을 유지하자
5. 아침식사를 꼭 하자
6. 음식은 위생적으로, 필요한 만큼만 마련하자
7. 음식을 먹을 땐 각자 덜어 먹기를 실천하자
8. 술은 절제하자
9. 우리 지역 식재료와 환경을 생각하는 식생활을 즐기자

자료: 보건복지부, 농림축산식품부, 식품의약품안전처(2021).

CHAPTER 13

보건교육

학습 목표

- 보건교육의 정의를 설명할 수 있다.
- 보건교육의 유형에 따른 교육내용을 기술할 수 있다.
- 보건교육의 계획과 추진원칙을 설명할 수 있다.
- 보건교육의 구체적인 방법을 계획할 수 있다.
- 보건교육의 평가방법을 설명할 수 있다.

CHAPTER 13

보건교육

도입 사례 *

건강 100세 상담센터 운영

서울시 강동구보건소에서는 지역주민의 대사증후군 및 만성질환의 조기발견과 예방 관리를 강화하여 질병으로 인한 경제적인 손실을 줄이고 건강수명을 연장하여 건강한 삶을 살게 하고자, 지역주민(30세 이상)이 접근하기 쉬운 거주지 근처의 동 주민센터(동사무소)에 보건소의 상담간호사가 상주하고 의사, 영양사, 운동사가 순회하며 대사증후군 및 만성질환(고혈압, 당뇨병, 고지혈증 등) 조기발견과 생활습관개선을 위한 건강상담, 영양교실과 운동교실을 운영하고 있다.
센터에 방문하면 기초질문지를 작성하고 조기발견검사(혈압, 혈당, HDL-콜레스테롤, 중성지방, 허리둘레, 체성분 등)를 실시한다. 검사결과를 확인하여 대사증후군을 판정하거나 만성질환을 발견하고 건강상담을 실시하며 필요시 인근 지역 민간 의료기관과 연계하여 지속적인 관리를 실시한다. 건강상담 결과에 따라 적극적 상담군, 동기부여상담군(A·B군), 정보제공군으로 대상자를 분류하고 검사결과 및 질문지의 건강행태 정도에 따라 맞춤형 상담 및 교육을 제공한다.

자료: 강동구보건소(2022).

생각해 보기 **

- 지역주민을 대상으로 실시되고 있는 보건교육의 유형에는 어떠한 것들이 있는가?

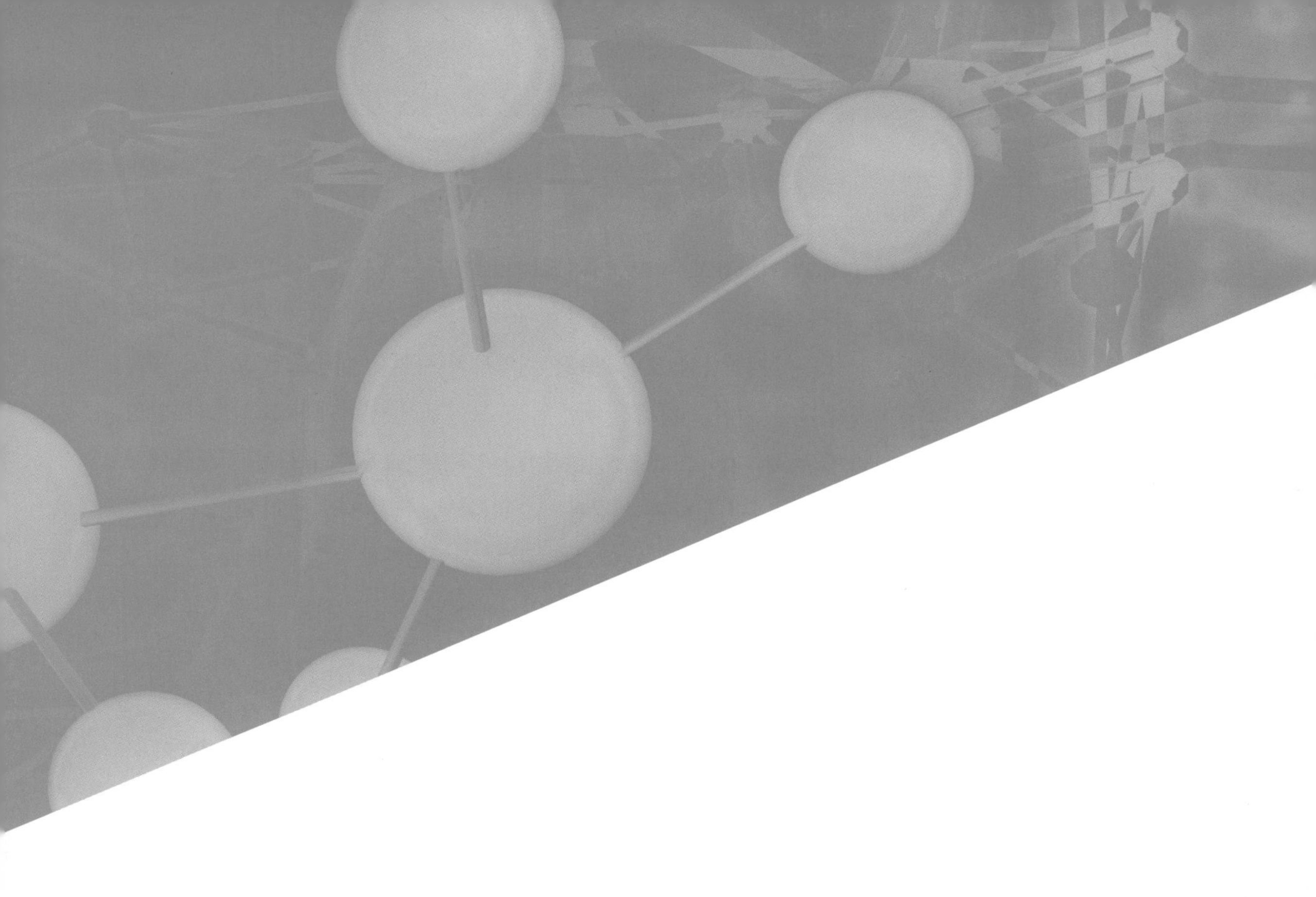

1 보건교육의 개념

「국민건강증진법」 제2조 보건교육의 정의에 의하면 보건교육이란 "개인 또는 집단으로 하여금 건강에 유익한 행위를 자발적으로 수행하도록 하는 교육을 말한다." 미국의 보건교육전문가 구트Grout 교수는 보건교육이란 개인이나 집단의 건강과 관련되는 지식, 태도, 행동에 영향을 미칠 목적으로 학습경험을 베풀어 주는 과정이라고 하였다.

지역사회 주민의 질병예방, 수명연장, 신체적·정신적 능력을 증진시키는 공중보건의 목적 달성을 위한 지역사회의 여러 가지 노력 중에서도 보건교육은 가장 기본이 되는 매우 중요한 활동이다.

보건교육의 목적은 지역사회 주민들이 자신이 속한 지역사회의 건강문제를 올바르게 인식하고 건강문제를 스스로 해결할 수 있는 지식과 기술을 습득할 수 있도록 지원하여 지역사회 주민들이 자율적으로 건강을 유지·증진할 수 있는 능력을 갖게 하는 것이다.

보건교육은 지역사회, 학교, 산업체, 의료기관 등에서 실시되며 보건교육의 유형에 따라 교육의 주체, 교육대상자, 교육내용 등에 차이가 있다. 보건소 등에서 실시되는 지역사회 보건교육은 지역사회 주민을 대상으로 보건소 등에서 보건의료전문인이 건강검진, 예방접종, 모자보건, 가족계획, 노인보건, 만성질환 관리 등에 대한 교육을 진행한다. 학교보건교육은 교사가 학생들에게 신체의 성장과 발달에 따른 건강관리, 개인위생 관리, 영양 관리, 청소년의 성교육, 스트레스 관리 등에 대해 교육한다. 산업보건교육은 직장에서 근로자들을 대상으로 보건의료전문인이 산업재해예방, 직업병 관리, 안전교육 등을 진행한다.

「국민건강증진법」 제12조의 내용을 살펴보면 국가 및 지방자치단체는 모든 국민이 건강생활을 실천할 수 있도록 그 대상이 되는 개인 또는 집단의 특성·건강상태·건강의식 수준 등에 따라 적절한 보건교육을 실시하고, 국민건강증진사업 관련 법인 또는 단체 등이 보건교육을 실시할 경우 이에 필요한 지원을 할 수 있다고 하였다.

지역사회 진단
- 지역사회 주민의 건강·영양문제 도출
- 지역사회 주민의 요구 수용
- 지역사회 인재 및 자원 실태 파악

▶

보건교육 계획
- 지역사회주민 참여 유도
- 지역사회 기업 및 공공기관과 협조체계 구축
- 전체 보건사업 계획과 연계 추진계획 수립
- 예산 및 보건교육전문가 확보
- 목표설정, 교육내용 및 교육방법 결정
- 시범사업 추진
- 계획평가(사전평가)

▶

보건교육 실행
- 보건교육 실행 전 사전 점검
- 교수·학습안에 근거한 교육 실행
- 보건교육 실행 과정에서 실시간 피드백
- 보건교육 실행 직후 교육 평가 실시

▶

보건교육 평가
- 교육 자원 평가
- 교육 활동 평가: 교육 내용과 방법의 적절성 평가
- 교육 효과(결과) 평가: 양적 평가, 질적 평가
- 보건교육 평가 보고서 작성
- 평가 결과는 보건교육 개선을 위해 피드백

그림 13-1
보건교육의
계획 및 추진 과정

효과적인 보건교육의 계획과 추진을 위한 세계보건기구WHO의 보건교육전문위원회 권장내용을 살펴보면 보건교육 실시 전 지역사회의 진단이 필요하고, 보건교육 계획에 지역사회 주민들을 적극 참여시켜야 하며, 지역사회 인재 및 자원에 대한 정확한 실태파악과 뚜렷한 목표 설정과 함께 그 목표 달성을 위한 구체적인 계획과 지역기업과 공공기관의 협조가 필요함을 알 수 있다.

2 보건교육의 계획

보건사업의 대상은 지역사회 주민으로 보건교육 계획 시 주민들의 건강영양 문제와 교육 요구도, 공중보건에 대한 인식정도, 태도와 신념에 대한 객관적인 자료 수집과 평가가 필요하다. 따라서 보건사업을 수행할 때 가장 먼저 조사해야 할 것은 지역사회에 대한 보건통계이다. 이를 바탕으로 하여 지역사회 주민의 건강·영양문제를 해결할 수 있는 보건교육의 목표를 설정해야 한다.

목표란 목적을 달성하기 위한 구체적이고 세부적인 단기계획이다. 보건교육의 목표는 보건교육의 결과로서 특별한 시간 내에 교육 대상 집단에서 예상되는 지식, 태도, 행동의 변화를 통해 측정될 수 있는 내용으로 작성한다. 교육자는 보건교육을 통해 교육대상자들에게 언제, 어떠한 변화가 얼마만큼 일어나리라는 것을 예측할 수 있어야 한다. 보건소 영양사업으로 진행한 노인대상 영양교육 프로그램의 차시별 교육 주제와 그에 대한 학습목표의 예시는 표 13-1과 같다.

보건교육 내용과 방법 결정 시에는 보건교육 대상자들의 보건지식 수준, 학력 수준, 경제 수준, 생활환경, 식습관 등을 사전에 파악하여 그들이 이해하기 쉽고, 실생활에서 적용 가능한 내용으로 구성한다. 교육내용은 교육대상자의 요구도를 반영하되 교육대상의 수용능력을 고려하여 한 번에 너무 많은 내용을 구성하지 않도록 하고, 일반인이 이해하기 어려운 전문적인 내용 등은 시청각자료 등을 이용하여 누구나 쉽게 이해할 수 있는 교육자료를 제작한다.

「국민건강증진법 시행령」 제17조에서는 보건교육 내용으로 금연·절주 등

표 13-1
노인을 대상으로 한 영양교육 프로그램의 예시

차시	교육 주제	학습목표
1	변화된 식생활, 건강한 내 생활	• 식생활지침을 3가지 이상 말할 수 있다. • 식행동 수정계획을 세울 수 있다.
2	식중독 예방, 생활 속의 안전 실천	• 식중독은 위험한 질병이라는 것을 안다. • 식품을 구매할 때 유통기한을 확인한다. • 장보기부터 식사하기까지 식중독을 일으킬 수 있는 위험행동과 행동 수정지침을 안다.
3	위생적인 음식 관리, 안전한 내 건강	• 손 씻기를 실천할 수 있다. • 안전한 식품취급방법을 실천할 수 있다. • 조리도구의 올바른 세척방법을 안다.
4	만성질환을 극복하는 건강한 내 생활	• 만성질환과 식사와의 관련성을 안다. • 저지방 단백질과 채소를 함께 섭취하는 조리법을 실천할 수 있다. • 소금을 줄이는 조리법을 실천할 수 있다.
5	안전! 영양! 만점 식생활	• 안전한 식생활을 실천할 수 있다. • 균형 있는 식생활을 실천할 수 있다.

자료: 최정화 등(2012).

건강생활의 실천에 관한 사항, 만성퇴행성질환 등 질병 예방에 관한 사항, 영양 및 식생활에 관한 사항, 구강건강에 관한 사항, 공중위생에 관한 사항, 건강증진을 위한 체육활동에 관한 사항, 기타 건강증진사업에 관한 사항 등을 포함하고 있다.

그리고 보건교육 목표와 교육내용, 교육대상자의 특성을 고려하여 적합한 보건교육방법을 선택하고 활용자원과 예산 등을 점검한 후에는 실제 보건교육을 실시하기 전에 예비 실시 등을 통해 교육계획을 사전평가하고 사전평가 결과를 반영하여 전체 보건교육 계획을 최종적으로 수정·보완한다.

또한 보건교육 계획 단계에서 보건교육의 효과를 평가할 수 있는 방법도 계획한다. 교육 전과 실행 중 또는 교육 종료 후 어떤 정보를 어떻게 수집하여 교육효과를 평가할 것인지를 교육 실행 전에 계획한다.

3 보건교육의 방법

효과적인 보건교육이란 지식 위주의 교육이 아닌 행동 변화를 유도할 수 있는 교육이다. 교육대상자는 교육내용 중 읽은 것의 10%, 들은 것의 10~15%, 보고 들은 것의 15~30%, 스스로 말한 것의 30~50%, 행동한 것의 50~70%, 실생활에서 실천한 것의 75% 정도를 기억한다. 따라서 교육대상자의 행동 변화를 효과적으로 유도하기 위해서는 교육방법 계획 시 실습이나 현장학습 등 교육대상자가 직접 체험할 수 있는 방법을 적극적으로 도입해야 한다. 보건교육 방법 중 개인과 집단을 대상으로 한 교육방법은 다음과 같다표 13-2.

구분	교육방법	
개인교육	면접, 상담, 가정방문, 위생지도, 예방접종, 진찰, 전화상담, 인터넷 상담(이메일)	
집단교육	강의형	강의(강연)
	토의형	강의식 토의, 강단식 토의, 분단토의, 배석식 토의, 공론식 토의, 좌담회, 연구집회, 영화토론회, 두뇌충격법, 시범교수법
	실험형	역할놀이, 인형극, 그림극, 견학

표 13-2
보건교육의 방법

1) 개인교육방법

개인교육방법은 면접, 상담, 가정방문, 전화상담, 인터넷 상담 등이 있다. 개인교육방법은 교육자와 교육대상자의 직접적인 상호작용이 일어나고 즉각적인 피드백이 가능하며, 효과적인 동기유발이 가능하다는 이점이 있으나 많은 시간과 비용이 소요되므로 짧은 시간에 많은 사람을 대상으로 하는 보건교육에는 적합하지 않다. 따라서 이 방법은 주로 거동이 불편하거나 단체교육이 부적절한 노인층, 가정방문이 필요한 저소득층의 지역사회 주민을 대상으로 실시하는 경우가 많다.

2) 집단교육방법

집단교육방법은 개인교육방법에 비해서 보건교육의 효과는 다소 낮고, 빠른 변화를 유도하기는 힘드나 정해진 시간과 일정한 예산 범위 내에서 가장 경제적이고 효율적으로 교육을 진행할 수 있다는 이점이 있다. 집단교육방법에는 강의형, 토의형, 실험형 등이 있으며 교육자는 교육대상자와 교육여건에 적합한 교육방법을 선정하여 교육계획을 수립해야 한다.

(1) 강의

강의lecture는 교육자가 다수의 교육대상자에게 단시간에 많은 양의 지식과 정보를 전달하는 교육방법으로 보편적으로 많이 이용되나 복잡하고 자세한 교육내용의 전달에는 부적합하고, 교육대상자 개개인의 특성을 고려한 교육계획의 수립이 어렵다.

(2) 강의식 토의

강의식 토의lecture forum는 강의와 달리 강의 중간이나 강의가 끝난 후 교육주제에 대해 교육자와 교육대상자들 간의 질의응답이나 토의를 진행한다.

(3) 강단식 토의

강단식 토의symposium는 1가지 교육주제에 대해서 여러 분야의 전문가들이 교육자로 참여하여 자신들의 전문지식과 경험을 발표한 후, 교육대상자들과 질의응답하는 방법이다. 초빙된 교육자들 간에는 토의하지 않으며, 교육자가 한 사람당 15~20분 정도 교육을 실시하면 토의 진행자는 교육자의 교육내용을 요약하여 교육대상자들이 교육내용을 잘 이해할 수 있도록 하고, 질의토의를 진행한다.

(4) 분단토의

분단토의six-six method는 교육대상자가 많고 교육주제가 다양한 경우 교육대상자를 6~8명씩 분단으로 나누고 각 분단에서 다양한 교육주제 중 하나를 선택하여 토의한 후 분단 대표가 결과를 발표하고 전체 교육대상자가 토의과정을 거쳐 전체 의견을 통합하는 방법이다.

(5) 배석식 토의

배석식 토의panel discussion는 외부 초청 전문가나 교육대상자 대표 등이 특정 교육주제에 대해서 자유롭게 토의한 후 토의내용에 대하여 교육대상자들이 질의토론하는 방법이다. 보통 패널 간 토의를 진행한 후 교육대상자들과 질의응답을 진행하면서 토의를 반복하고 교육자가 토의내용을 정리하는 방식으로 진행한다.

(6) 공론식 토의

공론식 토의debate forum는 1가지 교육주제에 대해서 다른 견해를 가진 3~4명의 전문가를 초빙하여 의견을 들은 후 교육대상자들과 질의응답, 토의하는 방법이다. 의견이 서로 다른 전문가들의 발표내용을 요약해서 결론을 내려야 하므로 교육자의 역할이 매우 중요하다.

(7) 좌담회

좌담회는 교육대상자들이 원탁에 둘러앉아 토의한다고 하여 원탁식 토의round table discussion라고도 한다. 교육대상자 전원이 교육주제와 관련된 개인의 경험과 의견을 발표한 후 교육자가 의견을 종합하는 방법으로 교육자는 교육대상자 전원이 고루 토의에 참여하도록 유도하고 토의 내용을 요약·정리한다.

(8) 연구집회

연구집회workshop는 교육대상자가 특정 분야의 지식이나 경험이 있는 경우에 특정 교육주제에 대한 연구나 경험이 많은 연사를 초청하여 연구결과나 사례 발표를 들은 후 서로 토의함으로써 특정 교육주제에 대한 심화학습이나 문제 해결기술을 습득하는 방법이다.

(9) 영화토론회

영화토론회film forum는 교육주제와 관련 있는 영화를 본 후, 문제를 제기하고 문제해결방안에 대해서 토의하는 방법이다.

(10) 두뇌충격법

두뇌충격법brain storming은 교육주제에 대해서 교육대상자 전원이 자유롭게 자신의 생각이나 의견을 말한 후, 교육자와 교육대상자가 함께 토의과정을 거쳐 최선의 해결방안을 찾아내는 방법이다. 교육자는 토의과정에서 제시된 의견에 대하여 즉각적인 비판이나 평가를 하지 않고, 자유롭고 활기찬 토의 분위기를 유지하도록 지도한다.

(11) 시범교수법

시범교수법demonstration은 실물을 직접 보여 주거나 교육자의 경험이나 활동사례 등을 설명하면서 시범을 보이는 교육방법으로, 조리실습 등의 방법시범교수법method demonstration과 사례연구case study 등의 결과시범교수법result demonstration으로 구분된다. 결과시범교수법은 방법시범교수법에 비해 시간과 비용이 적게 소요되므로 경제적이다.

(12) 역할놀이

역할놀이role playing는 교육주제를 극화하여 교육대상자들이 직접 역할을 연기하거나 또는 연기자들의 연기를 관찰·평가하면서 문제해결 방안을 찾는 교육방법이다. 역할연기법이라고도 하며 극 중 문제상황을 직접 실감하거나 관찰함으로써 교육주제와 교육내용에 대한 강한 흥미를 느끼고 효과적인 동기부여를 통해 교육대상자들의 태도나 행동의 변화를 스스로 유도하는 교육방법이다.

(13) 인형극과 그림극

인형극이나 그림극은 유아나 초등학교 저학년을 대상으로 한 교육에서 효과적으로 활용이 가능한 방법이다. 교육대상의 연령이 낮고 집중시간이 짧으므로 전체 교육시간을 15분 내외로 구성하고 지나치게 흥미 위주로 교육내용을 구성하지 않도록 주의한다.

(14) 견학

견학field trip은 실제 교육현장을 방문하여 교육대상자 스스로 관찰하고 학습하는 방법이다. 강의를 통해 관련 지식을 습득하고 견학을 실시하면 더 효과적이다. 교육효과를 높이기 위해서는 견학 종료 후 빠른 시일 내에 보고서를 제출하게 하거나 사후지도를 실시한다.

4 보건교육의 매체 활용

매체는 교육자와 교육대상자 간에 인체의 감각기관을 동원하여 교육효과를 높일 수 있는 모든 교육적 수단이며, 넓은 의미로는 교육자료를 포함하는 모든 교육환경을 뜻한다. 교육매체는 교육내용을 표준화할 수 있고, 교육대상자의 학습동기 유발과 주의집중력을 증대시킬 수 있으며, 교육목표를 효과적으로 달성할 수 있도록 돕고 교육에 대한 만족도를 증가시키고 전반적인 교육의 질을 향상한다.

매체는 교육대상자의 수와 교육수준, 교육내용, 교육방법, 교육환경 등을 종

표 13-3
교육매체의 종류

분류	종류
인쇄매체	팸플릿, 책자, 리플릿, 신문, 포스터, 만화, 스티커, 표어 등
전시·게시매체	게시판 자료, 탈부착 자료(융판, 자석판 자료) 등
입체매체	실물, 식품모형, 인형, 디오라마 등
영상·전자매체	영화, 슬라이드, PPT 자료, TV프로그램, 웹사이트, 동영상 자료, e-book 등

합적으로 고려하여 개발하거나 선택해야 한다. 교육매체의 종류는 일반적으로 인쇄매체, 전시게시매체, 입체매체, 영상매체, 전자매체로 분류할 수 있다표 13-3.

1) 인쇄매체

인쇄매체에는 팸플릿, 책자, 리플릿, 신문, 포스터, 만화, 스티커, 표어 등이 있다. 팸플릿pamphlet은 개인지도와 집단지도에 모두 활용할 수 있는 매체로, 분량은 20쪽 내외로 구성하는 것이 좋으며, 교육 내용에 관한 설명 외에 사진이나 그림을 추가로 작성한다. 리플릿leaflet은 대개 20×30cm의 종이를 한두 번 접어 만드는 유인물로, 꼭 알아야 할 교육내용을 요약하여 그림이나 사진과 함께 수록한다그림 13-2(a).

포스터poster는 보건교육내용을 함축하여 교육대상자가 해당 내용을 잘 기억할 수 있도록 작성하여 게시판이나 벽면에 부착하는 매체이다그림 13-2(c). 포스터를 제작할 때에는 강조하고자 하는 교육내용이 잘 표현되도록 글자 및 그림의 구도와 배색에 유의한다. 스티커sticker는 중요한 교육내용을 그림이나 사진과 함께 표어slogan 등을 작성하여 교육대상자가 많이 다니는 곳에 눈에 띄도록 붙이는 매체이다.

2) 전시·게시매체

전시·게시매체에는 게시판 자료, 융판이나 자석판 등을 이용한 탈부착 자료,

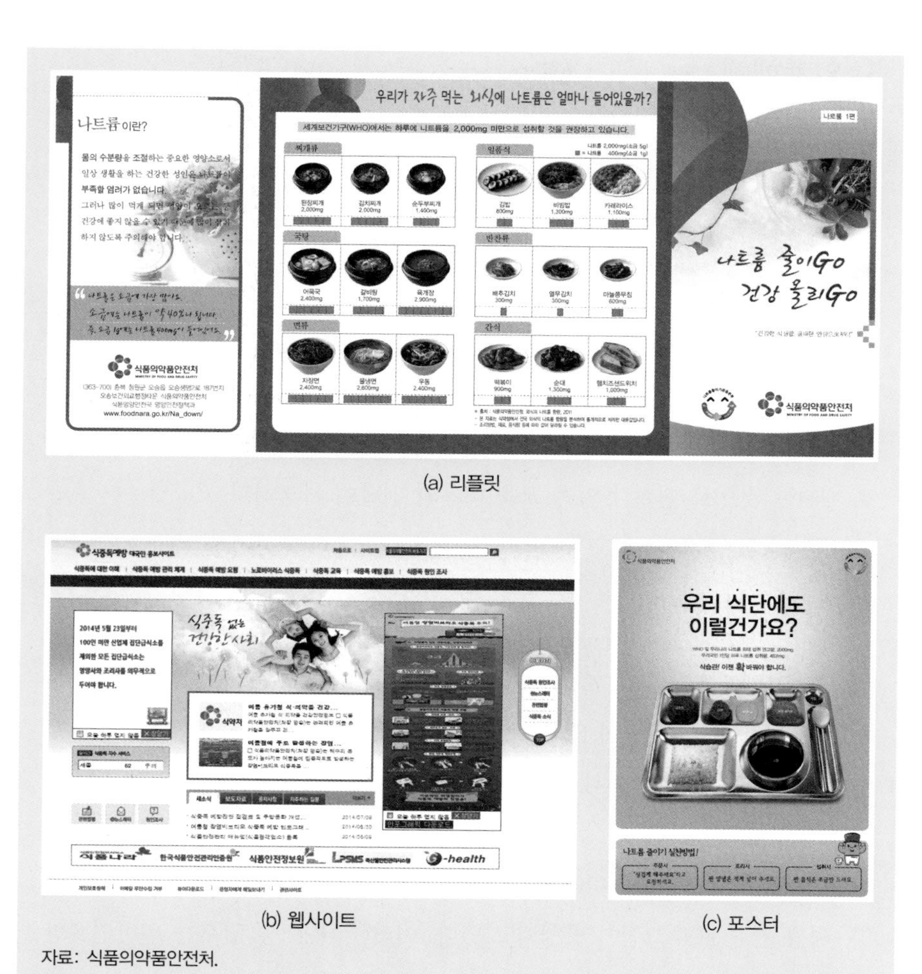

(a) 리플릿

(b) 웹사이트

(c) 포스터

자료: 식품의약품안전처.

그림 13-2
다양한 보건교육 매체의 예

패널 등이 있다. 게시판 자료는 교육 내용 관련 그림, 도표, 사진, 유인물 등을 배치하여 제작한다. 융판이나 자석판, 나무판 등을 이용하여 제작하는 탈부착 자료는 사용이 간편하고 보건교육 시 교육대상자의 반응을 살피면서 활용할 수 있어 유용하다. 패널panel은 교육 내용을 사진, 그림, 도표 등으로 다양하게 작성하여 전시하는 매체로 보건교육 관련 각종 전시회 자료 제작에 활용된다.

3) 입체매체

입체매체에는 실물, 식품모형, 인형, 디오라마 등이 있다. 실물을 교육매체로 활용할 경우 가장 효과적이지만 반복 사용이 불가능하며 다루기가 어렵다. 따라서 영양교육 등을 실시할 때에는 실물을 대체할 수 있는 식품모형을 많이 이용한다. 모형은 시공간의 제한 없이 사용할 수 있고 보관이 쉽다는 이점이 있다. 인형은 입체인형, 손인형, 줄인형, 막대인형 등을 교육매체로 이용할 수 있으며 이는 유아나 초등학교 저학년을 대상으로 한 교육 시 유용하다. 디오라마diorama는 실제 장면이나 사물을 축소·제작하여 실제 상황을 입체적으로 재현한 것으로 현실감 있는 교육 내용의 전달이 가능하다.

4) 영상·전자매체

영상·전자매체에는 영화, 슬라이드, PPT 자료, TV프로그램, 웹사이트, 동영상 자료, e-book, 앱app 등이 있다. 영화는 영화토론회 등에서 교육매체로 활용되며, 슬라이드나 PPT 자료는 강연회, 강단식 토의, 연구집회 등 집단교육 시 자주 활용된다.

최근에는 공중파 방송이나 케이블 전문채널 등에서 다양한 건강·식품·영양·위생 관련 프로그램이 방영되고 있다. 이러한 내용 중 일부는 일반인뿐만 아니라 전문직업인을 대상으로 하는 교육매체로 활용되기도 한다. 또한 식품의약품안전처 등 정부기관에서 제작하여 웹에 배포하는 다양한 형태의 영상·전자매체를 보건교육 시 활용할 수 있다그림 13-2(b).

5 보건교육의 실제

1) 보건교육 실행 전 준비

보건교육을 효율적·효과적으로 실시하기 위해서 교육자는 교육내용과 교육방법에 대해 숙지하고 교육인력과 교육장소 및 시설에 대해서 사전점검을 실시해야 한다. 특히 교육장소의 접근성과 규모, 시청각 기자재 설치 및 작동 여부 등에 대한 사전확인이 필요하다.

교육자에게는 보건교육 실시 전 계획과 달리 예상치 못한 상황이 발생했을 때 교육에 활용되는 모든 자원을 조정할 수 있는 융통성과 관리능력이 필요하다. 또한 교육을 실행하는 동안 사용된 자원이나 교육과정이 교육계획과 일치하는지를 평가하기 위한 정보 수집방법을 확인하고 교육과정 평가에 대비한다.

2) 보건교육 프로그램의 실행

보건교육 중 식생활 및 영양교육 분야의 남성 노인 대상 식생활교육 프로그램의 사례는 다음과 같다표 13-4. 남성 노인 대상 체험 위주의 식품안전·영양교육 프로그램을 개발하여 교육대상자들이 현명한 메뉴 및 식품 선택과 조리능

차시	주제	실습활동
1	맛있는 요리로 시작하는 건강한 노후	• 사전조사 • 시니어 웰빙클럽 입학식
2	내 건강 비결, 안전 밥상	• 식품안전 관련 동영상 시청 • 뷰박스를 이용한 손 씻기 • 조리실습(삼색경단, 건강음료)
3	비타민과 무기질의 보물창고! 과일과 채소	• 조리실습(들깨소스 불고기 샐러드, 토마토 달걀볶음)
4	제대로 알고 먹자, 단백질과 지방식품	• 조리실습(돼지고기고추잡채, 닭봉조림)
5	소금은 적게, 음식은 맛있게!	• 조리실습(연어데리야끼, 콩나물국) • 염도계를 이용한 올바른 간 맞추기
6	나를 위한 건강 밥상 차리기	• 건강 밥상 차리기 실습 • 사후평가 • 시니어 웰빙클럽 수료식

자료: 이경은(2014).

표 13-4
남성 노인 대상 식생활교육 프로그램

제목	소금은 적게 음식은 맛있게!		대상	남성 노인
학습 주제	소금을 줄이고 맛은 높이는 조리방법		학습 방법	강의 / 실습 / 토의
학습 목표	1. 소금양을 줄일 수 있는 조리법을 설명할 수 있다. 2. 소금을 적게 사용한 음식을 만들 수 있다.		차시 (시간)	5차시(60분)
교수 학습 자료	파워포인트 슬라이드, 유인물, 조리실습 기기 및 재료			
단계	**내용**	**교육자 역할**	**자료 및 유의점**	**시간**
도입	1. 동기유발: 어르신들에게 싱겁게 먹는 것의 필요성 설명(문제점 인식) 2. 학습목표 제시	• 음식을 먹거나 조리할 때 싱겁게 먹으려 노력하는지 질문하고, 자신만의 방법을 2명 정도 발표하게 한다. • 싱겁게 먹어야 하는 이유에 대해 설명하고 나트륨 목표섭취량을 설명한다.	• 슬라이드 • 소금 5g	5′
전개	1. 식품 중 소금 함량 제시 2. 나트륨 섭취를 줄이기 위한 조리와 식사 시 방법 설명	• 소금과 나트륨의 관계를 설명하고 식품 중 소금 함량을 실물로 제시한다. • 조리와 식사 시 싱겁게 먹을 수 있는 방법을 제시한다.	• 슬라이드 • 된장찌개, 순두부찌개, 김치 각 1인 분량의 소금 함량 샘플병	5′
	조리 시연: 연어 데리야끼	• 재료와 조리순서를 시연하며 설명한다. • 조리순서 중간에 위생 관리 팁을 제시한다.	• 유인물 • 조리 시연 도구 및 식재료	10′
	조리 실습: 연어 데리야끼	• 각 조별로 연어 데리야끼 조리 실습을 실시한다.	• 유인물 • 조리 실습 도구 및 식재료	35′
정리	1. 조리 실습 내용 정리하기 2. 다음 차시 교육 예고		• 조리 실습 마무리	5′

표 13-5
식생활 교육프로그램 교수·학습안의 예

자료: 이경은(2014) 발췌 재구성.

력 향상으로 건전한 식행동을 할 수 있다는 자아효능감self-efficacy과 행동수행력behavioral capability을 향상할 수 있도록 체험학습 위주로 교육 프로그램을 구성하였다.

교육 계획 단계에서 학습주제, 학습목표, 교육방법, 교육내용, 교육매체, 교육시간 배분 등의 구체적인 내용이 포함된 교수·학습안을 작성하고, 이를 기준으로 보건교육의 목표가 효과적으로 달성될 수 있도록 교육을 실행한다. 표 13-5는 표 13-4의 남성 노인 대상 식생활교육 프로그램 중 5차시 교육에 대한 교수·학습안이다. 교육은 교수·학습안을 기준으로 충실하게 진행한다.

또한 전주지역 노인복지관 이용자 중 남자 14명, 여자 16명 등 총 30명, 평균 연령 74.7세인 노인을 대상으로 주 1회씩 총 4회의 영양교육과 함께 개인별 하루 필요에너지의 1/3에 맞춘 점심 급식을 주 5회씩, 12주간 제공한 후 프로

차시	주제	교육내용	교육매체	교육방법
1	6가지 식품군 및 급원식품	• 6가지 식품군 • 6가지 식품군 급원식품 • 6가지 식품군의 기능	• 교육용 CD	• 집단교육
2	개인별 하루 필요에너지 섭취를 위한 식품군 단위 수	• 개인별 하루 필요에너지 • 개인별 하루 필요 식품군 단위 수	• 교육용 CD • 코팅된 리플릿 • 식품모형	• 집단교육 • 개인교육
3	질병에 따른 올바른 식품 선택방법	• 만성질환(당뇨병, 비만, 고혈압, 골다공증, 고지혈증) • 만성질환에 따른 올바른 식품 선택방법	• 교육용 CD • 코팅된 리플릿 • 식품모형	• 집단교육
	개인별 하루 필요에너지의 1/3에 맞춘 점심 급식 제공			
4	우수 실천 사례 나누기 및 상담	• 올바른 식품 선택 및 식사 우수 실천 사례 발표 • 개인별 하루 필요 식품 교환 단위	• 코팅된 리플릿 • 식품모형	• 집단교육 • 개인교육
	개인별 하루 필요에너지의 1/3에 맞춘 점심 급식 제공			

자료: 배정숙 등(2012).

표 13-6
노인복지관 이용 노인 대상 영양교육 프로그램

그램의 효과를 평가한 결과 체중 및 체질량지수Body Mass Index: BMI, 혈액의 생화학적 지표, 식습관 및 식태도, 영양지식, 영양소 섭취에서 긍정적인 개선효과가 있었다[표 13-6].

영양교육은 강의식 집단교육과 개별교육 및 상담을 병행 실시하였다. 1차시는 6가지 식품군 및 급원식품, 2차시는 개인별 하루 필요에너지 섭취를 위한 식품군 단위 수, 3차시는 질병에 따른 올바른 식품 섭취방법, 4차시는 우수 실천사례 나누기 및 개인별 하루 필요에너지 섭취를 위한 식품군 단위 수 실천 개별 상담으로 구성하였다. 또한 3차 교육부터 개인별 하루 필요에너지 1/3에 해당하는 식품 교환 단위 수를 제공하는 맞춤형 점심 급식을 12주간 제공하면서 급식 제공 시 개인별로 한 끼에 섭취해야 할 식품 교환 단위 수를 지도하였다.

2014년 보건복지부 통합건강증진사업 평가에서 최우수 보건소로 평가된 경상남도 진주시보건소는 2013년부터 보건소의 통합건강증진사업 13개 사업분야가 1개의 사업으로 통합되면서 인력, 조직, 예산 등 사업 수행체계를 잘 구축하고, 고혈압 유병률을 낮추기 위해 3가지 흰색, 당류, 소금과 트랜스지방을 줄이기 위한 사업 수행으로 높은 점수를 받았다.

진주시보건소에서는 영양교육사업으로 영양·비만체험관 운영, 만성질환 영양교육, 건강길라잡이 홍보물 부착, 저나트륨 건강밥상교육, 건강체중 관리 상설교실 등을 실시하고 있다. 특히 저나트륨 건강밥상교육의 경우 지역주민을 대상으로 하여 나트륨 과잉섭취에 대한 경각심을 고취시키고 건강한 식습관을 통한 건강생활실천을 유도하여 만성질환을 예방하기 위한 목적으로 실행되고 있다.

저나트륨 건강밥상 프로그램의 교육대상자는 고혈압·당뇨교실, 건강체중관리 상설교실 등록자 및 심뇌혈관질환자 가족, 위험군 내소자 중 혈압 및 식생활개선이 시급한 자 등이다. 교육대상자는 4주 동안 주 1회, 90분 동안 맞춤형 실습 프로그램에 참여한다. 교육내용은 사전 염도테스트를 실시하고, 혈압 및 혈당체크를 통해 현재 개인의 건강상태를 점검한 후 나트륨 섭취와 심뇌혈관질환과의 관계, 식품 속 나트륨 함량 등에 대한 영양교육을 받고 실생

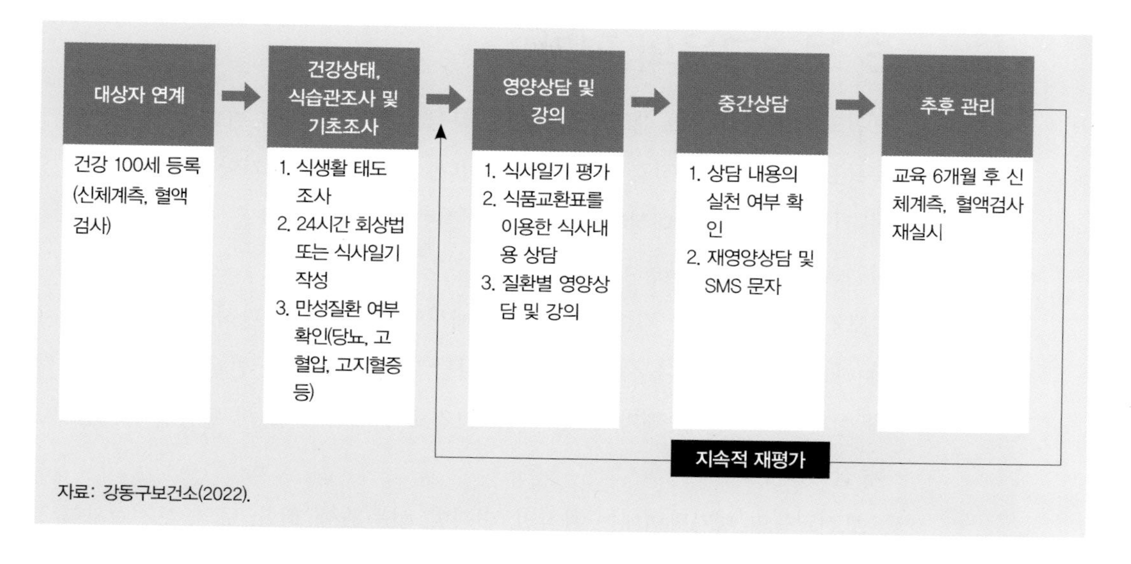

그림 13-3 건강 100세 상담센터의 영양상담 흐름도

활에서 실천할 수 있도록 저염식 조리실습으로 구성하였다. 이 프로그램은 국민건강보험공단, 사회복지과, 대한영양사협회, 진주시 요리학원 등의 협조와 지원을 받으면서 운영하고 있다. 이처럼 지역사회 주민을 위한 보건교육을 성공적으로 실행하기 위해서는 보건소 자체 인력과 시설뿐만 아니라 유관기관의 지원과 협조도 필요하다.

도입 사례에 제시된 서울시 강동구보건소에서 진행되는 건강 100세 상담센터의 영양상담 진행과정을 살펴보면 영양상담 등록 시 신체계측과 혈액검사를 실시하고, 건강상태와 식습관을 조사하며, 식사일기 평가 및 식품교환표를 이용한 식사내용 상담과 함께 질환별 영양상담을 실시한다. 1회에서 7회에 걸쳐 영양상담 내용의 실천 여부를 확인하며 SMS 문자 발송 등을 통해 지속적인 영양 관리를 실시하고 교육 6개월 후 신체계측과 혈액검사를 다시 실시하여 개선 정도를 평가한다그림 13-3.

6 보건교육의 평가

보건교육의 평가는 보건교육의 성공 여부를 알아보기 위해 필요한 절차로 교육목표 달성수준을 점검·확인하는 것이다. 보건교육을 평가할 때는 그 활동이 적합했는지, 교육대상자의 특성에 적절했는지, 보건교육을 통해 교육대상자들의 지식·태도·행동이 변화됐는지 등을 평가해야 한다.

보건교육의 평가는 기준이 명확하게 제시되어야 하며, 객관적으로 이루어져야 하고, 교육계획이나 사업에 참여한 사람, 평가에 영향을 받을 사람들에 의해 실시되어야 한다. 평가자료는 추후 보건교육 계획 수립 시 활용할 수 있도록 잘 정리한다.

보건교육의 평가방법에는 관찰법, 면접법, 설문조사, 회합, 토의, 보건검사를 통한 보건상태의 변화와 통계지표값의 변동을 비교하는 방법 등이 있으며, 보건교육의 성공 여부를 측정하는 방법으로는 효과지표와 비용-이익지표가 대표적으로 이용된다.

1) 보건교육 효과 평가방법

보건교육 중 영양교육 프로그램의 효과를 평가한 사례는 다음과 같다[표 13-7]. 영양교육의 효과를 평가하기 위해서는 프로그램 실행 전후에 식습관, 식태도, 영양지식, 신체계측, 혈액검사, 식사섭취조사 등을 실시하여 전후 변화를 비교·평가한다. 조사 내용에 대한 통계분석 방법에 대해서는 14장의 보건통계 내용을 참고한다.

2) 보건교육 성공 여부 측정방법

(1) 효과지표

효과지표[Effectiveness Index: EI]는 교육 실시 전 이미 바람직한 행동을 하고 있던 사람의 비율과 교육 후 바람직한 행동으로 변화를 일으킨 비율을 알아봄으로써

구분	조사항목	조사방법	조사내용	필요항목
1	일반 사항	설문조사	성별, 연령, 학력, 활동 종류, 가족구성 형태, 영양교육 경험 등	설문지
2	식습관	설문조사	아침·저녁식사의 종류, 아침·저녁식사의 빈도, 간식 횟수, 간식 구입 시 고려사항, 간식 섭취시간, 좋아하는 간식 등	설문지
3	식태도	설문조사	즐거운 식사, 여유 있는 식사, 균형식, 충분한 단백질 섭취, 충분한 채소 식품 섭취, 다양한 식품 섭취, 인스턴트식품 섭취, 기름진 식품 섭취, 자극성 음식 섭취, 과식 여부 등	설문지
4	영양지식	설문조사	탄수화물, 단백질, 지방, 무기질, 비타민의 기능과 급원식품	설문지
5	신체계측	체지방 측정, BMI 계산	신장과 체중 측정, 신장과 체중을 이용하여 BMI 계산, BMI에 따른 비만 분류	신장계, 체지방측정기
6	혈액검사	생화학적 분석	공복 혈당, 혈청 총콜레스테롤, 중성지방, LDL-콜레스테롤, HDL-콜레스테롤, 혈중 요소 질소 등	생화학 혈액 분석기
7	식사 섭취 조사	24시간 회상법, 면접법	평일 2일과 주말 1일 등 총 3일의 식사 및 간식에 대한 식재료명과 섭취량 기록	CAN-Pro 3.0 전문가용 프로그램

자료: 배정숙 등(2012).

표 13-7
영양교육 효과 평가의 예

교육의 성공 여부를 측정하는 것이다.

$$EI = \frac{P_2 - P_1}{100 - P_1}$$

P_1: 교육실시 전 이미 바람직한 행동 채택의 비율

P_2: 교육결과 행동 변화를 일으킨 비율

(2) 비용-이익지표

비용-이익지표Cost-Benefit Index: CBI는 교육의 성과를 화폐단위로 환산하여 교육경비와 교육성과를 비교하여 측정하는 것이다.

$$CBI = EI(B/N - C/N)$$

B: 잠재적 이익benefit을 화폐단위로 표시total success
C: 교육 프로그램의 경비cost of program
N: 위험 인구집단entire population at risk
EI: 교육효과 지표effectiveness index

이때 비용cost은 보건교육 프로그램에 필요한 인건비, 시설비, 용품비 등을 말하며, 이익benefit은 직접 이익과 간접 이익으로 분류한다. 직접 이익이란 효과적인 보건교육 프로그램 실시에 의해 관련 질병의 발생이 감소하고 그 치료에 소요되는 의료비가 절감된 것을 말하고, 간접 이익이란 질병 치료 결과 환자나 보호자 등이 노동시간을 연장할 수 있어 얻어지는 생산에 대한 이익을 말한다.

비용-이익분석을 통해 여러 종류의 보건교육 프로그램의 비교가 가능하다. 예를 들어 질병 예방을 위해 금연교육, 영양교육, 운동처방 등의 보건교육을 실시했을 때 투입비용당 이익이 가장 높은 프로그램을 분석할 수 있다.

그러나 보건교육의 성과를 경제적 가치로 평가하기는 쉽지 않다. 그 이유는 누구의 입장에서 평가하느냐에 따라 비용과 이익의 범위가 달라질 수 있기 때문이다.

CHAPTER 14
보건통계

학습 목표

- 보건통계의 개념을 설명할 수 있다.
- 모집단과 표본의 차이를 설명할 수 있다.
- 통계자료 분석방법을 설명할 수 있다.
- 출산·사망·질병에 대한 건강지표를 설명할 수 있다.

CHAPTER 14

보건통계

도입 사례 *

우리나라 성인의 비만 유병 현황 및 관련 요인

우리나라에서는 국민건강증진종합계획 2030에서 비만 유병률 목표지표를 설정하고, 목표 달성 여부를 국민건강영양조사를 통해 모니터링하고 있다. 비만 유병률(만 19세 이상)은 2019년 기준 34.3%(1,481만 명), 비만 전단계는 22.5%(972만 명)로 우리나라 성인 절반이 비만 관리 대상이다. 남자 청년층(만 19~39세, 41.8%), 장년층(만 40~64세, 43.7%)의 비만 유병률이 다른 연령에 비해 높으며, 여자의 비만 유병률은 연령이 증가할수록 높았다(청년층 19.0%, 장년층 29.1%, 노년층 36.1%).

2019년 비만 유병률

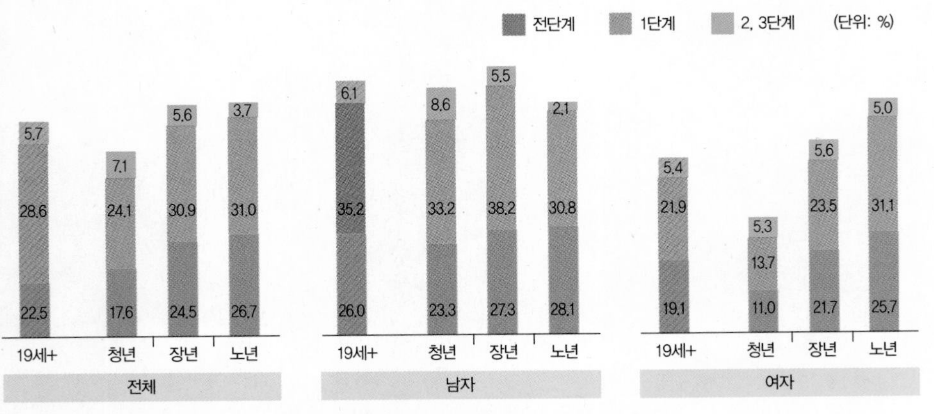

자료: 국민건강영양조사 요약통계(2021). 우리나라 성인의 비만 유형 현황 및 관련요인.

생각해 보기 **

- 국민들을 대상으로 한 국민건강영양조사와 같은 자료 구축 및 분석이 중요한 이유는 무엇인가?

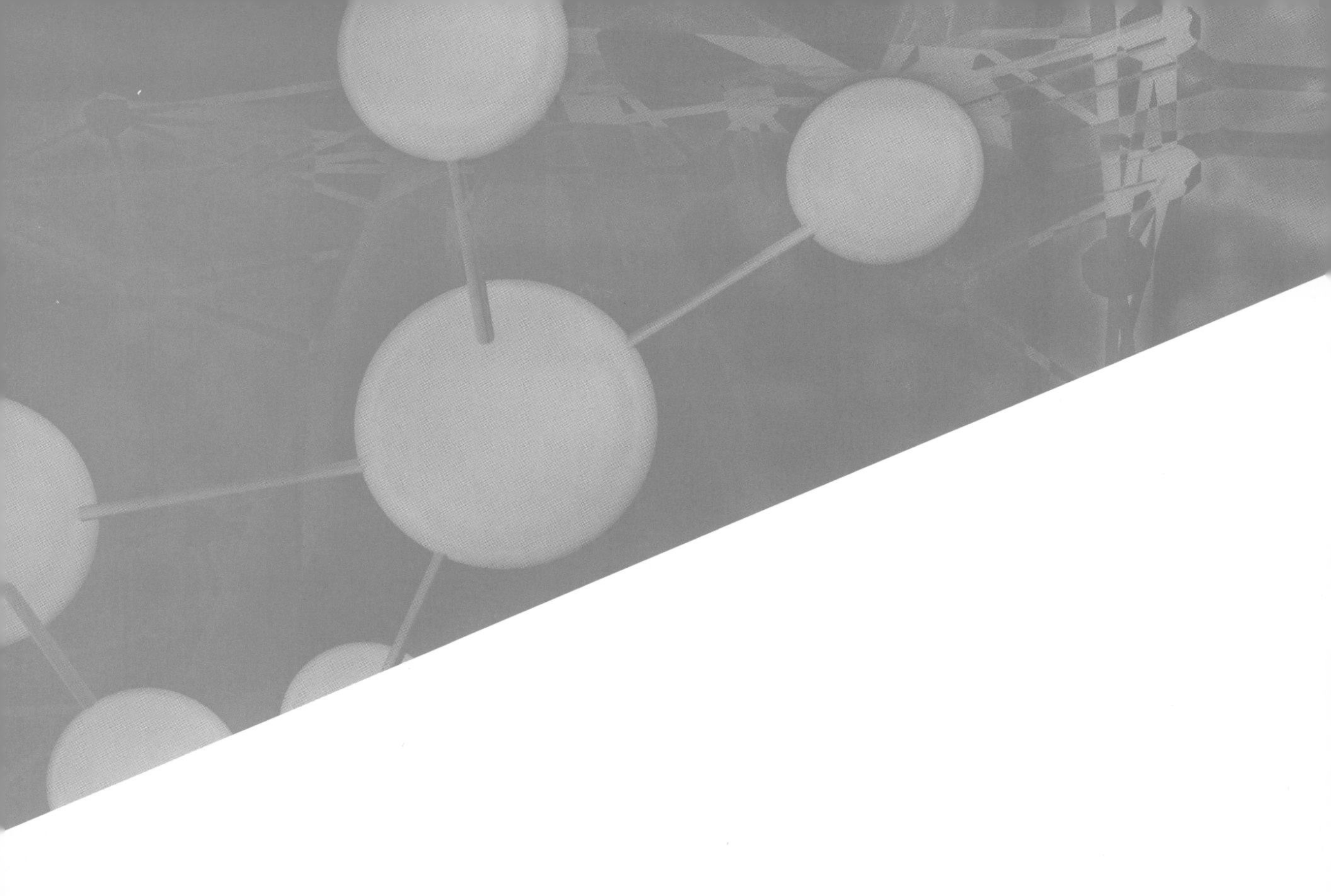

1 보건통계의 개념

1) 보건통계의 의의

통계란 어떤 현상을 나타내는 개별적인 데이터나 수치들을 모아서 다양한 수학적 기법을 활용해 데이터나 수치가 가지는 성질이나 규칙성 등을 찾아내어 표나 그래프 등으로 알기 쉽게 표현한 것 또는 표현하는 일을 말한다. 일반적으로 통계를 내기 위한 대상 전체를 뜻하는 모집단에서 표본을 추출하여 대표 집단을 만든 뒤, 표본에 대한 분석을 통해 만들어진 결과물이다.

보건통계는 인간집단의 건강상태를 파악, 평가하기 위한 지표가 되는 각종 자료의 총칭이며, 국가 또는 지역사회에서 공중보건활동을 추진할 때 문제점을 발견하고 대책을 수립하고 실시하기 위한 기초자료가 된다. 또한 계획 실행 중이나 종료 후에 계획에 대한 효과를 평가할 수 있다.

국민건강조사나 환자조사를 비롯한 의료관계의 제 통계, 국민영양조사 등이 보건통계의 대표적인 자료이다.

2) 모집단과 표본

연구대상이 되는 분석단위의 전체집단을 모집단population이라고 하고, 실제 분석에 사용되는 선택된 모집단의 일부를 표본sample이라고 한다. 모집단 전체를 조사하는 것은 전수조사census라 하며, 모집단의 일부분을 조사하는 것을 표본조사sample survey라 한다. 전수조사는 표본조사에 비해 시간과 비용이 많이 들고 효율적이지 못할 경우 표본을 사용하여 모집단의 특성을 추론한다. 예를 들어, 고등학생의 야식 섭취와 비만과의 상관관계를 분석할 때 전체 고등학생의 자료를 구할 수 없으므로 표본을 구하여 특성을 추론한다. 또한 연구대상인 표본이 모집단의 특성을 반영하도록 모집단의 여러 특성을 대표하는 표본을 선정하여야 한다.

3) 표본의 선택방법

표본추출은 연구자가 관심을 갖고 연구하고자 하는 전체 대상이 모집단으로부터 일부 대상으로 구성된 표본을 확률적 또는 비확률적인 방법으로 추출

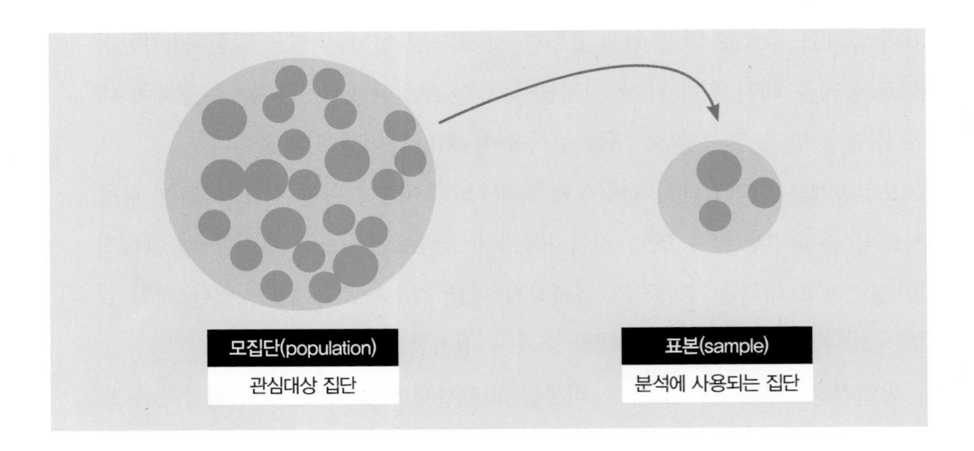

그림 14-1
모집단과 표본

하는 것이다. 모집단 전체에서 모집단의 속성을 대표할 수 있는 표본을 뽑아내는 과정을 표본추출sampling, 표본수집, 표집이라고 한다.

표본을 선택하는 방법에는 확률 표본추출probability sampling과 비확률 표본추출nonprobability sampling이 있다. 확률 표본추출법은 모집단의 개별요소가 선택될 수 있는 확률이 동일한 것이고, 비확률 표본추출법은 모집단의 개별 구성요소가 표본에 포함될 확률이 동일하지 않은 것이다.

확률 표본추출에는 단순 무작위 표본추출random sampling, 계통 표본추출systematic sampling, 층화 표본추출stratified sampling, 군집 또는 집락 표본추출cluster sampling 등이 있다. 단순 무작위 표본추출은 모집단으로부터 표본이 뽑힐 확률이 동일하며 난수표table of random numbers를 이용하여 추출한다. 계통 표본추출은 첫 번째 대상자를 무작위로 선정한 후, K번째 대상자들을 체계적으로 뽑는 방법이다. 층화 표본추출은 모집단을 2개 또는 그 이상의 하위 모집단으로 구분한 후 각 하위 모집단에서 표본을 각각 무작위로 추출하는 방법이다. 군집 표본추출은 표본추출 단위를 개인이 아닌 '집단'이나 '집락'을 무작위로 선택한 후, 그 집단 내에 있는 모든 구성원들을 표본으로 추출하는 방법이다.

비확률 표본추출에는 편의 표본추출convenient sampling, 유의 표본추출purposive sampling, 지원자 표본추출volunteer sampling, 눈덩이 표본추출snowball sampling, 할당 표본추출quota sampling 등이 있다. 편의 표본추출은 연구자가 가장 접근하기 쉬운 대상자를 공원, 역, 길거리 등지에서 연구자가 임의로 선정하는 방법이다. 유의 표본추출은 판단 또는 목적 표본추출이라고도 하며, 연구 목적에 적합한 특정 대상자, 예를 들어 해당 분야 전문가나 특정 조직 등 상대적으로 제한된 집단만을 대상으로 표본을 추출하는 방법이다. 지원자 표본추출은 메일이나 광고지 등을 통해 연구를 광고한 뒤 참가 희망자들을 대상으로 표본을 추출하는 방법이다. 눈덩이 표본추출은 소수 참여 대상자로부터 또 다른 여러 명의 참여 대상자를 계속적으로 소개받는 식으로 표본을 추출하는 방법이다. 이 방법은 예를 들어, 유학생을 대상으로 건강기능성 식품 섭취조사를 시행하고자 할 때 사용할 수 있다. 할당 표본추출은 인구통계학적 특성이나 거주지와 같은 모집단의 속성을 미리 파악할 수 있을 때, 각 속성의 구성 비율을 고려해 표본을 추출하는 방식으로 층화 표본추출과 외견상 매우 비슷하지만, 표본추출 프레임이 없다는 차이가 있다.

4) 변수

변수란 연구를 통해 밝히고자 하는 사물이나 사람, 집단의 특성을 말한다. 이러한 특성은 개인이나 개체·개별 집단에 따라 달라지고, 일정한 값을 갖지 않는 특징이 있다.

(1) 명목척도

명목척도nominal scale는 변수가 2개 이상의 범주로 분류되며, 변수의 특성에 부여된 수가 집단 구분에 대한 정보만을 포함한 척도이다. 예를 들어, 혈액형과 성별은 숫자로 측정할 수 없으나 숫자로 표현하여 통계처리에 이용한다.

당신의 성별은?	1) 남자	2) 여자		
당신의 혈액형은?	1) A형	2) B형	3) O형	4) AB형
당신의 거주 지역은?	1) 서울	2) 대구	3) 부산	

(2) 서열척도

서열척도ordinal scale는 서열관계많고 적은 것 또는 높고 낮은 것를 나타내는 척도이다. 집단 구분 외에 측정대상 간 순서순위에 대한 정보를 포함하는 척도이다.

학점	A	B	C	D	F
건강식품 선호 순위	1순위	2순위	3순위		

(3) 등간척도

등간척도interval scale는 척도에 의해 나타나는 값 간 간격이 동일하며 절대 0점이 존재하지 않는다. 이를 통해 범위, 평균값, 표준편차 등의 계산이 가능하다.

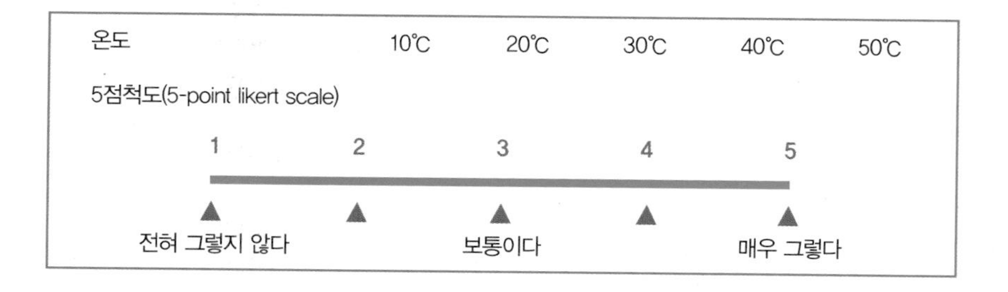

(4) 비율척도

비율척도ratio scale는 등간척도가 갖는 특성에 관측치 사이의 비율계산이 가능한 척도이며, 절대적인 0의 의미가 존재한다. 이 척도는 측정 결과로 얻어진 자료그림 14-2에 내포되어 있는 정보가 가장 많다.

당신의 월평균 소득은?	(　　　)원	
당신의 몸무게는?	(　　　)kg	
당신의 수축기 혈압과 확장기 혈압은?	수축기 (　　)mmHg	확장기 (　　)mmHg

(5) 독립변수와 종속변수

변수 사이의 관계가 영향을 주는 변수와 영향을 받는 변수로 구분될 수 있을 때, 영향을 주는 변수를 독립변수independent variable, 영향을 받는 변수를 종속변수dependent variable라고 한다. 많은 연구가 독립변수와 종속변수의 관계를 밝히려는 목적으로 진행된다.

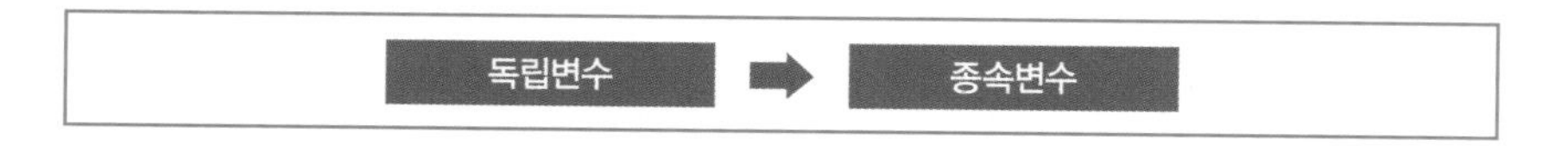

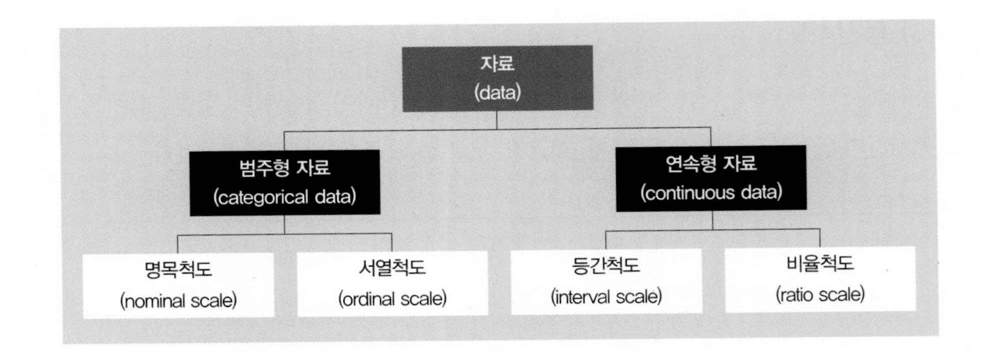

그림 14-2
자료의 유형

5) 통계적 추론

통계자료 분석의 목적은 모집단에서 표본을 추출하여 자료를 수집한 후 표본자료에 함축된 정보를 가지고 모집단의 특성을 찾아내는 것이다. 통계적 추론은 추출된 표본으로부터 통계량의 값을 계산하고 이것을 이용하여 모집단의 추측 또는 특성에 대하여 알아내는 과정을 말한다. 통계적 추론은 목적에 따라 여러 가지가 있으나, 모수의 추정estimation of parameters과 통계적 가설 검정statistical hypothesis testing이 있다.

(1) 추정

추정은 모수의 값을 알지 못하여 표본으로부터 그 값이 얼마인가를 1개의 값으로 택하는 점수정과 모수의 참값이 포함될 것으로 기대되는 범위를 택하는 과정인 구간추정이 있다.

(2) 가설검정

가설검정은 모집단의 어떤 현상에 대한 예상 또는 주장의 진위 여부를 표본자료를 이용하여 판단하는 것으로 모수의 값이 지정된 범위 내에 존재하는지 여부를 통계적으로 결정하는 추론이다. 연구자가 주장하고자 하는 것을 대립가설로 설정하고, 대립가설과 반대되는 것은 귀무가설로 설정한다. 통계적 가

추정치와 신뢰구간

표본 크기가 커질수록 표본 평균은 모집단 평균에서 적게 벗어날 것으로 기대할 수 있다. 가우스 분포(Gaussian distribution)로도 잘 알려진 정규분포(normal distribution)는 연속 확률 분포로, 종모양(bell-shaped)의 대칭구조를 가지며 평균, 중위수, 그리고 최빈값이 모두 동일하다. 특히 평균이 0, 그리고 표준편차가 1인 정규분포를 표준 정규분포(standard normal distribution)라고 한다. 정규분포에서 평균으로부터 각각 ±1, ±2, ±3 표준편차 범위 내에서는 전체 케이스 중 68%, 95%, 99.7% 케이스가 포함된다는 규칙성을 가지며, 이 규칙을 68–95–99.7% 규칙이라고 한다. 이 규칙을 통해 특정 변인에 대한 모집단의 모수를 추정할 수 있는 점 추정치(point estimate)와 함께 신뢰구간(confidence intervals)을 구할 수 있다.

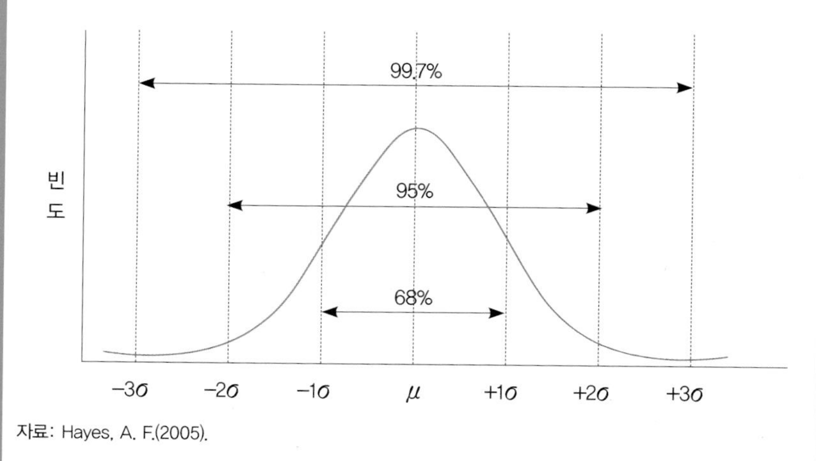

자료: Hayes, A. F.(2005).

설검정은 표본자료를 가지고 계산한 결과를 토대로 귀무가설을 기각할지 아니면 채택할지를 결정하는 절차이며, 유의성검정significance testing이라고도 한다.

유의수준은 귀무가설을 기각하는 결정의 근거로 선택한 기준점을 검정에 대한 유의수준$^{\alpha}$이라고 하며, 통계적 가설검정에서는 일반적으로 0.05 또는 0.01 등의 값을 사용한다. 유의수준 5%는 100번 중 5번 정도 귀무가설을 잘못 기각할 수 있다는 것을 의미한다.

유의수준$^{\alpha}$에 대한 임계점과 기각역rejection region을 구하여 표본으로부터 계산된 검정통계량의 값이 기각역에 속하는지에 따라 귀무가설의 기각 여부를 결

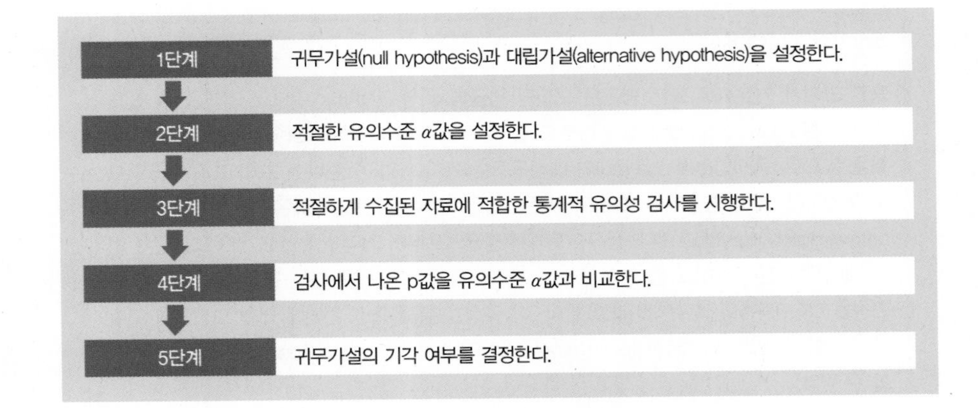

그림 14-3
가설검정의 과정

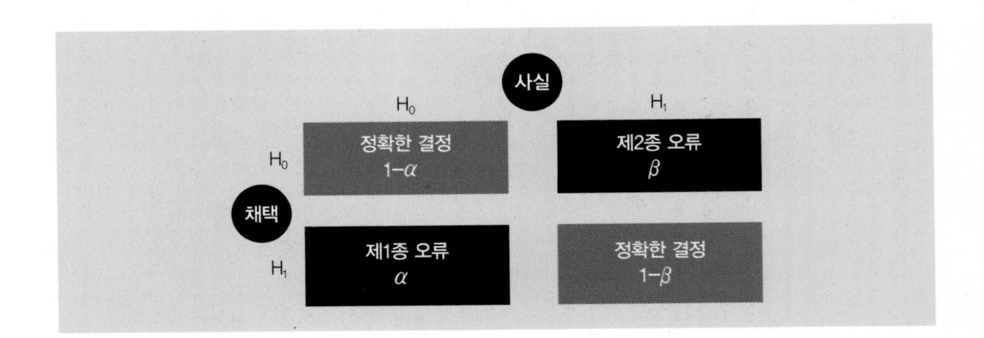

그림 14-4
가설에 따른 오류

정하게 된다.

p값은 검정통계량의 관측값에 대하여 귀무가설을 기각시키는 최소의 유의수준이며, 귀무가설이 사실일 때의 확률분포에서 검정통계량의 값보다 더 어긋나게 될 확률로서 유의확률이라고도 한다. p값이 유의수준보다 작으면 귀무가설을 기각하고, 유의수준보다 크면 귀무가설을 채택한다.

가설의 검정은 완벽할 수 없으므로 귀무가설을 통해 어떤 결정을 내리더라도 오류를 범하게 되는데 이것을 검정오류test error라고 한다그림 14-4.

가설검정의 종류

구분	모집단 1개	모집단 2개	모집단 3개 이상
평균	• 모 표준편차를 알 때 – 1sample z-test • 모 표준편차를 모를 때 – 1sample test • 가설 – H_0: 평균은 ~이다. – H_1: 평균은 ~이 아니다.	• 두 집단이 독립일 때 – 2sample t-test • 두 집단이 독립이 아닐 때 – paired t-test • 가설 – H_0: 두 집단의 평균은 같다. – H_1: 두 집단의 평균은 다르다.	• 요인이 1개일 때 – one way ANOVA • 요인이 2개일 때 – two way ANOVA • 가설 – H_0: 모든 집단의 평균은 같다. – H_1: 적어도 1개 집단의 평균은 다르다.
분산	• chi-square test • 가설 – H_0: 분산은 ~이다. – H_1: 분산은 ~이 아니다.	등분산 검정(test for equal variance) • f-test • 가설 – H_0: 두 집단의 분산은 같다. – H_1: 두 집단의 분산은 다르다.	• bartlett's test • 가설 – H_0: 모든 집단의 분산은 같다. – H_1: 적어도 1개 집단의 분산은 다르다.
비율	• 1sample proportion test • 가설 – H_0: 비율은 ~이다. – H_1: 비율은 ~이 아니다.	• 2sample proportion test • 가설 – H_0: 두 집단의 비율은 같다. – H_1: 두 집단의 비율은 다르다.	• chi-square test • 가설 – H_0: 두 변수는 독립이다. – H_1: 두 변수는 독립이 아니다.

※ 유의확률(p-value)이 유의수준(alpha)보다 작으면 귀무가설을 기각한다.

2 자료분석

1) 기술통계분석

빈도분석frequency analysis은 자료의 분포 현황을 파악하여 변수들의 빈도frequency, 백분율percentile value로 나타내는 것이다.

자료의 중심을 나타내는 척도로는 관측된 자룟값 중 빈도가 가장 많이 발생되는 값인 최빈값mode, 자룟값을 순서대로 나열했을 때 정가운데에 있는 값인 중앙값median, 모든 자룟값의 합을 자료의 개수로 나눈 평균값mean을 사용하며, 자료의 퍼짐을 나타내는 척도는 범위range, 사분위수quartile, 상자와 수염box & whisker plot, 편차deviation, 분산variation과 표준편차standard deviation 등이 사용된다.

기술통계는 산포도dispersion, 중심경향치central tendency, 분포형태distribution 등 변수의 개략적 특성을 살펴보는 분석방법이다. 기술통계량은 막대그래프, 히스토그램, 파이그래프원그래프, 라인그래프선 도표 등의 그래프를 제공하여 통계량을 보다 쉽게 이해할 수 있게 한다.

2) t검정

t검정t-test은 두 집단 간 평균 차이에 대한 통계적 유의성을 검증하는 방법이다. t검정은 역사적으로, 1908년 맥주회사 기네스Guinness에서 일하던 화학자 윌리엄 설리 고셋William Searly Gosset이 흑맥주의 질을 보존하기 위한 방법으로 맥주의 원료인 보리의 최고 생산성을 선택하기 위해 개발한 통계분석 기법이다. t검정은 두 집단의 데이터 존재 유무나 두 집단의 동일성에 따라 크게 3가지 t검정 기법인 일표본, 독립표본, 대응표본 t검정으로 구분할 수 있다.

t검정은 두 집단 간 평균 차이를 비교하므로, 두 집단의 속성을 나타내는 데이터가 필요하다. 그러나 연구를 실행하다 보면 여건상 두 집단 중 한 집단의 속성을 나타내는 데이터만 구하는 경우도 발생할 수 있으며, 이때 일표본 t검정 기법을 사용한다. 독립표본 t검정independent sample t-test은 독립적으로 존재하는 두 집단 간의 평균 차이를 검증하는 통계분석 기법이다. 대응표본 t검정paired t-test은 실험 연구에서 자주 사용되는 통계분석 기법으로 실험 처치 전후에 데이터를 수집한 후 두 데이터 간 평균 차이를 검증하는 방법이다. 독립표본 t검정이 2개의 독립적인 표본인 다른 두 집단에 대한 평균 비교라면, 대응표본 t검정은 동일한 표본을 대상으로 시간 간격을 두고서 데이터를 두 번 수집하여 각 데이터 평균 간 차이를 검증하는 점이 독립표본 t검정과 다르다.

3~5세 유아의 성별에 따른 영양소 섭취량 비교

영양소	남아(n=830)	여아(n=752)	*p*-value
에너지(kcal)	1,464.3 ± 19.3	1,306.3 ± 26.3	<.0001***
탄수화물(g)	228.3 ± 2.9	206.1 ± 3.9	<.0001***
단백질(g)	49.3 ± 0.9	42.7 ± 0.7	<.0001***
지방(g)	38.3 ± 0.9	33.9 ± 1.1	0.0014**
칼슘(mg)	470.2 ± 12.1	426.2 ± 12.4	0.0091**
인(mg)	822.7 ± 17.6	721.5 ± 12.1	<.0001***
아연(mg)	8.6 ± 0.2	8.0 ± 0.3	0.0648
나트륨(mg)	1,787.9 ± 40.2	1,637.1 ± 38.2	0.0058**
칼륨(mg)	1,899.7 ± 32.2	1,704.9 ± 26.2	<.0001***
비타민A(㎍RE)	485.8 ± 18.5	434.9 ± 16.8	0.0333*
티아민(mg)	1.1 ± 0.0	1.0 ± 0.0	0.0020**
리보플라빈(mg)	1.2 ± 0.0	1.1 ± 0.0	0.0049**
나이아신(mg)	8.9 ± 0.2	8.1 ± 0.2	0.0033**
비타민C(mg)	69.5 ± 3.2	64.8 ± 3.1	0.2923

Values are mean±SE.
* p<0.05, ** p<0.01, *** p<0.001
자료: 김은정 등(2021)에서 재정리.

3) 교차분석

교차분석은 명목이나 서열수준과 같은 범주형 수준의 변인에 대한 케이스의 교차빈도에 대한 기술통계량을 제공할 뿐만 아니라, 교차빈도에 대한 통계적 유의성을 검증하는 통계분석 기법이다. 두 변수 간 상호 관련성을 알아보기 위하여 실시하며 교차분석을 하고 나서 모집단의 상관관계를 검정하는 것이 카이분석이다.

4) 분산분석

분산분석은 2개 이상 집단의 평균을 비교하는 통계분석 기법으로, 2개 이상 집단의 평균 간 차이에 대한 통계적 유의성을 검증하는 방법이다. 분산분석은 종속변수가 1개인 경우 요인[독립변수]의 수에 따라 요인이 1개인 경우를 일원분산분석[one way ANOVA], 요인이 2개인 경우를 이원분산분석[two way ANOVA], 요인이 3개 이상일 경우 다원분산분석[multiway ANOVA]이라 한다. 종속변수가 2개 이상인 경우는 다변량분산분석[MANOVA]이라 한다.

표 14-1
독립변수와 종속변수 수에 따른 분산분석의 종류

구분	단변량분산분석			다변량분산분석 (MANOVA)
	일원분산분석 (one way ANOVA)	이원분산분석 (two way ANOVA)	다원분산분석 (multiway ANOVA)	
독립변수	1개	2개	3개 이상	1개 이상
종속변수	1개			2개 이상

5) 상관분석

상관분석[correlation analysis]은 연속적 속성을 갖는 두 변인 간 상호 연관성에 대한 기술통계 정보를 제공할 뿐만 아니라, 두 변인 간 상호 연관성에 대한 통계적 유의성을 검증하는 통계분석 기법이다. 상관계수는 '$1 < r < 1$'의 값을 가지며 그 값이 1에 가까울수록 강한 정$^+$의 상관관계가 된다. 또한 1에 접근할수록 강한 부$^-$의 상관관계를, 0에 접근할수록 상관관계가 약하다는 것을 의미한다.

유제품 섭취와 비만비율 및 비만위험도의 관계 분석

우유 등 유제품을 많이 먹을수록 살이 찐다는 일반적인 상식과 달리, 유제품이 비만 예방에 도움이 된다는 연구결과가 나왔다. 지난 2007년부터 2009년까지 질병관리본부가 실시한 국민건강영양조사에 참여한 성인(19~64세) 7,173명의 데이터 분석 결과, 유제품 섭취량이 많을수록 비만위험도가 낮아지는 것으로 분석되었다. 유제품은 우유와 요거트를 포함하였다. 연구에 따르면 하루 1회 이상 유제품을 섭취할 경우 비만위험도 21%를 낮출 수 있으며, 하루 2회 이상 유제품을 섭취할 경우에는 비만위험도 37%를 낮추는 것으로 나타났다. 이보다 적게 유제품을 섭취한 경우에는 비만과의 관계가 무의미한 것으로 조사되었다. 최소 일 1회 이상 유제품을 섭취해야 비만위험도를 낮출 수 있다는 의미이다. 유제품 섭취가 많을수록 체질량지수(Body Mass Index: BMI)도 낮아 비만비율도 떨어지는 것으로 나타났다. BMI지수는 몸무게와 신장의 비율로 계산되며 25kg/㎡ 이상일 경우 비만으로 판단된다. 한 달 1회 이하 유제품을 섭취하는 그룹 1,476명의 비만비율(BMI지수 25 이상)은 33%이다. 한 달 1~3회 유제품 섭취 그룹(1,226명)은 30%, 주 1~2회 섭취 그룹(1,441명)은 27%, 주 3~6회 섭취 그룹(1,115명)은 31%, 하루 1회 섭취 그룹(1,669명)은 27%, 하루 2회 이상 섭취 그룹(246명)은 23%로 조사되었다. 이를 통해 전반적으로 유제품 섭취가 많을수록 비만율이 훨씬 낮아진다는 것을 알 수 있다.

유제품 섭취 빈도	비만비율(%)	비만위험도(%)	비고
월 1회 이하 (1,476명)	33	−8	무의미
월 1~3회 (1,226명)	30	−12	
주 1~2회 (1,441명)	27	−1	
주 3~6회 (1,115명)	31	−21	유의미
일 1회 (1,669명)	27	−37	
일 2회 이상 (246명)	23		

※ 비만비율은 BMI지수 25(kg/㎡) 이상을 의미함.

자료: 국민건강영양조사(knhanes.cdc.go.kr).

회귀직선과 회귀분석

아버지의 키가 아들의 키에 영향을 미칠까?

회귀분석(regression analysis)에서 '회귀(regression)'란 용어는 19세기 프랜시스 갤턴(Francis Galton, 1822~1911)이 키 큰 선대 부모들이 낳은 자식들의 키가 점점 더 커지지 않고, 다시 평균 키로 회귀하는 경향을 보고서 발견한 개념이다. 이를 통계학 용어로 '평균으로의 회귀(regression toward mean)'라고 한다. 갤턴은 아버지의 신장과 아들의 신장 사이에 비례관계가 있다고 보았는데 아버지의 신장이 인간 전체의 평균 신장보다 작은 경우 아들은 아버지의 신장보다 크거나 같은 경향을 보이는 한편, 아버지의 신장이 전체 평균 신장보다 큰 경우에는 아들의 키가 아버지보다 작거나 같은 경향을 보인다는 것을 발견하였다. 그는 《자연유전》(1889)이란 책에서 '상관'과 '회귀'라는 용어를 직접 사용하였는데 여기서 '회귀'를 다음과 같이 설명하고 있다.

수평축을 아버지 키, 수직축을 자식 키로 하는 그래프에 표시하면 각 점이 된다. 이 점들은 부자를 한 쌍으로 하는 여러 가지 경우를 나타내는데 이를 보편 타당하게 나타내기 위해서 대략적으로 점들 사이를 통과하는 직선을 하나 그을 수 있다. 이렇게 직선을 그었다면 이 직선을 나타내는 수식을 만들 수 있으며 이 직선을 '회귀직선'이라 하고, 이 직선을 구하는 과정과 이 직선이 가지고 있는 오차의 정도를 계산하는 것을 '회귀분석'이라 한다.

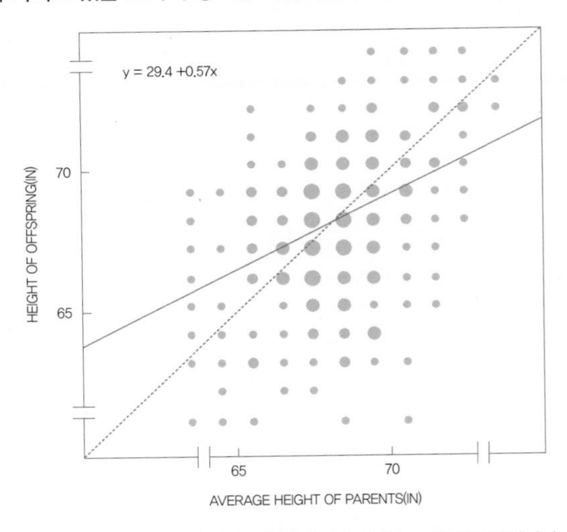

※ 프랜시스 갤턴(1889)에 의하면 아버지의 키와 자식의 키의 상관계수는 0.57로 나타났다.

6) 회귀분석

회귀분석은 기본적으로 하나 이상의 독립변인[예측변인, 설명변인]이 한 단위 변할 때, 종속변인[결과변인, 피설명변인]이 얼마나 변할 것인지, 다시 말해 하나 이상의 독립변인이 종속변인에 미치는 영향력을 예측[prediction]하는 데 주로 사용하는 통계분석 기법이다. 또한 회귀분석은 종속변인에 영향을 주는 개연성이 있는 제3의 변인들을 통계적으로 통제했을 때, 특정 예측변인이 하나의 결과변인에 미치는 영향, 즉 인과성[causality]을 밝히는 데에도 사용된다.

3 건강지표

건강지표는 국민 또는 지역 주민의 건강수준을 수량적으로 표현하기 위해 사용되는 것이다. 국가수준에서의 출산, 사망, 질병에 대한 지표가 사용되며 그 내용은 다음과 같다.

표 14-2 건강지표의 내용

분류	지표명	내용 및 수식
출산통계	조출생률 (crude live-birth rate)	인구 1,000명당 1년간 출생아 수 $\frac{\text{연간출생아 수}}{\text{연중앙인구}} \times 1,000$
	일반출산율 (general fertility rate)	가임여성(15~49세) 인구 1,000명당 특수출생률 $\frac{\text{연간출생아 수}}{\text{가임여성인구}} \times 1,000$
	연령별 출산율 (age-specific fertility rate)	특정 연도 특정 연령의 여자 인구 1,000명당 같은 연령의 여자가 출산한 총 출생아 수 $\frac{\text{해당 연령의 여자에 의한 출생아 수}}{\text{해당 연령의 여성 인구}} \times 1,000$
사망통계	조사망률 (crude death rate)	인구 1,000명당 1년간 발생한 총 사망자 수 $\frac{\text{연간 총 사망자 수}}{\text{특정 연도의 연앙인구}} \times 1,000$

(계속)

분류	지표명	내용 및 수식
사망통계	연령별·성별 특수사망률 (age·sex-specific death rate)	연령과 성별에 따른 소집단의 사망률 $\frac{\text{특정 연령별, 성별 집단의 사망자 수}}{\text{해당 집단의 연앙인구}} \times 1,000$
	영아사망률 (infant mortality rate)	생후 1년 미만 영아의 1,000명당 사망자 수(생활환경에 가장 예민하게 영향을 받으므로 국가나 지역사회의 보건수준을 나타내는 지표로 활용) $\frac{\text{연간 영아 사망 수}}{\text{연간 출생아 수}} \times 1,000$
	신생아사망률 (neonatal mortality rate)	생후 28일 미만의 신생아 1,000명당 사망자 수 $\frac{\text{연간 생후 28일 미만의 사망아 수}}{\text{연간 총 출생아 수}} \times 1,000$
	후기 신생아사망률 (post-neonatal mortality rate)	생후 28일부터 1년 미만의 신생아 1,000명당 사망자 수 $\frac{\text{연간 생후 28일 – 1년 미만 사망아 수}}{\text{연간 총 출생아 수}} \times 1,000$
	모성사망률 (maternal mortality rate)	임신, 분만, 산욕의 합병증으로 발생한 모성의 사망자 수의 비율 $\frac{\text{연간 모성 사망자 수}}{\text{연간 총 출생아 수}} \times 1,000$
	주산기사망률 (perinatal mortality rate)	임신 28주 이상의 사산아 수와 생후 7일 미만 초생아의 신생아 1,000명당 사망자 수 $\frac{\text{연간 임신 28주 이상 사산 수 + 출생 1주 이내 사망자 수}}{\text{특정 연도의 28주 이상의 사산아 수 + 출생아 수}} \times 1,000$
	사인별 사망률 (caused-specific death rate)	특정 연도 중 연앙인구 1,000명 또는 100,000명당 특정 원인의 사망자 수 $\frac{\text{연간 특정 원인(질병)에 의한 사망자 수}}{\text{연앙인구}} \times 1,000\text{(또는 100,000)}$
	조사망률 (crude death rate)	연간 사망자 수를 해당 연도의 연앙인구로 나눈 수치를 100,000분비로 표시 $\text{조사망률} = \frac{\text{총 사망자 수}}{\text{연앙인구}} \times 100,000$
질병통계	발생률, 이환율 (incidence rate)	단위 인구당 일정 기간에 새로 발생한 환자 수, 이 질병에 걸릴 확률 또는 위험도 $\frac{\text{일정 기간의 특정 질환이 새로 발생한 환자 수}}{\text{*질병에 걸릴 위험이 있는 인구}} \times 10^{\alpha}$ *질병 위험에 노출된 인구, 이미 질병에 걸린 자, 면역자 등 제외

(계속)

분류	지표명	내용 및 수식
질병통계	유병률 (prevalence rate)	일정 시점 또는 일정 기간 중 인구집단에 있는 환자 수의 비율 $\frac{\text{일정 시점(기간)에서 환자 수}}{\text{일정 시점(기간)의 인구수}} \times 10^{\alpha}$ *기존 환자, 새로 생긴 환자 모두 포함
	치명률 (case fatality rate)	특정 질병에 걸린 환자 수 중에서 그 질병으로 인한 사망자 수의 비로 질병의 심각한 정도를 나타냄 $\frac{\text{기간 중 특정 질병에 의한 사망자 수}}{\text{일정 기간 중 특정 질병의 사망자 수}} \times 100$
	발병률 (attack rate)	어떤 집단이 어떤 질병에 걸릴 위험에 폭로되었을 때 폭로자 중 새로 발병한 총수의 비율 $\frac{\text{연간 발생자 수}}{\text{위험에 폭로된 인구}} \times 100$

국가 주요지표 중 건강지표의 예

연도별 비만유병률

연도	비만유병률(%)
2012	32.4
2013	31.8
2014	30.9
2015	33.2
2016	34.8
2017	34.1
2018	34.6
2019	33.8
2020	38.3

자료: 보건복지부, 질병관리청. 2020 국민건강통계
(국가승인통계 제117002호, 국민건강영양조사).

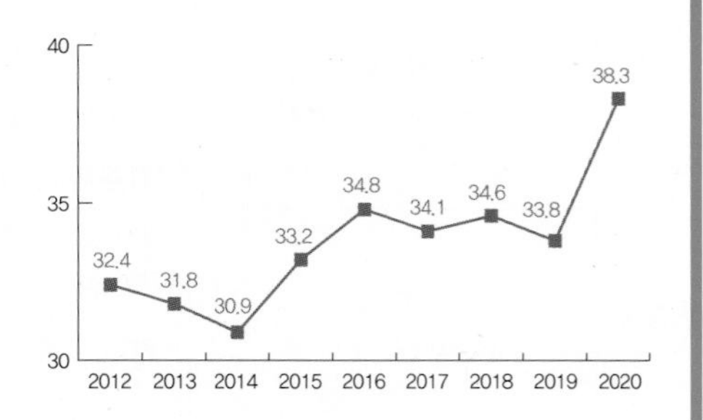

연도별 조사망률

연도	조사망률(인구 천 명당)
2012	5.3
2013	5.3
2014	5.3
2015	5.4
2016	5.5
2017	5.6
2018	5.8
2019	5.7
2020	5.9

자료: 통계청, 인구동향조사 각 연도.

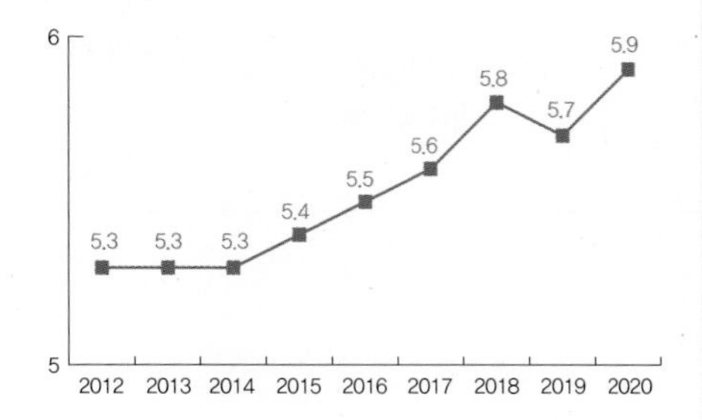

연도별 합계 출산율

연도	출산율(인구 천 명당)
2012	1.3
2013	1.19
2014	1.21
2015	1.24
2016	1.17
2017	1.05
2018	0.98
2019	0.92
2020	0.84

주: 합계 출산율(Total Fertility Rate: TFR): 가임기 여성(15~49세) 1명이 가임기간 동안 낳을 것으로 예상되는 평균 출생아 수
자료: 통계청, 인구동향조사 각 연도.

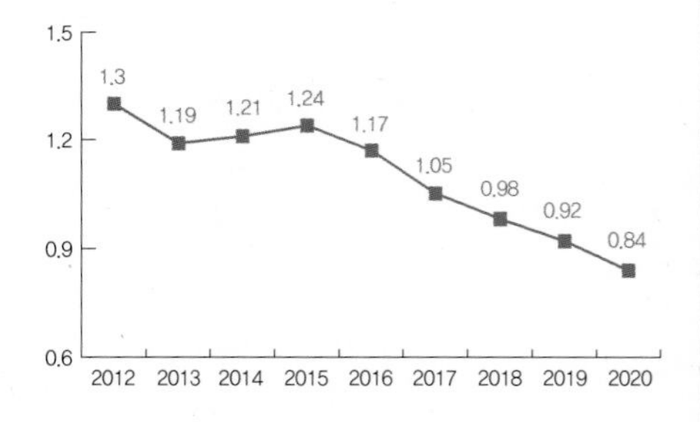

연도별 암 발생률

연도	조발생률(인구 10만 명당)
2012	454.0
2013	453.7
2014	435.4
2015	428.3
2016	455.1
2017	461.0
2018	479.3
2019	496.2

주: 2019년 암 발생률 통계(2021년 12월 발표)가 최근 자료이며, 2020년 자료는 2022년 12월 공표 예정임
자료: 보건복지부 암등록통계(국가승인통계 117044호).

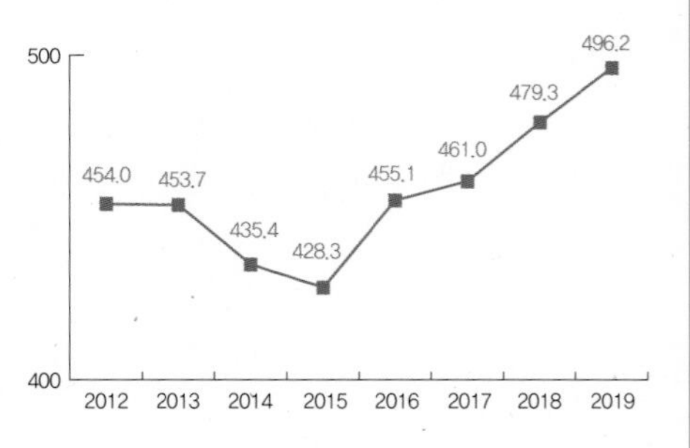

SUPPLEMENT
부록

부록 1. 국민건강증진법

[시행 2022. 6. 22.] [법률 제18606호, 2021. 12. 21., 일부개정]

보건복지부(건강증진과–금연), 044–202–2822
보건복지부(정신건강정책과–절주), 044–202–2865
보건복지부(재정운용담당관–부담금), 044–202–2329
보건복지부(건강정책과–그 외 사항), 044–202–2807

제1장 총칙

제1조(목적) 이 법은 국민에게 건강에 대한 가치와 책임의식을 함양하도록 건강에 관한 바른 지식을 보급하고 스스로 건강생활을 실천할 수 있는 여건을 조성함으로써 국민의 건강을 증진함을 목적으로 한다.

제2조(정의) 이 법에서 사용하는 용어의 정의는 다음과 같다. 〈개정 2016. 3. 2.〉

1. "국민건강증진사업"이라 함은 보건교육, 질병예방, 영양개선 및 건강생활의 실천등을 통하여 국민의 건강을 증진시키는 사업을 말한다.
2. "보건교육"이라 함은 개인 또는 집단으로 하여금 건강에 유익한 행위를 자발적으로 수행하도록 하는 교육을 말한다.
3. "영양개선"이라 함은 개인 또는 집단이 균형된 식생활을 통하여 건강을 개선시키는 것을 말한다.
4. "건강관리"란 개인 또는 집단이 건강에 유익한 행위를 지속적으로 수행함으로써 건강한 상태를 유지하는 것을 말한다.

제3조(책임) ① 국가 및 지방자치단체는 건강에 관한 국민의 관심을 높이고 국민건강을 증진할 책임을 진다.

② 모든 국민은 자신 및 가족의 건강을 증진하도록 노력하여야 하며, 타인의 건강에 해를 끼치는 행위를 하여서는 아니된다.

제3조의2(보건의 날) ① 보건에 대한 국민의 이해와 관심을 높이기 위하여 매년 4월 7일을 보건의 날로 정하며, 보건의 날부터 1주간을 건강주간으로 한다.

② 국가와 지방자치단체는 보건의 날의 취지에 맞는 행사 등 사업을 시행하도록 노력하여야 한다.

[본조신설 2014. 1. 28.]

제4조(국민건강증진종합계획의 수립) ① 보건복지부장관은 제5조의 규정에 따른 국민건강증진정책심의위원회의 심의를 거쳐 국민건강증진종합계획(이하 "종합계획"이라 한다)을 5년마다 수립하여야 한다. 이 경우 미리 관계중앙행정기관의 장과 협의를 거쳐야 한다. 〈개정 2008. 2. 29., 2010. 1. 18.〉

② 종합계획에 포함되어야 할 사항은 다음과 같다. 〈개정 2014. 3. 18.〉

1. 국민건강증진의 기본목표 및 추진방향
2. 국민건강증진을 위한 주요 추진과제 및 추진방법
3. 국민건강증진에 관한 인력의 관리 및 소요재원의 조달방안
4. 제22조의 규정에 따른 국민건강증진기금의 운용방안

4의2. 아동·여성·노인·장애인 등 건강취약 집단이나 계층에 대한 건강증진 지원방안

5. 국민건강증진 관련 통계 및 정보의 관리 방안
6. 그 밖에 국민건강증진을 위하여 필요한 사항

[전문개정 2006. 9. 27.]

제4조의2(실행계획의 수립 등) ① 보건복지부장관, 관계중앙행정기관의 장, 특별시장·광역시장·도지사(이하 "시·도지사"라 한다) 및 시장·군수·구청장(자치구의 구청장에 한한다. 이하 같다)은 종합계획을 기초로 하여 소관 주요시책의 실행계획(이하 "실행계획"이라 한다)을 매년 수립·시행하여야 한다. 〈개정 2008. 2. 29., 2010. 1. 18.〉

② 국가는 실행계획의 시행에 필요한 비용의 전부 또는 일부를 지방자치단체에 보조할 수 있다.

[본조신설 2006. 9. 27.]

제4조의3(계획수립의 협조) ① 보건복지부장관, 관계중앙행정기관의 장, 시·도지사 및 시장·군수·구청장은 종합계획과 실행계획의 수립·시행을 위하여 필요한 때에는 관계기관·단체 등에 대하여 자료 제공 등의 협조를 요청할 수 있다. 〈개정 2008. 2. 29., 2010. 1. 18.〉

② 제1항의 규정에 따른 협조요청을 받은 관계 기관·단체등은 특별한 사유가 없는 한 이에 응하여야 한다.

[본조신설 2006. 9. 27.]

제5조(국민건강증진정책심의위원회) ① 국민건강증진에 관한 주요사항을 심의하기 위하여 보건복지부에 국민건강증진정책심의위원회(이하 "위원회"라 한다)를 둔다. 〈개정 2008. 2. 29., 2010. 1. 18.〉

② 위원회는 다음 각호의 사항을 심의한다. 〈개정 2010. 3. 26.〉

1. 종합계획
2. 제22조의 규정에 따른 국민건강증진기금의 연도별 운

용계획안·결산 및 평가
3. 2 이상의 중앙행정기관이 관련되는 주요 국민건강증진 시책에 관한 사항으로서 관계중앙행정기관의 장이 심의를 요청하는 사항
4. 「국민영양관리법」 제9조에 따른 심의사항
5. 그 밖에 위원장이 심의에 부치는 사항
[전문개정 2006. 9. 27.]

제5조의2(위원회의 구성과 운영) ① 위원회는 위원장 1인 및 부위원장 1인을 포함한 15인 이내의 위원으로 구성한다.
② 위원장은 보건복지부차관이 되고, 부위원장은 위원장이 공무원이 아닌 위원 중에서 지명한 자가 된다. 〈개정 2008. 2. 29., 2010. 1. 18.〉
③ 위원은 국민건강증진·질병관리에 관한 학식과 경험이 풍부한 자, 「소비자기본법」에 따른 소비자단체 및 「비영리민간단체 지원법」에 따른 비영리민간단체가 추천하는 자, 관계공무원 중에서 보건복지부장관이 위촉 또는 지명한다. 〈개정 2008. 2. 29., 2010. 1. 18.〉
④ 그 밖에 위원회의 구성·운영 등에 관하여 필요한 사항은 대통령령으로 정한다.
[본조신설 2006. 9. 27.]

제5조의3(한국건강증진개발원의 설립 및 운영) ① 보건복지부장관은 제22조에 따른 국민건강증진기금의 효율적인 운영과 국민건강증진사업의 원활한 추진을 위하여 필요한 정책 수립의 지원과 사업평가 등의 업무를 수행할 수 있도록 한국건강증진개발원(이하 이 조에서 "개발원"이라 한다)을 설립한다. 〈개정 2008. 2. 29., 2010. 1. 18., 2014. 1. 28.〉
② 개발원은 다음 각호의 업무를 수행한다. 〈개정 2014. 1. 28., 2015. 5. 18.〉
1. 국민건강증진 정책수립을 위한 자료개발 및 정책분석
2. 종합계획 수립의 지원
3. 위원회의 운영지원
4. 제24조에 따른 기금의 관리·운용의 지원 업무
5. 제25조제1항제1호부터 제9호까지의 사업에 관한 업무
6. 국민건강증진사업의 관리, 기술 지원 및 평가
7. 「지역보건법」 제7조부터 제9조까지에 따른 지역보건의료계획에 대한 기술 지원
8. 「지역보건법」 제24조에 따른 보건소의 설치와 운영에 필요한 비용의 보조
9. 국민건강증진과 관련된 연구과제의 기획 및 평가
10. 「농어촌 등 보건의료를 위한 특별조치법」 제2조의 공중보건의사의 효율적 활용을 위한 지원
11. 지역보건사업의 원활한 추진을 위한 지원
12. 그 밖에 국민건강증진과 관련하여 보건복지부장관이 필요하다고 인정한 업무
③ 개발원은 법인으로 하고, 주된 사무소의 소재지에 설립등기를 함으로써 성립한다. 〈신설 2014. 1. 28.〉
④ 개발원은 다음 각호를 재원으로 한다. 〈신설 2014. 1. 28.〉
1. 제22조에 따른 기금
2. 정부출연금
3. 기부금
4. 그 밖의 수입금
⑤ 정부는 개발원의 운영에 필요한 예산을 지급할 수 있다. 〈신설 2014. 1. 28.〉
⑥ 개발원에 관하여 이 법과 「공공기관의 운영에 관한 법률」에서 정한 사항 외에는 「민법」 중 재단법인에 관한 규정을 준용한다. 〈신설 2014. 1. 28.〉
[본조신설 2006. 9. 27.]
[제목개정 2014. 1. 28.]

제2장 국민건강의 관리

제6조(건강친화 환경 조성 및 건강생활의 지원 등) ① 국가 및 지방자치단체는 건강친화 환경을 조성하고, 국민이 건강생활을 실천할 수 있도록 지원하여야 한다. 〈개정 2019. 12. 3.〉
② 국가는 혼인과 가정생활을 보호하기 위하여 혼인전에 혼인 당사자의 건강을 확인하도록 권장하여야 한다.
③ 제2항의 규정에 의한 건강확인의 내용 및 절차에 관하여 필요한 사항은 보건복지부령으로 정한다. 〈개정 1997. 12. 13., 2008. 2. 29., 2010. 1. 18.〉

제6조의2(건강친화기업 인증) ① 보건복지부장관은 건강친화 환경의 조성을 촉진하기 위하여 건강친화제도를 모범적으로 운영하고 있는 기업에 대하여 건강친화인증(이하 "인증"이라 한다)을 할 수 있다.
② 인증을 받고자 하는 자는 대통령령으로 정하는 바에 따라 보건복지부장관에게 신청하여야 한다.
③ 인증을 받은 기업은 보건복지부령으로 정하는 바에 따라 인증의 표시를 할 수 있다.
④ 인증을 받지 아니한 기업은 인증표시 또는 이와 유사한 표시를 하여서는 아니 된다.
⑤ 국가 및 지방자치단체는 인증을 받은 기업에 대하여 대통령령으로 정하는 바에 따라 행정적·재정적 지원을 할 수 있다.
⑥ 인증의 기준 및 절차는 대통령령으로 정한다.
[본조신설 2019. 12. 3.]

제6조의3(인증의 유효기간) ① 인증의 유효기간은 인증을 받은 날부터 3년으로 하되, 대통령령으로 정하는 바에 따라 그 기간을 연장할 수 있다.

② 제1항에 따른 인증의 연장신청에 필요한 사항은 보건복지부령으로 정한다.

[본조신설 2019. 12. 3.]

제6조의4(인증의 취소) ① 보건복지부장관은 인증을 받은 기업이 다음 각 호의 어느 하나에 해당하면 보건복지부령으로 정하는 바에 따라 그 인증을 취소할 수 있다. 다만, 제1호에 해당하는 경우에는 인증을 취소하여야 한다.

1. 거짓이나 그 밖의 부정한 방법으로 인증을 받은 경우
2. 제6조의2제6항에 따른 인증기준에 적합하지 아니하게 된 경우

② 보건복지부장관은 제1항제1호에 따라 인증이 취소된 기업에 대해서는 그 취소된 날부터 3년이 지나지 아니한 경우에는 인증을 하여서는 아니 된다.

③ 보건복지부장관은 제1항에 따라 인증을 취소하고자 하는 경우에는 청문을 실시하여야 한다.

[본조신설 2019. 12. 3.]

제6조의5(건강도시의 조성 등) ① 국가와 지방자치단체는 지역사회 구성원들의 건강을 실현하도록 시민의 건강을 증진하고 도시의 물리적·사회적 환경을 지속적으로 조성·개선하는 도시(이하 "건강도시"라 한다)를 이루도록 노력하여야 한다.

② 보건복지부장관은 지방자치단체가 건강도시를 구현할 수 있도록 건강도시지표를 작성하여 보급하여야 한다.

③ 보건복지부장관은 건강도시 조성 활성화를 위하여 지방자치단체에 행정적·재정적 지원을 할 수 있다.

④ 그 밖에 건강도시지표의 작성 및 보급 등에 관하여 필요한 사항은 보건복지부령으로 정한다.

[본조신설 2021. 12. 21.]

[시행일: 2023. 12. 22.]

제7조(광고의 금지 등) ① 보건복지부장관은 국민건강의식을 잘못 이끄는 광고를 한 자에 대하여 그 내용의 변경 또는 금지를 명할 수 있다. 〈개정 1997. 12. 13., 2008. 2. 29., 2010. 1. 18.〉

② 제1항의 규정에 따라 보건복지부장관이 광고내용의 변경 또는 광고의 금지를 명할 수 있는 광고는 다음 각호와 같다. 〈신설 2006. 9. 27., 2008. 2. 29., 2010. 1. 18.〉

1. 「주세법」에 따른 주류의 광고
2. 의학 또는 과학적으로 검증되지 아니한 건강비법 또는 심령술의 광고
3. 그 밖에 건강에 관한 잘못된 정보를 전하는 광고로서 대통령령이 정하는 광고

③ 보건복지부장관은 방송법에 의한 방송위원회 및 종합유선방송법에 의한 종합유선방송위원회의 심의를 거친 광고방송이 제1항에 해당하는 경우에는 관계법률에 의하여 시정을 요청할 수 있다. 〈개정 1997. 12. 13., 2006. 9. 27., 2008. 2. 29., 2010. 1. 18.〉

④ 제1항의 규정에 의한 광고내용의 기준, 변경 또는 금지절차 기타 필요한 사항은 대통령령으로 정한다. 〈개정 2006. 9. 27.〉

제8조(금연 및 절주운동 등) ① 국가 및 지방자치단체는 국민에게 담배의 직접흡연 또는 간접흡연과 과다한 음주가 국민건강에 해롭다는 것을 교육·홍보하여야 한다. 〈개정 2006. 9. 27.〉

② 국가 및 지방자치단체는 금연 및 절주에 관한 조사·연구를 하는 법인 또는 단체를 지원할 수 있다.

③ 삭제 〈2011. 6. 7.〉

④ 주세법에 의하여 주류제조의 면허를 받은 자 또는 주류를 수입하여 판매하는 자는 대통령령이 정하는 주류의 판매용 용기에 과다한 음주는 건강에 해롭다는 내용의 경고문구를 표기하여야 한다.

⑤ 삭제 〈2002. 1. 19.〉

⑥ 제4항에 따른 경고문구의 표시내용, 방법 등에 관하여 필요한 사항은 보건복지부령으로 정한다. 〈개정 2002. 1. 19., 2007. 12. 14., 2008. 2. 29., 2010. 1. 18., 2011. 6. 7.〉

제8조의2(주류광고의 제한·금지 특례) ① 「주류 면허 등에 관한 법률」에 따라 주류 제조면허나 주류 판매업면허를 받은 자 및 주류를 수입하는 자를 제외하고는 주류에 관한 광고를 하여서는 아니 된다.

② 제1항에 따른 광고 또는 그에 사용되는 광고물은 다음 각 호의 사항을 준수하여야 한다.

1. 음주자에게 주류의 품명·종류 및 특징을 알리는 것 외에 주류의 판매촉진을 위하여 경품 및 금품을 제공한다는 내용을 표시하지 아니할 것
2. 직접적 또는 간접적으로 음주를 권장 또는 유도하거나 임산부 또는 미성년자의 인물, 목소리 혹은 음주하는 행위를 묘사하지 아니할 것
3. 운전이나 작업 중에 음주하는 행위를 묘사하지 아니할 것
4. 제8조제4항에 따른 경고문구를 광고와 주류의 용기에 표기하여 광고할 것. 다만, 경고문구가 표기되어 있지 아니한 부분을 이용하여 광고를 하고자 할 때에는 경고문구를 주류의 용기하단에 별도로 표기하여야 한다.

5. 음주가 체력 또는 운동 능력을 향상시킨다거나 질병의 치료 또는 정신건강에 도움이 된다는 표현 등 국민의 건강과 관련하여 검증되지 아니한 내용을 주류광고에 표시하지 아니할 것
6. 그 밖에 대통령령으로 정하는 광고의 기준에 관한 사항

③ 보건복지부장관은 「주세법」에 따른 주류의 광고가 제2항 각 호의 기준을 위반한 경우 그 내용의 변경 등 시정을 요구하거나 금지를 명할 수 있다.

[본조신설 2020. 12. 29.]

제8조의3(절주문화 조성 및 알코올 남용·의존 관리) ① 국가 및 지방자치단체는 절주문화 조성 및 알코올 남용·의존의 예방 및 치료를 위하여 노력하여야 하며, 이를 위한 조사·연구 또는 사업을 추진할 수 있다.

② 다음 각 호의 사항에 대한 자문을 위하여 보건복지부장관 소속으로 음주폐해예방위원회를 두며, 그 구성 및 운영 등에 필요한 사항은 보건복지부령으로 정한다.

1. 절주문화 조성을 위한 정책 수립
2. 주류의 광고기준 마련에 관한 사항
3. 알코올 남용·의존의 예방 및 관리를 위한 사항
4. 그 밖에 음주폐해 감소를 위하여 필요한 사항

③ 보건복지부장관은 5년마다 「정신건강증진 및 정신질환자 복지서비스 지원에 관한 법률」 제10조에 따른 실태조사와 연계하여 알코올 남용·의존 실태조사를 실시하여야 한다.

[본조신설 2020. 12. 29.]

제8조의4(금주구역 지정) ① 지방자치단체는 음주폐해 예방과 주민의 건강증진을 위하여 필요하다고 인정하는 경우 조례로 다수인이 모이거나 오고가는 관할구역 안의 일정한 장소를 금주구역으로 지정할 수 있다.

② 제1항에 따라 지정된 금주구역에서는 음주를 하여서는 아니 된다.

③ 특별자치시장·특별자치도지사·시장·군수·구청장은 제1항에 따라 지정된 금주구역을 알리는 안내표지를 설치하여야 한다. 이 경우 금주구역 안내표지의 설치 방법 등에 필요한 사항은 보건복지부령으로 정한다.

[본조신설 2020. 12. 29.]

제9조(금연을 위한 조치) ① 삭제 〈2011. 6. 7.〉

② 담배사업법에 의한 지정소매인 기타 담배를 판매하는 자는 대통령령이 정하는 장소외에서 담배자동판매기를 설치하여 담배를 판매하여서는 아니된다.

③ 제2항의 규정에 따라 대통령령이 정하는 장소에 담배자동판매기를 설치하여 담배를 판매하는 자는 보건복지부령이 정하는 바에 따라 성인인증장치를 부착하여야 한다. 〈신설 2003. 7. 29., 2008. 2. 29., 2010. 1. 18.〉

④ 다음 각호의 공중이 이용하는 시설의 소유자·점유자 또는 관리자는 해당 시설의 전체를 금연구역으로 지정하여야 한다. 이 경우 금연구역을 알리는 표지와 흡연자를 위한 흡연실을 설치할 수 있으며, 금연구역을 알리는 표지와 흡연실을 설치하는 기준·방법 등은 보건복지부령으로 정한다. 〈개정 2011. 6. 7., 2014. 1. 21.〉

1. 국회의 청사
2. 정부 및 지방자치단체의 청사
3. 「법원조직법」에 따른 법원과 그 소속 기관의 청사
4. 「공공기관의 운영에 관한 법률」에 따른 공공기관의 청사
5. 「지방공기업법」에 따른 지방공기업의 청사
6. 「유아교육법」·「초·중등교육법」에 따른 학교[교사(校舍)와 운동장 등 모든 구역을 포함한다]
7. 「고등교육법」에 따른 학교의 교사
8. 「의료법」에 따른 의료기관, 「지역보건법」에 따른 보건소·보건의료원·보건지소
9. 「영유아보육법」에 따른 어린이집
10. 「청소년활동 진흥법」에 따른 청소년수련관, 청소년수련원, 청소년문화의집, 청소년특화시설, 청소년야영장, 유스호스텔, 청소년이용시설 등 청소년활동시설
11. 「도서관법」에 따른 도서관
12. 「어린이놀이시설 안전관리법」에 따른 어린이놀이시설
13. 「학원의 설립·운영 및 과외교습에 관한 법률」에 따른 학원 중 학교교과교습학원과 연면적 1천제곱미터 이상의 학원
14. 공항·여객부두·철도역·여객자동차터미널 등 교통 관련 시설의 대합실·승강장, 지하보도 및 16인승 이상의 교통수단으로서 여객 또는 화물을 유상으로 운송하는 것
15. 「자동차관리법」에 따른 어린이운송용 승합자동차
16. 연면적 1천제곱미터 이상의 사무용건축물, 공장 및 복합용도의 건축물
17. 「공연법」에 따른 공연장으로서 객석 수 300석 이상의 공연장
18. 「유통산업발전법」에 따라 개설등록된 대규모점포와 같은 법에 따른 상점가 중 지하도에 있는 상점가
19. 「관광진흥법」에 따른 관광숙박업소
20. 「체육시설의 설치·이용에 관한 법률」에 따른 체육시설로서 1천명 이상의 관객을 수용할 수 있는 체육시설
21. 「사회복지사업법」에 따른 사회복지시설
22. 「공중위생관리법」에 따른 목욕장
23. 「게임산업진흥에 관한 법률」에 따른 청소년게임제공업

소, 일반게임제공업소, 인터넷컴퓨터게임시설제공업소 및 복합유통게임제공업소
24. 「식품위생법」에 따른 식품접객업 중 영업장의 넓이가 보건복지부령으로 정하는 넓이 이상인 휴게음식점영업소, 일반음식점영업소 및 제과점영업소
25. 「청소년보호법」에 따른 만화대여업소
26. 그 밖에 보건복지부령으로 정하는 시설 또는 기관

⑤ 특별자치시장·특별자치도지사·시장·군수·구청장은 「주택법」 제2조제3호에 따른 공동주택의 거주 세대 중 2분의 1 이상이 그 공동주택의 복도, 계단, 엘리베이터 및 지하주차장의 전부 또는 일부를 금연구역으로 지정하여 줄 것을 신청하면 그 구역을 금연구역으로 지정하고, 금연구역임을 알리는 안내표지를 설치하여야 한다. 이 경우 금연구역 지정 절차 및 금연구역 안내표지 설치 방법 등은 보건복지부령으로 정한다. 〈신설 2016. 3. 2., 2017. 12. 30.〉

⑥ 특별자치시장·특별자치도지사·시장·군수·구청장은 흡연으로 인한 피해 방지와 주민의 건강 증진을 위하여 다음 각 호에 해당하는 장소를 금연구역으로 지정하고, 금연구역임을 알리는 안내표지를 설치하여야 한다. 이 경우 금연구역 안내표지 설치 방법 등에 필요한 사항은 보건복지부령으로 정한다. 〈신설 2017. 12. 30.〉
1. 「유아교육법」에 따른 유치원 시설의 경계선으로부터 10미터 이내의 구역(일반 공중의 통행·이용 등에 제공된 구역을 말한다)
2. 「영유아보육법」에 따른 어린이집 시설의 경계선으로부터 10미터 이내의 구역(일반 공중의 통행·이용 등에 제공된 구역을 말한다)

⑦ 지방자치단체는 흡연으로 인한 피해 방지와 주민의 건강 증진을 위하여 필요하다고 인정하는 경우 조례로 다수인이 모이거나 오고가는 관할 구역 안의 일정한 장소를 금연구역으로 지정할 수 있다. 〈신설 2010. 5. 27., 2016. 3. 2., 2017. 12. 30.〉

⑧ 누구든지 제4항부터 제7항까지의 규정에 따라 지정된 금연구역에서 흡연하여서는 아니 된다. 〈개정 2010. 5. 27., 2016. 3. 2., 2017. 12. 30.〉

⑨ 특별자치시장·특별자치도지사·시장·군수·구청장은 제4항 각 호에 따른 시설의 소유자·점유자 또는 관리자가 다음 각 호의 어느 하나에 해당하면 일정한 기간을 정하여 그 시정을 명할 수 있다. 〈신설 2016. 12. 2., 2017. 12. 30.〉
1. 제4항 전단을 위반하여 금연구역을 지정하지 아니하거나 금연구역을 알리는 표지를 설치하지 아니한 경우
2. 제4항 후단에 따른 금연구역을 알리는 표지 또는 흡연실의 설치 기준·방법 등을 위반한 경우

[제목개정 2016. 12. 2.]

제9조의2(담배에 관한 경고문구 등 표시) ① 「담배사업법」에 따른 담배의 제조자 또는 수입판매업자(이하 "제조자등"이라 한다)는 담배갑포장지 앞면·뒷면·옆면 및 대통령령으로 정하는 광고(판매촉진 활동을 포함한다. 이하 같다)에 다음 각호의 내용을 인쇄하여 표기하여야 한다. 다만, 제1호의 표기는 담배갑포장지에 한정하되 앞면과 뒷면에 하여야 한다. 〈개정 2015. 6. 22.〉
1. 흡연의 폐해를 나타내는 내용의 경고그림(사진을 포함한다. 이하 같다)
2. 흡연이 폐암 등 질병의 원인이 될 수 있다는 내용 및 다른 사람의 건강을 위협할 수 있다는 내용의 경고문구
3. 타르 흡입량은 흡연자의 흡연습관에 따라 다르다는 내용의 경고문구
4. 담배에 포함된 다음 각 목의 발암성물질
   가. 나프틸아민
   나. 니켈
   다. 벤젠
   라. 비닐 크롤라이드
   마. 비소
   바. 카드뮴
5. 보건복지부령으로 정하는 금연상담전화의 전화번호

② 제1항에 따른 경고그림과 경고문구는 담배갑포장지의 경우 그 넓이의 100분의 50 이상에 해당하는 크기로 표기하여야 한다. 이 경우 경고그림은 담배갑포장지 앞면, 뒷면 각각의 넓이의 100분의 30 이상에 해당하는 크기로 하여야 한다. 〈신설 2015. 6. 22.〉

③ 제1항 및 제2항에서 정한 사항 외의 경고그림 및 경고문구 등의 내용과 표기 방법·형태 등의 구체적인 사항은 대통령령으로 정한다. 다만, 경고그림은 사실적 근거를 바탕으로 하고, 지나치게 혐오감을 주지 아니하여야 한다. 〈개정 2015. 6. 22.〉

④ 제1항부터 제3항까지의 규정에도 불구하고 전자담배 등 대통령령으로 정하는 담배에 제조자등이 표기하여야 할 경고그림 및 경고문구 등의 내용과 그 표기 방법·형태 등은 대통령령으로 따로 정한다. 〈신설 2014. 5. 20., 2015. 6. 22.〉

[본조신설 2011. 6. 7.]

제9조의3(가향물질 함유 표시 제한) 제조자 등은 담배에 연초 외의 식품이나 향기가 나는 물질(이하 "가향물질"이라 한다)을 포함하는 경우 이를 표시하는 문구나 그림·사진을 제품의 포장이나 광고에 사용하여서는 아니 된다.

[본조신설 2011. 6. 7.]

제9조의4(담배에 관한 광고의 금지 또는 제한) ① 담배에 관한 광고는 다음 각호의 방법에 한하여 할 수 있다.

1. 지정소매인의 영업소 내부에서 보건복지부령으로 정하는 광고물을 전시(展示) 또는 부착하는 행위. 다만, 영업소 외부에 그 광고내용이 보이게 전시 또는 부착하는 경우에는 그러하지 아니하다.
2. 품종군별로 연간 10회 이내(1회당 2쪽 이내)에서 잡지[「잡지 등 정기간행물의 진흥에 관한 법률」에 따라 등록 또는 신고되어 주 1회 이하 정기적으로 발행되는 제책(製冊)된 정기간행물 및 「신문 등의 진흥에 관한 법률」에 따라 등록된 주 1회 이하 정기적으로 발행되는 신문과 「출판문화산업 진흥법」에 따른 외국간행물로서 동일한 제호로 연 1회 이상 정기적으로 발행되는 것(이하 "외국정기간행물"이라 한다)을 말하며, 여성 또는 청소년을 대상으로 하는 것은 제외한다]에 광고를 게재하는 행위. 다만, 보건복지부령으로 정하는 판매부수 이하로 국내에서 판매되는 외국정기간행물로서 외국문자로만 쓰여져 있는 잡지인 경우에는 광고게재의 제한을 받지 아니한다.
3. 사회·문화·음악·체육 등의 행사(여성 또는 청소년을 대상으로 하는 행사는 제외한다)를 후원하는 행위. 이 경우 후원하는 자의 명칭을 사용하는 외에 제품광고를 하여서는 아니 된다.
4. 국제선의 항공기 및 여객선, 그 밖에 보건복지부령으로 정하는 장소 안에서 하는 광고

② 제조자 등은 제1항에 따른 광고를 「담배사업법」에 따른 도매업자 또는 지정소매인으로 하여금 하게 할 수 있다. 이 경우 도매업자 또는 지정소매인이 한 광고는 제조자등이 한 광고로 본다.

③ 제1항에 따른 광고 또는 그에 사용되는 광고물은 다음 각호의 사항을 준수하여야 한다.

1. 흡연자에게 담배의 품명·종류 및 특징을 알리는 정도를 넘지 아니할 것
2. 비흡연자에게 직접적 또는 간접적으로 흡연을 권장 또는 유도하거나 여성 또는 청소년의 인물을 묘사하지 아니할 것
3. 제9조의2에 따라 표기하는 흡연 경고문구의 내용 및 취지에 반하는 내용 또는 형태가 아닐 것

④ 제조자등은 담배에 관한 광고가 제1항 및 제3항에 위배되지 아니하도록 자율적으로 규제하여야 한다.

⑤ 보건복지부장관은 문화체육관광부장관에게 제1항 또는 제3항을 위반한 광고가 게재된 외국정기간행물의 수입업자에 대하여 시정조치 등을 할 것을 요청할 수 있다.

[본조신설 2011. 6. 7.]

[시행일: 2014. 11. 21.]

제9조의5(금연지도원) ① 시·도지사 또는 시장·군수·구청장은 금연을 위한 조치를 위하여 대통령령으로 정하는 자격이 있는 사람 중에서 금연지도원을 위촉할 수 있다.

② 금연지도원의 직무는 다음 각호와 같다.

1. 금연구역의 시설기준 이행 상태 점검
2. 금연구역에서의 흡연행위 감시 및 계도
3. 금연을 위한 조치를 위반한 경우 관할 행정관청에 신고하거나 그에 관한 자료 제공
4. 그 밖에 금연 환경 조성에 관한 사항으로서 대통령령으로 정하는 사항

③ 금연지도원은 제2항의 직무를 단독으로 수행하려면 미리 시·도지사 또는 시장·군수·구청장의 승인을 받아야 하며, 시·도지사 또는 시장·군수·구청장은 승인서를 교부하여야 한다.

④ 금연지도원이 제2항에 따른 직무를 단독으로 수행하는 때에는 승인서와 신분을 표시하는 증표를 지니고 이를 관계인에게 내보여야 한다.

⑤ 제1항에 따라 금연지도원을 위촉한 시·도지사 또는 시장·군수·구청장은 금연지도원이 그 직무를 수행하기 전에 직무 수행에 필요한 교육을 실시하여야 한다.

⑥ 금연지도원은 제2항에 따른 직무를 수행하는 경우 그 권한을 남용하여서는 아니 된다.

⑦ 시·도지사 또는 시장·군수·구청장은 금연지도원이 다음 각호의 어느 하나에 해당하면 그 금연지도원을 해촉하여야 한다.

1. 제1항에 따라 대통령령으로 정한 자격을 상실한 경우
2. 제2항에 따른 직무와 관련하여 부정한 행위를 하거나 그 권한을 남용한 경우
3. 그 밖에 개인사정, 질병이나 부상 등의 사유로 직무 수행이 어렵게 된 경우

⑧ 금연지도원의 직무범위 및 교육, 그 밖에 필요한 사항은 대통령령으로 정한다.

[본조신설 2014. 1. 28.]

제10조(건강생활실천협의회) ① 시·도지사 및 시장·군수·구청장은 건강생활의 실천운동을 추진하기 위하여 지역사회의 주민·단체 또는 공공기관이 참여하는 건강생활실천협의회를 구성하여야 한다.

② 제1항의 규정에 의한 건강생활실천협의회의 조직 및 운영에 관하여 필요한 사항은 지방자치단체의 조례로 정한다.

제11조(보건교육의 관장) 보건복지부장관은 국민의 보건교육에 관하여 관계중앙행정기관의 장과 협의하여 이를 총괄한다. 〈개정 1997. 12. 13., 2008. 2. 29., 2010. 1. 18.〉

제12조(보건교육의 실시 등) ① 국가 및 지방자치단체는 모든 국민이 올바른 보건의료의 이용과 건강한 생활습관을 실천할 수 있도록 그 대상이 되는 개인 또는 집단의 특성·건강상태·건강의식 수준등에 따라 적절한 보건교육을 실시한다. 〈개정 2016. 3. 2.〉

② 국가 또는 지방자치단체는 국민건강증진사업관련 법인 또는 단체등이 보건교육을 실시할 경우 이에 필요한 지원을 할 수 있다. 〈개정 1999. 2. 8.〉

[제목개정 2016. 3. 2.]

③ 보건복지부장관, 시·도지사 및 시장·군수·구청장은 제2항의 규정에 의하여 보건교육을 실시하는 국민건강증진사업관련 법인 또는 단체 등에 대하여 보건교육의 계획 및 그 결과에 관한 자료를 요청할 수 있다. 〈개정 1997. 12. 13., 1999. 2. 8., 2008. 2. 29., 2010. 1. 18.〉

④ 제1항의 규정에 의한 보건교육의 내용은 대통령령으로 정한다. 〈개정 1999. 2. 8.〉

제12조의2(보건교육사자격증의 교부 등) ① 보건복지부장관은 국민건강증진 및 보건교육에 관한 전문지식을 가진 자에게 보건교육사의 자격증을 교부할 수 있다. 〈개정 2008. 2. 29., 2010. 1. 18.〉

② 다음 각호의 1에 해당하는 자는 보건교육사가 될 수 없다. 〈개정 2005. 3. 31., 2014. 3. 18.〉

1. 피성년후견인
2. 삭제 〈2013. 7. 30.〉
3. 금고 이상의 실형의 선고를 받고 그 집행이 종료되지 아니하거나 그 집행을 받지 아니하기로 확정되지 아니한 자
4. 법률 또는 법원의 판결에 의하여 자격이 상실 또는 정지된 자

③ 제1항의 규정에 의한 보건교육사의 등급은 1급 내지 3급으로 하고, 등급별 자격기준 및 자격증의 교부절차 등에 관하여 필요한 사항은 대통령령으로 정한다.

④ 보건교육사 1급의 자격증을 교부받고자 하는 자는 국가시험에 합격하여야 한다.

⑤ 보건복지부장관은 제1항의 규정에 의하여 보건교육사의 자격증을 교부하는 때에는 보건복지부령이 정하는 바에 의하여 수수료를 징수할 수 있다. 〈개정 2008. 2. 29., 2010. 1. 18.〉

⑥ 제1항에 따라 자격증을 교부받은 사람은 다른 사람에게 그 자격증을 빌려주어서는 아니 되고, 누구든지 그 자격증을 빌려서는 아니 된다. 〈신설 2020. 4. 7.〉

⑦ 누구든지 제6항에 따라 금지된 행위를 알선하여서는 아니 된다. 〈신설 2020. 4. 7.〉

[본조신설 2003. 9. 29.]

제12조의3(국가시험) ① 제12조의2제4항의 규정에 의한 국가시험은 보건복지부장관이 시행한다. 다만, 보건복지부장관은 국가시험의 관리를 대통령령이 정하는 바에 의하여 「한국보건의료인국가시험원법」에 따른 한국보건의료인국가시험원에 위탁할 수 있다. 〈개정 2008. 2. 29., 2010. 1. 18., 2015. 6. 22.〉

② 보건복지부장관은 제1항 단서의 규정에 의하여 국가시험의 관리를 위탁한 때에는 그에 소요되는 비용을 예산의 범위안에서 보조할 수 있다. 〈개정 2008. 2. 29., 2010. 1. 18.〉

③ 보건복지부장관(제1항 단서의 규정에 의하여 국가시험의 관리를 위탁받은 기관을 포함한다)은 보건복지부령이 정하는 금액을 응시수수료로 징수할 수 있다. 〈개정 2008. 2. 29., 2010. 1. 18.〉

④ 시험과목·응시자격 등 자격시험의 실시에 관하여 필요한 사항은 대통령령으로 정한다.

[본조신설 2003. 9. 29.]

제12조의4(보건교육사의 채용) 국가 및 지방자치단체는 대통령령이 정하는 국민건강증진사업관련 법인 또는 단체 등에 대하여 보건교육사를 그 종사자로 채용하도록 권장하여야 한다.

[본조신설 2003. 9. 29.]

제12조의5(보건교육사의 자격취소) 보건복지부장관은 보건교육사가 제12조의2제6항을 위반하여 다른 사람에게 자격증을 빌려준 경우에는 그 자격을 취소하여야 한다.

[본조신설 2020. 4. 7.]

제12조의6(청문) 보건복지부장관은 제12조의5에 따라 자격을 취소하려는 경우에는 청문을 하여야 한다.

[본조신설 2020. 4. 7.]

제13조(보건교육의 평가) ① 보건복지부장관은 정기적으로 국민의 보건교육의 성과에 관하여 평가를 하여야 한다. 〈개정 1997. 12. 13., 2008. 2. 29., 2010. 1. 18.〉

② 제1항의 규정에 의한 평가의 방법 및 내용은 보건복지부령으로 정한다. 〈개정 1997. 12. 13., 2008. 2. 29., 2010. 1. 18.〉

제14조(보건교육의 개발 등) 보건복지부장관은 정부출연연구기관 등의설립·운영및육성에관한법률에 의한 한국보건사회연구원으로 하여금 보건교육에 관한 정보·자료의 수집·개발 및 조사, 그 교육의 평가 기타 필요한 업무를 행하게 할 수 있다. 〈개정 1997. 12. 13., 1999. 1. 29.,

2008. 2. 29., 2010. 1. 18.〉

제15조(영양개선) ① 국가 및 지방자치단체는 국민의 영양상태를 조사하여 국민의 영양개선방안을 강구하고 영양에 관한 지도를 실시하여야 한다.

② 국가 및 지방자치단체는 국민의 영양개선을 위하여 다음 각호의 사업을 행한다. 〈개정 1997. 12. 13., 2008. 2. 29., 2010. 1. 18.〉

1. 영양교육사업
2. 영양개선에 관한 조사·연구사업
3. 기타 영양개선에 관하여 보건복지부령이 정하는 사업

제16조(국민영양조사등) ① 보건복지부장관은 국민의 건강상태·식품섭취·식생활조사 등 국민의 영양에 관한 조사(이하 "국민영양조사"라 한다)를 정기적으로 실시한다. 〈개정 1997. 12. 13., 2008. 2. 29., 2010. 1. 18.〉

② 특별시·광역시 및 도에는 국민영양조사와 영양에 관한 지도업무를 행하게 하기 위한 공무원을 두어야 한다.

③ 국민영양조사를 행하는 공무원은 그 권한을 나타내는 증표를 관계인에게 내보여야 한다.

④ 국민영양조사의 내용 및 방법 기타 국민영양조사와 영양에 관한 지도에 관하여 필요한 사항은 대통령령으로 정한다.

제16조의2(신체활동장려사업의 계획 수립·시행) 국가 및 지방자치단체는 신체활동장려에 관한 사업 계획을 수립·시행하여야 한다.

[본조신설 2019. 12. 3.]

제16조의3(신체활동장려사업) ① 국가 및 지방자치단체는 국민의 건강증진을 위하여 신체활동을 장려할 수 있도록 다음 각 호의 사업을 한다.

1. 신체활동장려에 관한 교육사업
2. 신체활동장려에 관한 조사·연구사업
3. 그 밖에 신체활동장려를 위하여 대통령령으로 정하는 사업

② 제1항 각 호의 사업 내용·기준 및 방법은 보건복지부령으로 정한다.

[본조신설 2019. 12. 3.]

제17조(구강건강사업의 계획수립·시행) 국가 및 지방자치단체는 구강건강에 관한 사업의 계획을 수립·시행하여야 한다.

제18조(구강건강사업) ① 국가 및 지방자치단체는 국민의 구강질환의 예방과 구강건강의 증진을 위하여 다음 각호의 사업을 행한다. 〈개정 2003. 7. 29.〉

1. 구강건강에 관한 교육사업
2. 수돗물불소농도조정사업
3. 구강건강에 관한 조사·연구사업
4. 기타 구강건강의 증진을 위하여 대통령령이 정하는 사업

② 제1항 각호의 사업내용·기준 및 방법은 보건복지부령으로 정한다. 〈개정 1997. 12. 13., 2008. 2. 29., 2010. 1. 18.〉

제19조(건강증진사업 등) ① 국가 및 지방자치단체는 국민건강증진사업에 필요한 요원 및 시설을 확보하고, 그 시설의 이용에 필요한 시책을 강구하여야 한다.

②특별자치시장·특별자치도지사·시장·군수·구청장은 지역주민의 건강증진을 위하여 보건복지부령이 정하는 바에 의하여 보건소장으로 하여금 다음 각호의 사업을 하게 할 수 있다. 〈개정 1997. 12. 13., 2008. 2. 29., 2010. 1. 18., 2017. 12. 30., 2019. 12. 3.〉

1. 보건교육 및 건강상담
2. 영양관리
3. 신체활동장려
4. 구강건강의 관리
5. 질병의 조기발견을 위한 검진 및 처방
6. 지역사회의 보건문제에 관한 조사·연구
7. 기타 건강교실의 운영등 건강증진사업에 관한 사항

③ 보건소장이 제2항의 규정에 의하여 제2항제1호 내지 제4호의 업무를 행한 때에는 이용자의 개인별 건강상태를 기록하여 유지·관리하여야 한다.

④ 건강증진사업에 필요한 시설·운영에 관하여는 보건복지부령으로 정한다. 〈개정 1997. 12. 13., 2008. 2. 29., 2010. 1. 18.〉

제19조의2(시·도건강증진사업지원단 설치 및 운영 등)

① 시·도지사는 실행계획의 수립 및 제19조에 따른 건강증진사업의 효율적인 업무 수행을 지원하기 위하여 시·도 건강증진사업지원단(이하 "지원단"이라 한다)을 설치·운영할 수 있다.

② 시·도지사는 제1항에 따른 지원단 운영을 건강증진사업에 관한 전문성이 있다고 인정하는 법인 또는 단체에 위탁할 수 있다. 이 경우 시·도지사는 그 운영에 필요한 경비의 전부 또는 일부를 지원할 수 있다.

③ 제1항 및 제2항에서 규정한 사항 외에 지원단의 설치·운영 및 위탁 등에 관하여 필요한 사항은 보건복지부령으로 정한다.

[본조신설 2021. 12. 21.]

제20조(검진) 국가는 건강증진을 위하여 필요한 경우에 보건복지부령이 정하는 바에 의하여 국민에 대하여 건강검진을 실시할 수 있다. 〈개정 1997. 12. 13., 2008. 2. 29., 2010. 1. 18.〉

제21조(검진결과의 공개금지) 제20조의 규정에 의하여 건강검진을 한 자 또는 검진기관에 근무하는 자는 국민의 건강증진사업의 수행을 위하여 불가피한 경우를 제외하고는 정당한 사유없이 검진결과를 공개하여서는 아니된다.

부록 2. 지역보건법

[시행 2022. 1. 13.] [법률 제17893호, 2021. 1. 12., 타법개정]

보건복지부(건강정책과), 044-202-2807

제1장 총칙

제1조(목적) 이 법은 보건소 등 지역보건의료기관의 설치·운영에 관한 사항과 보건의료 관련기관·단체와의 연계·협력을 통하여 지역보건의료기관의 기능을 효과적으로 수행하는 데 필요한 사항을 규정함으로써 지역보건의료정책을 효율적으로 추진하여 지역주민의 건강 증진에 이바지함을 목적으로 한다.

제2조(정의) 이 법에서 사용하는 용어의 뜻은 다음과 같다.

1. "지역보건의료기관"이란 지역주민의 건강을 증진하고 질병을 예방·관리하기 위하여 이 법에 따라 설치·운영하는 보건소, 보건의료원, 보건지소 및 건강생활지원센터를 말한다.
2. "지역보건의료서비스"란 지역주민의 건강을 증진하고 질병을 예방·관리하기 위하여 지역보건의료기관이 직접 제공하거나 보건의료 관련기관·단체를 통하여 제공하는 서비스로서 보건의료인(「보건의료기본법」 제3조제3호에 따른 보건의료인을 말한다. 이하 같다)이 행하는 모든 활동을 말한다.
3. "보건의료 관련기관·단체"란 지역사회 내에서 공중(公衆) 또는 특정 다수인을 위하여 지역보건의료서비스를 제공하는 의료기관, 약국, 보건의료인 단체 등을 말한다.

제3조(국가와 지방자치단체의 책무) ① 국가 및 지방자치단체는 지역보건의료에 관한 조사·연구, 정보의 수집·관리·활용·보호, 인력의 양성·확보 및 고용 안정과 자질 향상 등을 위하여 노력하여야 한다. 〈개정 2016. 2. 3.〉

② 국가 및 지방자치단체는 지역보건의료 업무의 효율적 추진을 위하여 기술적·재정적 지원을 하여야 한다.

③ 국가 및 지방자치단체는 지역주민의 건강 상태에 격차가 발생하지 아니하도록 필요한 방안을 마련하여야 한다.

제4조(지역사회 건강실태조사) ① 국가와 지방지치단체는 지역주민의 건강 상태 및 건강 문제의 원인 등을 파악하기 위하여 매년 지역사회 건강실태조사를 실시하여야 한다.

② 제1항에 따른 지역사회 건강실태조사의 방법, 내용 등에 관하여 필요한 사항은 대통령령으로 정한다.

제5조(지역보건의료업무의 전자화) ① 보건복지부장관은 지역보건의료기관(「농어촌 등 보건의료를 위한 특별조치법」 제2조제4호에 따른 보건진료소를 포함한다. 이하 이 조에서 같다)의 기능을 수행하는 데 필요한 각종 자료 및 정보의 효율적 처리와 기록·관리 업무의 전자화를 위하여 지역보건의료정보시스템을 구축·운영할 수 있다.

② 보건복지부장관은 제1항에 따른 지역보건의료정보시스템을 구축·운영하는 데 필요한 자료로서 다음 각 호의 어느 하나에 해당하는 자료를 수집·관리·보유·활용(실적보고 및 통계산출을 말한다)할 수 있으며, 관련 기관 및 단체에 필요한 자료의 제공을 요청할 수 있다. 이 경우 요청을 받은 기관 및 단체는 정당한 사유가 없으면 그 요청에 따라야 한다.

1. 제11조제1항제5호에 따른 지역보건의료서비스의 제공에 관한 자료
2. 제19조부터 제21조까지의 규정에 따른 지역보건의료서비스 제공의 신청, 조사 및 실시에 관한 자료
3. 그 밖에 지역보건의료기관의 기능을 수행하는 데 필요한 것으로서 대통령령으로 정하는 자료

③ 누구든지 정당한 접근 권한 없이 또는 허용된 접근 권한을 넘어 지역보건의료정보시스템의 정보를 훼손·멸실·변경·위조·유출하거나 검색·복제하여서는 아니 된다.

제6조(지역보건의료심의위원회) ① 지역보건의료에 관한 다음 각 호의 사항을 심의하기 위하여 특별시·광역시·도(이하 "시·도" 라 한다) 및 특별자치시·특별자치도·시·군·구(구는 자치구를 말하며, 이하 "시·군·구"라 한다)에 지역보건의료심의위원회(이하 "위원회"라 한다)를 둔다.

1. 지역사회 건강실태조사 등 지역보건의료의 실태조사에 관한 사항
2. 지역보건의료계획 및 연차별 시행계획의 수립·시행 및 평가에 관한 사항
3. 지역보건의료계획의 효율적 시행을 위하여 보건의료 관련기관·단체, 학교, 직장 등과의 협력이 필요한 사항
4. 그 밖에 지역보건의료시책의 추진을 위하여 필요한 사항

② 위원회는 위원장 1명을 포함한 20명 이내의 위원으로 구성하며, 위원장은 해당 지방자치단체의 부단체장(부단체

장이 2명 이상인 지방자치단체에서는 대통령령으로 정하는 부단체장을 말한다)이 된다. 다만, 제4항에 따라 다른 위원회가 위원회의 기능을 대신하는 경우 위원장은 조례로 정한다.
③ 위원회의 위원은 지역주민 대표, 학교보건 관계자, 산업안전·보건 관계자, 보건의료 관련기관·단체의 임직원 및 관계 공무원 중에서 해당 위원회가 속하는 지방자치단체의 장이 임명하거나 위촉한다.
④ 위원회는 그 기능을 담당하기에 적합한 다른 위원회가 있고 그 위원회의 위원이 제3항에 따른 자격을 갖춘 경우에는 시·도 또는 시·군·구의 조례에 따라 위원회의 기능을 통합하여 운영할 수 있다.
⑤ 제1항부터 제4항까지에서 규정한 사항 외에 위원회의 구성과 운영 등에 필요한 사항은 대통령령으로 정한다.

제2장 지역보건의료계획의 수립·시행

제7조(지역보건의료계획의 수립 등) ① 특별시장·광역시장·도지사(이하 "시·도지사"라 한다) 또는 특별자치시장·특별자치도지사·시장·군수·구청장(구청장은 자치구의 구청장을 말하며, 이하 "시장·군수·구청장"이라 한다)은 지역주민의 건강 증진을 위하여 다음 각 호의 사항이 포함된 지역보건의료계획을 4년마다 제3항 및 제4항에 따라 수립하여야 한다.
1. 보건의료 수요의 측정
2. 지역보건의료서비스에 관한 장기·단기 공급대책
3. 인력·조직·재정 등 보건의료자원의 조달 및 관리
4. 지역보건의료서비스의 제공을 위한 전달체계 구성 방안
5. 지역보건의료에 관련된 통계의 수집 및 정리
② 시·도지사 또는 시장·군수·구청장은 매년 제1항에 따른 지역보건의료계획에 따라 연차별 시행계획을 수립하여야 한다.
③ 시장·군수·구청장(특별자치시장·특별자치도지사는 제외한다. 이하 이 조에서 같다)은 해당 시·군·구(특별자치시·특별자치도는 제외한다. 이하 이 조에서 같다) 위원회의 심의를 거쳐 지역보건의료계획(연차별 시행계획을 포함한다. 이하 이 조에서 같다)을 수립한 후 해당 시·군·구의회에 보고하고 시·도지사에게 제출하여야 한다.
④ 특별자치시장·특별자치도지사 및 제3항에 따라 관할 시·군·구의 지역보건의료계획을 받은 시·도지사는 해당 위원회의 심의를 거쳐 시·도(특별자치시·특별자치도를 포함한다. 이하 이 조에서 같다)의 지역보건의료계획을 수립한 후 해당 시·도의회에 보고하고 보건복지부장관에게 제출하여야 한다.
⑤ 제3항 및 제4항에 따른 지역보건의료계획은 「사회보장기본법」 제16조에 따른 사회보장 기본계획 및 「사회보장급여의 이용·제공 및 수급권자 발굴에 관한 법률」에 따른 지역사회보장계획과 연계되도록 하여야 한다.
⑥ 특별자치시장·특별자치도지사, 시·도지사 또는 시장·군수·구청장은 제3항 또는 제4항에 따라 지역보건의료계획을 수립하는 데에 필요하다고 인정하는 경우에는 보건의료 관련기관·단체, 학교, 직장 등에 중복·유사 사업의 조정 등에 관한 의견을 듣거나 자료의 제공 및 협력을 요청할 수 있다. 이 경우 요청을 받은 해당 기관은 정당한 사유가 없으면 그 요청에 협조하여야 한다.
⑦ 지역보건의료계획의 내용에 관하여 필요하다고 인정하는 경우 보건복지부장관은 특별자치시장·특별자치도지사 또는 시·도지사에게, 시·도지사는 시장·군수·구청장에게 각각 보건복지부령으로 정하는 바에 따라 그 조정을 권고할 수 있다.
⑧ 제1항부터 제7항까지에서 규정한 사항 외에 지역보건의료계획의 세부 내용, 수립 방법·시기 등에 관하여 필요한 사항은 대통령령으로 정한다.

제8조(지역보건의료계획의 시행) ① 시·도지사 또는 시장·군수·구청장은 지역보건의료계획을 시행할 때에는 제7조제2항에 따라 수립된 연차별 시행계획에 따라 시행하여야 한다.
② 시·도지사 또는 시장·군수·구청장은 지역보건의료계획을 시행하는 데에 필요하다고 인정하는 경우에는 보건의료 관련기관·단체 등에 인력·기술 및 재정 지원을 할 수 있다.

제9조(지역보건의료계획 시행 결과의 평가) ① 제8조제1항에 따라 지역보건의료계획을 시행한 때에는 보건복지부장관은 특별자치시·특별자치도 또는 시·도의 지역보건의료계획의 시행결과를, 시·도지사는 시·군·구(특별자치시·특별자치도는 제외한다)의 지역보건의료계획의 시행 결과를 대통령령으로 정하는 바에 따라 각각 평가할 수 있다.
② 보건복지부장관 또는 시·도지사는 필요한 경우 제1항에 따른 평가 결과를 제24조에 따른 비용의 보조에 반영할 수 있다.

제3장 지역보건의료기관의 설치·운영

제10조(보건소의 설치) ① 지역주민의 건강을 증진하고 질병을 예방·관리하기 위하여 시·군·구에 1개소의 보건소(보건의료원을 포함한다. 이하 같다)를 설치한다. 다만, 시·군·구의 인구가 30만 명을 초과하는 등 지역주민의 보건의료를 위하여 특별히 필요하다고 인정되는 경우에는 대통령령으로 정하는 기준에 따라 해당 지방자치단체의 조례

로 보건소를 추가로 설치할 수 있다. 〈개정 2021. 8. 17.〉

② 동일한 시·군·구에 2개 이상의 보건소가 설치되어 있는 경우 해당 지방자치단체의 조례로 정하는 바에 따라 업무를 총괄하는 보건소를 지정하여 운영할 수 있다.

[시행일: 2022. 8. 18.]

제11조(보건소의 기능 및 업무) ① 보건소는 해당 지방자치단체의 관할 구역에서 다음 각 호의 기능 및 업무를 수행한다. 〈개정 2016. 2. 3.〉

1. 건강 친화적인 지역사회 여건의 조성
2. 지역보건의료정책의 기획, 조사·연구 및 평가
3. 보건의료인 및 「보건의료기본법」 제3조제4호에 따른 보건의료기관 등에 대한 지도·관리·육성과 국민보건 향상을 위한 지도·관리
4. 보건의료 관련기관·단체, 학교, 직장 등과의 협력체계 구축
5. 지역주민의 건강증진 및 질병예방·관리를 위한 다음 각 목의 지역보건의료서비스의 제공
   가. 국민건강증진·구강건강·영양관리사업 및 보건교육
   나. 감염병의 예방 및 관리
   다. 모성과 영유아의 건강유지·증진
   라. 여성·노인·장애인 등 보건의료 취약계층의 건강유지·증진
   마. 정신건강증진 및 생명존중에 관한 사항
   바. 지역주민에 대한 진료, 건강검진 및 만성질환 등의 질병관리에 관한 사항
   사. 가정 및 사회복지시설 등을 방문하여 행하는 보건의료사업
   아. 난임의 예방 및 관리

② 보건복지부장관이 지정하여 고시하는 의료취약지의 보건소는 제1항제5호아목 중 대통령령으로 정하는 업무를 수행할 수 있다. 〈신설 2019. 12. 3.〉

③ 제1항 및 제2항에 따른 보건소 기능 및 업무 등에 관하여 필요한 세부 사항은 대통령령으로 정한다. 〈개정 2019. 12. 3.〉

제12조(보건의료원) 보건소 중 「의료법」 제3조제2항제3호가목에 따른 병원의 요건을 갖춘 보건소는 보건의료원이라는 명칭을 사용할 수 있다.

제13조(보건지소의 설치) 지방자치단체는 보건소의 업무수행을 위하여 필요하다고 인정하는 경우에는 대통령령으로 정하는 기준에 따라 해당 지방자치단체의 조례로 보건소의 지소(이하 "보건지소"라 한다)를 설치할 수 있다.

제14조(건강생활지원센터의 설치) 지방자치단체는 보건소의 업무 중에서 특별히 지역주민의 만성질환 예방 및 건강한 생활습관 형성을 지원하는 건강생활지원센터를 대통령령으로 정하는 기준에 따라 해당 지방자치단체의 조례로 설치할 수 있다.

제15조(지역보건의료기관의 조직) 지역보건의료기관의 조직은 대통령령으로 정하는 사항 외에는 「지방자치법」 제112조에 따른다.

제16조(전문인력의 적정 배치 등) ① 지역보건의료기관에는 기관의 장과 해당 기관의 기능을 수행하는 데 필요한 면허·자격 또는 전문지식을 가진 인력(이하 "전문인력"이라 한다)을 두어야 한다.

② 시·도지사(특별자치시장·특별자치도지사를 포함한다)는 지역보건의료기관의 전문인력을 적정하게 배치하기 위하여 필요한 경우 「지방공무원법」 제30조의2제2항에 따라 지역보건의료기관 간에 전문인력의 교류를 할 수 있다.

③ 보건복지부장관과 시·도지사(특별자치시장·특별자치도지사를 포함한다)는 지역보건의료기관의 전문인력의 자질 향상을 위하여 필요한 교육훈련을 시행하여야 한다.

④ 보건복지부장관은 지역보건의료기관의 전문인력의 배치 및 운영 실태를 조사할 수 있으며, 그 배치 및 운영이 부적절하다고 판단될 때에는 그 시정을 위하여 시·도지사 또는 시장·군수·구청장에게 권고할 수 있다.

⑤ 제1항에 따른 전문인력의 배치 및 임용자격 기준과 제3항에 따른 교육훈련의 대상·기간·평가 및 그 결과 처리 등에 필요한 사항은 대통령령으로 정한다.

제16조의2(방문건강관리 전담공무원) ① 제11조제1항제5호사목의 방문건강관리사업을 담당하게 하기 위하여 지역보건의료기관에 보건복지부령으로 정하는 전문인력을 방문건강관리 전담공무원으로 둘 수 있다.

② 국가는 제1항에 따른 방문건강관리 전담공무원의 배치에 필요한 비용의 전부 또는 일부를 보조할 수 있다.

[본조신설 2019. 1. 15.]

제17조(지역보건의료기관의 시설·장비 등) ① 지역보건의료기관은 보건복지부령으로 정하는 기준에 적합한 시설·장비 등을 갖추어야 한다.

② 지역보건의료기관의 장은 지역주민이 지역보건의료기관을 쉽게 알아볼 수 있고 이용하기에 편리하도록 보건복지부령으로 정하는 표시를 하여야 한다.

제18조(시설의 이용) 지역보건의료기관은 보건의료에 관한 실험 또는 검사를 위하여 의사·치과의사·한의사·약사 등에게 그 시설을 이용하게 하거나, 타인의 의뢰를 받아 실험 또는 검사를 할 수 있다.

부록 3. 감염병의 예방 및 관리에 관한 법률

[시행 2022. 7. 12.] [법률 제18744호, 2022. 1. 11., 타법개정]

질병관리청(감염병정책총괄과–감염병 기본계획 등 총괄), 043–719–7136
질병관리청(위기대응총괄과–감염병 위기관리대책 등), 043–719–9063
질병관리청(감염병진단관리총괄과–감염병 병원체 등), 043–719–7847
질병관리청(예방접종관리과–예방접종), 043–719–8393
질병관리청(생물안전평가과–고위험병원체), 043–719–8044
보건복지부(질병정책과–중앙감염병전문병원, 내성균 관리대책, 수출금지, 감염취약계층의 보호조치, 손실보상), 044–202–2505

제1장 총칙

제1조(목적) 이 법은 국민 건강에 위해(危害)가 되는 감염병의 발생과 유행을 방지하고, 그 예방 및 관리를 위하여 필요한 사항을 규정함으로써 국민 건강의 증진 및 유지에 이바지함을 목적으로 한다.

제2조(정의) 이 법에서 사용하는 용어의 뜻은 다음과 같다. 〈개정 2010. 1. 18., 2013. 3. 22., 2014. 3. 18., 2015. 7. 6., 2016. 12. 2., 2018. 3. 27., 2019. 12. 3., 2020. 3. 4., 2020. 8. 11., 2020. 12. 15.〉

1. "감염병"이란 제1급감염병, 제2급감염병, 제3급감염병, 제4급감염병, 기생충감염병, 세계보건기구 감시대상 감염병, 생물테러감염병, 성매개감염병, 인수(人獸)공통감염병 및 의료관련감염병을 말한다.
2. "제1급감염병"이란 생물테러감염병 또는 치명률이 높거나 집단 발생의 우려가 커서 발생 또는 유행 즉시 신고하여야 하고, 음압격리와 같은 높은 수준의 격리가 필요한 감염병으로서 다음 각 목의 감염병을 말한다. 다만, 갑작스러운 국내 유입 또는 유행이 예견되어 긴급한 예방·관리가 필요하여 질병관리청장이 보건복지부장관과 협의하여 지정하는 감염병을 포함한다.
   가. 에볼라바이러스병
   나. 마버그열
   다. 라싸열
   라. 크리미안콩고출혈열
   마. 남아메리카출혈열
   바. 리프트밸리열
   사. 두창
   아. 페스트
   자. 탄저
   차. 보툴리눔독소증
   카. 야토병
   타. 신종감염병증후군
   파. 중증급성호흡기증후군(SARS)
   하. 중동호흡기증후군(MERS)
   거. 동물인플루엔자 인체감염증
   너. 신종인플루엔자
   더. 디프테리아
3. "제2급감염병"이란 전파가능성을 고려하여 발생 또는 유행 시 24시간 이내에 신고하여야 하고, 격리가 필요한 다음 각 목의 감염병을 말한다. 다만, 갑작스러운 국내 유입 또는 유행이 예견되어 긴급한 예방·관리가 필요하여 질병관리청장이 보건복지부장관과 협의하여 지정하는 감염병을 포함한다.
   가. 결핵(結核)
   나. 수두(水痘)
   다. 홍역(紅疫)
   라. 콜레라
   마. 장티푸스
   바. 파라티푸스
   사. 세균성이질
   아. 장출혈성대장균감염증
   자. A형간염
   차. 백일해(百日咳)
   카. 유행성이하선염(流行性耳下腺炎)
   타. 풍진(風疹)
   파. 폴리오
   하. 수막구균 감염증
   거. b형헤모필루스인플루엔자
   너. 폐렴구균 감염증
   더. 한센병
   러. 성홍열
   머. 반코마이신내성황색포도알균(VRSA) 감염증
   버. 카바페넴내성장내세균속균종(CRE) 감염증
   서. E형간염
4. "제3급감염병"이란 그 발생을 계속 감시할 필요가 있어 발생 또는 유행 시 24시간 이내에 신고하여야 하는 다음 각 목의 감염병을 말한다. 다만, 갑작스러운 국내 유입 또는 유행이 예견되어 긴급한 예방·관리가 필요하여

질병관리청장이 보건복지부장관과 협의하여 지정하는 감염병을 포함한다.

가. 파상풍(破傷風)
나. B형간염
다. 일본뇌염
라. C형간염
마. 말라리아
바. 레지오넬라증
사. 비브리오패혈증
아. 발진티푸스
자. 발진열(發疹熱)
차. 쯔쯔가무시증
카. 렙토스피라증
타. 브루셀라증
파. 공수병(恐水病)
하. 신증후군출혈열(腎症侯群出血熱)
거. 후천성면역결핍증(AIDS)
너. 크로이츠펠트-야콥병(CJD) 및 변종크로이츠펠트-야콥병(vCJD)
더. 황열
러. 뎅기열
머. 큐열(Q熱)
버. 웨스트나일열
서. 라임병
어. 진드기매개뇌염
저. 유비저(類鼻疽)
처. 치쿤구니야열
커. 중증열성혈소판감소증후군(SFTS)
터. 지카바이러스 감염증

5. "제4급감염병"이란 제1급감염병부터 제3급감염병까지의 감염병 외에 유행 여부를 조사하기 위하여 표본감시 활동이 필요한 다음 각 목의 감염병을 말한다.

가. 인플루엔자
나. 매독(梅毒)
다. 회충증
라. 편충증
마. 요충증
바. 간흡충증
사. 폐흡충증
아. 장흡충증
자. 수족구병
차. 임질
카. 클라미디아감염증
타. 연성하감
파. 성기단순포진
하. 첨규콘딜롬
거. 반코마이신내성장알균(VRE) 감염증
너. 메티실린내성황색포도알균(MRSA) 감염증
더. 다제내성녹농균(MRPA) 감염증
러. 다제내성아시네토박터바우마니균(MRAB) 감염증
머. 장관감염증
버. 급성호흡기감염증
서. 해외유입기생충감염증
어. 엔테로바이러스감염증
저. 사람유두종바이러스 감염증

6. "기생충감염병"이란 기생충에 감염되어 발생하는 감염병 중 질병관리청장이 고시하는 감염병을 말한다.
7. 삭제 〈2018. 3. 27.〉
8. "세계보건기구 감시대상 감염병"이란 세계보건기구가 국제공중보건의 비상사태에 대비하기 위하여 감시대상으로 정한 질환으로서 질병관리청장이 고시하는 감염병을 말한다.
9. "생물테러감염병"이란 고의 또는 테러 등을 목적으로 이용된 병원체에 의하여 발생된 감염병 중 질병관리청장이 고시하는 감염병을 말한다.
10. "성매개감염병"이란 성 접촉을 통하여 전파되는 감염병 중 질병관리청장이 고시하는 감염병을 말한다.
11. "인수공통감염병"이란 동물과 사람 간에 서로 전파되는 병원체에 의하여 발생되는 감염병 중 질병관리청장이 고시하는 감염병을 말한다.
12. "의료관련감염병"이란 환자나 임산부 등이 의료행위를 적용받는 과정에서 발생한 감염병으로서 감시활동이 필요하여 질병관리청장이 고시하는 감염병을 말한다.
13. "감염병환자"란 감염병의 병원체가 인체에 침입하여 증상을 나타내는 사람으로서 제11조 제6항의 진단 기준에 따른 의사, 치과의사 또는 한의사의 진단이나 제16조의2에 따른 감염병병원체 확인기관의 실험실 검사를 통하여 확인된 사람을 말한다.
14. "감염병의사환자"란 감염병병원체가 인체에 침입한 것으로 의심이 되나 감염병환자로 확인되기 전 단계에 있는 사람을 말한다.
15. "병원체보유자"란 임상적인 증상은 없으나 감염병병원체를 보유하고 있는 사람을 말한다.

15의2. "감염병의심자"란 다음 각 목의 어느 하나에 해당하는 사람을 말한다.

가. 감염병환자, 감염병의사환자 및 병원체보유자(이하

"감염병환자등"이라 한다)와 접촉하거나 접촉이 의심되는 사람(이하 "접촉자"라 한다)

나. 「검역법」 제2조 제7호 및 제8호에 따른 검역관리지역 또는 중점검역관리지역에 체류하거나 그 지역을 경유한 사람으로서 감염이 우려되는 사람

다. 감염병병원체 등 위험요인에 노출되어 감염이 우려되는 사람

16. "감시"란 감염병 발생과 관련된 자료, 감염병병원체·매개체에 대한 자료를 체계적이고 지속적으로 수집, 분석 및 해석하고 그 결과를 제때에 필요한 사람에게 배포하여 감염병 예방 및 관리에 사용하도록 하는 일체의 과정을 말한다.

16의2. "표본감시"란 감염병 중 감염병환자의 발생빈도가 높아 전수조사가 어렵고 중증도가 비교적 낮은 감염병의 발생에 대하여 감시기관을 지정하여 정기적이고 지속적인 의과학적 감시를 실시하는 것을 말한다.

17. "역학조사"란 감염병환자등이 발생한 경우 감염병의 차단과 확산 방지 등을 위하여 감염병환자등의 발생 규모를 파악하고 감염원을 추적하는 등의 활동과 감염병 예방접종 후 이상반응 사례가 발생한 경우나 감염병 여부가 불분명하나 그 발병원인을 조사할 필요가 있는 사례가 발생한 경우 그 원인을 규명하기 위하여 하는 활동을 말한다.

18. "예방접종 후 이상반응"이란 예방접종 후 그 접종으로 인하여 발생할 수 있는 모든 증상 또는 질병으로서 해당 예방접종과 시간적 관련성이 있는 것을 말한다.

19. "고위험병원체"란 생물테러의 목적으로 이용되거나 사고 등에 의하여 외부에 유출될 경우 국민 건강에 심각한 위험을 초래할 수 있는 감염병병원체로서 보건복지부령으로 정하는 것을 말한다.

20. "관리대상 해외 신종감염병"이란 기존 감염병의 변이 및 변종 또는 기존에 알려지지 아니한 새로운 병원체에 의해 발생하여 국제적으로 보건문제를 야기하고 국내 유입에 대비하여야 하는 감염병으로서 질병관리청장이 보건복지부장관과 협의하여 지정하는 것을 말한다.

21. "의료·방역 물품"이란 「약사법」 제2조에 따른 의약품·의약외품, 「의료기기법」 제2조에 따른 의료기기 등 의료 및 방역에 필요한 물품 및 장비로서 질병관리청장이 지정하는 것을 말한다.

제3장 신고 및 보고

제11조(의사 등의 신고) ① 의사, 치과의사 또는 한의사는 다음 각 호의 어느 하나에 해당하는 사실(제16조 제6항에 따라 표본감시 대상이 되는 제4급감염병으로 인한 경우는 제외한다)이 있으면 소속 의료기관의 장에게 보고하여야 하고, 해당 환자와 그 동거인에게 질병관리청장이 정하는 감염 방지 방법 등을 지도하여야 한다. 다만, 의료기관에 소속되지 아니한 의사, 치과의사 또는 한의사는 그 사실을 관할 보건소장에게 신고하여야 한다. 〈개정 2010. 1. 18., 2015. 12. 29., 2018. 3. 27., 2020. 3. 4., 2020. 8. 11.〉

1. 감염병환자등을 진단하거나 그 사체를 검안(檢案)한 경우
2. 예방접종 후 이상반응자를 진단하거나 그 사체를 검안한 경우
3. 감염병환자등이 제1급감염병부터 제3급감염병까지에 해당하는 감염병으로 사망한 경우
4. 감염병환자로 의심되는 사람이 감염병병원체 검사를 거부하는 경우

② 제16조의2에 따른 감염병병원체 확인기관의 소속 직원은 실험실 검사 등을 통하여 보건복지부령으로 정하는 감염병환자등을 발견한 경우 그 사실을 그 기관의 장에게 보고하여야 한다. 〈개정 2015. 7. 6., 2018. 3. 27., 2020. 3. 4.〉

③ 제1항 및 제2항에 따라 보고를 받은 의료기관의 장 및 제16조의2에 따른 감염병병원체 확인기관의 장은 제1급감염병의 경우에는 즉시, 제2급감염병 및 제3급감염병의 경우에는 24시간 이내에, 제4급감염병의 경우에는 7일 이내에 질병관리청장 또는 관할 보건소장에게 신고하여야 한다. 〈신설 2015. 7. 6., 2018. 3. 27., 2020. 3. 4., 2020. 8. 11.〉

④ 육군, 해군, 공군 또는 국방부 직할 부대에 소속된 군의관은 제1항 각 호의 어느 하나에 해당하는 사실(제16조 제6항에 따라 표본감시 대상이 되는 제4급감염병으로 인한 경우는 제외한다)이 있으면 소속 부대장에게 보고하여야 하고, 보고를 받은 소속 부대장은 제1급감염병의 경우에는 즉시, 제2급감염병 및 제3급감염병의 경우에는 24시간 이내에 관할 보건소장에게 신고하여야 한다. 〈개정 2015. 7. 6., 2015. 12. 29., 2018. 3. 27.〉

⑤ 제16조 제1항에 따른 감염병 표본감시기관은 제16조 제6항에 따라 표본감시 대상이 되는 제4급감염병으로 인하여 제1항제1호 또는 제3호에 해당하는 사실이 있으면 보건복지부령으로 정하는 바에 따라 질병관리청장 또는 관할 보건소장에게 신고하여야 한다. 〈개정 2010. 1. 18., 2015. 7. 6., 2015. 12. 29., 2018. 3. 27., 2020. 8. 11.〉

⑥ 제1항부터 제5항까지의 규정에 따른 감염병환자등의 진단 기준, 신고의 방법 및 절차 등에 관하여 필요한 사항은 보건복지부령으로 정한다. 〈개정 2010. 1. 18., 2015. 7. 6.〉

제12조(그 밖의 신고의무자) ① 다음 각 호의 어느 하나에 해당하는 사람은 제1급감염병부터 제3급감염병까지에 해당하는 감염병 중 보건복지부령으로 정하는 감염병이 발생한 경우에는 의사, 치과의사 또는 한의사의 진단이나 검안을 요구하거나 해당 주소지를 관할하는 보건소장에게 신고하여야 한다. 〈개정 2010. 1. 18., 2015. 7. 6., 2018. 3. 27., 2020. 12. 15.〉

1. 일반가정에서는 세대를 같이하는 세대주. 다만, 세대주가 부재 중인 경우에는 그 세대원
2. 학교, 사회복지시설, 병원, 관공서, 회사, 공연장, 예배장소, 선박·항공기·열차 등 운송수단, 각종 사무소·사업소, 음식점, 숙박업소 또는 그 밖에 여러 사람이 모이는 장소로서 보건복지부령으로 정하는 장소의 관리인, 경영자 또는 대표자
3. 「약사법」에 따른 약사·한약사 및 약국개설자

② 제1항에 따른 신고의무자가 아니더라도 감염병환자등 또는 감염병으로 인한 사망자로 의심되는 사람을 발견하면 보건소장에게 알려야 한다.

③ 제1항에 따른 신고의 방법과 기간 및 제2항에 따른 통보의 방법과 절차 등에 관하여 필요한 사항은 보건복지부령으로 정한다. 〈개정 2010. 1. 18., 2015. 7. 6.〉

제13조(보건소장 등의 보고 등) ① 제11조 및 제12조에 따라 신고를 받은 보건소장은 그 내용을 관할 특별자치도지사 또는 시장·군수·구청장에게 보고하여야 하며, 보고를 받은 특별자치도지사 또는 시장·군수·구청장은 이를 질병관리청장 및 시·도지사에게 각각 보고하여야 한다. 〈개정 2010. 1. 18., 2020. 8. 11.〉

② 제1항에 따라 보고를 받은 질병관리청장, 시·도지사 또는 시장·군수·구청장은 제11조 제1항 제4호에 해당하는 사람(제1급감염병 환자로 의심되는 경우에 한정한다)에 대하여 감염병병원체 검사를 하게 할 수 있다. 〈신설 2020. 3. 4., 2020. 8. 11.〉

③ 제1항에 따른 보고의 방법 및 절차 등에 관하여 필요한 사항은 보건복지부령으로 정한다. 〈개정 2010. 1. 18., 2020. 3. 4.〉

[제목개정 2020. 3. 4.]

제14조(인수공통감염병의 통보) ① 「가축전염병예방법」 제11조 제1항 제2호에 따라 신고를 받은 국립가축방역기관장, 신고대상 가축의 소재지를 관할하는 시장·군수·구청장 또는 시·도 가축방역기관의 장은 같은 법에 따른 가축전염병 중 다음 각 호의 어느 하나에 해당하는 감염병의 경우에는 즉시 질병관리청장에게 통보하여야 한다. 〈개정 2019. 12. 3., 2020. 8. 11.〉

1. 탄저
2. 고병원성조류인플루엔자
3. 광견병
4. 그 밖에 대통령령으로 정하는 인수공통감염병

② 제1항에 따른 통보를 받은 질병관리청장은 감염병의 예방 및 확산 방지를 위하여 이 법에 따른 적절한 조치를 취하여야 한다. 〈신설 2015. 7. 6., 2020. 8. 11.〉

③ 제1항에 따른 신고 또는 통보를 받은 행정기관의 장은 신고자의 요청이 있는 때에는 신고자의 신원을 외부에 공개하여서는 아니 된다. 〈개정 2015. 7. 6.〉

④ 제1항에 따른 통보의 방법 및 절차 등에 관하여 필요한 사항은 보건복지부령으로 정한다. 〈개정 2010. 1. 18., 2015. 7. 6.〉

제15조(감염병환자등의 파악 및 관리) 보건소장은 관할구역에 거주하는 감염병환자등에 관하여 제11조 및 제12조에 따른 신고를 받았을 때에는 보건복지부령으로 정하는 바에 따라 기록하고 그 명부(전자문서를 포함한다)를 관리하여야 한다. 〈개정 2010. 1. 18.〉

제4장 감염병감시 및 역학조사 등

제16조(감염병 표본감시 등) ① 질병관리청장은 감염병의 표본감시를 위하여 질병의 특성과 지역을 고려하여 「보건의료기본법」에 따른 보건의료기관이나 그 밖의 기관 또는 단체를 감염병 표본감시기관으로 지정할 수 있다. 〈개정 2010. 1. 18., 2019. 12. 3., 2020. 8. 11.〉

② 질병관리청장, 시·도지사 또는 시장·군수·구청장은 제1항에 따라 지정받은 감염병 표본감시기관(이하 "표본감시기관"이라 한다)의 장에게 감염병의 표본감시와 관련하여 필요한 자료의 제출을 요구하거나 감염병의 예방·관리에 필요한 협조를 요청할 수 있다. 이 경우 표본감시기관은 특별한 사유가 없으면 이에 따라야 한다. 〈개정 2010. 1. 18., 2020. 8. 11.〉

③ 질병관리청장, 시·도지사 또는 시장·군수·구청장은 제2항에 따라 수집한 정보 중 국민 건강에 관한 중요한 정보를 관련 기관·단체·시설 또는 국민들에게 제공하여야 한다. 〈개정 2010. 1. 18., 2020. 8. 11.〉

④ 질병관리청장, 시·도지사 또는 시장·군수·구청장은 표본감시활동에 필요한 경비를 표본감시기관에 지원할 수 있다. 〈개정 2010. 1. 18., 2020. 8. 11.〉

⑤ 질병관리청장은 표본감시기관이 다음 각 호의 어느 하나에 해당하는 경우에는 그 지정을 취소할 수 있다. 〈개정 2015. 7. 6., 2019. 12. 3., 2020. 8. 11.〉

1. 제2항에 따른 자료 제출 요구 또는 협조 요청에 따르지

아니하는 경우
2. 폐업 등으로 감염병 표본감시 업무를 수행할 수 없는 경우
3. 그 밖에 감염병 표본감시 업무를 게을리하는 등 보건복지부령으로 정하는 경우
⑥ 제1항에 따른 표본감시의 대상이 되는 감염병은 제4급 감염병으로 하고, 표본감시기관의 지정 및 지정취소의 사유 등에 관하여 필요한 사항은 보건복지부령으로 정한다. 〈신설 2015. 7. 6., 2018. 3. 27.〉
⑦ 질병관리청장은 감염병이 발생하거나 유행할 가능성이 있어 관련 정보를 확보할 긴급한 필요가 있다고 인정하는 경우 「공공기관의 운영에 관한 법률」에 따른 공공기관 중 대통령령으로 정하는 공공기관의 장에게 정보 제공을 요구할 수 있다. 이 경우 정보 제공을 요구받은 기관의 장은 정당한 사유가 없는 한 이에 따라야 한다. 〈개정 2015. 7. 6., 2020. 8. 11.〉
⑧ 제7항에 따라 제공되는 정보의 내용, 절차 및 정보의 취급에 필요한 사항은 대통령령으로 정한다. 〈개정 2015. 7. 6.〉

제16조의2(감염병병원체 확인기관) ① 다음 각 호의 기관(이하 "감염병병원체 확인기관"이라 한다)은 실험실 검사 등을 통하여 감염병병원체를 확인할 수 있다. 〈개정 2020. 8. 11.〉
1. 질병관리청
2. 국립검역소
3. 「보건환경연구원법」 제2조에 따른 보건환경연구원
4. 「지역보건법」 제10조에 따른 보건소
5. 「의료법」 제3조에 따른 의료기관 중 진단검사의학과 전문의가 상근(常勤)하는 기관
6. 「고등교육법」 제4조에 따라 설립된 의과대학 중 진단검사의학과가 개설된 의과대학
7. 「결핵예방법」 제21조에 따라 설립된 대한결핵협회(결핵환자의 병원체를 확인하는 경우만 해당한다)
8. 「민법」 제32조에 따라 한센병환자 등의 치료·재활을 지원할 목적으로 설립된 기관(한센병환자의 병원체를 확인하는 경우만 해당한다)
9. 인체에서 채취한 검사물에 대한 검사를 국가, 지방자치단체, 의료기관 등으로부터 위탁받아 처리하는 기관 중 진단검사의학과 전문의가 상근하는 기관
② 질병관리청장은 감염병병원체 확인의 정확성·신뢰성을 확보하기 위하여 감염병병원체 확인기관의 실험실 검사능력을 평가하고 관리할 수 있다. 〈개정 2020. 8. 11.〉
③ 제2항에 따른 감염병병원체 확인기관의 실험실 검사능력 평가 및 관리에 관한 방법, 절차 등에 관하여 필요한 사항은 보건복지부령으로 정한다.
[본조신설 2020. 3. 4.]

제6장 예방접종

제24조(필수예방접종) ① 특별자치도지사 또는 시장·군수·구청장은 다음 각 호의 질병에 대하여 관할 보건소를 통하여 필수예방접종(이하 "필수예방접종"이라 한다)을 실시하여야 한다. 〈개정 2010. 1. 18., 2013. 3. 22., 2014. 3. 18., 2016. 12. 2., 2018. 3. 27., 2020. 8. 11.〉
1. 디프테리아
2. 폴리오
3. 백일해
4. 홍역
5. 파상풍
6. 결핵
7. B형간염
8. 유행성이하선염
9. 풍진
10. 수두
11. 일본뇌염
12. b형헤모필루스인플루엔자
13. 폐렴구균
14. 인플루엔자
15. A형간염
16. 사람유두종바이러스 감염증
17. 그 밖에 질병관리청장이 감염병의 예방을 위하여 필요하다고 인정하여 지정하는 감염병
② 특별자치도지사 또는 시장·군수·구청장은 제1항에 따른 필수예방접종업무를 대통령령으로 정하는 바에 따라 관할구역 안에 있는 「의료법」에 따른 의료기관에 위탁할 수 있다. 〈개정 2018. 3. 27.〉
③ 특별자치도지사 또는 시장·군수·구청장은 필수예방접종 대상 아동 부모에게 보건복지부령으로 정하는 바에 따라 필수예방접종을 사전에 알려야 한다. 이 경우 「개인정보 보호법」 제24조에 따른 고유식별정보를 처리할 수 있다. 〈신설 2012. 5. 23., 2018. 3. 27.〉
[제목개정 2018. 3. 27.]

제25조(임시예방접종) ① 특별자치도지사 또는 시장·군수·구청장은 다음 각 호의 어느 하나에 해당하면 관할 보건소를 통하여 임시예방접종(이하 "임시예방접종"이라 한다)을 하여야 한다. 〈개정 2010. 1. 18., 2020. 8. 11.〉
1. 질병관리청장이 감염병 예방을 위하여 특별자치도지사

또는 시장·군수·구청장에게 예방접종을 실시할 것을 요청한 경우

2. 특별자치도지사 또는 시장·군수·구청장이 감염병 예방을 위하여 예방접종이 필요하다고 인정하는 경우

② 제1항에 따른 임시예방접종업무의 위탁에 관하여는 제24조 제2항을 준용한다.

제26조(예방접종의 공고) 특별자치도지사 또는 시장·군수·구청장은 임시예방접종을 할 경우에는 예방접종의 일시 및 장소, 예방접종의 종류, 예방접종을 받을 사람의 범위를 정하여 미리 공고하여야 한다. 다만, 제32조 제3항에 따른 예방접종의 실시기준 등이 변경될 경우에는 그 변경 사항을 미리 공고하여야 한다. 〈개정 2021. 3. 9.〉

제26조의2(예방접종 내역의 사전확인) ① 보건소장 및 제24조 제2항(제25조 제2항에서 준용하는 경우를 포함한다)에 따라 예방접종업무를 위탁받은 의료기관의 장은 예방접종을 하기 전에 대통령령으로 정하는 바에 따라 예방접종을 받으려는 사람 본인 또는 법정대리인의 동의를 받아 해당 예방접종을 받으려는 사람의 예방접종 내역을 확인하여야 한다. 다만, 예방접종을 받으려는 사람 또는 법정대리인의 동의를 받지 못한 경우에는 그러하지 아니하다.

② 제1항 본문에 따라 예방접종을 확인하는 경우 제33조의4에 따른 예방접종통합관리시스템을 활용하여 그 내역을 확인할 수 있다. 〈개정 2019. 12. 3.〉

[본조신설 2015. 12. 29.]

제27조(예방접종증명서) ① 질병관리청장, 특별자치도지사 또는 시장·군수·구청장은 필수예방접종 또는 임시예방접종을 받은 사람 본인 또는 법정대리인에게 보건복지부령으로 정하는 바에 따라 예방접종증명서를 발급하여야 한다. 〈개정 2010. 1. 18., 2015. 12. 29., 2018. 3. 27., 2020. 8. 11.〉

② 특별자치도지사나 시장·군수·구청장이 아닌 자가 이 법에 따른 예방접종을 한 때에는 질병관리청장, 특별자치도지사 또는 시장·군수·구청장은 보건복지부령으로 정하는 바에 따라 해당 예방접종을 한 자로 하여금 예방접종증명서를 발급하게 할 수 있다. 〈개정 2010. 1. 18., 2015. 12. 29., 2020. 8. 11.〉

③ 제1항 및 제2항에 따른 예방접종증명서는 전자문서를 이용하여 발급할 수 있다.

제28조(예방접종 기록의 보존 및 보고 등) ① 특별자치도지사 또는 시장·군수·구청장은 필수예방접종 및 임시예방접종을 하거나, 제2항에 따라 보고를 받은 경우에는 보건복지부령으로 정하는 바에 따라 예방접종에 관한 기록을 작성·보관하여야 하고, 그 내용을 시·도지사 및 질병관리청장에게 각각 보고하여야 한다. 〈개정 2010. 1. 18., 2018. 3. 27., 2020. 8. 11.〉

② 특별자치도지사나 시장·군수·구청장이 아닌 자가 이 법에 따른 예방접종을 하면 보건복지부령으로 정하는 바에 따라 특별자치도지사 또는 시장·군수·구청장에게 보고하여야 한다. 〈개정 2010. 1. 18.〉

제29조(예방접종에 관한 역학조사) 질병관리청장, 시·도지사 또는 시장·군수·구청장은 다음 각 호의 구분에 따라 조사를 실시하고, 예방접종 후 이상반응 사례가 발생하면 그 원인을 밝히기 위하여 제18조에 따라 역학조사를 하여야 한다. 〈개정 2020. 8. 11.〉

1. 질병관리청장: 예방접종의 효과 및 예방접종 후 이상반응에 관한 조사
2. 시·도지사 또는 시장·군수·구청장: 예방접종 후 이상반응에 관한 조사

제30조(예방접종피해조사반) ① 제71조 제1항 및 제2항에 규정된 예방접종으로 인한 질병·장애·사망의 원인 규명 및 피해 보상 등을 조사하고 제72조 제1항에 따른 제3자의 고의 또는 과실 유무를 조사하기 위하여 질병관리청에 예방접종피해조사반을 둔다. 〈개정 2020. 8. 11.〉

② 제1항에 따른 예방접종피해조사반의 설치 및 운영 등에 관하여 필요한 사항은 대통령령으로 정한다.

제31조(예방접종 완료 여부의 확인) ① 특별자치도지사 또는 시장·군수·구청장은 초등학교와 중학교의 장에게 「학교보건법」 제10조에 따른 예방접종 완료 여부에 대한 검사 기록을 제출하도록 요청할 수 있다.

② 특별자치도지사 또는 시장·군수·구청장은 「유아교육법」에 따른 유치원의 장과 「영유아보육법」에 따른 어린이집의 원장에게 보건복지부령으로 정하는 바에 따라 영유아의 예방접종 여부를 확인하도록 요청할 수 있다. 〈개정 2010. 1. 18., 2011. 6. 7.〉

③ 특별자치도지사 또는 시장·군수·구청장은 제1항에 따른 제출 기록 및 제2항에 따른 확인 결과를 확인하여 예방접종을 끝내지 못한 영유아, 학생 등이 있으면 그 영유아 또는 학생 등에게 예방접종을 하여야 한다.

제7장 감염 전파의 차단 조치

제34조(감염병 위기관리대책의 수립·시행) ① 보건복지부장관 및 질병관리청장은 감염병의 확산 또는 해외 신종감염병의 국내 유입으로 인한 재난상황에 대처하기 위하여 위원회의 심의를 거쳐 감염병 위기관리대책(이하 "감염병 위기관리대책"이라 한다)을 수립·시행하여야 한다. 〈개정 2010. 1. 18., 2015. 7. 6., 2020. 8. 11.〉

② 감염병 위기관리대책에는 다음 각 호의 사항이 포함되어야 한다. 〈개정 2010. 1. 18., 2015. 7. 6., 2020. 8. 11., 2020. 9. 29., 2020. 12. 15., 2021. 3. 9.〉

1. 재난상황 발생 및 해외 신종감염병 유입에 대한 대응체계 및 기관별 역할
2. 재난 및 위기상황의 판단, 위기경보 결정 및 관리체계
3. 감염병위기 시 동원하여야 할 의료인 등 전문인력, 시설, 의료기관의 명부 작성
4. 의료·방역 물품의 비축방안 및 조달방안
5. 재난 및 위기상황별 국민행동요령, 동원 대상 인력, 시설, 기관에 대한 교육 및 도상연습 등 실제 상황대비 훈련

5의2. 감염취약계층에 대한 유형별 보호조치 방안 및 사회복지시설의 유형별·전파상황별 대응방안

6. 그 밖에 재난상황 및 위기상황 극복을 위하여 필요하다고 보건복지부장관 및 질병관리청장이 인정하는 사항

③ 보건복지부장관 및 질병관리청장은 감염병 위기관리대책에 따른 정기적인 훈련을 실시하여야 한다. 〈신설 2015. 7. 6., 2020. 8. 11.〉

④ 감염병 위기관리대책의 수립 및 시행 등에 필요한 사항은 대통령령으로 정한다. 〈개정 2015. 7. 6.〉

제34조의2(감염병위기 시 정보공개) ① 질병관리청장, 시·도지사 및 시장·군수·구청장은 국민의 건강에 위해가 되는 감염병 확산으로 인하여 「재난 및 안전관리 기본법」 제38조 제2항에 따른 주의 이상의 위기경보가 발령되면 감염병 환자의 이동경로, 이동수단, 진료의료기관 및 접촉자 현황, 감염병의 지역별·연령대별 발생 및 검사 현황 등 국민들이 감염병 예방을 위하여 알아야 하는 정보를 정보통신망 게재 또는 보도자료 배포 등의 방법으로 신속히 공개하여야 한다. 다만, 성별, 나이, 그 밖에 감염병 예방과 관계없다고 판단되는 정보로서 대통령령으로 정하는 정보는 제외하여야 한다. 〈개정 2020. 3. 4., 2020. 8. 11., 2020. 9. 29., 2021. 3. 9.〉

② 질병관리청장, 시·도지사 및 시장·군수·구청장은 제1항에 따라 공개한 정보가 그 공개목적의 달성 등으로 공개될 필요가 없어진 때에는 지체 없이 그 공개된 정보를 삭제하여야 한다. 〈신설 2020. 9. 29.〉

③ 누구든지 제1항에 따라 공개된 사항이 다음 각 호의 어느 하나에 해당하는 경우에는 질병관리청장, 시·도지사 또는 시장·군수·구청장에게 서면이나 말로 또는 정보통신망을 이용하여 이의신청을 할 수 있다. 〈신설 2020. 3. 4., 2020. 8. 11., 2020. 9. 29.〉

1. 공개된 사항이 사실과 다른 경우
2. 공개된 사항에 관하여 의견이 있는 경우

④ 질병관리청장, 시·도지사 또는 시장·군수·구청장은 제3항에 따라 신청한 이의가 상당한 이유가 있다고 인정하는 경우에는 지체 없이 공개된 정보의 정정 등 필요한 조치를 하여야 한다. 〈신설 2020. 3. 4., 2020. 8. 11., 2020. 9. 29.〉

⑤ 제1항부터 제3항까지에 따른 정보공개 및 삭제와 이의신청의 범위, 절차 및 방법 등에 관하여 필요한 사항은 보건복지부령으로 정한다. 〈개정 2020. 3. 4., 2020. 9. 29.〉

[본조신설 2015. 7. 6.]

제35조(시·도별 감염병 위기관리대책의 수립 등) ① 질병관리청장은 제34조 제1항에 따라 수립한 감염병 위기관리대책을 시·도지사에게 알려야 한다. 〈개정 2010. 1. 18., 2020. 8. 11.〉

② 시·도지사는 제1항에 따라 통보된 감염병 위기관리대책에 따라 특별시·광역시·도·특별자치도(이하 "시·도"라 한다)별 감염병 위기관리대책을 수립·시행하여야 한다.

제35조의2(재난 시 의료인에 대한 거짓 진술 등의 금지) 누구든지 감염병에 관하여 「재난 및 안전관리 기본법」 제38조 제2항에 따른 주의 이상의 예보 또는 경보가 발령된 후에는 의료인에 대하여 의료기관 내원(內院)이력 및 진료이력 등 감염 여부 확인에 필요한 사실에 관하여 거짓 진술, 거짓 자료를 제출하거나 고의적으로 사실을 누락·은폐하여서는 아니 된다. 〈개정 2017. 12. 12.〉

[본조신설 2015. 7. 6.]

제36조(감염병관리기관의 지정 등) ① 보건복지부장관, 질병관리청장 또는 시·도지사는 보건복지부령으로 정하는 바에 따라 「의료법」 제3조에 따른 의료기관을 감염병관리기관으로 지정하여야 한다. 〈신설 2020. 3. 4., 2020. 8. 11.〉

② 시장·군수·구청장은 보건복지부령으로 정하는 바에 따라 「의료법」에 따른 의료기관을 감염병관리기관으로 지정할 수 있다. 〈개정 2010. 1. 18., 2020. 3. 4.〉

③ 제1항 및 제2항에 따라 지정받은 의료기관(이하 "감염병관리기관"이라 한다)의 장은 감염병을 예방하고 감염병환자등을 진료하는 시설(이하 "감염병관리시설"이라 한다)을 설치하여야 한다. 이 경우 보건복지부령으로 정하는 일정규모 이상의 감염병관리기관에는 감염병의 전파를 막기 위하여 전실(前室) 및 음압시설(陰壓施設) 등을 갖춘 1인 병실을 보건복지부령으로 정하는 기준에 따라 설치하여야 한다. 〈개정 2010. 1. 18., 2015. 12. 29., 2020. 3. 4.〉

④ 보건복지부장관, 질병관리청장, 시·도지사 또는 시장·군수·구청장은 감염병관리시설의 설치 및 운영에 드는 비용을 감염병관리기관에 지원하여야 한다. 〈개정 2020. 3. 4., 2020. 8. 11.〉

⑤ 감염병관리기관이 아닌 의료기관이 감염병관리시설을 설치·운영하려면 보건복지부령으로 정하는 바에 따라 특별자치도지사 또는 시장·군수·구청장에게 신고하여야 한다. 이 경우 특별자치도지사 또는 시장·군수·구청장은 그 내용을 검토하여 이 법에 적합하면 신고를 수리하여야 한다. 〈개정 2010. 1. 18., 2020. 3. 4.〉

⑥ 보건복지부장관, 질병관리청장, 시·도지사 또는 시장·군수·구청장은 감염병 발생 등 긴급상황 발생 시 감염병관리기관에 진료개시 등 필요한 사항을 지시할 수 있다. 〈신설 2015. 7. 6., 2020. 3. 4., 2020. 8. 11.〉

제37조(감염병위기 시 감염병관리기관의 설치 등) ① 보건복지부장관, 질병관리청장, 시·도지사 또는 시장·군수·구청장은 감염병환자가 대량으로 발생하거나 제36조에 따라 지정된 감염병관리기관만으로 감염병환자등을 모두 수용하기 어려운 경우에는 다음 각 호의 조치를 취할 수 있다. 〈개정 2010. 1. 18., 2020. 8. 11.〉

1. 제36조에 따라 지정된 감염병관리기관이 아닌 의료기관을 일정 기간 동안 감염병관리기관으로 지정
2. 격리소·요양소 또는 진료소의 설치·운영

② 제1항제1호에 따라 지정된 감염병관리기관의 장은 보건복지부령으로 정하는 바에 따라 감염병관리시설을 설치하여야 한다. 〈개정 2010. 1. 18.〉

③ 보건복지부장관, 질병관리청장, 시·도지사 또는 시장·군수·구청장은 제2항에 따른 시설의 설치 및 운영에 드는 비용을 감염병관리기관에 지원하여야 한다. 〈개정 2010. 1. 18., 2020. 8. 11.〉

④ 제1항제1호에 따라 지정된 감염병관리기관의 장은 정당한 사유없이 제2항의 명령을 거부할 수 없다.

⑤ 보건복지부장관, 질병관리청장, 시·도지사 또는 시장·군수·구청장은 감염병 발생 등 긴급상황 발생 시 감염병관리기관에 진료개시 등 필요한 사항을 지시할 수 있다. 〈신설 2015. 7. 6., 2018. 3. 27., 2020. 8. 11.〉

제38조(감염병환자등의 입소 거부 금지) 감염병관리기관은 정당한 사유 없이 감염병환자등의 입소(入所)를 거부할 수 없다.

제39조(감염병관리시설 등의 설치 및 관리방법) 감염병관리시설 및 제37조에 따른 격리소·요양소 또는 진료소의 설치 및 관리방법 등에 관하여 필요한 사항은 보건복지부령으로 정한다. 〈개정 2010. 1. 18.〉

제41조(감염병환자등의 관리) ① 감염병 중 특히 전파 위험이 높은 감염병으로서 제1급감염병 및 질병관리청장이 고시한 감염병에 걸린 감염병환자등은 감염병관리기관, 감염병전문병원 및 감염병관리시설을 갖춘 의료기관(이하 "감염병관리기관등"이라 한다)에서 입원치료를 받아야 한다. 〈개정 2010. 1. 18., 2018. 3. 27., 2020. 8. 11., 2020. 8. 12.〉

② 질병관리청장, 시·도지사 또는 시장·군수·구청장은 다음 각 호의 어느 하나에 해당하는 사람에게 자가(自家) 치료, 제37조 제1항 제2호에 따라 설치·운영하는 시설에서의 치료(이하 "시설치료"라 한다) 또는 의료기관 입원치료를 하게 할 수 있다. 〈개정 2010. 1. 18., 2020. 8. 11., 2020. 8. 12.〉

1. 제1항에도 불구하고 의사가 자가치료 또는 시설치료가 가능하다고 판단하는 사람
2. 제1항에 따른 입원치료 대상자가 아닌 사람
3. 감염병의심자

③ 보건복지부장관, 질병관리청장, 시·도지사 또는 시장·군수·구청장은 다음 각 호의 어느 하나에 해당하는 경우 제1항 또는 제2항에 따라 치료 중인 사람을 다른 감염병관리기관등이나 감염병관리기관등이 아닌 의료기관으로 전원(轉院)하거나, 자가 또는 제37조 제1항 제2호에 따라 설치·운영하는 시설로 이송(이하 "전원등"이라 한다)하여 치료받게 할 수 있다. 〈신설 2020. 8. 12., 2020. 9. 29.〉

1. 중증도의 변경이 있는 경우
2. 의사가 입원치료의 필요성이 없다고 판단하는 경우
3. 격리병상이 부족한 경우 등 질병관리청장이 전원등의 조치가 필요하다고 인정하는 경우

④ 감염병환자등은 제3항에 따른 조치를 따라야 하며, 정당한 사유 없이 이를 거부할 경우 치료에 드는 비용은 본인이 부담한다. 〈신설 2020. 8. 12.〉

⑤ 제1항 및 제2항에 따른 입원치료, 자가치료, 시설치료의 방법 및 절차, 제3항에 따른 전원등의 방법 및 절차 등에 관하여 필요한 사항은 대통령령으로 정한다. 〈개정 2020. 8. 12.〉

제41조의2(사업주의 협조의무) ① 사업주는 근로자가 이 법에 따라 입원 또는 격리되는 경우 「근로기준법」 제60조 외에 그 입원 또는 격리기간 동안 유급휴가를 줄 수 있다. 이 경우 사업주가 국가로부터 유급휴가를 위한 비용을 지원받을 때에는 유급휴가를 주어야 한다.

② 사업주는 제1항에 따른 유급휴가를 이유로 해고나 그 밖의 불리한 처우를 하여서는 아니 되며, 유급휴가 기간에는 그 근로자를 해고하지 못한다. 다만, 사업을 계속할 수 없는 경우에는 그러하지 아니하다.

③ 국가는 제1항에 따른 유급휴가를 위한 비용을 지원할 수 있다.

④ 제3항에 따른 비용의 지원 범위 및 신청·지원 절차 등 필요한 사항은 대통령령으로 정한다.

[본조신설 2015. 12. 29.]

제42조(감염병에 관한 강제처분) ① 질병관리청장, 시·도지사 또는 시장·군수·구청장은 해당 공무원으로 하여금 다음 각 호의 어느 하나에 해당하는 감염병환자등이 있다고 인정되는 주거시설, 선박·항공기·열차 등 운송수단 또는 그 밖의 장소에 들어가 필요한 조사나 진찰을 하게 할 수 있으며, 그 진찰 결과 감염병환자등으로 인정될 때에는 동행하여 치료받게 하거나 입원시킬 수 있다. 〈개정 2010. 1. 18., 2018. 3. 27., 2020. 8. 11.〉

1. 제1급감염병
2. 제2급감염병 중 결핵, 홍역, 콜레라, 장티푸스, 파라티푸스, 세균성이질, 장출혈성대장균감염증, A형간염, 수막구균 감염증, 폴리오, 성홍열 또는 질병관리청장이 정하는 감염병
3. 삭제 〈2018. 3. 27.〉
4. 제3급감염병 중 질병관리청장이 정하는 감염병
5. 세계보건기구 감시대상 감염병
6. 삭제 〈2018. 3. 27.〉

② 질병관리청장, 시·도지사 또는 시장·군수·구청장은 제1급감염병이 발생한 경우 해당 공무원으로 하여금 감염병의심자에게 다음 각 호의 조치를 하게 할 수 있다. 이 경우 해당 공무원은 감염병 증상 유무를 확인하기 위하여 필요한 조사나 진찰을 할 수 있다. 〈신설 2020. 3. 4., 2020. 8. 11., 2020. 9. 29.〉

1. 자가(自家) 또는 시설에 격리

1의2. 제1호에 따른 격리에 필요한 이동수단의 제한

2. 유선·무선 통신, 정보통신기술을 활용한 기기 등을 이용한 감염병의 증상 유무 확인이나 위치정보의 수집. 이 경우 위치정보의 수집은 제1호에 따라 격리된 사람으로 한정한다.

3. 감염 여부 검사

③ 질병관리청장, 시·도지사 또는 시장·군수·구청장은 제2항에 따른 조사나 진찰 결과 감염병환자등으로 인정된 사람에 대해서는 해당 공무원과 동행하여 치료받게 하거나 입원시킬 수 있다. 〈신설 2020. 3. 4., 2020. 8. 11.〉

④ 질병관리청장, 시·도지사 또는 시장·군수·구청장은 제1항·제2항에 따른 조사·진찰이나 제13조 제2항에 따른 검사를 거부하는 사람(이하 이 조에서 "조사거부자"라 한다)에 대해서는 해당 공무원으로 하여금 감염병관리기관에 동행하여 필요한 조사나 진찰을 받게 하여야 한다. 〈개정 2015. 12. 29., 2020. 3. 4., 2020. 8. 11.〉

⑤ 제1항부터 제4항까지에 따라 조사·진찰·격리·치료 또는 입원 조치를 하거나 동행하는 공무원은 그 권한을 증명하는 증표를 지니고 이를 관계인에게 보여주어야 한다. 〈신설 2015. 12. 29., 2020. 3. 4.〉

⑥ 질병관리청장, 시·도지사 또는 시장·군수·구청장은 제2항부터 제4항까지 및 제7항에 따른 조사·진찰·격리·치료 또는 입원 조치를 위하여 필요한 경우에는 관할 경찰서장에게 협조를 요청할 수 있다. 이 경우 요청을 받은 관할 경찰서장은 정당한 사유가 없으면 이에 따라야 한다. 〈신설 2015. 12. 29., 2020. 3. 4., 2020. 8. 11.〉

⑦ 질병관리청장, 시·도지사 또는 시장·군수·구청장은 조사거부자를 자가 또는 감염병관리시설에 격리할 수 있으며, 제4항에 따른 조사·진찰 결과 감염병환자등으로 인정될 때에는 감염병관리시설에서 치료받게 하거나 입원시켜야 한다. 〈신설 2015. 12. 29., 2020. 3. 4., 2020. 8. 11.〉

⑧ 질병관리청장, 시·도지사 또는 시장·군수·구청장은 감염병의심자 또는 조사거부자가 감염병환자등이 아닌 것으로 인정되면 제2항 또는 제7항에 따른 격리 조치를 즉시 해제하여야 한다. 〈신설 2015. 12. 29., 2020. 3. 4., 2020. 8. 11.〉

⑨ 질병관리청장, 시·도지사 또는 시장·군수·구청장은 제7항에 따라 조사거부자를 치료·입원시킨 경우 그 사실을 조사거부자의 보호자에게 통지하여야 한다. 이 경우 통지의 방법·절차 등에 관하여 필요한 사항은 제43조를 준용한다. 〈신설 2015. 12. 29., 2020. 3. 4., 2020. 8. 11.〉

⑩ 제8항에도 불구하고 정당한 사유 없이 격리 조치가 해제되지 아니하는 경우 감염병의심자 및 조사거부자는 구제청구를 할 수 있으며, 그 절차 및 방법 등에 대해서는 「인신보호법」을 준용한다. 이 경우 "감염병의심자 및 조사거부자"는 "피수용자"로, 격리 조치를 명한 "질병관리청장, 시·도지사 또는 시장·군수·구청장"은 "수용자"로 본다(다만, 「인신보호법」 제6조 제1항 제3호는 적용을 제외한다). 〈신설 2015. 12. 29., 2020. 3. 4., 2020. 8. 11.〉

⑪ 제1항부터 제4항까지 및 제7항에 따라 조사·진찰·격리·치료를 하는 기관의 지정 기준, 제2항에 따른 감염병의심자에 대한 격리나 증상여부 확인 방법 등 필요한 사항은 대통령령으로 정한다. 〈신설 2015. 12. 29., 2020. 3. 4.〉

⑫ 제2항제2호에 따라 수집된 위치정보의 저장·보호·이용 및 파기 등에 관한 사항은 「위치정보의 보호 및 이용 등에 관한 법률」을 따른다. 〈신설 2020. 9. 29.〉

제43조(감염병환자등의 입원 통지) ① 질병관리청장, 시·도지사 또는 시장·군수·구청장은 감염병환자등이 제41조

에 따른 입원치료가 필요한 경우에는 그 사실을 입원치료 대상자와 그 보호자에게 통지하여야 한다. 〈개정 2010. 1. 18., 2020. 8. 11.〉

② 제1항에 따른 통지의 방법·절차 등에 관하여 필요한 사항은 보건복지부령으로 정한다. 〈개정 2010. 1. 18.〉

제43조의2(격리자에 대한 격리 통지) ① 질병관리청장, 시·도지사 또는 시장·군수·구청장은 제42조 제2항·제3항 및 제7항, 제47조 제3호 또는 제49조 제1항 제14호에 따른 입원 또는 격리 조치를 할 때에는 그 사실을 입원 또는 격리 대상자와 그 보호자에게 통지하여야 한다. 〈개정 2020. 8. 11.〉

② 제1항에 따른 통지의 방법·절차 등에 관하여 필요한 사항은 보건복지부령으로 정한다.

[본조신설 2020. 3. 4.]

제44조(수감 중인 환자의 관리) 교도소장은 수감자로서 감염병에 감염된 자에게 감염병의 전파를 차단하기 위한 조치와 적절한 의료를 제공하여야 한다.

제45조(업무 종사의 일시 제한) ① 감염병환자등은 보건복지부령으로 정하는 바에 따라 업무의 성질상 일반인과 접촉하는 일이 많은 직업에 종사할 수 없고, 누구든지 감염병환자등을 그러한 직업에 고용할 수 없다. 〈개정 2010. 1. 18.〉

② 제19조에 따른 성매개감염병에 관한 건강진단을 받아야 할 자가 건강진단을 받지 아니한 때에는 같은 조에 따른 직업에 종사할 수 없으며 해당 영업을 영위하는 자는 건강진단을 받지 아니한 자를 그 영업에 종사하게 하여서는 아니 된다.

제46조(건강진단 및 예방접종 등의 조치) 질병관리청장, 시·도지사 또는 시장·군수·구청장은 보건복지부령으로 정하는 바에 따라 다음 각 호의 어느 하나에 해당하는 사람에게 건강진단을 받거나 감염병 예방에 필요한 예방접종을 받게 하는 등의 조치를 할 수 있다. 〈개정 2010. 1. 18., 2015. 7. 6., 2020. 8. 11.〉

1. 감염병환자등의 가족 또는 그 동거인
2. 감염병 발생지역에 거주하는 사람 또는 그 지역에 출입하는 사람으로서 감염병에 감염되었을 것으로 의심되는 사람
3. 감염병환자등과 접촉하여 감염병에 감염되었을 것으로 의심되는 사람

제47조(감염병 유행에 대한 방역 조치) 질병관리청장, 시·도지사 또는 시장·군수·구청장은 감염병이 유행하면 감염병 전파를 막기 위하여 다음 각 호에 해당하는 모든 조치를 하거나 그에 필요한 일부 조치를 하여야 한다. 〈개정 2015. 7. 6., 2020. 3. 4., 2020. 8. 11.〉

1. 감염병환자등이 있는 장소나 감염병병원체에 오염되었다고 인정되는 장소에 대한 다음 각 목의 조치
   가. 일시적 폐쇄
   나. 일반 공중의 출입금지
   다. 해당 장소 내 이동제한
   라. 그 밖에 통행차단을 위하여 필요한 조치
2. 의료기관에 대한 업무 정지
3. 감염병의심자를 적당한 장소에 일정한 기간 입원 또는 격리시키는 것
4. 감염병병원체에 오염되었거나 오염되었다고 의심되는 물건을 사용·접수·이동하거나 버리는 행위 또는 해당 물건의 세척을 금지하거나 태우거나 폐기처분하는 것
5. 감염병병원체에 오염된 장소에 대한 소독이나 그 밖에 필요한 조치를 명하는 것
6. 일정한 장소에서 세탁하는 것을 막거나 오물을 일정한 장소에서 처리하도록 명하는 것

제48조(오염장소 등의 소독 조치) ① 육군·해군·공군 소속 부대의 장, 국방부직할부대의 장 및 제12조 제1항 각 호의 어느 하나에 해당하는 사람은 감염병환자등이 발생한 장소나 감염병병원체에 오염되었다고 의심되는 장소에 대하여 의사, 한의사 또는 관계 공무원의 지시에 따라 소독이나 그 밖에 필요한 조치를 하여야 한다.

② 제1항에 따른 소독 등의 조치에 관하여 필요한 사항은 보건복지부령으로 정한다. 〈개정 2010. 1. 18.〉

부록 4. 예방접종일정표

질병관리청 | 대한의사협회 | 예방접종전문위원회

어린이 표준예방접종일정표(2022)

구분	대상 감염병	백신 종류 및 방법	횟수	출생~1개월이내	1개월	2개월	4개월	6개월	12개월	15개월	18개월	19~23개월	24~35개월	만4세	만6세	만11세	만12세
국가예방접종	결핵	BCG (피내용)①	1	BCG 1회													
국가예방접종	B형간염	HepB②	3	HepB 1차	HepB 2차			HepB 3차									
국가예방접종	디프테리아 파상풍 백일해	DTaP③	5			DTaP 1차	DTaP 2차	DTaP 3차		DTaP 4차				DTaP 5차			
국가예방접종	디프테리아 파상풍 백일해	Tdap/Td④	1													Tdap/Td 6차	
국가예방접종	폴리오	IPV⑤	4			IPV 1차	IPV 2차	IPV 3차						IPV 4차			
국가예방접종	b형 헤모필루스 인플루엔자	Hib⑥	4			Hib 1차	Hib 2차	Hib 3차	Hib 4차								
국가예방접종	폐렴구균	PCV⑦	4			PCV 1차	PCV 2차	PCV 3차	PCV 4차								
국가예방접종	폐렴구균	PPSV⑧	–										고위험군에 한하여 접종				
국가예방접종	홍역, 유행성이하선염, 풍진	MMR⑨	2						MMR 1차					MMR 2차			
국가예방접종	수두	VAR	1						VAR 1회								
국가예방접종	A형간염	HepA⑩	2						HepA 1~2차								
국가예방접종	일본뇌염	IJEV (불활성화 백신)⑪	5						IJEV 1~2차				IJEV 3차		IJEV 4차		IJEV 5차
국가예방접종	일본뇌염	LJEV (약독화 생백신)⑫	2						LJEV 1차				LJEV 2차				
국가예방접종	사람유두종 바이러스 감염증	HPV⑬	2													HPV 1~2차	
국가예방접종	인플루엔자	IIV⑭	–					IIV 매년 접종									
기타예방접종	로타 바이러스 감염증	RV1	2			RV 1차	RV 2차										
기타예방접종	로타 바이러스 감염증	RV5	3			RV 1차	RV 2차	RV 3차									

- **국가예방접종:** 국가에서 권장하는 필수예방접종(국가는 「감염병의 예방 및 관리에 관한 법률」을 통해 예방접종 대상 감염병과 예방접종 실시기준 및 방법을 정하고, 이를 근거로 재원을 마련하여 지원하고 있음)
- **기타예방접종:** 예방접종 대상 감염병 및 지정감염병 이외 감염병으로 민간 의료기관에서 접종 가능한 유료 예방접종

① **BCG(결핵):** 생후 4주 이내 접종

② **HepB(B형간염):** B형간염 표면항원(HBsAg) 양성인 산모로부터 출생한 신생아는 출생 후 12시간 이내 B형간염 면역글로불린(HBIG) 및 B형간염 백신(1차)을 동시에 접종하고, 2차와 3차 접종은 각각 출생 후 1개월 및 6개월에 실시

③ **DTaP(디프테리아·파상풍·백일해):** DTaP-IPV(디프테리아·파상풍·백일해·폴리오) 또는 DTaP-IPV/Hib(디프테리아·파상풍·백일해·폴리오·b형헤모필루스인플루엔자) 혼합백신으로 접종 가능

④ **Tdap/Td(파상풍·디프테리아·백일해/파상풍·디프테리아):** 만 11~12세 접종은 Tdap 또는 Td 백신 사용 가능하나, Tdap 백신을 우선 고려
※이후 10년마다 Td 또는 Tdap 백신으로 추가접종

⑤ **IPV(폴리오):** 3차 접종은 생후 6개월에 접종하나 18개월까지 접종 가능하며, DTaP-IPV(디프테리아·파상풍·백일해·폴리오) 또는 DTaP-IPV/Hib(디프테리아·파상풍·백일해·폴리오·b형헤모필루스인플루엔자) 혼합백신으로 접종 가능

⑥ **Hib(b형헤모필루스인플루엔자):** 생후 2개월~만 5세 미만 모든 소아를 대상으로 접종하며, 만 5세 이상은 b형헤모필루스인플루엔자 감염 위험성이 높은 경우(겸상적혈구증, 기능적 또는 해부학적 무비증, 항암치료에 따른 면역저하, 조혈모세포이식, HIV 감염, 체액 면역 결핍 등) 접종, DTaP-IPV/Hib(디프테리아·파상풍·백일해·폴리오·b형헤모필루스인플루엔자) 혼합백신으로 접종 가능

- **DTaP-IPV(디프테리아·파상풍·백일해·폴리오) 혼합백신**
  : 생후 2, 4, 6개월, 만 4~6세에 DTaP, IPV 백신 대신 접종할 수 있음
- **DTaP-IPV/Hib(디프테리아·파상풍·백일해·폴리오·b형헤모필루스인플루엔자) 혼합백신**
  : 생후 2, 4, 6개월에 DTaP, IPV, Hib 백신 대신 접종할 수 있음

※ DTaP 혼합백신 사용 시 기초접종 3회는 동일 제조사의 백신으로 접종하는 것이 원칙이며, 생후 15~18개월에 접종하는 DTaP 백신은 제조사에 관계없이 선택하여 접종 가능

⑦ **PCV(폐렴구균단백결합):** 10가와 13가 단백결합 백신 간에 교차접종은 권장하지 않음

⑧ **PPSV(폐렴구균 다당질):** 만 2세 이상의 폐렴구균 감염의 고위험군을 대상으로 하며 건강상태를 고려하여 담당의사와 충분한 상담 후 접종

※ 폐렴구균 감염의 고위험군
- **면역 기능이 저하된 소아:** HIV 감염증, 만성신부전과 신증후군, 면역억제제나 방사선 치료를 하는 질환(악성종양, 백혈병, 림프종, 호치킨병) 또는 고형 장기 이식, 선천성 면역결핍질환
- **기능적 또는 해부학적 무비증 소아:** 겸상구 빈혈 또는 헤모글로빈증, 무비증 또는 비장 기능장애
- **면역 기능은 정상이나 다음과 같은 질환을 가진 소아:** 만성 심장 질환, 만성 폐 질환, 만성 간 질환, 당뇨병, 뇌척수액 누출, 인공와우 이식 상태

⑨ **MMR(홍역·유행성이하선염·풍진):** 홍역 유행 시 생후 6~11개월에 MMR 백신 접종이 가능하나 이 경우 생후 12개월 이후에 MMR 백신으로 일정에 맞추어 접종

⑩ **HepA(A형간염):** 1차 접종은 생후 12~23개월에 시작하고 2차 접종은 1차 접종 후 6~12(18, 36)개월(제조사에 따라 접종간격이 다름) 간격으로 접종

⑪ **IJEV(일본뇌염 불활성화 백신):** 1차 접종 1개월 후 2차 접종을 실시하고, 2차 접종 11개월 후 3차 접종(1차 접종 12개월 후)

⑫ **LJEV(일본뇌염 약독화 생백신):** 1차 접종 12개월 후 2차 접종

⑬ **HPV(사람유두종바이러스) 감염증:** 만 11~12세 여아에서 6~12개월 간격으로 2회 접종하고, 2가와 4가 백신 간 교차 접종은 권장하지 않음

⑭ **IIV(인플루엔자 불활성화 백신):** 생후 6개월~만 9세 미만 소아에서 접종 첫해는 최소 4주 간격으로 2회 접종이 필요하며, 접종 첫해에 1회 접종을 받았다면 다음 해 2회 접종을 완료, 이전에 인플루엔자 접종을 받은 적이 있는 생후 6개월~만 9세 미만 소아들도 유행주에 따라서 2회 접종이 필요할 수 있으므로, 매 절기 인플루엔자 국가예방접종 지원사업 관리지침*을 참고

* 예방접종도우미 누리집(https://nip.kdca.go.kr) → 예방접종 지식창고 → 예방접종지침

- **백신두문자어**

백신종류	두문자어	백신
결핵	BCG(피내용)	Intradermal Bacille Calmette-Gúerin vaccine
B형간염	HepB	Hepatitis B vaccine
디프테리아·파상풍·백일해	DTaP	Diphtheria and tetanus toxoids and acellular pertussis vaccine adsorbed
	Td	Tetanus and diphtheria toxoids adsorbed
	Tdap	Tetanus toxoid, reduced diphtheria toxoid and acellular pertussis vaccine, adsorbed
디프테리아·파상풍·백일해·폴리오	DTaP-IPV	DTaP, IPV *conjugate vaccine*
폴리오	IPV	Inactivated poliovirus vaccine
b형헤모필루스인플루엔자	Hib	*Haemophilusinfluenza* type b vaccine
디프테리아·파상풍·백일해·폴리오·b형헤모필루스인플루엔자	DTaP-IPV/Hib	DTaP, IPV, *Haemophilus influenzae* type b conjugate vaccine
폐렴구균	PCV	Pneumococcal conjugate vaccine
	PPSV	Pneumococcal polysaccharide vaccine
홍역·유행성이하선염·풍진	MMR	Measles, mumps, and rubella vaccine
수두	VAR	Varicella vaccine
A형간염	HepA	Hepatitis A vaccine
일본뇌염	IJEV	Inactivated Japanese encephalitis vaccine
	LJEV	Live-attenuated Japanese encephalitis vaccine
사람유두종바이러스감염증	HPV	Human papillomavirus vaccine
인플루엔자	IIV	Inactivated influenza vaccine

성인 예방접종 일정

<table>
<tr><th>대상
감염병</th><th>백신
종류</th><th>만 19~29세</th><th>만 30~39세</th><th>만 40~49세</th><th>만 50~59세</th><th>만 60~64세</th><th>만 65세 이상</th></tr>
<tr><td>인플루엔자[1)]</td><td>Flu</td><td colspan="3">위험군에 대해 매년 1회</td><td colspan="2">매년 1회</td><td></td></tr>
<tr><td>파상풍/
디프테리아/
백일해</td><td>Tdap/
Td</td><td colspan="6">Tdap으로 1회 접종, 이후 매년 10년마다 Tp 1회</td></tr>
<tr><td rowspan="2">폐렴구균[2)]</td><td>PPSV23</td><td colspan="5">위험군에 대해 1회 또는 2회</td><td>1회</td></tr>
<tr><td>PCV13</td><td colspan="6">위험군 중 면역저하자, 무비증, 뇌척수액누출, 인공와우 이식 환자에 대해 1회</td></tr>
<tr><td>A형간염[3)]</td><td>HepA</td><td colspan="2">2회</td><td>항체검사 후 2회</td><td colspan="3">위험군에 대해 항체검사 후 2회 접종</td></tr>
<tr><td>B형간염[4)]</td><td>HepB</td><td colspan="6">위험군 또는 3회 접종력/감염력이 없을 경우 항체 검사 후 3회 접종</td></tr>
<tr><td>수두[5)]</td><td>Var</td><td colspan="3">위험군 또는 접종력/감염력이 없을 경우
항체검사 후 2회 접종</td><td></td><td></td><td></td></tr>
<tr><td>홍역/유행성
이하선염/풍진[6)]</td><td>MMR</td><td colspan="3">위험군 또는 접종력/감염력이 없을 경우 1회 또는 2회 접종,
가임 여성은 풍진 항체 검사 후 접종</td><td></td><td></td><td></td></tr>
<tr><td>사람유두종
바이러스
감염증</td><td>HPV</td><td>만 25~26세 이하
여성 총 3회</td><td></td><td></td><td></td><td></td><td></td></tr>
<tr><td>대상포진</td><td>HZV</td><td></td><td></td><td></td><td></td><td colspan="2">1회</td></tr>
<tr><td>수막구균[7)]</td><td>MCV4</td><td colspan="6">위험군에 대해 1회 또는 2회</td></tr>
<tr><td>b형헤모필루스
인플루엔자[8)]</td><td>Hib</td><td colspan="6">위험군에 대해 1회 또는 2회</td></tr>
</table>

연령 권장: 면역의 증거가 없는(과거 감염력이 없고 예방 접종력이 없거나 불확실) 대상 연령의 성인에게 권장됨
※연령권장의 경우에도 해당 질병의 위험군(각주 참고)에게는 접종을 더욱 권장함
위험군 권장: 특정 기저질환, 상황 등에 따라 해당 질병의 위험군에게 권장
국가예방접종사업으로 무료접종

[감염병별 위험군]

1) **인플루엔자 위험군:** 만성질환자, 면역저하자, 임신부, 의료기관 종사자, 집단시설 거주자, 위험군을 돌보거나 함께 거주하는 자 등
2) **폐렴구균 위험군**
   i) 면역 기능이 저하된 환자: HIV 감염증, 만성 신부전과 신증후군, 면역억제제나 방사선 치료를 요하는 질환(악성 종양, 백혈병, 림프종, 호지킨병) 혹은 고형 장기 이식, 선천성 면역결핍질환 등
   ii) 기능적 또는 해부학적 무비증 또는 비장 기능 장애 환자, 겸상구 빈혈 혹은 헤모글로빈증
   iii) 면역 기능은 정상이며, 뇌척수액 누출, 인공와우 이식 상태
   iv) 면역 기능은 정상이나 다음과 같은 질환을 가진 환자: 만성 심장 질환, 만성 폐 질환, 만성 간 질환, 당뇨병 등
3) **A형간염 위험군:** 만성간질환자, 혈액제제를 자주 투여받는 혈우병 환자, 보육시설 종사자, A형간염 바이러스에 노출될 위험이 있는 의료인 및 실험실 종사자, A형간염 유행지역 여행자 또는 근무 예정자, 음식물을 다루는 요식업체 종사자, 남성 동성애자, 약물중독자, 최근 2주 이내에 A형간염 환자와의 접촉자
4) **B형간염 위험군:** 만성 간질환 환자, 혈액투석환자, HIV 감염인, 혈액제제를 자주 투여받는 환자, B형간염 바이러스에 노출될 위험이 높은 환경에 있는 사람
5) **수두 위험군:** 수두 유행 가능성이 있는 환경에 있는 사람(의료인, 학교 혹은 유치원 교사, 학생, 영유아와 함께 거주하는 사람, 수두 유행지역 여행자), 면역저하 환자의 보호자, 가임기 여성 중 수두에 면역이 없는 사람
6) **홍역/유행성이하선염/풍진 위험군:** 의료인, 홍역/유행성이하선염/풍진 유행국가 해외여행자, 가임기 여성 중 면역이 없는 사람 등
7) **수막구균 위험군:** 해부학적 또는 기능적 무비증, 보체결핍 환자, 군인(특히 신병), 직업적으로 수막구균에 노출되는 실험실 근무자, 수막구균 감염병이 유행하는 지역에서 현지인과 밀접하게 접촉이 예상되는 여행자 또는 체류자
8) **b형헤모필루스인플루엔자 위험군:** 침습성 Hib 감염 고위험군인 기능적·해부학적 무비증, 보체결핍, 겸상적혈구빈혈증, 조혈모세포 이식 환자

[백신별 접종 기준]

- **인플루엔자 백신:** '(고시) 예방접종의 실시기준 및 방법'에 따라 만 50세 이상 성인 및 연령에 상관없이 위험군에 대해 매년 1회 접종
  ※ 만 65세 이상 성인은 국가예방접종사업 대상으로 무료접종 가능
- **파상풍/디프테리아/백일해 백신:** 모든 연령 성인에 대해 Tdap으로 1회 접종, 이후 매 10년마다 Td 1회 접종
- **폐렴구균 23가 다당 백신(PPSV23):** 만 65세 이상 성인 및 폐렴구균 감염 위험군에 대해 1회 접종
  ※ 만 65세 이상 성인은 국가예방접종 대상으로 보건소(보건지소)에서 무료접종 가능
- **폐렴구균 단백결합 백신(PCV13):** 폐렴구균 감염 위험군 중 면역저하자, 기능적·해부학적 무비증, 뇌척수액 누출, 인공와우 이식 환자에 대해 접종
- **A형간염 백신:** 면역의 증거가 없는 만 20~39세 성인 또는 위험군에 대해 2회 접종
- **B형간염 백신:** 면역의 증거가 없는 성인 또는 위험군에 대해 항체 검사 후 3회 접종
- **수두 백신:** 면역의 증거가 없는 1970년 이후 출생자 또는 위험군에 대해 항체검사 후 2회 접종
- **홍역/유행성이하선염/풍진 백신:** 면역의 증거가 없는 1968. 1. 1 일 이후 출생자(홍역) 및 위험군에 대해 항체검사 확인 후 접종하거나 비용을 고려하여 검사 없이 접종할 수도 있음
  ※ 의료인은 진료 중 노출 위험과 감염 시 의료기관 내 환자에게 전파할 위험이 높아 2회 접종을 권고
- **사람유두종바이러스 감염증 백신:** 이전에 예방접종을 완료하지 못한 만 25~26세 이하 여성에 대해 3회 접종
- **대상포진 백신:** 만 60세 이상 성인을 대상으로 접종, 과거 대상포진을 앓은 경우 자연면역을 얻는 효과가 있으나 예방접종을 원하는 경우 접종 가능(최소 6~12개월 경과 후 접종 권장)
- **수막구균 백신:** 위험군에 대해 1회(정상면역이나 노출 위험 있는 경우) 또는 2회(해부학적 또는 기능적 무비증, 보체결핍, HIV 감염인) 접종
- **b형헤모필루스인플루엔자 백신:** 위험군에 대해 1회 또는 3회(조혈모세포 이식 환자) 접종

질환(상황)에 따른 성인 예방접종 권장표

구분	당뇨병	만성 심혈관 질환	만성 폐질환	만성 신질환	만성 간질환	항암 치료 중인 고형암	이식 이외 면역 억제제 사용	장기 이식	조혈 모세포 이식	무비증	HIV감염		임신부
											CD4 < 200/㎕	CD4 ≥ 200/㎕	
인플루엔자 (Flu)													
폐렴구균 (PPSV)													가)
폐렴구균 (PCV)													
파상풍/디프테리아 (백일해) (Tdap/Td)								Tdap	Tdap				나)
A형간염 (HepA)								다)					
B형간염 (HepB)													
수두 (Var)									라)				
홍역/유행성 이하선염/풍진(MMR)									라)				
대상포진 (HZV)													
수막구균 (MCV4)													
b형헤모필루스 인플루엔자 (Hib)													
폴리오 (IPV)													

가) 폐렴구균 위험군의 경우 가능한 임신 전 접종을 권고하나 임신 중 폐렴구균 감염예방백신이 필요시 PPSV23으로 접종 가능

나) 임신 전 접종력이 없는 경우, 임신 중 27~36주 사이 접종, 임신 중 접종하지 못한 경우 분만 후 신속하게 접종 가능

다) 간이식 환자에서는 A형간염 접종이 필요

라) 이식한 지 24개월을 초과하였고, 이식편대숙주반응이 없는 경우에 접종을 고려할 수 있음

- 질환(상황)에 따라 접종 필요성이 강조
- 다른 권고기준(연령, 위험인자 등)에 해당할 경우 접종
- 금기
- 고려할 필요 없음

부록 5. 모자보건법

[시행 2022. 6. 22.] [법률 제18612호, 2021. 12. 21., 일부개정]

보건복지부(출산정책과) 044-202-3399

제1조(목적) 이 법은 모성(母性) 및 영유아(영유아)의 생명과 건강을 보호하고 건전한 자녀의 출산과 양육을 도모함으로써 국민보건 향상에 이바지함을 목적으로 한다.
[전문개정 2009. 1. 7.]

제2조(정의) 이 법에서 사용하는 용어의 뜻은 다음과 같다. 〈개정 2015. 12. 22.〉

1. "임산부"란 임신 중이거나 분만 후 6개월 미만인 여성을 말한다.
2. "모성"이란 임산부와 가임기(可姙期) 여성을 말한다.
3. "영유아"란 출생 후 6년 미만인 사람을 말한다.
4. "신생아"란 출생 후 28일 이내의 영유아를 말한다.
5. "미숙아(未熟兒)"란 신체의 발육이 미숙한 채로 출생한 영유아로서 대통령령으로 정하는 기준에 해당하는 영유아를 말한다.
6. "선천성이상아(先天性異常兒)"란 선천성 기형(奇形) 또는 변형(變形)이 있거나 염색체에 이상이 있는 영유아로서 대통령령으로 정하는 기준에 해당하는 영유아를 말한다.
7. "인공임신중절수술"이란 태아가 모체 밖에서는 생명을 유지할 수 없는 시기에 태아와 그 부속물을 인공적으로 모체 밖으로 배출시키는 수술을 말한다.
8. "모자보건사업"이란 모성과 영유아에게 전문적인 보건의료서비스 및 그와 관련된 정보를 제공하고, 모성의 생식건강(生殖健康) 관리와 임신·출산·양육 지원을 통하여 이들이 신체적·정신적·사회적으로 건강을 유지하게 하는 사업을 말한다.
9. 삭제 〈2017. 12. 12.〉
10. "산후조리업(産後調理業)"이란 산후조리 및 요양 등에 필요한 인력과 시설을 갖춘 곳(이하 "산후조리원"이라 한다)에서 분만 직후의 임산부나 출생 직후의 영유아에게 급식·요양과 그 밖에 일상생활에 필요한 편의를 제공하는 업(業)을 말한다.
11. "난임(難姙)"이란 부부가 피임을 하지 아니한 상태에서 부부간 정상적인 성생활을 하고 있음에도 불구하고 1년이 지나도 임신이 되지 아니하는 상태를 말한다.
12. "보조생식술"이란 임신을 목적으로 자연적인 생식과정에 인위적으로 개입하는 의료행위로서 인간의 정자와 난자의 채취 등 보건복지부령으로 정하는 시술을 말한다.

[전문개정 2009. 1. 7.]

제3조(국가와 지방자치단체의 책임) ① 국가와 지방자치단체는 모성과 영유아의 건강을 유지·증진하기 위한 조사·연구와 그 밖에 필요한 조치를 하여야 한다.
② 국가와 지방자치단체는 모자보건사업 및 가족계획사업에 관한 시책을 마련하여 국민보건 향상에 이바지하도록 노력하여야 한다.
[전문개정 2009. 1. 7.]

제3조의2(임산부의 날) 임신과 출산의 중요성을 북돋우기 위하여 10월 10일을 임산부의 날로 정한다.
[전문개정 2009. 1. 7.]

제3조의3(결혼이민자에 대한 적용) 이 법은 「재한외국인 처우 기본법」 제2조제3호의 결혼이민자에 대하여도 적용한다.
[본조신설 2009. 1. 7.]

제4조(모성 등의 의무) ① 모성은 임신·분만·수유 및 생식과 관련하여 자신의 건강에 대한 올바른 이해와 관심을 가지고 그 건강관리에 노력하여야 한다.
② 영유아의 친권자·후견인이나 그 밖에 영유아를 보호하고 있는 자(이하 "보호자"라 한다)는 육아에 대한 올바른 이해를 가지고 영유아의 건강을 유지·증진하는 데에 적극적으로 노력하여야 한다.
[전문개정 2009. 1. 7.]

제5조(사업계획의 수립 및 조정) ① 보건복지부장관은 대통령령으로 정하는 바에 따라 모자보건사업 및 가족계획사업에 관한 시책을 종합·조정하고 그에 관한 기본계획을 세워야 한다. 〈개정 2010. 1. 18.〉
② 관계 중앙행정기관의 장과 지방자치단체의 장은 제1항의 기본계획을 시행하는 데에 필요한 세부계획을 수립·시행하여야 한다.
[전문개정 2009. 1. 7.]

제6조 삭제 〈2015. 12. 22.〉

제7조(모자보건기구의 설치) ① 국가와 지방자치단체는 모자보건사업 및 가족계획사업에 관한 다음 각 호의 사항을 관장하기 위하여 모자보건기구를 설치·운영할 수 있다. 이 경우 지방자치단체가 모자보건기구를 설치할 때에는 그 지방자치단체가 설치한 보건소에 설치함을 원칙으로 한다.

1. 임산부의 산전(産前)·산후(産後)관리 및 분만관리와 응급처치에 관한 사항
2. 영유아의 건강관리와 예방접종 등에 관한 사항
3. 모성의 생식건강 관리와 건강 증진 프로그램 개발 등에

관한 사항
4. 부인과(婦人科) 질병 및 그에 관련되는 질병의 예방에 관한 사항
5. 심신장애아의 발생 예방과 건강관리에 관한 사항
6. 성교육·성상담 및 보건에 관한 지도·교육·연구·홍보 및 통계관리 등에 관한 사항

② 제1항에 따른 모자보건기구의 설치기준과 운영에 필요한 사항은 대통령령으로 정한다.
③ 국가와 지방자치단체는 제1항 각호의 사항을 대통령령으로 정하는 바에 따라 의료법인이나 비영리법인에 위탁하여 수행할 수 있다.
[전문개정 2009. 1. 7.]

제8조(임산부의 신고 등) ① 임산부가 이 법에 따른 보호를 받으려면 본인이나 그 보호자가 보건복지부령으로 정하는 바에 따라 「의료법」 제3조에 따른 의료기관(이하 "의료기관"이라 한다) 또는 보건소에 임신 또는 분만 사실을 신고하여야 한다. 〈개정 2010. 1. 18.〉
② 의료기관의 장 또는 보건소장은 제1항에 따른 신고를 받으면 이를 종합하여 보건복지부령으로 정하는 바에 따라 특별자치도지사 또는 시장(「제주특별자치도 설치 및 국제자유도시 조성을 위한 특별법」 제15조제2항에 따른 행정시의 시장은 제외한다. 이하 같다)·군수·구청장(자치구의 구청장을 말한다. 이하 같다)에게 보고하여야 한다. 〈개정 2010. 1. 18.〉
③ 의료기관의 장 또는 보건소장은 해당 의료기관이나 보건소에서 임산부가 사망하거나 사산(死産)하였을 때 또는 신생아가 사망하였을 때에는 보건복지부령으로 정하는 바에 따라 특별자치도지사 또는 시장·군수·구청장에게 보고하여야 한다. 〈개정 2010. 1. 18.〉
④ 의료기관의 장은 해당 의료기관에서 미숙아나 선천성이상아가 출생하면 보건복지부령으로 정하는 바에 따라 보건소장에게 보고하여야 한다. 〈개정 2010. 1. 18.〉
⑤ 제4항에 따른 미숙아 또는 선천성이상아(이하 "미숙아등"이라 한다)의 출생을 보고받은 보건소장은 그 보호자가 해당 관할 구역에 주소를 가지고 있지 아니하면 그 보호자의 주소지를 관할하는 보건소장에게 그 출생 보고를 이송하여야 한다.
[전문개정 2009. 1. 7.]

제9조(모자보건수첩의 발급) ① 특별자치도지사 또는 시장·군수·구청장은 제8조제1항에 따라 신고된 임산부나 영유아에 대하여 모자보건수첩을 발급하여야 한다.
② 제1항에 따른 모자보건수첩의 발급 절차 등에 필요한 사항은 보건복지부령으로 정한다. 〈개정 2010. 1. 18.〉
[전문개정 2009. 1. 7.]

제9조의2(미숙아등의 정보 기록·관리) 제8조제4항과 제5항에 따라 미숙아등의 출생 보고를 받은 보건소장은 보건복지부령으로 정하는 바에 따라 미숙아등에 대한 정보를 기록·관리하여야 한다. 〈개정 2010. 1. 18., 2015. 12. 22.〉
[전문개정 2009. 1. 7.]
[제목개정 2015. 12. 22.]

제10조(임산부·영유아·미숙아 등의 건강관리 등) ① 특별자치도지사 또는 시장·군수·구청장은 임산부·영유아·미숙아등에 대하여 대통령령으로 정하는 바에 따라 정기적으로 건강진단·예방접종을 실시하거나 모자보건전문가(의사·한의사·조산사·간호사의 면허를 받은 사람 또는 간호조무사의 자격을 인정받은 사람으로서 모자보건사업 및 가족계획사업에 종사하는 사람을 말한다)에게 그 가정을 방문하여 보건진료를 하게 하는 등 보건관리에 필요한 조치를 하여야 한다. 〈개정 2015. 1. 28., 2015. 12. 22.〉
② 특별자치도지사 또는 시장·군수·구청장은 임산부·영유아·미숙아 등 중 입원진료가 필요한 사람에게 다음 각 호의 의료 지원을 할 수 있다.
1. 진찰
2. 약제나 치료재료의 지급
3. 처치(處置), 수술, 그 밖의 치료
4. 의료시설에의 수용
5. 간호
6. 이송

[전문개정 2009. 1. 7.]

제10조의2(고위험 임산부와 신생아 집중치료 시설 등의 지원) 국가와 지방자치단체는 고위험 임산부와 미숙아등의 건강을 보호·증진하기 위하여 필요한 의료를 적절하게 제공할 수 있는 고위험 임산부와 신생아 집중치료 시설 및 장비 등을 지원할 수 있다. 〈개정 2016. 12. 2.〉
[본조신설 2009. 1. 7.]
[제목개정 2016. 12. 2.]
[시행일 : 2017. 6. 3.]

제10조의3(모유수유시설의 설치 등) ① 국가와 지방자치단체는 영유아의 건강을 유지·증진하기 위하여 필요한 모유수유시설의 설치를 지원할 수 있다.
② 국가와 지방자치단체는 모유수유를 권장하기 위하여 필요한 자료조사·홍보·교육 등을 적극 추진하여야 한다.
③ 산후조리원, 의료기관 및 보건소는 모유수유에 관한 지식과 정보를 임산부에게 충분히 제공하는 등 모유수유를 적극적으로 권장하여야 하고, 임산부가 영유아에게 모유를 먹일 수 있도록 임산부와 영유아가 함께 있을 수 있는

시설을 설치하기 위하여 노력하여야 한다.
[본조신설 2009. 1. 7.]

제10조의4(다태아 임산부 등에 대한 지원) 국가와 지방자치단체는 다태아(多胎兒) 임산부의 건강하고 안전한 임신·출산 및 다태아로 태어난 영유아의 건강을 유지·증진하기 위하여 필요한 지원을 할 수 있다.
[본조신설 2015. 12. 22.]

제10조의5(산전·산후 우울증 검사 등 지원) 국가와 지방자치단체는 임산부에게 필요하다고 인정되는 경우 산전·산후 우울증 검사와 관련한 지원을 할 수 있다.
[본조신설 2016. 12. 2.]
[시행일 : 2017. 6. 3.]

제10조의6(중앙모자의료센터) ① 보건복지부장관은 고위험 임산부 및 미숙아등의 의료지원에 필요한 다음 각 호의 업무를 수행하게 하기 위하여 「공공보건의료에 관한 법률」 제2조제3호에 따른 공공보건의료기관 중에서 중앙모자의료센터를 지정할 수 있다.
1. 고위험 임산부 및 신생아 집중치료 시설에 대한 지원 및 평가
2. 고위험 임산부 및 신생아 집중치료 시설 간의 연계 및 업무조정
3. 고위험 임산부 및 신생아 집중치료 시설 종사자에 대한 교육훈련
4. 고위험 임산부 및 미숙아등 관련 사례 분석 및 통계 작성
5. 그 밖에 고위험 임산부 및 신생아 집중치료 시설의 지원에 관하여 보건복지부장관이 정하는 업무

② 보건복지부장관은 중앙모자의료센터로 지정받은 의료기관이 다음 각 호의 어느 하나에 해당하는 경우에는 그 지정을 취소할 수 있다. 다만, 제1호에 해당하는 경우에는 지정을 취소하여야 한다.
1. 거짓이나 그 밖의 부정한 방법으로 지정을 받은 경우
2. 제3항에 따른 지정 기준에 미치지 못하게 된 경우
3. 지정받은 사항을 위반하여 업무를 수행한 경우

③ 중앙모자의료센터의 지정 기준 및 절차, 지정 취소 등에 필요한 사항은 보건복지부령으로 정한다.
[본조신설 2018. 3. 13.]

제11조(난임극복 지원사업) ① 국가와 지방자치단체는 난임 등 생식건강 문제를 극복하기 위한 지원을 할 수 있다. 〈개정 2012. 5. 23., 2015. 12. 22.〉

② 난임극복 지원에는 다음 각 호의 내용이 포함되어야 한다. 〈신설 2015. 12. 22.〉
1. 난임치료를 위한 시술비 지원
2. 난임 관련 상담 및 교육
3. 난임 예방 및 관련 정보 제공
4. 그 밖에 보건복지부장관이 필요하다고 인정하는 사업

[전문개정 2009. 1. 7.]
[제목개정 2012. 5. 23., 2015. 12. 22.]

제11조의2(난임시술의 기준 고시) 보건복지부장관은 난임시술 의료기관의 보조생식술 등 난임치료에 관한 의학적·한의학적 기준을 정하여 고시할 수 있다.
[본조신설 2015. 12. 22.]

제11조의3(난임시술 의료기관의 지정 등) ① 보건복지부장관은 「의료법」 제3조제2항제1호가목·다목 및 같은 항 제3호가목·다목·마목에 따른 의료기관 중 보조생식술 등 난임시술이 가능한 의료기관을 난임시술 의료기관으로 지정할 수 있다.

② 제1항에 따른 난임시술 의료기관은 보건복지부령으로 정하는 시설·장비 및 전문인력 등을 갖추어야 한다.

③ 보건복지부장관은 제1항에 따라 지정된 난임시술 의료기관(이하 "지정의료기관"이라 한다)에 대하여 3년마다 제2항의 기준 및 실적 등에 대한 평가를 실시하고 평가 결과에 따라 그 지정을 취소할 수 있다.

④ 보건복지부장관은 제3항에 따른 평가업무를 관계 전문기관 또는 단체에 위탁할 수 있다.

⑤ 보건복지부장관은 제3항에 따른 평가결과를 공개할 수 있다.

⑥ 제1항 및 제3항에 따른 난임시술 의료기관 지정 및 지정취소의 기준·절차, 제4항에 따른 위탁, 제5항에 따른 평가결과의 공개방법 등에 필요한 사항은 보건복지부령으로 정한다.
[본조신설 2015. 12. 22.]

제11조의4(난임전문상담센터의 설치·운영 등) ① 보건복지부장관은 난임 극복을 위한 다음 각 호의 업무를 전문적이고 체계적으로 수행하기 위하여 중앙난임전문상담센터(이하 "중앙난임전문상담센터"라 한다)를 설치·운영할 수 있다.
1. 난임 관련 상담 및 교육
2. 제2항에 따른 권역별 난임전문상담센터 종사자에 대한 교육
3. 제2항에 따른 권역별 난임전문상담센터와의 정보 교류 및 협력
4. 난임 극복을 위한 조사 및 연구
5. 그 밖에 난임 극복을 위하여 보건복지부장관이 정하는 업무

② 특별시장·광역시장·특별자치시장·도지사 또는 특별자치도지사(이하 "시·도지사"라 한다)는 난임 관련 상담

및 교육 등의 업무를 전문적으로 수행하기 위하여 권역별로 난임전문상담센터(이하 "권역별 난임전문상담센터"라 한다)를 설치·운영할 수 있다.
③ 보건복지부장관과 시·도지사는 제1항 및 제2항에 따른 난임전문상담센터의 설치·운영을 보건복지부령으로 정하는 전문인력과 시설을 갖춘 기관에 위탁할 수 있다.
④ 그 밖에 제1항 및 제2항에 따른 난임전문상담센터의 설치·운영과 제3항에 따른 위탁에 필요한 사항은 보건복지부령으로 정한다.
[본조신설 2016. 12. 2.]
[종전 제11조의4는 제11조의5로 이동 〈2016. 12. 2.〉]
[시행일 : 2017. 6. 3.]

제11조의5(청문) 보건복지부장관은 제11조의3제3항에 따라 지정의료기관의 지정을 취소하고자 할 때에는 청문을 하여야 한다.
[본조신설 2015. 12. 22.]
[제11조의4에서 이동, 종전 제11조의5는 제11조의6으로 이동 〈2016. 12. 2.〉]
[시행일 : 2017. 6. 3.]

제11조의6(통계관리 등) ① 보건복지부장관은 난임극복 지원을 효율적으로 하기 위하여 보조생식술 등 난임시술현황 및 그에 따른 임신·출산 등에 대한 통계 및 정보 등의 자료를 수집·분석하고 관리(이하 "통계관리"라 한다)하여야 한다.
② 제1항에 따른 자료는 다음 각 호의 내용을 포함하여야 한다.
1. 인구통계학적 특성
2. 산과 및 의학적 과거력
3. 난임의 원인
4. 난임시술의 과정 및 임신·출산 등 난임시술의 결과
5. 난임시술로 태어난 출생아의 건강 정보
6. 난임시술 의료기관의 정보
7. 그 밖에 난임시술의 통계관리에 필요한 자료로서 보건복지부령으로 정하는 사항
③ 보건복지부장관은 통계관리를 보건복지부령으로 정하는 기관에 위탁·운영할 수 있다.
④ 보건복지부장관은 통계관리에 필요한 경우 난임환자를 진단·치료하는 의료인 또는 의료기관, 「국민건강보험법」에 따른 국민건강보험공단 및 건강보험심사평가원, 그 밖에 난임극복에 관한 사업을 하는 법인·기관·단체 등에 자료를 요청할 수 있다. 이 경우 자료요청을 받은 자는 특별한 사유가 없으면 요구에 따라야 한다.
⑤ 제3항에 따른 위탁 등에 필요한 사항은 보건복지부령으로 정한다.
[본조신설 2015. 12. 22.]
[제11조의5에서 이동 〈2016. 12. 2.〉]
[시행일 : 2017. 6. 3.]

제12조(인공임신중절 예방 등의 사업) ① 국가와 지방자치단체는 여성의 건강보호 및 생명존중 분위기를 조성하기 위하여 인공임신중절의 예방 등 필요한 사업을 실시할 수 있다.
② 보건복지부장관, 특별자치도지사 또는 시장·군수·구청장은 보건복지부령으로 정하는 바에 따라 원하는 사람에게 피임약제나 피임용구를 보급할 수 있다.
[전문개정 2012. 5. 23.]

제13조 삭제 〈2009. 1. 7.〉

제14조(인공임신중절수술의 허용한계) ① 의사는 다음 각호의 어느 하나에 해당되는 경우에만 본인과 배우자(사실상의 혼인관계에 있는 사람을 포함한다. 이하 같다)의 동의를 받아 인공임신중절수술을 할 수 있다.
1. 본인이나 배우자가 대통령령으로 정하는 우생학적(優生學的) 또는 유전학적 정신장애나 신체질환이 있는 경우
2. 본인이나 배우자가 대통령령으로 정하는 전염성 질환이 있는 경우
3. 강간 또는 준강간(準强姦)에 의하여 임신된 경우
4. 법률상 혼인할 수 없는 혈족 또는 인척 간에 임신된 경우
5. 임신의 지속이 보건의학적 이유로 모체의 건강을 심각하게 해치고 있거나 해칠 우려가 있는 경우
② 제1항의 경우에 배우자의 사망·실종·행방불명, 그 밖에 부득이한 사유로 동의를 받을 수 없으면 본인의 동의만으로 그 수술을 할 수 있다.
③ 제1항의 경우 본인이나 배우자가 심신장애로 의사표시를 할 수 없을 때에는 그 친권자나 후견인의 동의로, 친권자나 후견인이 없을 때에는 부양의무자의 동의로 각각 그 동의를 갈음할 수 있다.
[전문개정 2009. 1. 7.]

부록 6. 식생활지침

보건복지부(2010)

1. 임신부를 위한 식생활지침

① 우유 제품을 매일 3회 이상 먹자
- 우유를 매일 3컵 이상 마신다.
- 요구르트, 치즈, 뼈째 먹는 생선 등을 자주 먹는다.

② 고기나 생선, 채소, 과일을 매일 먹자
- 다양한 채소와 과일을 매일 먹는다.
- 생선, 살코기, 콩 제품, 달걀 등 단백질 식품을 매일 1회 이상 먹는다.

③ 청결한 음식을 알맞은 양으로 먹자
- 끼니를 거르지 않고 식사를 규칙적으로 한다.
- 음식을 만들 때는 식품을 위생적으로 다루고 먹을 만큼만 준비한다.
- 살코기, 생선 등은 충분히 익혀 먹는다.
- 보관했던 음식은 충분히 가열한 후 먹는다.
- 식품을 구매하거나 외식할 때 청결한 것을 선택한다.

④ 짠 음식을 피하고 싱겁게 먹자
- 음식을 만들거나 먹을 때는 소금, 간장, 된장 등의 양념을 보다 적게 사용한다.
- 나트륨 권장량을 줄이기 위해 국물은 싱겁게 만들어 먹는다.
- 김치는 싱겁게 만들어 먹는다.

⑤ 술은 절대 마시지 말자
- 술은 절대로 마시지 않는다.
- 커피, 콜라, 녹차, 홍차, 초콜릿 등 카페인 함유식품을 적게 먹는다.
- 물을 충분히 마신다.

⑥ 활발한 신체활동을 유지하자
- 임신부는 적절한 체중 증가를 위해 알맞게 먹고, 활발한 신체활동을 규칙적으로 한다.
- 산후 체중 조절을 위해 가벼운 운동으로 시작하여 점차 운동량을 늘려간다.
- 모유 수유는 산후 체중 조절에 도움이 된다.

2. (영)유아를 위한 식생활지침

① 생후 6개월까지는 반드시 모유를 먹이자
- 생후 1년까지는 모유를 먹이는 것이 좋다.
- 모유를 먹일 수 없는 경우에만 조제유를 먹인다.
- 조제유는 정해진 양을 물에 타서 안고 먹인다.
- 잠잘 때는 젖병을 물리지 않는다.

② 이유식은 성장 단계에 맞추어 먹이자
- 집에서 만든 이유식을 먹인다.
- 신선한 재료를 위생적으로 조리한다.
- 이유식은 간을 하지 않고 조리한다.
- 이유식은 숟가락으로 떠먹는다.

③ 곡류, 과일, 채소, 생선, 고기 등 다양한 식품을 먹이자
- 다양한 조리법으로 만들어 먹인다.
- 싱겁고 담백하게 조리한다.
- 안전한 식품을 사용한다.

3. 어린이를 위한 식생활지침

① 음식을 다양하게 골고루
- 편식하지 않고 골고루 먹는다.
- 끼니마다 다양한 채소 반찬을 먹는다.
- 생선, 살코기, 콩제품, 달걀 등 단백질 식품을 매일 한 번 이상 먹는다.
- 우유를 매일 2컵 정도 마신다.

② 많이 움직이고 먹는 양은 알맞게
- 매일 1시간 이상 적극적으로 신체활동을 한다.
- 연령에 맞는 키와 몸무게를 알아서 표준체형을 유지한다.
- TV 시청과 컴퓨터 게임을 모두 합해서 하루에 2시간 이내로 제한한다.
- 식사와 간식은 적당한 양을 규칙적으로 먹는다.

③ 식사는 제때에, 싱겁게
- 아침은 꼭 먹는다.
- 음식은 천천히 꼭꼭 씹어 먹는다.
- 짠 음식, 단 음식, 기름진 음식을 적게 먹는다.

④ 간식은 안전하고, 슬기롭게
- 간식으로는 신선한 과일과 우유 등을 먹는다.
- 과자나 탄산음료, 패스트푸드를 자주 먹지 않는다.
- 불량식품을 구별할 줄 알고 먹지 않으려고 노력한다.
- 식품의 영양표시와 유통기한을 확인하고 선택한다.

⑤ 식사는 가족과 함께 예의 바르게
- 가족과 함께 식사하도록 노력한다.
- 음식을 먹기 전에 반드시 손을 씻는다.
- 음식은 바른 자세로 앉아서 감사한 마음으로 먹는다.
- 음식은 먹을 만큼 담아서 먹고 남기지 않는다.

4. 청소년을 위한 식생활지침

① 각 식품군을 매일 골고루 먹자

- 밥과 다양한 채소, 생선, 육류를 포함하는 반찬을 골고루 매일 먹는다.
- 간식으로 신선한 과일을 주로 먹는다.
- 우유를 매일 2컵 이상 마신다.

② 짠 음식과 기름진 음식을 적게 먹자

- 짠 음식, 짠 국물을 적게 먹는다.
- 인스턴트 음식을 적게 먹는다.
- 튀긴 음식과 패스트푸드를 적게 먹는다.

③ 건강 체중을 바로 알고 알맞게 먹자

- 내 키에 따른 건강 체중을 알아본다.
- 매일 1시간 이상의 신체활동을 적극적으로 한다.
- 무리한 다이어트를 하지 않는다.
- TV 시청과 컴퓨터 게임 등을 모두 합해서 하루에 2시간 이내로 제한한다.

④ 물이 아닌 음료를 적게 마시자

- 물을 자주, 충분히 마신다.
- 탄산음료, 가당음료를 적게 마신다.
- 술을 절대 마시지 않는다.

⑤ 식사를 거르거나 과식하지 말자

- 아침식사를 거르지 않는다.
- 식사는 제시간에 천천히 먹는다.
- 배가 고프더라도 한꺼번에 많이 먹지 않는다.

⑥ 위생적인 음식을 선택하자

- 불량식품을 먹지 않는다.
- 식품의 영양표시와 유통기한을 확인하고 선택한다.

5. 성인을 위한 식생활지침

① 각 식품군을 매일 골고루 먹자

- 곡류는 다양하게 먹고 전곡을 많이 먹는다.
- 여러 가지 색깔의 채소를 매일 먹는다.
- 다양한 제철과일을 매일 먹는다.
- 간식으로 우유, 요구르트, 치즈와 같은 유제품을 먹는다.
- 가임기 여성은 기름이 적은 붉은 살코기를 적절히 먹는다.

② 활동량을 늘리고 건강 체중을 유지하자

- 일상생활에서 많이 움직인다.
- 일주일에 150분(주 5일, 하루 30분) 이상 운동을 한다.
- 건강 체중을 유지한다.
- 활동량에 맞추어 에너지 섭취량을 조절한다.

③ 청결한 음식을 알맞게 먹자

- 식품을 구매하거나 외식을 할 때 청결한 것으로 선택한다.
- 음식을 먹을 만큼만 만들고, 먹을 만큼만 주문한다.
- 음식을 만들 때는 식품을 위생적으로 다룬다.
- 매일 세끼 식사를 규칙적으로 한다.
- 밥과 다양한 반찬으로 균형 잡힌 식생활을 한다.

④ 짠 음식을 피하고 싱겁게 먹자

- 음식을 만들 때는 소금, 간장 등을 보다 적게 사용한다.
- 국물을 짜지 않게 만들고 적게 먹는다.
- 음식을 먹을 때 소금, 간장을 더 넣지 않는다.
- 김치는 덜 짜게 만들어 먹는다.

⑤ 지방이 많은 고기나 튀긴 음식을 적게 먹자

- 고기는 기름을 떼어내고 먹는다.
- 튀긴 음식을 적게 먹는다.
- 음식을 만들 때 기름을 적게 사용한다.

⑥ 술을 마실 때는 양을 제한하자

- 남자는 하루 2잔, 여자는 1잔 이상 마시지 않는다.
- 임신부는 절대로 술을 마시지 않는다.

6. 노인을 위한 식생활지침

① 각 식품군을 골고루 먹자

- 고기, 생선, 달걀, 콩 등의 반찬을 매일 먹는다.
- 다양한 채소 반찬을 매끼 먹는다.
- 다양한 우유제품이나 두유를 매일 먹는다.
- 신선한 제철과일을 매일 먹는다.

② 짠 음식을 피하고 싱겁게 먹자

- 음식을 싱겁게 먹는다.
- 국과 찌개의 국물을 적게 먹는다.
- 식사할 때 소금이나 간장을 더 넣지 않는다.

③ 식사는 규칙적이고 안전하게 하자

- 세끼 식사를 꼭 한다.
- 외식할 때는 영양과 위생을 고려하여 선택한다.
- 오래된 음식은 먹지 않고 신선하고 청결한 음식을 먹는다.
- 식사로 건강을 지키고 식이보충제가 필요한 경우에는 신중히 선택한다.

④ 물은 많이 마시고 술은 적게 마시자

- 목이 마르지 않더라도 물은 자주 충분히 마신다.
- 술은 하루 1잔을 넘기지 않는다.
- 술을 마실 때에는 반드시 다른 음식과 같이 먹는다.

⑤ 활동량을 늘리고 건강한 체중을 갖자

- 앉아 있는 시간을 줄이고 가능한 많이 움직인다.
- 나를 위한 건강 체중을 알고 이를 갖도록 노력한다.
- 매일 최소 30분 이상 숨이 찰 정도로 유산소운동을 한다.
- 일주일에 최소 2회 20분 이상 힘이 들 정도로 근육운동을 한다.

부록 7. 국민건강증진법 시행령

[시행 2021. 12. 4.] [대통령령 제32160호, 2021. 11. 30., 일부개정]

보건복지부(건강증진과–금연), 044–202–2822

보건복지부(건강정책과–그 외 사항), 044–202–2807

보건복지부(재정운용담당관–부담금), 044–202–2329

보건복지부(정신건강정책과–절주), 044–202–2865

(부분 발췌)

제17조(보건교육의 내용) 법 제12조의 규정에 의한 보건교육에는 다음 각호의 사항이 포함되어야 한다.

1. 금연·절주등 건강생활의 실천에 관한 사항
2. 만성퇴행성질환등 질병의 예방에 관한 사항
3. 영양 및 식생활에 관한 사항
4. 구강건강에 관한 사항
5. 공중위생에 관한 사항
6. 건강증진을 위한 체육활동에 관한 사항
7. 기타 건강증진사업에 관한 사항

제18조(보건교육사 등급별 자격기준 등) ① 법 제12조의2제3항에 따른 보건교육사의 등급별 자격기준은 별표 2와 같다.

② 보건교육사 자격증을 발급받으려는 자는 보건복지부령으로 정하는 바에 따라 보건교육사 자격증 발급신청서에 그 자격을 증명하는 서류를 첨부하여 보건복지부장관에게 제출하여야 한다. 〈개정 2010. 3. 15.〉

[본조신설 2008. 12. 31.]

제18조의2(국가시험의 시행 등) ① 보건복지부장관은 법 제12조의3에 따른 보건교육사 국가시험(이하 "시험"이라 한다)을 매년 1회 이상 실시한다. 〈개정 2010. 3. 15.〉

② 보건복지부장관은 법 제12조의3제1항 단서에 따라 시험의 관리를 「한국보건의료인국가시험원법」에 따른 한국보건의료인국가시험원에 위탁한다. 〈개정 2015. 12. 22.〉

③ 제2항에 따라 시험의 관리를 위탁받은 기관(이하 "시험관리기관"이라 한다)의 장은 시험을 실시하려면 미리 보건복지부장관의 승인을 받아 시험일시·시험장소 및 응시원서의 제출기간, 합격자 발표의 예정일 및 방법, 그 밖에 시험에 필요한 사항을 시험 90일 전까지 공고하여야 한다. 다만, 시험장소는 지역별 응시인원이 확정된 후 시험 30일 전까지 공고할 수 있다. 〈개정 2010. 3. 15., 2012. 5. 1.〉

④ 법 제12조의3제4항에 따른 시험과목은 별표 3과 같다.

⑤ 시험방법은 필기시험으로 하며, 시험의 합격자는 각 과목 4할 이상, 전과목 총점의 6할 이상을 득점한 자로 한다.

[본조신설 2008. 12. 31.]

제18조의3(시험의 응시자격 및 시험관리) ① 법 제12조의3제4항에 따른 시험의 응시자격은 별표 4와 같다.

② 시험에 응시하려는 자는 시험관리기관의 장이 정하는 응시원서를 시험관리기관의 장에게 제출(전자문서에 따른 제출을 포함한다)하여야 한다.

③ 시험관리기관의 장은 시험을 실시한 경우 합격자를 결정·발표하고, 그 합격자에 대한 다음 각호의 사항을 보건복지부장관에게 통보하여야 한다. 〈개정 2010. 3. 15.〉

1. 성명 및 주소
2. 시험 합격번호 및 합격연월일

[본조신설 2008. 12. 31.]

보건교육사의 등급별 자격기준(국민건강증진법 시행령 제18조제1항 관련)

등급	자격기준
보건교육사 1급	보건교육사 1급 시험에 합격한 자
보건교육사 2급	1. 보건교육사 2급 시험에 합격한 자 2. 보건교육사 3급 자격을 취득한 자로서 보건복지부장관이 정하여 고시하는 보건교육 업무에 3년 이상 종사한 자
보건교육사 3급	보건교육사 3급 시험에 합격한 자

보건교육사 시험과목(국민건강증진법 시행령 제18조의2제4항 관련)

구분	시험 과목
보건교육사 1급	보건프로그램 개발 및 평가, 보건교육방법론, 보건사업관리
보건교육사 2급	보건교육학, 보건학, 보건프로그램 개발 및 평가, 보건교육방법론, 조사방법론, 보건사업관리, 보건의사소통, 보건의료법규
보건교육사 3급	보건교육학, 보건학, 보건프로그램 개발 및 평가, 보건의료법규

보건교육사 국가시험 응시자격(국민건강증진법 시행령 제18조의3제1항 관련)

등급	응시자격
보건교육사 1급	1. 보건교육사 2급 자격을 취득한 자로서 시험일 현재 보건복지부장관이 정하여 고시하는 보건교육 업무에 3년 이상 종사한 자 2.「고등교육법」에 따른 대학원 또는 이와 동등 이상의 교육과정에서 보건복지부령으로 정하는 보건교육 관련 교과목을 이수하고 석사 또는 박사학위를 취득한 자로서 시험일 현재 보건복지부장관이 정하여 고시하는 보건교육 업무에 2년 이상 종사한 자
보건교육사 2급	「고등교육법」 제2조에 따른 학교 또는 이와 동등 이상의 교육과정에서 보건복지부령으로 정하는 보건교육 관련 교과목을 이수하고 전문학사 학위 이상을 취득한 자
보건교육사 3급	1. 시험일 현재 보건복지부장관이 정하여 고시하는 보건교육 업무에 3년 이상 종사한 자 2. 2009년 1월 1일 이전에 보건복지부장관이 정하여 고시하는 민간단체의 보건교육사 양성과정을 이수한 자 3.「고등교육법」 제2조에 따른 학교 또는 이와 동등 이상의 교육과정에서 보건복지부령으로 정하는 보건교육 관련 교과목 중 필수과목 5과목 이상, 선택과목 2과목 이상을 이수하고 전문학사 학위 이상을 취득한 자

보건교육 관련 교과목(국민건강증진법 시행규칙 제7조의2 관련)

등급	응시자격	최소 이수과목 및 학점
필수과목	보건교육학, 보건학, 보건프로그램 개발 및 평가, 보건교육방법론, 보건교육실습, 조사방법론, 보건사업관리, 보건의사소통, 보건의료법규	총 9과목 및 총 22학점 이수
선택과목	해부생리, 보건통계, 보건정보, 인간발달론, 사회심리학, 보건윤리, 환경보건, 역학, 질병관리, 안전교육, 생식보건, 재활보건, 식품위생, 정신보건, 보건영양, 건강과 운동, 구강보건, 아동보건, 노인보건, 학교보건, 산업보건, 지역사회보건	총 4과목 및 총 10학점 이수

비고: 교과목의 명칭이 동일하지 아니하더라도 보건복지부장관 또는 보건복지부장관이 정하여 고시하는 보건교육 관련 법인·단체가 교과의 내용이 동일한지 여부를 심사하여 동일하다고 인정하는 경우에는 동일 교과목으로 본다.

참고문헌

REFERENCE

국내 문헌

강은정, 윤석준, 김나연(2008). 한국인의 건강보정 기대여명의 측정. 보건행정학회지18(1), 1-19. 고숙자(2014). 우리나라의 건강수명 산출. 보건·복지 ISSUE & FOCUS 247호.

건강보험심사평가원, 국민건강보험. 2021. 2020 건강보험통계연보.

고용노동부(2021). 12월말 산업재해 발생현황.

고용노동부(2021). 2020년 산업재해 현황분석.

고용노동부(2022). 산업재해 예방을 위한 대표이사의 안전·보건계획 수립 가이드북.

고은미, 구난숙, 김완수, 이경애, 김미정(2012). 공중보건학. 서울: 파워북.

관계부처 합동(2021). 제2차 정신건강복지기본계획(2021~2025).

관계부처 합동(2021). 제5차 국민건강증진종합계획(Health Plan 2030, 2021~2030).

교육부(2021). 대기오염대응 매뉴얼(미세먼지, 오존)-교육부, 시·도 교육청, 학교, 유치원.

교육부(2021). 학교 환경위생 및 식품위생 관리 매뉴얼.

교육부(2022). 2021학년도 학교급식 실시현황.

교육부(2022). 2022년 학생건강증진 정책방향.

구슬, 김영옥, 김미경, 윤진숙, 박경(2012). 한국 성인의 고혈압 유병 관련 영양소 섭취 및 생활습관 위험 요인 분석: 2007-2008년 국민건강영양조사 결과 활용. 대한지역사회영양학회지 17, 329- 334.

권이승(2012). 보건행정 I. 서울: 정훈사.

권훈정, 김정원, 유화춘, 정현정(2011). 식품위생학. 경기: 교문사.

기현균(2021). COVID-19 예방접종과 집단면역. 당뇨병 22(3): 179-184.

김동석, 권대순, 권봉숙, 김희정, 송영화, 안정희, 이선명, 이선민, 이시경, 이창은, 장경자, 천종철, 황종호(2011). 최신 공중보건학. 서울: 수학사.

김매자, 송미순, 김현아(2009). 영양과 식사요법의 간호적용. 서울: 정문각.

김미주(2012). 처음 만나는 공중 보건학. 경기: 교문사.

김미현, 배윤정, 연지영, 최미경(2021). 현대인의 질환과 생애주기에 맞춘 영양과 식사관리. 경기: 교문사.

김미현, 배윤정, 성미경, 연지영, 이지선, 임희숙, 조혜경, 최미경(2022). 식사요법 및 실습. 경기: 파워북.

김영옥, 윤충식, 김경원, 이수경, 정효지(2013). 식품영양 전공자를 위한 공중보건학. 서울: 양서원.

김옥경, 박인숙, 방우석, 범봉수, 임용숙, 장재선, 채기수, 하상철(2012). 식품위생학. 서울: 지구문화사.

김은정, 김세나, 이진영, 권용석(2021). 3-5세 유아의 성별에 따른 식생활평가-2013~2018 국민건강영양조사 데이터를 활용하여. 한국식품조리과학회지 37(6): 535-542.

김진현(2021). 포스트코로나 시대, 사망사고 예방 타깃 및 연구 방향. OSHRI: View 15(2): 10-27.

노봉수, 김명화, 어중혁, 윤현근, 이성준, 이원종, 이재환, 임재연, 정현정, 조미숙(2013). 생각이 필요한 건강과 식생활. 서울: 수학사.

대한고혈압학회(2018). 고혈압 진료지침. 서울: 대한고혈압학회.

대한고혈압학회 혈압모니터지침편집위원회(2007). 혈압모니터지침. 서울: 대한고혈압학회.

대한당뇨병학회(2021). 2021 당뇨병 진료지침. 서울: 대한당뇨병학회.

대한비만학회(2020). 비만진료지침 2020. 서울: 대한비만학회.

대한예방의학회(2010). 예방의학과 공중보건학. 서울: 계축문화사.

대한의학회, 질병관리청(2022). 일차 의료용 근거기반 이상지질혈증 임상진료지침.

모수미, 구재옥, 박영숙, 손숙미, 서정숙, 임경숙(2011). 지역사회영양학. 경기: 교문사.

민정기, 문상식, 신은영, 오순덕, 권기한(2012). 생활건강 공중보건학(개정 4판). 서울: 수학사.

박영숙, 이정원, 서정숙, 이보경, 이혜상, 이수경(2013). 영양교육과 상담(제5판). 경기: 교문사.

배현주, 백재은, 주나미, 윤지영, 이혜연(2020). 급식외식관리자를 위한 HACCP 이론 및 실무(2판 3쇄). 경기: 교문사.

보건복지부(2010). 식생활지침.

보건복지부(2015). 보육통계(국가승인통계 제15407호, 어린이집 및 이용자 통계).

보건복지부(2020). 국민건강증진종합계획 제5차 건강증진종합계획(2021-2030).

보건복지부(2022). 2022년 정신건강사업안내.

보건복지부(2022). 보육통계(국가승인통계 제15407호, 어린이집 및 이용자 통계).

보건복지부 국립정신건강센터, 건강보험심사평가원, 한국보건사회연구원(2021). 국가 정신건강현황 보고서 2020.

보건복지부, 노인맞춤돌봄서비스(2022). 2022년 노인맞춤돌봄서비스 사업안내.

보건복지부, 농림축산식품부, 식품의약품안전처(2021. 4. 14.). 건강한 식생활을 실천해요! 정부, 한국인을 위한 식생활지침 발표(보도자료).

보건복지부, 질병관리청(2022). 2020 국민건강통계.

보건복지부, 한국건강증진개발원(2016). 2016년 지역사회 통합건강증진사업 안내(영양). 155-156.

보건복지부, 한국건강증진개발원(2022). 국민건강진종합계획.

보건복지부, 한국영양학회(2020). 2020 한국인 영양소 섭취기준.

부소영, 박상일, 양재원(2011). 체중조절 프로그램에 의한 영양행동의 긍정적 변화. 한국웰니스학회지, 6(3), 401-410.

산업안전보건법. 법률 제18180호(2021. 5. 18., 일부개정).

산업재해보상보험법. 법률 제18913호(2022. 6. 10., 타법개정).

서정숙, 김경원, 윤은영, 배현주(2004). 홈페이지를 이용한 영양교육 및 영양정보전달 체계 마련 연구. 식품의약품안전처 용역과제연구보고서.

서정숙, 김경원, 윤은영, 배현주(2006). 영양취약집단의 영양교육용 컨텐츠 개발 사업. 식품의약품안전처 용역과제연구보고서.

식품안전나라(2022). 식중독 통계.

식품안전나라(2022). [영양(교)사]2022년 상반기 학교급식관계자 식중독예방 교육자료.

신동화, 오덕환, 우건조, 정상희, 하상도(2011). 식품위생안전성학. 서울: 한미의학.

오인경, 최정임(2005). 교육 프로그램 개발 방법론. 서울: 학지사.

이경은(2014). 조리교육을 이용한 남성 노인 대상 식생활 교육 프로그램. 2014년 한국식품영양학회 하계학술대회 자료집. 97-106.

이상엽, 박혜순, 김선미, 권혁상, 김대영, 김대중, 조금주, 한지혜, 김성래, 박철영, 오승준, 이창범, 김경수, 오상우, 김용성, 최웅환, 유형준(2006). 한국인의 복부비만 기준을 위한 허리둘레 분별점. 대한비만학회지, 15, 1-9.

이선희, 위드코로나 시대, 어떻게 준비할 것인가?, 보건행정학회지 2021.

이용성, 박경렬, 박사윤, 진종언(2008). 최신공중보건학. 서울: 신광문화사.

이자형, 문인옥, 정진은(2008). 건강과 통계. 서울: 파워북.

이윤경, 김세진, 황남희, 임정미, 주보혜, 남궁은하, 이선희, 정경희, 강은나, 김경래(2020). 2020년도 노인실태조사 정책보고서.

임국환, 김병환, 김은주, 류장근, 문효정(2014). NEW 공중보건학(개정 4판). 서울: 지구문화사.

장영식(2009). 보건통계 현황과 과제. 보건복지포럼.

장택원(2012). 세상에서 가장 쉬운 사회조사방법론. 서울: 커뮤니케이션북스.

조경진(2010). 공중보건학. 서울: E-PUBLIC.

중대재해 처벌 등에 관한 법률. 법률 제17907호(2021. 1. 25., 제정).

중앙암등록본부(2021). 2019년 국가암등록통계.

질병관리청(2021). 2020 국민건강통계, 국민건강영양조사 제8기 2차년도.

질병관리청(2022). 2022년도 성매개감염병 관리지침.

질병관리청(2022). 2022년도 수인성 및 식품매개감염병관리지침.

질병관리청(2022). 2022년도 예방접종 대상 감염병 관리 지침.

질병관리청(2022). 2022년도 인수공통감염병 관리 지침.

질병관리청(2022). 2022년도 진드기·설치류 매개 감염병 관리지침.

질병관리청(2022). 2022년도 호흡기감염병 관리지침.

질병관리청(2022). 2022 법정감염병 진단·신고기준.

질병관리청(2022). 제1급감염병 동물인플루엔자 인체감염증 대응지침.

질병관리청(2022). 제1급감염병 두창·페스트·탄저·보툴리눔독소증·야토병 대응지침.

질병관리청(2022). 제1급감염병 중동호흡기증후군[MERS] 대응지침.

질병관리청(2022). 제1급감염병 중증급성호흡기증후군[SARS] 대응지침.

최슬기, 김혜윤(2021). 우리나라 성인의 헬스리터러시 현황과 시사점. 보건복지 이슈&포커스 143호. p. 1-10.

최정화, 이은실, 이윤진, 이혜상, 장혜자, 이경은, 이나영, 안윤, 곽동경(2012). 노인을 위한 식품안전·영양교육 내용 개발-포커스그룹 인터뷰와 델파이 조사를 통하여. 대한지역사회영양학회지 17(2), 167-181.

충청남도교육청(2020). 학교급식 식중독 안전관리 매뉴얼.

통계청(2021). 2020년 사망원인통계 결과.

통계청(2021). 2020년 생명표, 국가승인통계 제101035호.

통계청(2021). 2021 고령자 통계.

통계청(2021. 9. 28.). 2020년 사망원인통계(보도자료).

편혜숙(2014). 지역사회 노인영양관리 사례. 2014년 한국식품영양학회 하계학술대회 자료집. 85-93.

한국교육개발원(2015). 2015 교육통계연보.

한국교육개발원(2021). 2021 교육통계연보.

한국보건사회연구원(2009). OECD Health Data.

한성림, 주달래, 장유경, 김혜경, 김경민, 권종숙(2021). 사례로 이해를 돕는 임상영양학. 경기: 교문사.

홍완수, 윤지영, 최은희, 이경은, 배현주(2018). 알기 쉬운 외식위생관리와 HACCP(개정2판). 서울: 백산출판사.

화학물질 및 물리적 인자의 노출기준. 고용노동부고시 제2020-48호(2020. 1. 14., 일부개정).

국외 문헌

Babbie E. (2001). The practice of social research (9th ed.). Belmont, CA: Wadsworth/Thomson Learning.

Blake JS, Munoz KD, Volpe S. (2010). Nutrition from science to you. San Francisco: Pearson Benjamin Cummings.

Brownson RC, Remington PL, Davis JR. (1998). Chronic disease epidemiology and control. Washington: American Public Health Association

Bu SY (2013). Transitional Changes in Energy Intake, Skeletal Muscle Content and Nutritional Behavior in College Students During Course-Work Based Nutrition Education. Clin Nutr Res 2(2), 125-134.

Chatterjee S, Hadi AS, Price B. (2000). Regression analysis by example (3rd ed.). Hoboken, NY: John Wiley & Sons Inc.

Chung HJ, Yousef AE. (2010). Inactivation of Escherichia coli in broth and sausage by combined high pressure and Lactobacillus casei cell extract. Food Sci Tech Int 16, 381-388.

Chung HJ, Yousef AE. (2010). Synergistic effect of high pressure processing and Lactobacillus casei antimicrobial activity against pressure resistant Listeria monocytogenes. New Biotechnol 27(4), 403-408.

Doll R, Peto R. (1981). The causes of cancer: quantitative estimates of avoidable risks of cancer in the United States today. J Natl Cancer Inst 66(6), 1191-308.

Hair JF, Black WC, Babin BJ, Anderson RE. (2009). Multivariate Data Analysis (7th ed.). Uupper saddle river NJ:Prentice Hall.

Hayes AF. (2005). 커뮤니케이션 통계방법론. 류성진 역(2011). 서울: 커뮤니케이션북스.

Jekel JF, Katz DL, Elmore JG, Wild DMG. (2007). 보건학·역학 통계 입문. 정종학, 김창윤, 김석범, 사공준, 이경수, 황태윤 공역(2010). 경산: 영남대학교출판부.

Jung KW, Won YJ, Kong HJ, Oh CM, Lee DH, Lee JS. (2014). Cancer statistics in Korea: incidence, mortality, survival, and prevalence in 2011. Cancer Res Treat 46(2), 9-23.

Kim YH, Kim SA, Chung HJ. (2014). Synergistic effect of propolis and heat treatment leading to increased injury to Escherichia coli O157:H7 in ground pork. J Food Safety 34, 1-8.

Levin J, Fox JA. (1997). Elementary Statistics in social research (8th ed.). Needham Heights MA: Allyn & Bacon.

MacMahon B, Pugh TF, Ipsen J. (1960). Epidemiologic Methods. Boston, MA: Brown & Co.

Novick Lloyd F, Shi Leiyu Johnson, James A (2014). Novick & Morrow's public health administration: principles for population-based management [3rd ed.]. Burlington, MA: Jones & Bartlett Learning.

Samelson EJ, Booth SL, Fox CS, Tucker KL, Wang TJ, Hoffmann U, Cupples LA, O'Donnell CJ, Kiel DP. (2012). Calcium intake is not associated with increased coronary artery calcification: the Framingham Study. Am J Clin Nutr 96(6), 1274-1280.

Song S, Lee JE, Song WO, Paik HY, Song Y. (2014). Carbohydrate intake and refined-grain consumption are associated with metabolic syndrome in the Korean adult population. J Acad Nutr Diet 114(1), 54-62.

Su D, Pasalich M, Lee AH, Binns CW. (2013). Ovarian cancer risk is reduced by prolonged lactation: a case-control study in southern China. Am J Clin Nutr 97(2), 354-359.

Walter Willett, 한국역학회 영양역학연구회 옮김(2013). 영양역학. 경기: 교문사.

Weitz R. (2004). The sociology of health, illness, and health care: A critical approach. Belmont: Thomson Wadsworth.

WHO Expert Consultation. (2004). Appropriate body mass index for Asian populations and its implication for policy and intervention strategies. Lancet 363(9403), 157-163.

World Cancer Research Fund & American Institute for Cancer Research. (1997) Food, Nutrition and the Prevention of Cancer: a global perspective. Washington DC.: American Institute for Cancer Research.

食事攝取基準の實踐・運用考える會(2015). 日本人の食事攝取基準(2015)年版)の實踐・運用-特定給 食施設等における栄養・食事理. 東京. 第1出版株式會社.

웹사이트

4대 사회보험 정보연계센터(2013). 4대 사회보험 주요 특성. http://www.4insure.or.kr에서 2014년 6월 4일 인출.

4대 사회보험 정보연계센터(2022). https://www.4insure.or.kr/ins4/ptl/guid/insu/MainPculLayout.do에서 8월 3일 인출.

4대 사회보험 정보연계센터(2022). https://www.4insure.or.kr/ins4/ptl/guid/itrd/OurCntySoclGrunLayout.do에서 8월 3일 인출.

Framingham heart study. http://www.framingham.com/heart/backgrnd.htm에서 2014년 6월 18일 인출.

강동구 보건소(2014). 건강 100세 상담 센터. http://health.gangdong.go.kr/site/contents/hlt/html02/html06/index1.html?menuId=tpl:12308에서 2014년 6월 16일 인출.

경기도시흥교육지원청(2012). 학교 먹는 물 위생관리 계획. http://www.goesh.kr에서 2014년 6월

22일 인출.

교육부(2006). 학교 교사 내 환경위생 및 식품위생 관리 매뉴얼. http://www.moe.go.kr에서 2014년 6월 20일 인출.

구글 검색(2022). 흡충류. https://quizlet.com/165307447/%ED%9D%A1%EC%B6%A9%EB%A5%98-flash-cards/

구글 검색(2022). 조충류. https://quizlet.com/165308176/%EC%A1%B0%EC%B6%A9%EB%A5%98-flash-cards/

구글 검색(2022). 원충류. https://quizlet.com/165305313/%EC%9B%90%EC%B6%A9%EB%A5%98-flash-cards/

구글 검색(2022). 유구조충. https://ko.wikipedia.org/wiki/%EA%B0%88%EA%B3%A0%EB%A6%AC%EC%B4%8C%EC%B6%A9

국가건강정보포탈(2014). http://health.mw.go.kr에서 2014년 6월 16일 인출.

국가암정보센터(2014). 암예방과 검진. http://www.cancer.go.kr/mbs/cancer/index.jsp에서 2014년 6월 16일 인출.

국가암정보센터(2016). http://www.cancer.go.kr/mbs/cancer.

국민건강보험(2014). 사회보장의 체계도. http://www.nhis.or.kr에서 2014년 6월 4일 인출.

국민건강보험(2022). https://www.nhis.or.kr/nhis/policy/wbhada02200m01.do에서 8월 3일 인출.

국민건강보험(2022). https://www.nhis.or.kr/nhis/policy/wbhada21300m01.do에서 8월 3일 인출.

국민건강보험공단 노인장기요양보험 홈페이지 www.longtermcare.or.kr.

김도연, 박수연, 김윤정, 오경원(2021). 우리나라 성인의 비만 유형 현황 및 관련요인, 국민건강영양조사 요약통계. https://knhanes.kdca.go.kr/knhanes/sub04/sub04_04_02.do

대한산부인과학회(2014). 산전진단검사. http://www.ksog.org에서 2014년 6월 3일 인출.

법제처 국가법령정보센터(2022). 감염병의 예방 및 관리에 관한 법률. https://www.law.go.kr/에서 2022년 6월 15일 인출.

법제처 국가법령정보센터(2022). 감염병의 예방 및 관리에 관한 법률 시행규칙. https://www.law.go.kr/에서 2022년 6월 15일 인출.

법제처 국가법령정보센터(2022). 검역법. https://www.law.go.kr/에서 2022년 6월 15일 인출.

법제처 국가법령정보센터(2022). 검역법 시행규칙. https://www.law.go.kr/에서 2022년 6월 15일 인출.

보건복지부(2014). 보건복지부 조직도. http://www.g-health.kr에서 2014년 6월 3일 인출.

보건복지부(2016). 복지로. http://www.bokjiro.go.kr에서 2016년 12월 인출.

보건복지부(2016). 선천성대사이상검사 및 환아관리지원. 복지로. http://www.bokjiro.go.kr에 서

2016년 12월 인출.

보건복지부(2015). 영양플러스사업. http://www.g-health.kr에서 2016년 12월 20일 인출.

보건복지부(2020). 제4차 저출산·고령사회 기본계획. https://www.mohw.go.kr/react/에서 2022년 5월 4일 인출.

보건복지부(2022). 코로나바이러스감염증-19. http://ncov.mohw.go.kr/에서 2022년 6월 15일 인출.

보건복지부 건강정책과(2010). 국가법령 정보센터 지역보건법. http://www.law.go.kr에서 2014년 6월 4일 인출.

보건복지부 예방접종도우미. "https//nip.kdca.go.kr/irgd/introduce.do\?MnLv1=3"https://nip.kdca.go.kr/irgd/introduce.do?MnLv1=3에서 2022년 6월 인출.

보건복지부, 질병관리청(2020). 국민건강영양조사. http://knhanes.cdc.go.kr/knhanes/index.do에서 2020년 1월 14일 인출.

사회보장위원회(2022). OECD 국가의 연도별 영아사망률. OECD Health Statistics 2019, stats.oecd.org에서 2022년 6월 30일 인출.

서울특별시(2014). 복지건강실 조직도. http://www.seoul.go.kr에서 2014년 6월 4일 인출.

서울특별시학교보건진흥원(2009). 학교 실내 공기질 관리 매뉴얼. http://www.bogun.seoul.kr에서 2014년 6월 23일 인출.

식품의약품안전처 식생활안전과(2014). 어린이급식관리지원센터 http://ccfsm.foodnara.go.kr에서 2014년 6월 3일 인출.

질병관리본부(2014). 만성질환 및 손상관리 사업 추진체계. http://www.cdc.go.kr/CDC에서 2014년 6월 15일 인출.

질병관리청(2022). 감염병 감시체계. https://nih.go.kr/contents.es?mid=a20301110100에서 2022년 6월 15일 인출.

질병관리청(2022). 감염병포털. https://www.kdca.go.kr/npt/biz/npp/nppMain.do에서 2022년 6월 15일 인출.

질병관리청(2022). 국민건강영양조사. https://knhanes.kdca.go.kr/knhanes/main.do에서 2022년 6월 15일 인출.

질병관리청(2022). 만성질환예방관리. https://kdca.go.kr/contents.es?mid=a20303020100에서 2022년 7월 4일 인출.

질병관리청(2022). 예방접종도우미. https://nip.kdca.go.kr/irgd/index.do에서 2022년 6월 15일 인출.

통계청(2022). 2021년 인구동향조사 출생·사망 통계(잠정). http://www.index.go.kr에서 2022년 5월 4일 인출.

한국통계학회(2014). 통계용어. http://www.kss.or.kr에서 2014년 6월 2일 인출.

찾아보기
I N D E X

ㄱ

기타